国家“双高计划”水利水电建筑工程高水平专业群
水利职业资格证书系列教材

闸门运行检修

主　编　徐飞亚　孟苗苗　李远军
副主编　周晓岚　程梦然　范帅斌
参　编　张新超　毕卫宾　高宏浩
　　　　景志坚　杜　妍　吴尘雨
　　　　田睿哲
主　审　雷　恒

黄河水利出版社
·郑州·

内 容 提 要

本书是国家"双高计划"水利水电建筑工程高水平专业群水利职业资格证书系列教材，结合全国水利职业教育教学改革的需要及专业课程教学的特点，依据人力资源和社会保障部、水利部制定的《水工闸门运行工国家职业技能标准(2019 年版)》的内容要求及相关编制规定、工程定额等编写完成。本书共分 5 篇，分别为机械基础知识、电气基础知识、起重机、水工建筑物和闸门运行工。主要内容包括：液压传动、起重工基础知识、电磁与电磁感应、交流电路、变压器与三相异步电动机、常用高低压电器及电气图、安全用电常识、起重机的安全防护装置、泄水建筑物、水闸、闸门、启闭机、闸(阀)门与启闭机的运行。针对职业院校的学生特点、培养目标及从业需要，本书以任务驱动的学习模式进行编写，以各条职业能力为核心构建学习任务，目标明确、内容全面，科学性高、实用性强，使学生能够更好地掌握水工建筑物、闸门运行检修等相关知识，并在实践中加以灵活运用。

本书可作为高等职业院校水利水电建筑工程专业群，以及其他水利类专业教材使用，还可供水工闸门运行工技能培训、职业技能鉴定和职业技能竞赛使用，也可供其他水利水电工程行业职工工作、大中专院校学生学习参考使用。

图书在版编目(CIP)数据

闸门运行检修/徐飞亚，孟苗苗，李远军主编. —郑州：黄河水利出版社，2023.7

国家"双高计划"水利水电建筑工程高水平专业群水利职业资格证书系列教材

ISBN 978-7-5509-3671-3

Ⅰ.①闸…　Ⅱ.①徐…　②孟…　③李…　Ⅲ.①闸门-运行-技术培训-教材　②闸门-检修-技术培训-教材　Ⅳ.①TV663

中国国家版本馆 CIP 数据核字(2023)第 147544 号

组稿编辑：田丽萍　电话：0371-66025553　E-mail：912810592@qq.com

责任编辑：杨雯惠　责任校对：韩莹莹　封面设计：张心怡　责任监制：常红昕

出版发行：黄河水利出版社

地址：河南省郑州市顺河路 49 号　邮政编码：450003

网址：www.yrcp.com　E-mail：hhslcbs@126.com

发行部电话：0371-66020550

承印单位：河南新华印刷集团有限公司

开本：787 mm×1 092 mm　1/16

印张：18.25

字数：422 千字

版次：2023 年 7 月第 1 版　　印次：2023 年 7 月第 1 次印刷

定价：55.00 元

前　言

本书是根据《中共中央关于认真学习宣传贯彻党的二十大精神的决定》，中共中央办公厅、国务院办公厅《关于推动现代职业教育高质量发展的意见》，国务院《国家职业教育改革实施方案》，教育部《"十四五"职业教育规划教材建设实施方案》《职业院校教材管理办法》，水利部、教育部《关于进一步推进水利职业教育改革发展的意见》等文件精神，组织编写的国家"双高计划"水利水电建筑工程高水平专业群水利职业资格证书系列教材之一。本套教材以学生为本，遵循高等职业院校教学改革的思路，体现产教融合、岗课赛证融通的理念，注重吸收产业升级和行业发展的新知识、新技术、新工艺、新方法、新规范，对接科技发展趋势和市场需求，是理论联系实际、教学面向生产的高职高专教育精品教材。

本书按照闸门运行检修所需知识模块，由浅入深、循序渐进编写，全面涵盖了当前从事水工闸门运行职业活动所需的最新知识和技能要求，较好地体现了科学性和先进性，同时又兼顾了普遍性和通用性，内容精炼、重点突出、理实结合，有助于学生和职工更好地掌握水工闸门运行检修等相关知识、进行培训学习和系统自学，更能对水工闸门运行检修的试验技术和操作加以巩固和提高。

本书主要包括机械基础知识、电气基础知识、起重机、水工建筑物和闸门运行工等 5 篇内容，理实结合，岗课赛证融通，实现了理论知识与实践操作的有机结合。

本书由黄河水利职业技术学院和三门峡黄河明珠(集团)有限公司共同编写。本书由徐飞亚、孟苗苗、李远军担任主编，徐飞亚负责全书统稿；由周晓岚、程梦然、范帅斌担任副主编；张新超、毕卫宾、高宏浩、景志坚、杜妍、吴尘雨、田睿哲参编；由雷恒担任主审。

本书在编写过程中，得到了黄河水利职业技术学院和三门峡黄河明珠(集团)有限公司的领导、专家的大力支持及帮助。同时,书中参考了不少相关文献,对这些文献的作者和对本书提供帮助的同仁,在此一并致以诚挚的谢意!

由于编者水平有限,书中难免存在错漏和不足之处,恳请广大读者批评指正。

编　者

2023 年 2 月

目 录

第一篇 机械基础知识

第二篇 电气基础知识

第三篇　起重机

第四篇　水工建筑物

第五篇　闸门运行工

第一篇

机械基础知识

思维导图

- 液压传动
- 起重工基础知识

闸门运行检修

模块一　液压传动

任务一　液压传动的基础知识

液压传动是利用液体(通常是油液)作为工作介质来传递动力和控制机构的某些动作的。液压传动技术已经广泛地应用在各种机械上,并取得了显著的成效。液压传动与机械传动相比,具有以下优点:

(1)传动平稳。由于油液本身具有吸振能力,在油路中还可设置液压缓冲装置,因此,不像机械装置那样因加工和装配的误差而引起振动和撞击,便于实现频繁的往复运动。

(2)在输出功率相同的情况下,液压传动装置的体积小、重量轻、结构紧凑、动作灵敏。

(3)传递能量大,易于获得很大的压力和力矩。

(4)容易实现无级调速,能使机器的运动速度在一定的范围内任意调节。

(5)便于实现自动化,液压元件也易实现标准化、系列化、通用化。

液压传动的缺点是:液压元件制造的精度要求高、成本高;由于油液容易泄漏,空气混入油液以及油液黏度随温度而变化等不良因素,影响传动机构的工作性能。此外,对液压元件的维修保养和故障分析与排除,都要求有较高的技术水平。

一、液压传动的基本工作原理

在工业生产中,经常看到机械传动,其特点是以轴、带、齿轮等作为传动件,而液压传动的特点是以液体-油作为传动件。图 1-1-1 是液压传动装置的工作原理。图中 2 和 4 表示两个油缸,1 和 5 表示两个活塞,油管 3 将两个油缸连通。当活塞 1 在力 P_1 作用下向下移动时,油缸 2 的体积减小,其中的油液通过油管 3 被挤入油缸 4,使活塞 5 向上运动,完成举起重物的工作。由此可知,液压传动是在密封容器内利用受压液体传递压力能,再通过油缸把压力能转换成机械能而传递动力,这就是液压传动的基本工作原理。

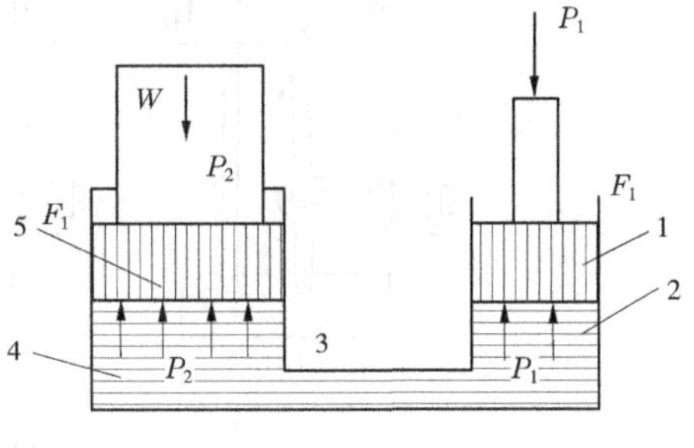

1,5—活塞;2,4—油缸;3—油管。

图 1-1-1　液压传动装置工作原理

这里,不难发现两个基本现象:

(1)当小活塞在力 P_1 作用下下降时,与液体相接触的活塞底部的单位面积上便产生压力。此压力通过液体向四周传出去,以同样大小的液体压力压在所有与液体相接触的容器表面上。由于大活塞底部面积比小活塞大,因此,大活塞便能产生力 P_2,以顶起较大的重物。由此可见,外力经过液压传递后,能够改变其大小和方向。

(2)液体在一般条件下,可以认为是不能压缩的。如果不考虑容器的漏损,那么,在小油缸内,由于小活塞的下降而挤出的液体容积,应该等于大油缸内由于大活塞上升而增加的液体容积。因为两个活塞的大小不同,大活塞上升的距离和速度,就一定小于小活塞下降的距离和速度。由此可见,运动速度经过液压传递以后,也能改变其大小和方向。

总之,通过液压传动,能够把机器的动力部分所发出的力和速度(或力矩和转速),根据工作部分的要求,加以改变而传递给工作部分(如上述大活塞)。

二、液压系统的组成

如图 1-1-2(a)所示,电动机带动油泵旋转,将油液从油池经油管吸入,并使油进入油缸右腔,推动活塞向左运动,油缸左腔的油液便排回油池。

如果要改变活塞运动的方向,就需要增加一个换向阀来改变油流入油缸的方向,如图 1-1-2(b)所示。当换向阀的位置改变后,来自油泵的油经换向阀进入油缸左腔,而油缸右腔的油则经换向阀流回油池,活塞就向右运动。不断地改变换向阀的位置,便可使活塞获得直线往返运动。

如果要调节活塞运动的速度,就需要增加一个节流阀来调节进入油缸的油的流量。如图 1-1-2(c)所示,当流量减小时,活塞的运动速度就减慢了;当流量增大时,活塞的运动速度就会加快。

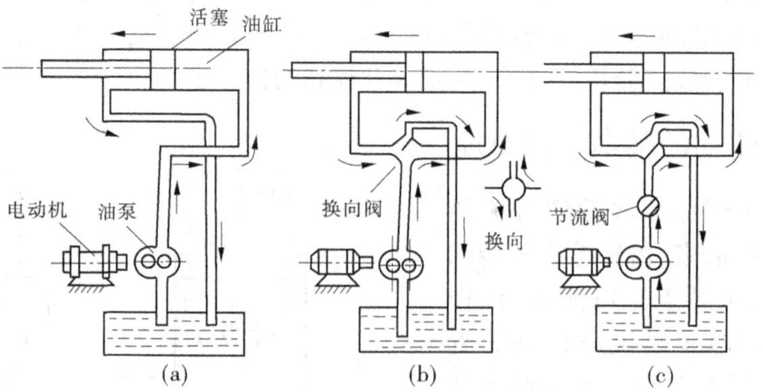

图 1-1-2　液压系统的组成

由此可见,任何一个简单而完整的液压系统,都由以下四个部分组成:

(1)动力部分,是指油泵。其作用是向液压系统提供压力油,是系统的动力来源,是将原动机(电动机)输出的机械能转变为油液压力能的能量转换装置。

(2)执行部分,是指油缸。它在压力油的推动下对外做功,满足使用要求,是将油液的压力能转变为带动工作机构做功的机械能的能量转换装置。

(3)控制部分,是指溢流阀、节流阀、换向阀等。它们分别控制和调节液压系统的压力、流量和液流方向,以满足执行元件对力、速度和运动方向的要求。

(4)辅助部分,是指油池、油管、滤油器、压力表等。它们将前三部分连成一个系统,起连接、贮油、过滤和检测等作用。

任务二　液压元件

一、油泵

常用的油泵有齿轮式油泵(齿轮泵)、叶片式油泵(叶片泵)和柱塞式油泵(柱塞泵)三种。

(一)齿轮泵

如图1-1-3所示,齿轮泵主要由泵体、泵盖和两个相互啮合转动的齿轮组成。齿轮的顶圆、端面与泵体、泵盖之间的间隙很小。内部形成了密封容腔、吸油腔和压油腔。当齿轮在电动机带动下按图示箭头方向旋转时,在吸油腔内由于啮合着的牙齿不断脱开而形成部分真空,外界油液便在大气压力作用下由吸油腔吸入泵内。随着齿轮转动,油液填满齿谷空间a、b、c及a′、b′、c′,并被带到压油腔。压油腔由于齿轮不断进行啮合,把啮合空间的油液压挤出泵外。齿轮连续旋转,吸油腔就不断吸油,压油腔也就不断压油。

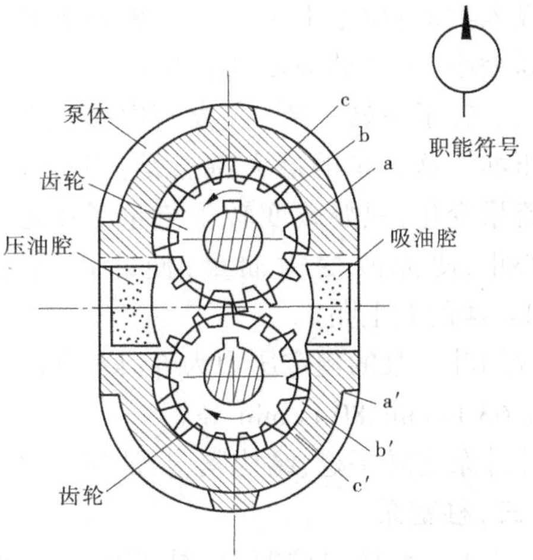

图1-1-3　齿轮泵工作原理

油泵输出油压的大小由油泵出油口处所加的负载阻力的大小决定,阻力越大,油压越高。当油泵供油压力过高时,会引起漏油增多、流量减少,使油泵的效率降低。因此,油泵都规定了额定压力和额定流量。齿轮泵常用的额定压力为25 kg/cm^2(2.5 MPa),额定流量有16 L/min、20 L/min、25 L/min、32 L/min等。

齿轮泵由于结构简单、制造容易、工作可靠、寿命长、转速高等优点,在各工业部门中得到广泛的应用。

齿轮泵是单向定量油泵,职能符号见图1-1-3右上角。

(二)叶片泵

叶片泵按结构形式的不同,可分为单作用式和双作用式两种,但其工作原理相同。

单作用式叶片泵的工作原理:如图1-1-4所示,单作用式叶片泵由传动轴1、转子2、叶片3、定子4、配油盘5和泵体6等组成。转子2开有均匀分布的径向狭槽,槽内装有可径向滑动的叶片3。转子2和定子4不同心,有一个偏心距,在转子的两侧装有配油盘5,以构成密封容积。在配油盘上开有互不相通的两个油窗,下油窗通吸油箱,称吸油窗;上油窗通压油箱,称压油窗。当电动机驱动传动轴1,带动转子2,顺时针方向旋转,叶片3在离心力作用下向外伸出,使其顶部紧贴在定子4的内圈表面上,任意两叶片之间就形成了一个密封容积。这时,位于下半部的各密封容积在不断增大,造成局部真空,于是通过吸油窗从油箱吸入油液;位于上半部的各密封容积在不断缩小,于是油液则通过压油窗被挤压出去。转子每转一周,完成一次吸油和一次压油。这种泵的最大特点是:很容易实现流量变化,只要改变转子与定子中心的偏心距,便能改变输油量,使之成为变量叶片泵。单作用式叶片泵的职能符号见图1-1-4的右上角。

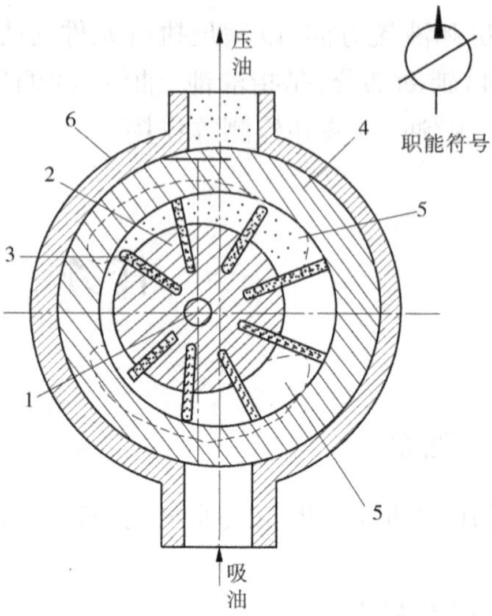

1—传动轴;2—转子;3—叶片;4—定子;
5—配油盘;6—泵体。

图1-1-4　单作用式叶片泵工作原理

常用叶片泵的额定压力为65 kg/cm^2(6.5 MPa),额定流量有32 L/min、40 L/min、50 L/min、63 L/min、80 L/min等。

叶片泵运转平稳、结构紧凑、油压较高、流量较大、噪声小、寿命长,应用也很广泛。

(三)柱塞泵

图1-1-5为径向柱塞泵,柱塞中心线垂直于转轴轴线。它主要由转子2、定子1、柱塞5和配油轴3等组成。转子柱塞孔内装有沿径向均匀设置的柱塞5,电动机带动转子连同柱塞5一起旋转,柱塞5顶部靠离心力(或在低压作用下)紧贴在定子1的内壁上。当转子如图箭头方向做顺时针旋转时,由于定子和转子间具有偏心距,因此柱塞一方面随着转子转动,同时又在柱塞孔内做径向往复运动。当柱塞转到上半周时向外伸出,柱塞孔内密封容积逐渐增大,产生局部真空,经过压紧在转子内并和转子一起转动的衬套4从吸油腔A吸油;当柱塞转到下半周时,定子内壁将柱塞向里推,密封容积不断减小,压力油通过配油轴下

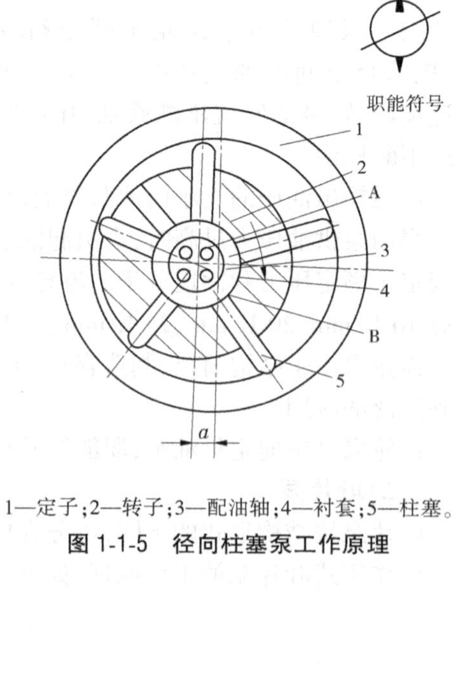

1—定子;2—转子;3—配油轴;4—衬套;5—柱塞。

图1-1-5　径向柱塞泵工作原理

半部 B 腔向外排出。转子每转一周，每一个柱塞都完成一次吸油和一次压油。

改变转子相对定子的偏心距，便可以改变泵的输油量，这就是径向单向柱塞变量泵的工作原理。改变偏心的方向，就可以改变排油的方向。当定子右偏时，配油轴下部吸油，上部就压油，这就是径向双向柱塞变量泵。

径向柱塞泵的职能符号见图 1-1-5 右上角。

柱塞式油泵可达较高的压力，通常都在 100 kg/cm^2（10 MPa）以上，额定流量有 30～200 L/min、30～300 L/min、60～400 L/min 等。

（四）油泵的合理使用与维护

油泵是液压系统中最重要的元件，也是经常容易出故障的元件。故障的原因除泵的设计、制造因素外，使用也是很重要的因素。实践证明，合理地使用与维护可以大大减少故障，延长油泵的使用寿命。液压系统使用和维护应做到以下几点：

（1）为防止油泵超载，系统内应设置可靠的安全溢流装置。传动电动机的功率不要过大（可按 $N_{电}=\frac{N_{泵}}{\mu_{泵}}$ 定，其中 $N_{电}$ 为电机的功率，$N_{泵}$ 为泵的功率，$\mu_{泵}$ 为泵的效率）。泵的主轴同其他机械装置连接时，要保证同心度或采用弹性联轴器连接。使用规定旋转方向的油泵时，启动之前应先确定正确的旋转方向。

（2）保持工作油液的清洁，防止污染。油箱应能使油液中的杂质和气泡沉淀析出，并配置相应的滤油器，滤油器要定时清洗。

（3）控制油温，油的黏度要适当。工作油温一般不超过 50 ℃，最高不应超过 65 ℃。但工作油温也不能过低。必要时应安装加热器或冷却器。

（4）避免油泵在高负荷下启动和停止，系统中应具有相应的卸荷装置。同时，应避免频繁地启动和停止。

（5）要保证油泵的吸油能力，防止泵空吸。对具有自吸能力（油泵在高于油箱液面的条件下，自行吸油的能力）的泵，尤应注意，不要漏气。

（6）要防止油泵的不合理持续高负荷运转。应按照工作负荷的变化使油泵相应在尽可能低的负荷下运转，动作完成后应使泵卸载。即使在需要保压的场合下，也可以通过选用恒压变量泵，加装蓄能器，或者用小流量高压泵保压而使大流量泵卸载等方法来解决。

二、油缸

油缸的作用是将液体的压力能转换为机械能的转换装置。它可以完成机械要求的各种动作。既可实现直线往复运动，也可实现回转运动。常用的有双杆活塞油缸和单杆活塞油缸。

（一）双杆活塞油缸

图 1-1-6 为双杆活塞油缸示意图。活塞两端各有一根活塞杆，当油液从 B 口进入油缸左腔（右腔的油从 A 口流出）时，活塞便向右运动；当油液从 A 口进入右腔（左腔的油从 B 口流出）时，活塞便向左运动。由于活塞两端的有效工作面积相等，所以当进入油缸油液的流量和油压一定时，活塞左右两个方向运动的速度相等，左右两个方向的推力也相等，这样，装配在活塞杆上的运动机械，就可得到等速等力的往复运动。

双杆活塞油缸的职能符号见图 1-1-6 右上角。

(二)单杆活塞油缸

图 1-1-7 为单杆活塞油缸示意图。活塞一端有活塞杆,另一端没有活塞杆,因此活塞两端的有效工作面积不相等($F_1>F_2$)。当油液的流量从 B 口进入油缸左腔时,活塞向右运动,速度为 v_1;当流量从 A 口进入油缸右腔时,活塞向左运动,速度为 v_2。因为 $F_1>F_2$,而流量不变,所以 $v_1<v_2$。在刨床上,由于要求往返运动的速度不一样,通常采用此种油缸。

单杆活塞油缸的职能符号见图 1-1-7 右上角。

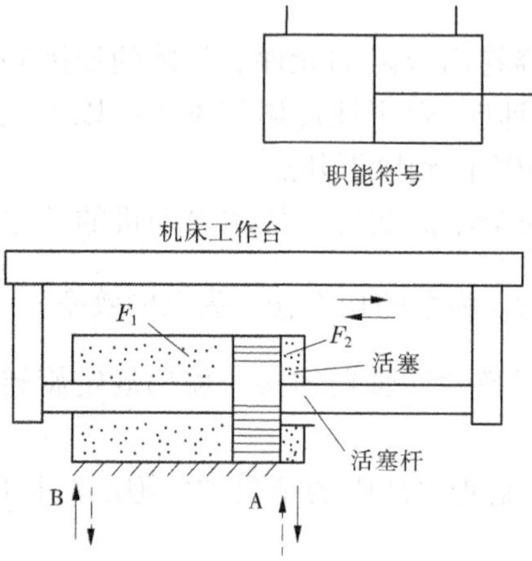

图 1-1-6　双杆活塞油缸示意图

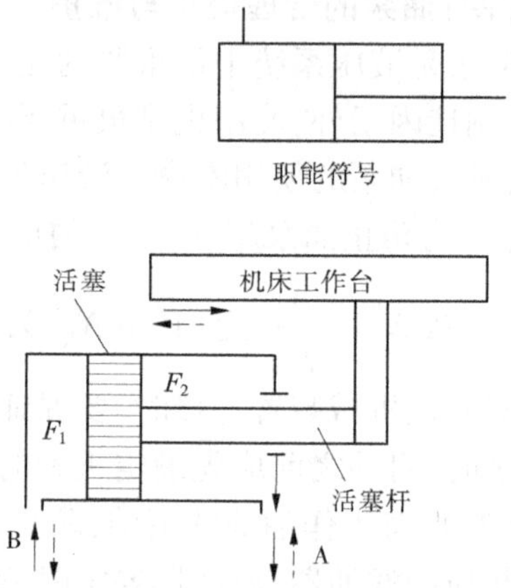

图 1-1-7　单杆活塞油缸示意图

另外,还有柱塞式油缸、齿条传动油缸、伸缩套筒油缸和摆动油缸等,各有专用。

三、控制阀

控制阀种类繁多,常用的有方向控制阀、压力控制阀和流量控制阀三种。

(一)方向控制阀

方向控制阀用来控制油流的方向,主要有单向阀和换向阀两种。

1. 单向阀

单向阀只允许油液向一个方向流动。图 1-1-8 是单向阀结构,用钢球 2 作为阀芯,阀芯在弹簧 3 作用下,轻轻压在阀体 1 的阀座上。当压力油从进油口 P_1 流入时,克服弹簧的作用力,顶开阀芯,油便从出油口 P_2 流出。反之,当油从 P_2 流入时,弹簧和油压使阀芯紧紧压在阀座上,油路不通。

单向阀的额定流量规格有 10 L/min、25 L/min、63 L/min、100 L/min 等,其职能符号见图 1-1-8 右上角。

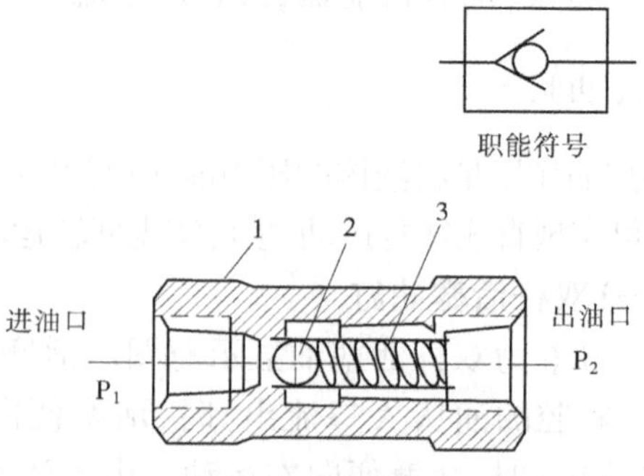

1—阀体;2—钢球;3—弹簧。

图 1-1-8　单向阀

2. 换向阀

换向阀用来改变油液流通的路线，以此来改变工作机构的运动方向。现用一种电磁控制的换向阀来说明换向阀的工作原理（见图 1-1-9）。

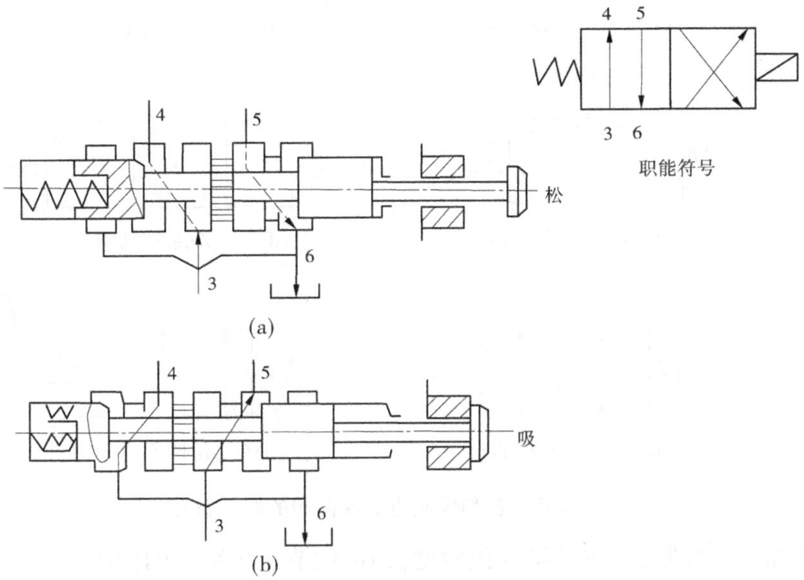

3、4、5、6—油管。

图 1-1-9　电磁换向阀的工作原理

电磁换向阀由阀体、阀芯和电磁铁组成。图 1-1-9（a）为电磁铁断电时的工作状况。油液从油管 3 流入，经阀体上的沉割槽，由油管 4 流出，并进入油缸腔。油缸另一腔的油由油管 5 经阀体沿油管 6 流回油池。图 1-1-9（b）为电磁铁通电时的工作状况。油液从油管 3 流入，经阀体沉割槽由油管 5 流出进入油缸，油缸的回油从油管 4 经阀体由油管 6 流回油池。不断使电磁铁通电或断电，就可使阀芯在阀体内的位置不断改变，这样，油液流动的方向也随着不断改变。

上面讲的换向阀有两个工作位置、四个通道（四个对外接口），阀芯是靠电磁阀通电来移动的，所以称为二位四通电磁阀。职能符号见图 1-1-9 右上角。

此外，还有不少常用换向阀，虽然结构和控制方式各不相同，但工作原理与上面所介绍的电磁阀工作原理相同，也就是改变阀芯在阀体内的位置。图 1-1-10 为各种控制方式换向阀的职能符号。

不论何种换向阀，均为成品出售，重要的是根据使用需要而正确选择型号。

（二）压力控制阀

压力控制阀是用来控制液压系统中油的压力。压力控制阀有溢流阀、减压阀、顺序阀和压力继电器等。它们的共同特点是利用油液压力所产生的液压力与弹簧力相平衡的原理来进行工作的。

图 1-1-11 为压力控制阀的工作原理。这种阀由阀芯、阀体和弹簧等组成。当油压作用阀芯底部所产生的液压力小于上面弹簧力时，阀芯处于图示位置，进、出油口不通，出油口无油流出；当液压力大于上面弹簧力时，阀芯上移，进、出油口相通，出油口有油流出。

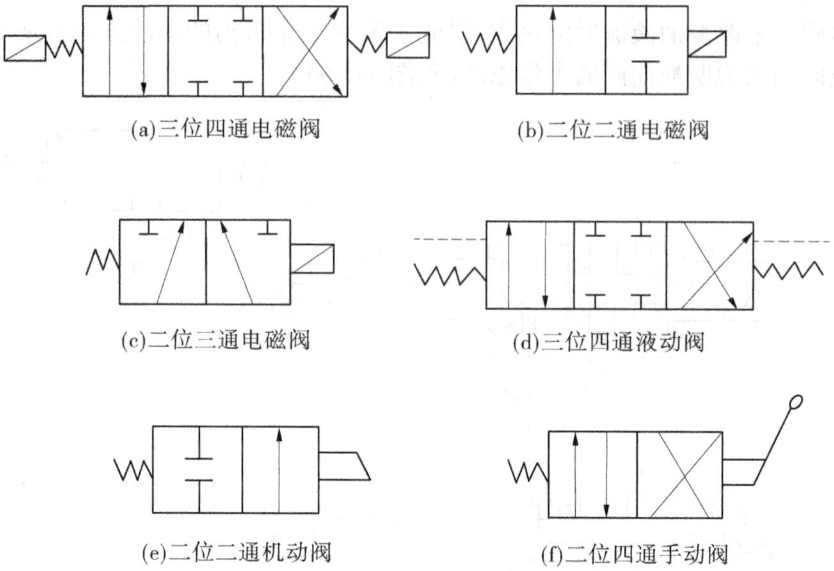

图 1-1-10　各种控制方式换向阀的职能符号

系统油压由弹簧力控制，调节弹簧的预紧度，即可调节液压系统的油压。

常用压力控制阀的职能符号如图 1-1-12 所示。图 1-1-12(a)为溢流阀，用于调节液压系统的油压；图 1-1-12(b)为减压阀，用于获得比主系统低的稳定油压；图 1-1-12(c)为顺序阀，用于控制系统中多个工作油缸的顺序动作；图 1-1-12(d)为压力继电器，当油压达到一定数值后发出电信号、操纵电磁阀，接通下一个动作。

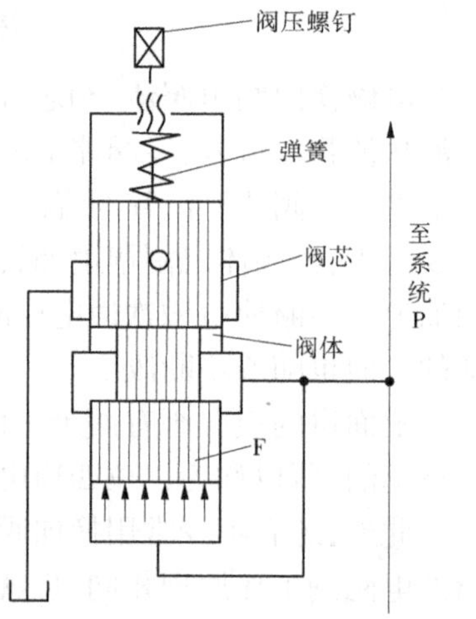

图 1-1-11　压力控制阀工作原理

(三)流量控制阀

流量控制阀靠改变通流截面(开口)的大小来调节通过阀口的流量，以改变工作机构的运动速度。油液流经小孔或狭缝时，会遇到阻力。开口越小，油液流过时的阻力就越大，因而通过的流量就越小；开口越大，阻力就越小，而通过的流量就越大。

节流口的形式如图 1-1-13 所示。图 1-1-13(a)为针式节流口，针阀可做轴向移动，调节环形通道的大小以调节流量。图 1-1-13(b)为偏心式节流口，在阀芯上开了一个截面为三角形(或矩形)的偏心槽，当转动阀芯时，就可以调节通道的大小以调节流量。这种阀口可以得到较小流量，但节流通道较长，容易堵塞，流量受油温和压力变化的影响较大。图 1-1-13(c)为轴向三角沟式节流口，在阀芯端部开有一个或两个斜三角沟，当轴向移动阀芯时，就可改变三角沟通流截面的大小。这种阀口节流通道短，可以得到较小的流量，节流性能较好，是常用的一种形式。

节流口的形式还有很多，如周向缝隙式、轴向缝隙式等。利用各种节流口可组成各种

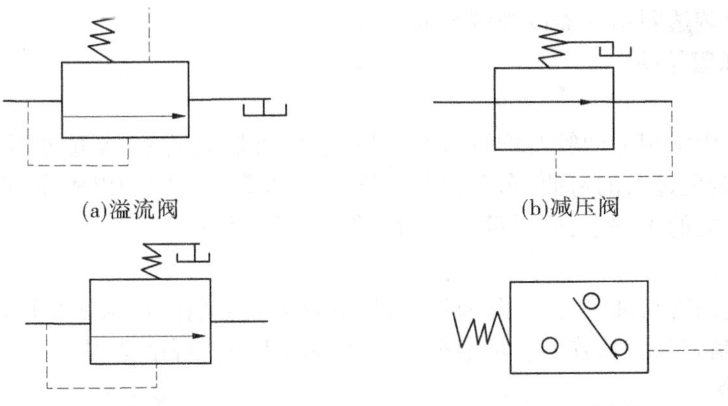

(a)溢流阀　(b)减压阀

(c)顺序阀　(d)压力继电器

图 1-1-12　压力控制阀职能符号

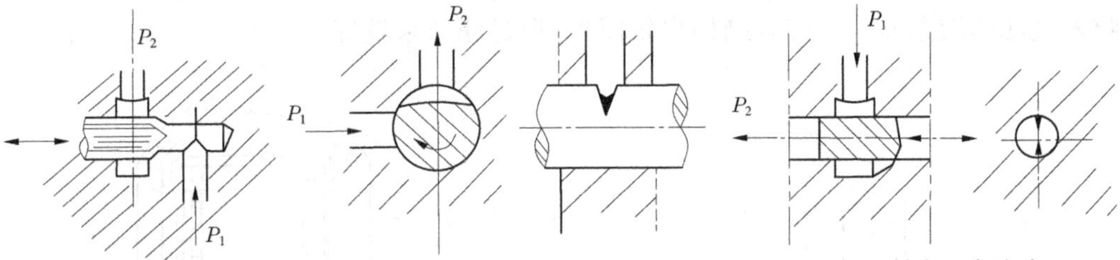

(a)针式　(b)偏心式　(c)轴向三角沟式

图 1-1-13　节流口的形式

流量阀。常用的流量阀有节流阀和调速阀等,职能符号见图 1-1-14。

(a)节流阀　(b)调速阀

图 1-1-14　流量阀职能符号

四、辅助装置

辅助装置是用来贮油、输油、滤油和测压的装置。它包括油箱、油管和管接头、滤油器、压力表等。

(一)油箱

油箱一般用 2.5~4 mm 厚的钢板焊制而成,应有足够大的容积,以贮存油液。油箱应有盖,并带有网状滤油器,用于过滤油液。回油管与吸油管都应插入油液内。油箱用挡板隔开,以隔离回油管排出的小颗粒脏物杂质。油管末端不要放得过低,以免把沉淀的脏物吸入油管中。要装透明示油器以观测油面高度。

(二)油管和管接头

1. 油管

在液压设备中常用的油管有钢管、铜管、尼龙管、橡胶软管等,都能承受一定的油压。油管安装时,应避免过大的弯曲,布置位置要适当。油管一般应加以固定,以免产生不必要的振动。在可能的条件下,应尽量"短"而"直",少用弯头。

2. 管接头

管接头是使油管与油管、油管与液压元件连接的可拆连接件,大多采用螺纹连接。管接头有钢制、铜制和橡胶软管等。可根据油管连接的需要按标准选用。

(三)滤油器

图 1-1-15 为网式滤油器。它由一层或两层铜丝网包围着,四周开有很大窗口的金属或塑料圆筒制成,结构简单,但效果很差。

图 1-1-16 为线隙式滤油器,它用 0.4 mm 的铜丝在滤架上绕制而成,靠铜丝间的微小间隙来过滤油液杂质。线隙式结构也较简单,但过滤效果较好。

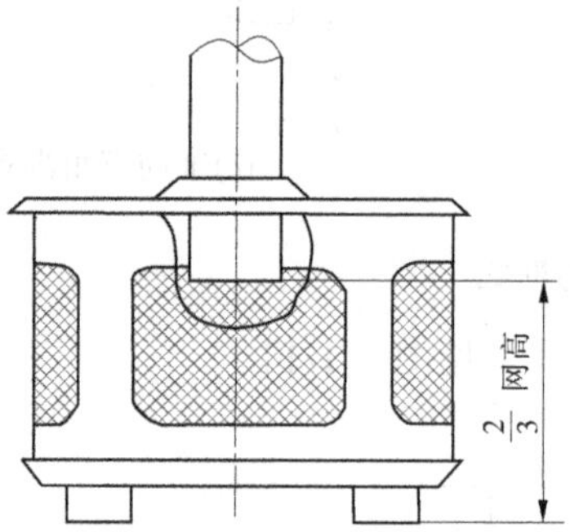

图 1-1-15　网式滤油器

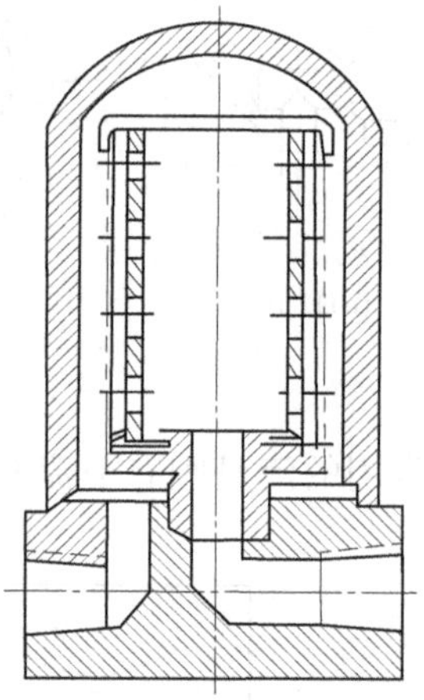

图 1-1-16　线隙式滤油器

滤油器能过滤油中杂质,防止杂质进入系统,因此能保证液压系统正常工作,以提高液压元件的使用寿命,避免发生故障。

(四)压力表

压力表用来测量油压,它通过表面指针的偏摆来显示压力的大小,其偏角的大小取决于通入压力的高低。

图 1-1-17 所示为辅助装置中的液压元件职能符号。图 1-1-17(a)为油箱;图 1-1-17(b)为油管与管接头连成的油路(从上到下,分为主油路、控制油路、连通油路、交叉油路);图 1-1-17(c)为滤油器(上为粗滤器、下为精滤器);图 1-1-17(d)为压力表。

五、液压传动的应用

液压传动在实际中应用很广,遍及各机械行业,下面举两个实例加以说明。

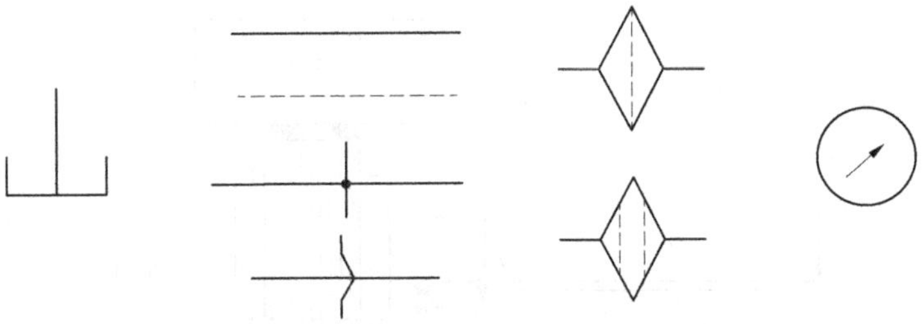

(a)油箱　(b)油管与管接头连成的油路　(c)滤油器　(d)压力表

图 1-1-17 辅助部分液压元件职能符号

(一)抽水机

抽水机应用广泛,矿山、井下、农机、化工、轻工、重工、水利、电力等都要使用。不论是柱塞泵、齿轮泵、离心泵等,都存在旋转和液流传送等程序。图 1-1-18 是柱塞式抽水机,它由柱塞泵、单向阀和偏心轮等组成。偏心轮在电动机带动下转动,当偏心轮的薄缘位置在上面时[见图 1-1-18(a)],由于弹簧的伸展作用,柱塞就下降,缸筒里的容积增大,产生真空,这时,水就可在大气压力下冲开单向阀 1 的阀门,按图中箭头指示的方向吸入缸筒里。当偏心轮转动到厚缘朝上时[见图 1-1-18(b)],就能使柱塞克服弹簧的阻力而向上移动,这样就减小了缸筒的容积,使原吸入缸筒的水受压,冲开单向阀 2 排出。

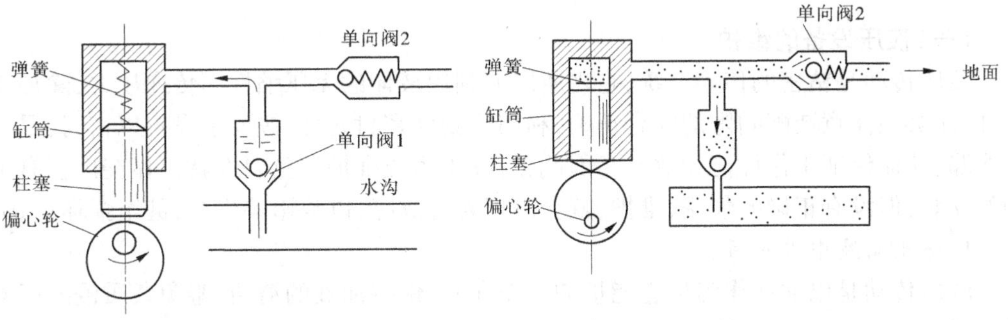

(a)　(b)

图 1-1-18 柱塞式抽水机工作原理图

(二)液压千斤顶

在起重作业时,常常用液压千斤顶作为起重工具顶起重物。图 1-1-19 是液压千斤顶示意图。用手向上扳动手柄,与小油缸配合的小活塞就向上移动,产生抽吸作用,油就从油箱经管道 1、左侧单向阀进入小油缸下腔。当揿下手柄,小活塞下移时,就将吸入的油经管道 2、左侧单向阀压入大油缸下腔,这时,左侧单向阀不通,就迫使大活塞向上移动,顶起重物。这样不断地上、下揿动手柄,就能将油间歇地压入大油缸下腔,使重物缓慢上升。由于油液几乎不可压缩,因此可以随时保持重物的上升位置。工作完毕,若要取出千斤顶,则可拧开放油塞,大油缸内的油就可经管道回入油箱,大活塞下移,千斤顶也就取出来了。

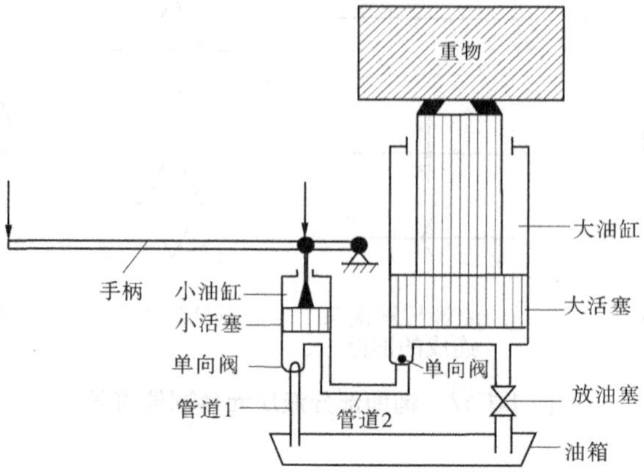

图 1-1-19　液压千斤顶工作原理图

如上面介绍的千斤顶，其小油缸直径 $d_1=12$ mm，大油缸直径 $d_2=35$ mm，当在手柄上施加 313.6 N 力时，就能顶起 5 000 kg 的重物。

液压传动还用于其他一些机械方面，如万吨水压机、机械手、液压悬挂农机具、专用铣床和钻床的液压系统等。

六、液压设备的维护与故障排除

(一)液压设备的维护

液压传动是精密的传动系统，它之所以能利用液体的无压缩性而传递压力，除加工制作外，还必须注意装配间隙的配合正确，利用橡胶件密封元件，按要求设置以密封，尽量减少泄漏，从而保证工作性能和效率。因此，对液压系统维护的重要性就更显突出。有了正确的安装，但没有正确的使用、维护，就会出现各种故障，以致影响生产，甚至损坏设备。

1. 防止油液中进入污物

液压传动是以油液作为传递能量的工作介质，保持油液的清洁，避免杂质侵入而磨损设备、损坏密封，才能使设备正常工作。

(1)油箱周围应保持清洁，油箱应有盖，并装设滤油器。

(2)所用的器具如油桶、漏斗、抹布等应保持干净。

(3)油液应根据工作情况定期更换。

(4)洗涤油管、管接头时，一般应先用煤油，然后用液压设备所用的油液清洗。

(5)滤油器应经常清洗、更换。

(6)液压元件不要轻易拆卸。必须拆卸时，应保持零件干净。装配时要防止金属屑、棉丝等杂质落入元件内。

2. 防止空气进入液压系统

空气混入油液，会使系统产生爬行，破坏工作平稳性，引起振动，并使油液变质，降低元件的使用寿命。

(1)油箱油量必须加足。

(2)吸、回油管必须插入油面以下,管子间应保持一定的距离,不能靠得太近。

(3)密封装置应良好,管接头及各接合面处的螺钉都应拧紧。

(4)及时清洗油泵入口处的滤油器,避免阻塞。

3. 防止油温过高

油温一般应在 30~50 ℃内,最高不应超过 65 ℃。油温过高,将产生不良影响。

(1)保持油箱中的正确油位,使系统中的油液有足够的循环冷却条件。

(2)在保证液压设备正常工作的条件下,油泵的压力应尽量调得低些。

(3)正确选择液压系统所用油液。

(4)必要时应当采用冷却装置。

(二)液压设备常见故障及排除方法

液压系统可能出现的故障是多种多样的,这里仅举常见的几种。

1. 噪声

(1)空气进入液压系统会产生噪声。排除方法就是把空气放出。

(2)因液压元件质量不好,如齿轮精度低,叶片、柱塞卡住,控制阀中阀芯、阀体配合不好或表面拉毛、阀孔堵塞、阀芯移动不灵活等,应检查、修复或更换零件。

(3)因管道过细过长,安装固定不好而引起的振动,应选用直径较粗的油管并加以紧固。

2. 爬行

油缸速度时快时慢,一般称为爬行,爬行会降低被加工零件的质量。

(1)由于液压系统中进入空气而产生爬行,因此排除空气即可。

(2)相对运动件间的机械摩擦阻力太大或阻力变化,也容易产生爬行。因此,应保证导轨、油缸、活塞、活塞杆等的加工精度和表面光洁度,并保持油液的清洁。

(3)相对运动件表面润滑不良,应经常检查润滑情况。

3. 系统中压力不足

(1)油泵打不出压力油或打出的油液压力不足,这可能是油泵反转、零件损坏或吸油管阻力过大、漏气等,应检查油泵工作状况。

(2)溢流阀故障,如阀芯卡住或其他控制阀动作不灵敏,应检查、修复或更换零件。

(3)油缸中密封不好或磨损过大,节流小孔、阀口等堵塞,造成漏油严重,应检查管路和油缸工作情况。

(4)溢流阀接法错误,如将卸荷口直接接油箱,会造成系统无压力,应检查纠正。

思考题

1. 试述液压传动的工作原理。液压传动系统由哪几部分组成?

2. 液压传动的优缺点有哪些?

3. 试述油泵的工作原理。柱塞泵是怎样实现吸油和压油的?

4. 换向阀有哪几种控制方式？
5. 常用压力控制阀有哪几种？它们的共同特点是什么？
6. 试述流量控制阀的工作原理。节流口有哪几种形式？
7. 辅助装置在液压传动中的作用是什么？
8. 液压传动使用维护的要点有哪些？

模块二 起重工基础知识

起重工在搬运和吊装各种物体时,经常遇到“数”和“力”这两个概念,如被搬运和吊装的物体的大小、重量,选用什么设备、采用什么方法等都涉及数学(计算)、力的分析和材料的计算。

任务一 常用工具

一、手拉葫芦

手拉葫芦,又称神仙葫芦,是一种结构紧凑、使用方便的手动起重工具。适用于吊装小型笨重物件,起重量一般不超过 10 t,最大可达 30 t;起升高度一般为 3 m,最大可达 12 m。

手拉葫芦使用要求:

(1)起重前要认真检查吊钩、链条、制动部分、墙板等,确保主要受力件不能有损坏;检查转动部分是否灵活,有无卡链现象,并进行润滑。

(2)起吊前要先行试吊,检查各部是否正常、可靠。

(3)严禁超载吊物,链条要垂直,并无错扭链环。

(4)拉链与链轮方向要一致,操作者应与拉链同一平面拽动。使用前先反拉倒链,使有足够的起升高度,操作时用力要均匀,缓缓上升。

(5)根据起重量决定拉链人数,不准任意增添,拉不动时应检查原因,如重物是否与其他物体牵挂,葫芦机件有无损坏、是否超重等。

二、千斤顶

千斤顶,又称顶重机、举重器,结构简单,轻便灵活,维修方便。它能用较小的力顶升巨大的物件,应用广泛。

(一)千斤顶的分类

(1)齿条千斤顶,是杠杆棘爪、锯齿条式机构。利用摇杆上、下摆动,通过上、下齿板(棘爪)使锯齿条做垂直移动,从而使支承在锯齿条下部钩子上或在上部顶盖上的重物做有级移动。

(2)螺旋千斤顶,由底座、螺杆、螺母等构成。上升时,通过手柄机构旋转螺杆。起重量 5~50 t,起升高度 130~400 mm。

(3)油压千斤顶,由油泵、活塞缸筒、阀等组成。活塞行程一般为 200 mm,常用的起重量是 3~50 t,或更大。油压千斤顶用油,要按使用环境的温度选择。

(二)千斤顶的选择、设置

(1)千斤顶的起重能力不能小于被起重物体的重量。若遇大件或无大能力的千斤顶时,也可用几个千斤顶同时作业,但每个千斤顶承载量应是计算承载量的 1.2 倍。若起升高度大于千斤顶起升高度时,可用枕木支承,循环进行,以达所需高度。

(2)千斤顶的基础应平稳、坚实、可靠。在地面时,可用枕木或其他材料支垫,以扩大支承面积。

(3)设置:①松软基础上要垫枕木,并防歪斜;②载荷重心应与千斤顶轴线保持一致;③光滑面上应垫硬木,以防滑动。

(三)千斤顶操作

(1)千斤顶安放好后,应先试顶检查。

(2)严禁超负荷,不准任意加长操作杆。

(3)几台千斤顶同时作业时,要求同步,保持重物平稳,有节奏地均匀上升,缓慢下落。

(4)齿条和螺旋千斤顶,使用前要检查,当齿条、螺杆、螺母处磨损超过 20%时,应予报废。

(5)油压千斤顶使用前,应做超负荷 10%的试验,历时 10 min。

(6)操作完毕,应检查维护,妥善保管。

三、卷扬机

卷扬机分为手动卷扬机和电动卷扬机两种。它广泛地用于民用建筑、工业建筑、设备安装、修理和垂直吊装、水平运输等工作中,是起重工最常用的起重工具之一。

(一)手动卷扬机

手动卷扬机又有手摇绞车和绞磨之分。

1.手摇绞车

手摇绞车由齿轮、手摇柄、卷筒等组成。摇动手摇柄,几根轴上的齿轮互相啮合、分次传递,最后卷动卷筒,卷起钢丝绳,达到吊起或水平拖运重物的目的。速度也是由手摇柄经过齿轮逐渐变慢至卷筒,因此可用较小的力卷动较重大的物体。

2.绞磨

绞磨又叫推关,由鼓轮、中心轴、支架和推杆四部分组成。推动推杆做圆周运动(如推磨),鼓轮随之转动,钢丝绳在鼓轮上收放转动,即可牵引重物。

3.使用要求

手动卷扬机结构简单,灵活方便,适用于任何环境,特别是在野外无电源处,更显出其独特的作用。使用时必须注意:

(1)固定要牢靠,方向要对正。

(2)摇车卷筒上的钢丝绳牵引端必须从下方引出,固定端在卷筒上要留 2~3 圈;绞磨上钢丝绳的牵引端也在下面,鼓轮上绕 5~7 圈后,引出固定端,工作时由人拉紧,随鼓轮转动而收拉。

(3)重物吊起后,没有制动或固定前,摇车的手柄和绞磨固定端拉紧绳均不能松动。

(二)电动卷扬机

电动卷扬机有快速、慢速之分和单筒、双筒形式。其工作原理与手摇绞车类似,手摇绞车是通过简单轮系来改变速度,而电动卷扬机是通过变速箱(封闭式的比较复杂而精确的轮系)来改变速度,增大牵引力,增加起重能力。不同之处是用电动代替人力驱动,速度较快,操作方便,减轻体力。

电动卷扬机由电动机、制动器、减速器(变速箱)、卷筒等组成。

(1)安装在较高的地方,下垫枕木,要牢固可靠,无滑动倾斜现象,距离起吊重物 15 m 以上,用于扒杆时,应大于扒杆高度。

(2)卷扬机与第一个导向滑轮的距离应大于 20 倍卷筒宽度。

(3)电动控制设备要放在操作者身边,所有电器设备都要可靠接地,防止触电。

(4)开车前先空转一圈,以检查机件及制动器。

(5)平时注意维护,减速器油量要够标准,转动部分加润滑油。

任务二　索　具

起重工所用索具种类很多,常用的有麻绳、白棕绳、钢丝绳及其应用的夹具、拉紧器、滑轮及滑轮组等。

一、麻绳

(一)麻绳的规格和性能

麻绳是用大麻或亚麻的纤维搓成股,再将股拧成绳。它轻便、柔软,携带方便,容易捆绑,但强度较低,大都用于捆扎和拉绳,起吊轻便物件时有时也用。其规格和性能见表 1-2-1。

表 1-2-1　麻绳的规格和性能

麻绳尺寸			允许极限载荷/N				破断拉力/N		每米绳重量/kg	
圆周/mm	直径/mm	断面面积/mm	捆绑用		起重用		亚麻绳	浸油亚麻绳	亚麻绳	浸油亚麻绳
			亚麻绳	浸油亚麻绳	亚麻绳	浸油亚麻绳				
30	9.6	72	360	320	720	640	5 350	5 050	0.07	0.083
35	11.1	97	480	430	970	870	6 100	5 750	0.087	0.103
40	12.7	127	630	570	1 270	1 140	7 750	7 350	0.117	0.138
50	15.9	199	1 000	900	1 990	1 790	11 200	10 650	0.174	0.205
60	19.1	281	1 450	1 300	2 870	2 580	15 700	14 900	0.248	0.293

续表 1-2-1

麻绳尺寸			允许极限载荷/N				破断拉力/N		每米绳重量/kg	
			捆绑用		起重用					
圆周/mm	直径/mm	断面面积/mm	亚麻绳	浸油亚麻绳	亚麻绳	浸油亚麻绳	亚麻绳	浸油亚麻绳	亚麻绳	浸油亚麻绳
75	23.9	449	2 250	2 000	4 490	4 040	23 930	22 260	0.395	0.466
90	28.7	647	3 250	2 900	6 470	5 820	34 330	32 230	0.572	0.675
100	31.8	794	4 000	3 600	7 940	7 140	40 130	37 670	0.700	0.826

(二)麻绳的选用和计算

麻绳在交互捻时虽受有扭转力,工作时受拉力和弯曲,故它的许用载荷仍按保证拉伸强度计算。

许用载荷计算公式为

$$P = \frac{\pi d^2}{4}[\sigma] \tag{1-2-1}$$

式中 P——许用载荷,kg;

d——麻绳直径,mm;

$[\sigma]$——麻绳许用应力,MPa。

故麻绳的最小直径为

$$d = \sqrt{\frac{4P}{\pi[\sigma]}} \tag{1-2-2}$$

麻绳的许用应力见表 1-2-2。

表 1-2-2 麻绳的许用应力 单位:MPa

规格	捆绑用	起重用
亚麻绳	10	5
浸油亚麻绳	9	4.5

【例 1-2-1】 有一根预制构件,重 3 000 N,需将其吊起就位,应选用多粗麻绳?

解: $d = \sqrt{\frac{4P}{\pi[\sigma]}} = \sqrt{\frac{4 \times 3\ 000}{3.14 \times 10}} = 19.6(\text{mm})$

查表 1-2-1,可选用直径为 23.9 mm 的亚麻绳。

(三)麻绳使用的注意事项

(1)麻绳一般用于轻型手动捆绑和起重较小的滑车及桅杆绳索。机动机械一律不得使用麻绳。

(2)麻绳的拉力根据包括其空隙在内的全部断面计算,所以选择使用时,要酌情考虑安全系数,断丝和腐乱过甚的均不得使用。

(3)麻绳使用于滑车组时,滑轮的直径应大于麻绳直径的 10 倍以上。

(4)麻绳应存放在干燥的库房内,盘卷放置在木板上,避免吸水后强度降低。

(5)经油浸处理的麻绳,要防止水分侵蚀,但这样的麻绳重量增大、成本高,同时受油中有机酸影响,强度和挠性均有所降低。

二、白棕绳

(一)白棕绳的构造和种类

白棕绳是由植物纤维搓成的,先由线绕成股,再由股拧成绳,承载力比麻绳大。白棕绳分三股、四股和九股三种,又有浸油和不浸油之分。浸油的不易腐烂,不怕水,质硬,不易弯曲,强度比不浸油的低10%~20%。不浸油的保管应特别注意,特别是雨天工作后。使用年限较短,每次用前均需检查。

(二)白棕绳的规格和性能

白棕绳的规格和性能见表1-2-3。

表1-2-3　白棕绳的规格和性能

直径/mm	圆周/mm	每卷重量(220 m)/kg	破断拉力/N	允许拉力/N 旧绳(K=6)	允许拉力/N 新绳(K=3)	应用滑轮最小直径/mm
6	19	6.5	1 960	323	656	100
8	25	10.5	3 185	529	1 058	100
11	32	17	5 635	940	1 881	150
13	38	23.5	7 840	1 303	2 900.8	150
14	44	32	9 310	1 548	3 106	150
16	51	41	11 270	1 881	3 753	200
19	57	52.5	12 740	2 126	4 243	200
22	70	70	18 130	3 018	6 064	220
25	76	90	23 520	3 920	7 840	250
29	89	120	25 480	4 243	8 496	290
33	101	165	28 420	4 733	9 476	330
38	114	200	34 300	5 713	11 436	380

注:K为安全系数。

(三)白棕绳的破断拉力和允许拉力

白棕绳的破断拉力和允许拉力可查表1-2-3,也可用下式计算。

$$\text{允许拉力}\ P = \frac{\text{破断拉力}\ N}{\text{安全系数}\ K} \tag{1-2-3}$$

白棕绳的安全系数K,根据用途不同而不同,常用的有以下几种:

(1)当穿滑轮组吊构件时,K采用5。

(2)当作缆风用时,K采用6。

(3)当作吊索用时,K不小于6。

(4)当在重要处使用时,K采用10。

(5)旧绳的允许拉力取新绳的40%~60%。

(四)白棕绳使用注意事项

(1)穿滑轮时,滑轮直径应比绳径大10倍以上,以免绳弯过大而降低强度。

(2)成卷绳拉开时,应从圈内拉出绳头、顺向牵引,按需要长度切断。切断前应用细绳扎牢切口两侧,以免断开松散。

(3)使用中发生扭结,应设法抖直,否则容易折断。有绳结的绳不能穿滑轮使用。

(4)使用时,不应在有棱角的、粗糙的构件上或地上拖拉,以免磨损。捆绑此类物件时,应垫以麻袋或木板,以免割断。

(5)应放在干燥通风的地方,以免受潮腐烂。不应和化学品如油漆、酸、碱等接触,以免腐蚀。

三、钢丝绳

钢丝绳在设备运输、吊装和机械传动工作中,应用最为广泛。它的优点有:柔性好,能够灵活运用;弹性大,能承受冲击性载荷;高速运行中没有噪声;破断前有断丝的预兆,整个钢丝绳不会立即折断等。

(一)钢丝绳的构造及应用选择

钢丝绳是由几股钢丝子绳和一根麻芯拧在一起而成的。因拧绕方向不同,分顺绕和反绕两种。每股钢丝子绳是由直径0.3~3 mm的高强度钢丝组成的。最常用的是6股19丝(6股钢丝子绳、每股19根钢丝)、6股37丝(6股钢丝子绳、每股37根钢丝),用文字表示,分别为6×19+1、6×37+1(最后项1表示1根绳芯)。

钢丝的数量与钢丝绳总直径无关,同样直径的钢丝绳,19丝与37丝比较,前者钢丝较粗、质硬,后者钢丝较细、质软。

钢丝绳主要用于提升物件、穿绕滑轮、制千斤绳、作缆风绳等。实际工作中受力状态很复杂,如拉力、弯曲力、钢丝间和股间的摩擦力等,因此合理选用钢丝绳,既经济又符合要求就成为工作者的一项重要工作。用于捆绑、缆风,可选用6股19丝;用于提升物件、穿滑轮组、制作千斤,可选用6股37丝等。至于用多大的钢丝绳合适,则应考虑下列因素:

(1)要有足够的承载能力,安全可靠。

(2)操作要稳定,避免过大的冲击。

(3)穿滑轮、绕滚筒要考虑直径比。

(4)根据不同用途,按表1-2-4选用不同的安全系数。

表1-2-4 钢丝绳使用安全系数

用途	安全系数	用途	安全系数
缆风绳	3.5	吊绳(无弯曲)	6~7
手动起吊设备	4.5	捆绑物件	8~10
机动起吊设备	5~6	载人升降机	14

(5)按图1-2-1正确测量钢丝绳直径,以免选用不当,造成浪费或酿成事故。

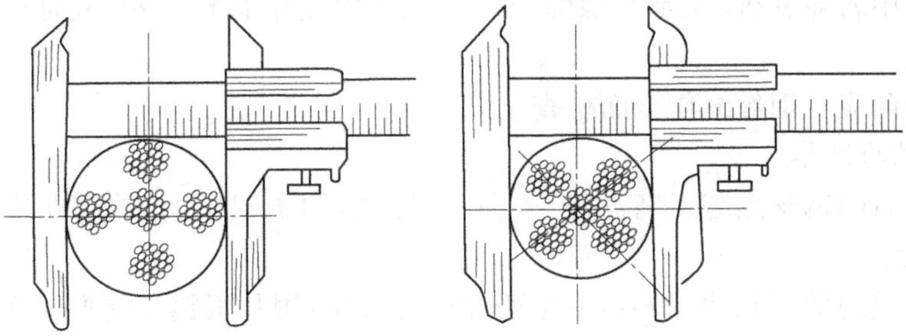

(a)正确量法　　(b)错误量法

图 1-2-1　钢丝绳直径的测定

(二)钢丝绳破断拉力的计算

钢丝绳破断拉力的大小,与钢丝绳的直径、结构及钢丝的直径、强度有关。

钢丝绳最小破断拉力,用 kN 表示,并按下式计算:

$$F_0 = K'D^2R_0/1\ 000 \tag{1-2-4}$$

式中　F_0——钢丝绳最小破断拉力,kN;

D——钢丝绳公称直径,mm;

R_0——钢丝绳抗拉强度,MPa;

K'——某一类别钢丝绳的最小破断拉力系数,在《钢丝绳通用技术条件》(GB/T 20118—2017)中查询。

考虑到破断拉力需要查表,现场计算不便,故列出下面经验公式以供估算。

$$F_0 \approx 0.5D^2 \tag{1-2-5}$$

式中　D——钢丝绳直径,mm。

此经验公式计算结果,比查表所得破断拉力约低 7%,故使用是安全的。

若已知钢丝绳的破断拉力,即可按下式求得最大允许载荷 P。

$$P = \frac{F_0}{K} \tag{1-2-6}$$

式中　K——安全系数,可查表 1-2-4。

如果用的是旧钢丝绳,应按其新旧程度,乘以 0.4~0.75 的系数。

(三)钢丝绳的使用与保养

1. 钢丝绳使用注意事项

(1)不准超载,不准有锐角曲折,不准突然刹车。

(2)钢丝绳解开,一是让绳卷顺利地滚动,二是将绳卷中穿铁管架于木架上滚动,单头由人牵引,以免扭结。

(3)钢丝绳切断前,先在切断处两头绳径 2~3 倍处用细铁丝扎好,以免切开松散,然后用錾子或气割切断。

(4)天热使用时,受力后往往会出现出油现象,新绳应属正常,旧绳则说明受力较大,应予检查。

(5)吊装中若绳发抖(正常摩擦除外),则说明滑轮中有轮不转,或是碰上其他物体,应予检查。

(6)使用前应对钢丝绳作全面检查。

2. 钢丝绳的保养

(1)使用后的钢丝绳应正确盘好,放在干燥库房的木架子上,并定期进行注油,以延长其使用寿命。

(2)穿钢丝绳的滑轮边缘不许有毛刺和破碎现象;用几根钢丝绳捆绑重物时,必须使每根绳受力均匀。

(3)钢丝绳用了一段时间(一般为四个月左右)以后,必须加油润滑,最好是用热油浸泡。常用的方法是用棉纱把润滑油均匀涂在用柴油或煤油洗去污垢并已除锈的干净的钢丝绳上,一是防止生锈,二是减小股与股、钢丝与钢丝之间的磨损,三是弥补麻芯缺油(这是因受力而将油挤出),以保证钢丝润滑。

3. 钢丝绳的报废标准

钢丝绳在使用过程中,经常受到拉伸、弯曲的力,超过一定次数后,会出现"金属疲劳"现象,开始损坏,加之不断摩擦,因而产生断丝。当钢丝断裂在一个节距内(见图 1-2-2)超过表 1-2-5 所列数字时,钢丝绳必须报废。

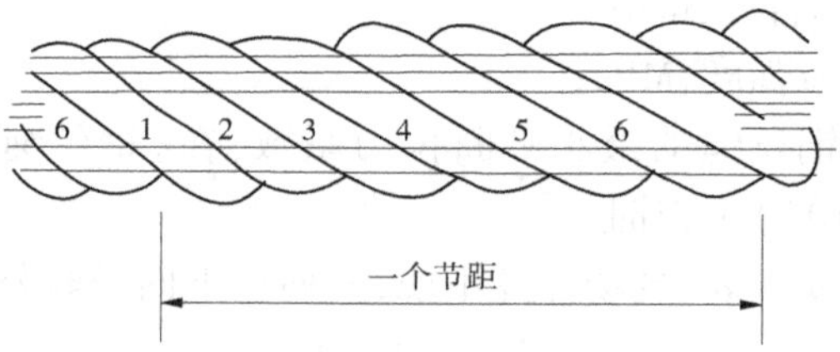

图 1-2-2　节距

表 1-2-5　钢丝绳报废标准

采用的安全系数	钢丝绳种类			
	6×19+1		6×37+1	
	反绕断丝根数	顺绕断丝根数	反绕断丝根数	顺绕断丝根数
小于 6	12	6	22	11
6~7	14	7	26	13
大于 7	16	8	30	15

如果钢丝绳表面磨损或锈蚀较严重,在一个节距内直径比原径减小 30%及以上时,应予报废。

四、尼龙绳

吊运表面光洁的零件、软金属制品、磨光的轴销或其他表面不许磨损的设备时,使用尼龙绳或涤纶绳是比较合适的。

尼龙绳体轻、质软、耐腐蚀，防潮性好，耐有机酸和无机酸，并具有弹性，能减少冲击，抗拉强度较大。

五、结绳方法和使用范围

绳索在起重作业中，主要是用于抬、拉、吊，但在使用时，要根据工作对象的形状，采用不同的绳结，而且还需要打结迅速方便，使用安全牢靠，解结快捷容易。

下面介绍几种常用的结绳方法。

(1)杠棒结(又称抬结)打结方法如图1-2-3所示，此结打结和解结比较迅速，使用安全可靠，适用于小型构件的抬运和吊运。

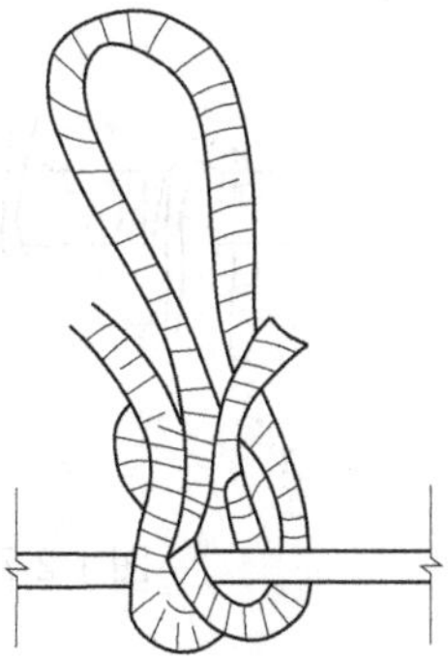

图1-2-3　杠棒结

(2)栓柱结打结方法如图1-2-4所示，适用于缆风末端和地锚连接。

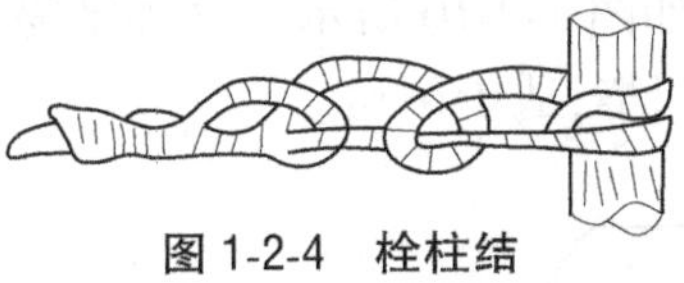

图1-2-4　栓柱结

(3)挂钩结打结方法如图1-2-5所示，打结方便，绳套牢靠，不易跑出钩外，适用于吊运小型构件时，绳与吊钩的联结。

(4)多级扒结(又叫倒扒结)打结方法如图1-2-6所示。此结打结方便，牢靠，随时可以增长或缩短，拉紧后不容易松开，适用于主轮子的拖拉绳联结。

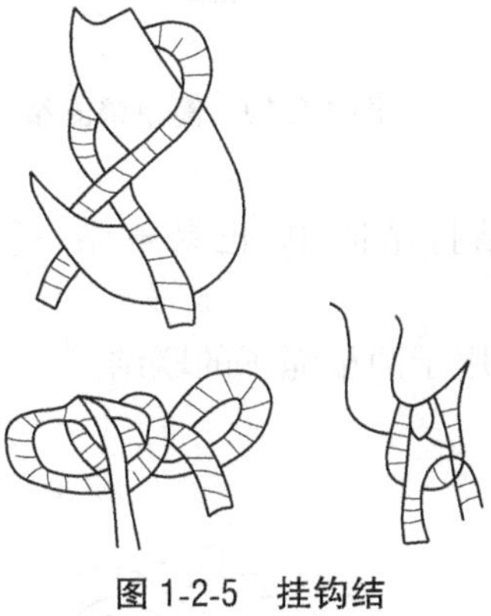

图1-2-5　挂钩结

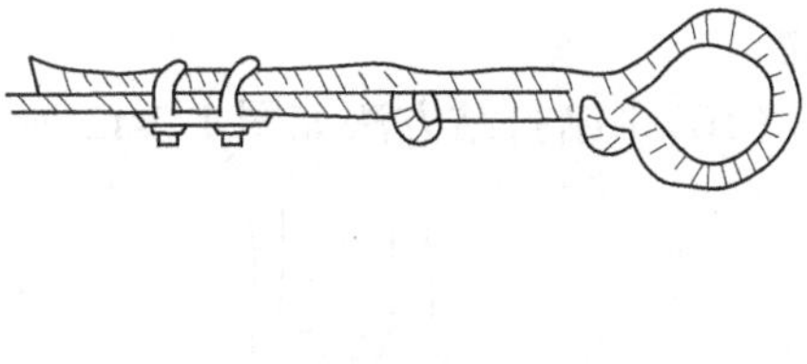

图1-2-6　多级扒结

(5)鲁班结打结方法如图1-2-7所示。这种结的绳端两头在受力后会越拉越紧，安全可靠，适用于独脚抱杆顶端拴缆风绳。

(6)倒背结打结方法如图1-2-8所示。这种结安全可靠，适用于捆绑起吊木杆和钢支撑，垂直提升物件时常用此结。

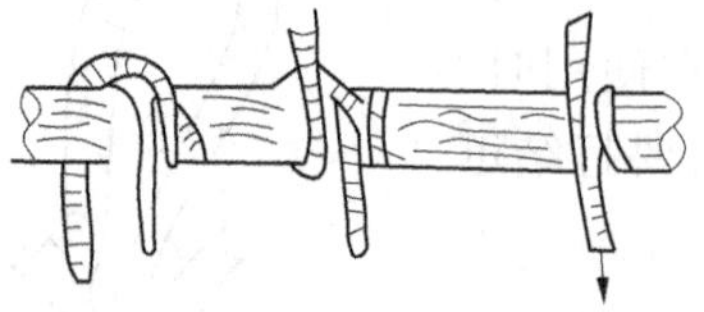

图 1-2-7　鲁班结

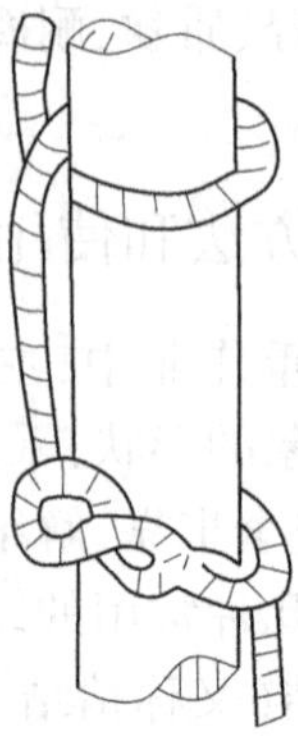

图 1-2-8　倒背结

(7)背结打结方法如图 1-2-9 所示。这种结容易打,也容易解,使用时会越拉越紧,安全可靠,适用于捆绑木杆,吊运较轻而又细长的杆件。

(8)简单销圈结打结方法如图 1-2-10 所示。这种结易打易解,受力后绳扣自行索紧,当吊运物体歪斜时,可以任意调整,适于吊运。

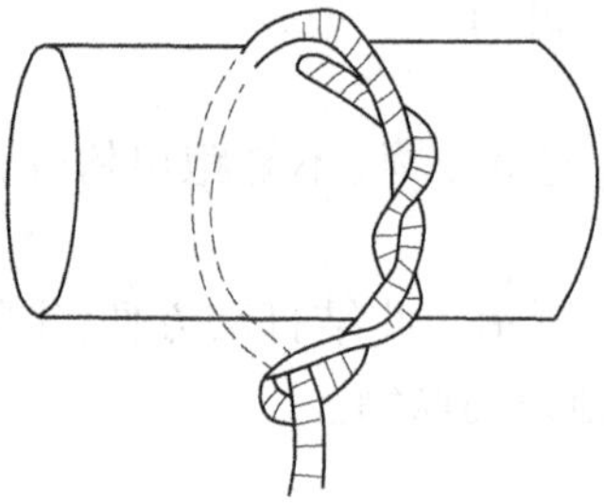

图 1-2-9　背结

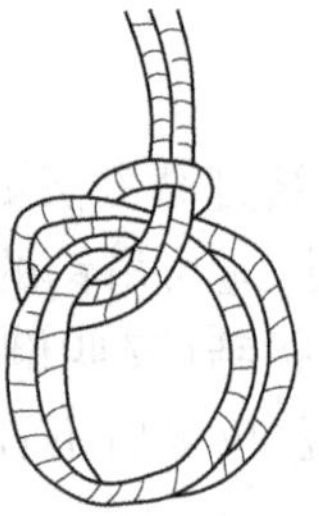

图 1-2-10　简单销圈结

(9)死圈结打结方法如图 1-2-11 所示。这种结打结简单,也易解结,适用于提升重物。

(10)平结打结方法如图 1-2-12 所示。这种结适用于两根绳子的联结。

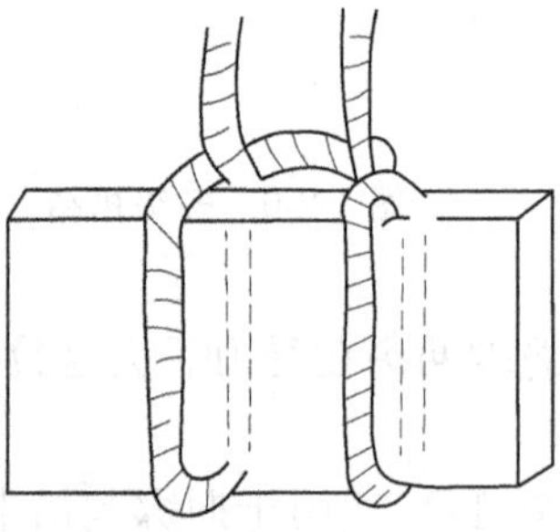

图 1-2-11　死圈结

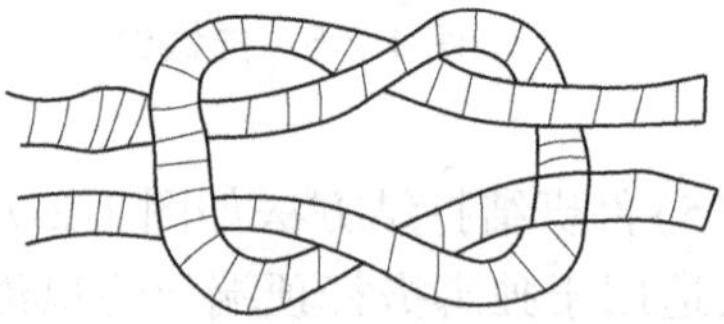

图 1-2-12　平结

(11)活瓶结打结方法如图 1-2-13 所示。这种结适用于吊圆形物件(瓶口形物件),其优点是吊运平稳、均匀、安全可靠。

（12）梯形结打结方法如图 1-2-14 所示。此结又叫猪蹄结或羊蹄结，打结简单，解结容易，套紧物件后，两绳头越拉越紧，适用于绑扎木塔、立独脚扒杆等。

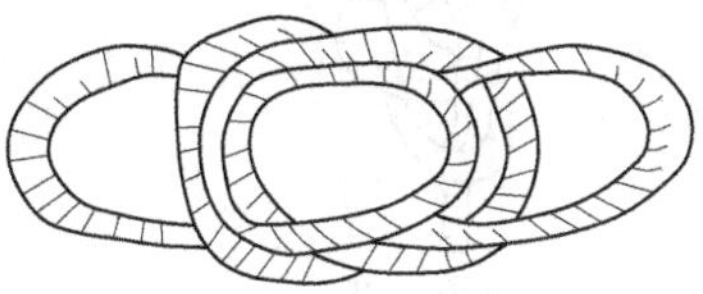

图 1-2-13　活瓶结

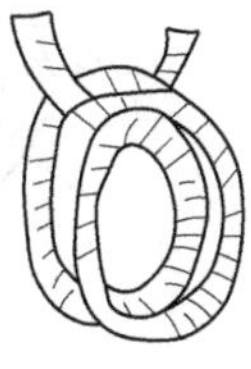

图 1-2-14　梯形结

（13）组合结打结方法如图 1-2-15 所示。此结又称单绕式双插结，它是两根绳连接的另一种结绳方法，也可用于绳与绳圈的连接。

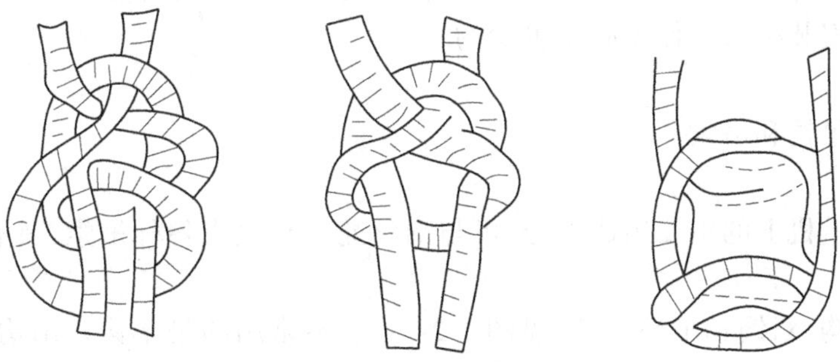

图 1-2-15　组合结

（14）吊桶结打结方法如图 1-2-16 所示。此结优点是能套住圆形物体底部而且滑脱，适用于绑扎圆形物件、杠抬或吊运圆桶形物体。

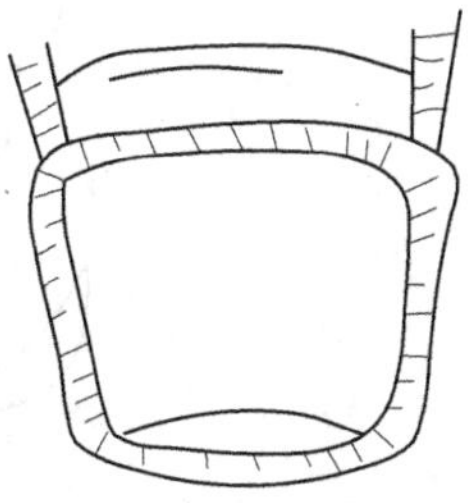

图 1-2-16　吊桶结

（15）跳板结打结方法如图 1-2-17 所示。适用于高处临时搭设脚手架。

（16）滑子结（又叫琵琶结）打结方法如图 1-2-18 所示。此结优点是牢靠、易解，拉紧后不出死结，可以按需要随时松开或拉紧，打结较快，使用方便，适用于拖拉物件溜绳与物件的连接以及需要有一个圆环时的绳端。

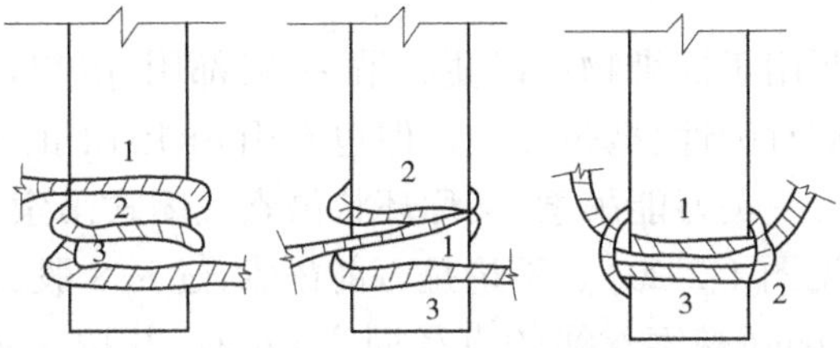

图 1-2-17　跳板结

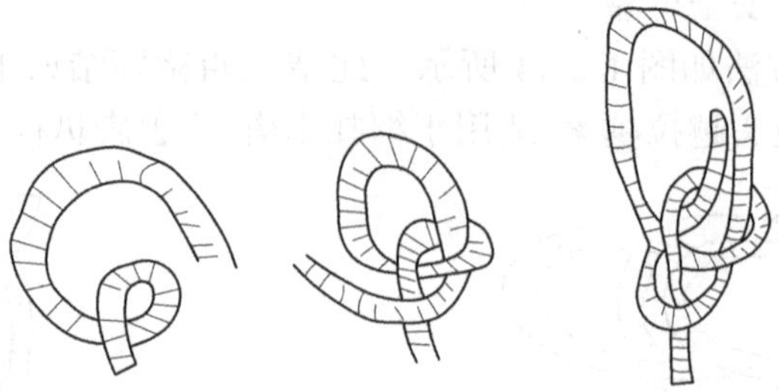

图 1-2-18 滑子结

六、吊装工具

吊装工具是起重作业中的主要吊装设备,而夹具又是吊装设备中起纽带作用的工具,都是机械设备安装维修工作中必不可少的。

(一)吊具

吊具包括吊钩和吊索。

1. 吊钩

吊钩是起重机上的重要组成部分,可与钢丝绳一起组成各种吊索,具有起物方便、可靠性好等优点。

吊钩分单钩、双钩和吊环三种[见图 1-2-19]。最常用的是单钩。吊钩出厂应有合格证,否则,必须进行 2~3 倍载重试验后方可使用。

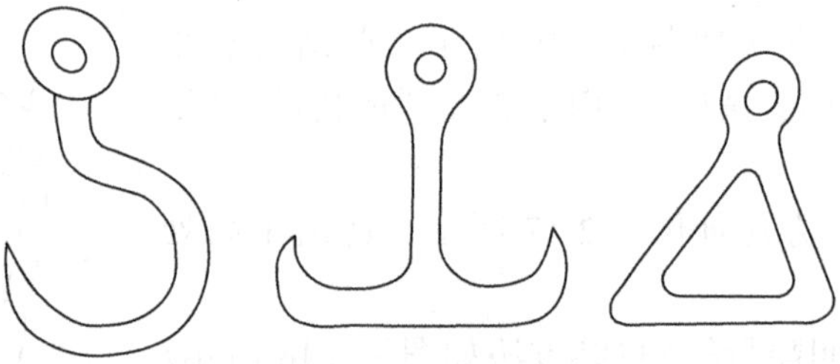

图 1-2-19 吊钩的种类

吊钩在实际使用中是与吊钩架组合在一起的,同带钩的滑轮组一样。

2. 吊索

吊索又称千斤,主要用于捆绑物件以便起吊,一般都用 6×37+1 或 6×61+1 的钢丝绳制作,强度高,重量轻,富有弹性,携带方便。但也有用 6×19+1 的钢丝绳制作的。

吊索通常分为两种,一是万能吊索,又称环状吊索或闭式吊索;二是 8 股头吊索,又称轻便吊索或开式吊索(见图 1-2-20)。不论是万能吊索,还是 8 股头吊索,都是将钢丝绳头分股拆散长 400~1 000 mm(视钢丝绳的直径而定)左右,并按一定的方法和程序插在钢丝绳股内,形成一个圆圈。

下面介绍一种常用的吊索绳扣的插接方法,起重上称"一进三插法"(至于其他各种插法,请按有关书籍介绍进行,此处从略)。

所谓“一进三插法”,就是从被插入钢丝绳的第一缝(扣)内,分别插进散头1、2、3[见图1-2-21(a)]。为了便于说明钢丝绳第几缝(扣)和散头是第几根,可分别把它们进行编号(如图1-2-22、图1-2-23)。

钢丝绳缝(扣)编号从①第一缝(见图1-2-22)往左,分别为②③④⑤⑥…;从①往右分别为②′③′④′⑤′⑥′。钢丝绳散头根数编号(见图1-2-23),分别为1、2、3、4、5、6。

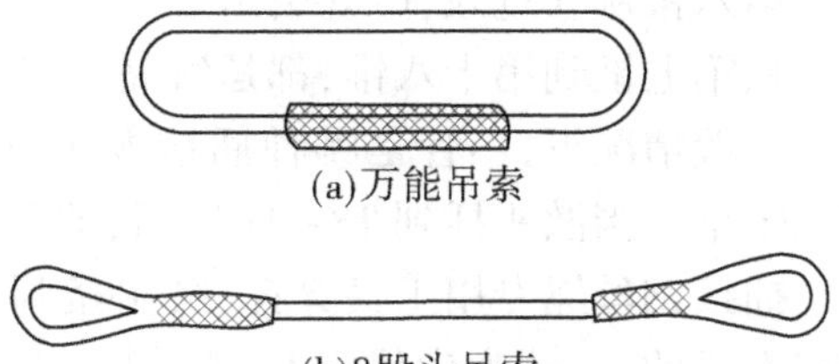

图1-2-20　吊索种类

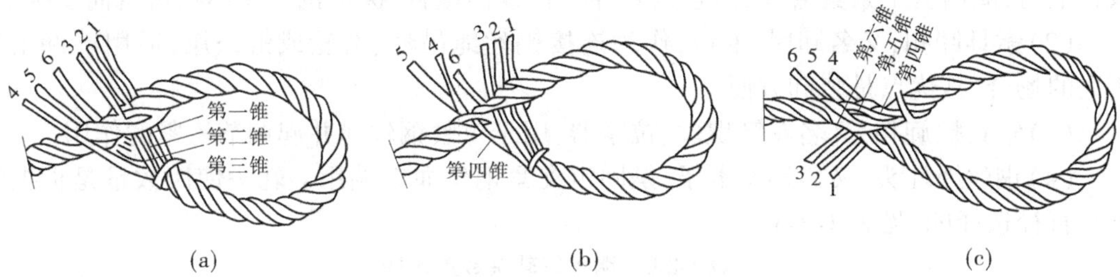

图1-2-21　一进三插法

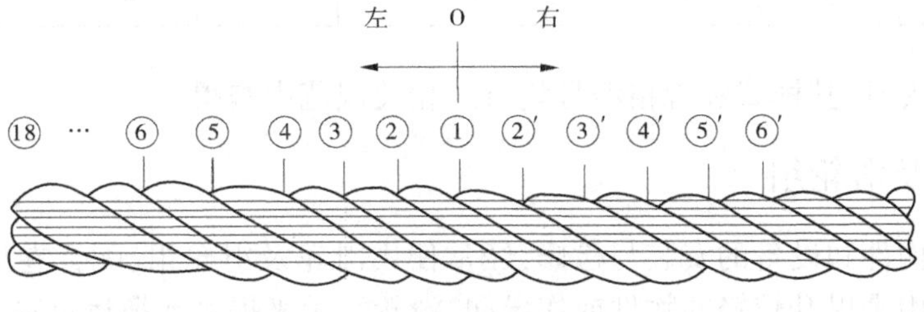

图1-2-22　钢丝绳的缝(扣)编号

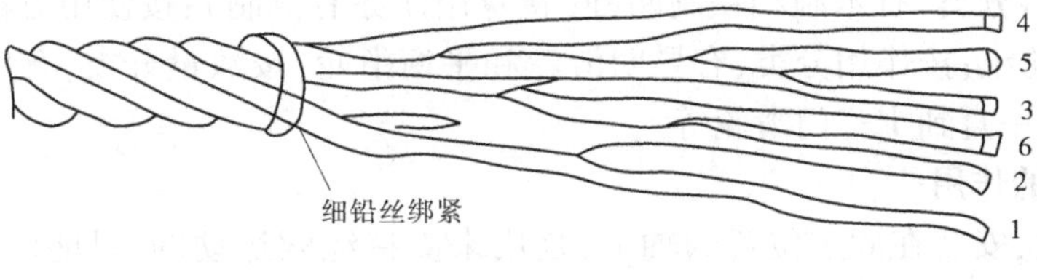

图1-2-23　散头编号

从图1-2-21(a)中可以看到:

第一锥从①进入,由④′引出1;

第二锥从①进入,由③′引出2;

第三锥从①进入,由②′引出3;

第四锥从②进入,由①引出4[见图1-2-21(b)];

第五锥从③进入,由②引出5[见图1-2-21(c)];

第六锥从⑤进入,由③引出6。

从第七锥到第十八锥,都是每隔一缝插进两股,引出一个散头来。

一般情况下,不管是哪种插接方法,进锥的次数(相当于散头插进的缝数),均可在18~21锥。当散头插到18~21锥后,即可进行摔头(将多余部分去掉)。

插接钢丝绳专用工具穿钎,又叫猛刺,是用直径15~25 mm、长300~400 mm的圆钢锻造而成的,一端为尖锥,另一端焊上手柄,并在一面刨出(也可锻出)凹槽,以便穿引股绳。

(二)夹具

(1)索具套环,又名三角圈,是用于钢丝绳的固定连接。当钢丝绳弯曲成圈并套在轴或鞘上时,圈内套上索具套环,由索具套环与轴或销接触,保护钢丝绳不因弯折而受损。

(2)索具卸扣,又名卸甲、卡口,作为连接钢丝绳吊环、滑轮或链条用,适用于冲击性不大的场合,其优点是装卸方便。

(3)索具螺旋扣,又名花篮螺丝、拉紧器,用于拉紧钢丝绳并起调节松紧的作用。

(4)钢丝绳轧头,又名钢丝卡子,是固定夹紧钢丝绳末端用。轧头使用数量是根据钢丝绳直径选择的,见表1-2-6。

表1-2-6 钢丝绳轧头数量选择

钢丝绳直径/mm	8	13	15	17.5	19.5	21.5	24	28
轧头数/个	3	3	3	3	4	4	5	5

上述四种夹具,其样式和规格型号均可从相关规范中查得。

七、滑轮及滑轮组

大型金属构件和设备的安装与检修,经常使用滑轮及滑轮组,配合卷扬机进行吊装、搬运。单滑轮用来提升较轻的物件或作导向,滑轮组用来提升或拖运重物。

(一)滑轮的分类

滑轮按材料分类,有木制和铁制两种(特殊用途亦有铜制);按使用方法分类,有定滑轮、动滑轮、滑轮组;按作用分类,有导向滑轮和平衡滑轮;按数量分类,有单门滑轮、双门滑轮、三门滑轮一直到十三门滑轮等。

(二)滑轮的作用

(1)定滑轮,安装在固定位置的轴上,是用来支持绳索运动的,只能改变绳索或力的方向,而不能改变绳索的速度,也不能省力。

(2)动滑轮,安装在运动的轴上,和重物一起升降。由于物体的重量由两根绳索分担,所以每根绳索只承担物体重量的一半。

(3)导向滑轮,又叫开口,类似定滑轮,既不能省力,也不能变速,只能改变绳索方向。

(4)滑轮组,是由一定数量的定滑轮和动滑轮及绕过它们的绳索组成的。滑轮组具有定滑轮和动滑轮各自的优点,既能变向,又可省力,还可组成多门滑轮组,以达到用较小的力吊起或搬运较重和很重物体的目的。因为一个动滑轮可省力一半,所以动滑轮越多越省力。

滑轮组中，动滑轮上穿绕绳索的根数叫分支数，又叫“走几”，如一门定滑轮和两门动滑轮组成的滑轮组，叫“一二走四”，因为两门动滑轮有四根绳索穿过。其余类推。

滑轮组能省多少力，主要取决于共同负担物体重量的分支数，分支数越多越省力。

表 1-2-7 列举了几种滑轮组连接方式以说明。

表 1-2-7　滑轮组连接方法及性能

滑轮组绳数	单绳	双绳	三绳	四绳	五绳	六绳
滑轮组连接方法	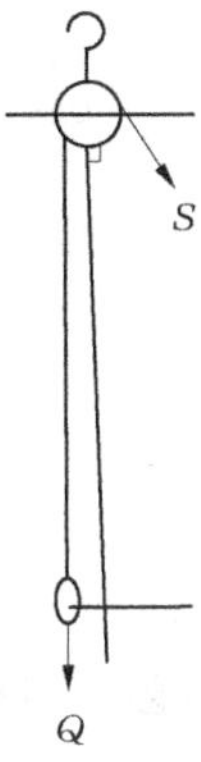	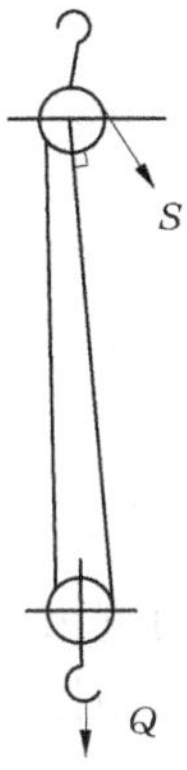	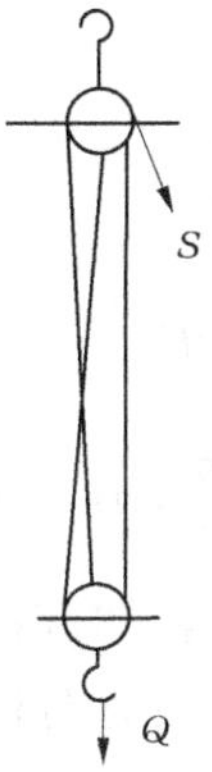	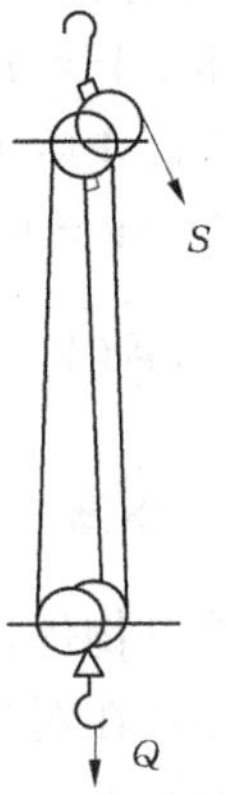	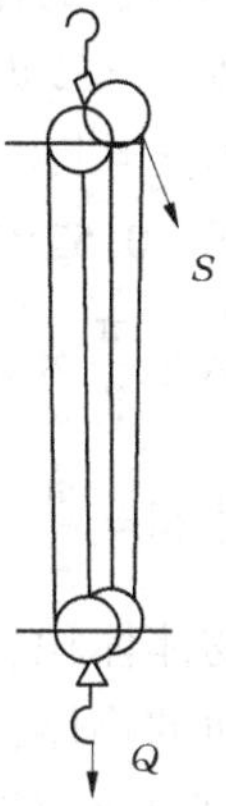	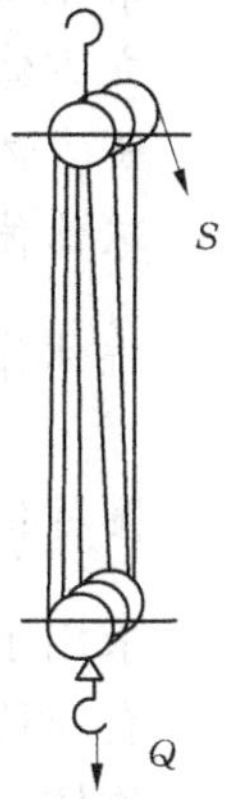
滑轮组效率(η)	0.96	0.94	0.92	0.90	0.88	0.87
提升时所需拉力 P	$1.04Q$	$0.53Q$	$0.36Q$	$0.28Q$	$0.23Q$	$0.19Q$

注：最多可达 16 绳。表中 Q 为物体重量。

(5)使用滑轮应注意的主要事项：①经常维护加油，转动应灵活；②滑轮直径不小于钢丝绳直径的 16 倍，绳径与轮槽配合要适当；③上下滑轮间距不应小于滑轮直径的 5 倍；④滑轮运行时严禁用手触摸钢丝绳。

任务三　吊　装

在工业、民用建筑，泵站、电站机电设备安装检修，以及船闸、水闸闸门安装检修作业中，无处不需吊装。因此，吊装工作是起重作业常见而又广泛使用的方法。

一、物体重心与稳定性

重心是起吊重物平稳的关键。吊装作业中，重心不对，起吊后就会发生摇晃、倾斜，甚至有翻转的危险。由于起吊对象不一定是规则的,几何形状往往很复杂,所以其重心有时很难判断。不复杂重物的重心,可根据经验判断选定,复杂重物的重心,则需进行计算。

(一)重心

重心,就是物体重量的中心。一个物体不论在什么地方,也不论安放状态如何,它的重心在物体中的位置是始终不变的。

物体重心位置的计算与物体体积和重量有直接关系。

常见物体形状的体积计算公式有:

立方体体积=三边乘积($V=a^3$)

长方体体积=长×宽×高($V=abH$)

球体体积=0.52×直径^3($V=0.52d^3$)

锥体体积=$\frac{\pi}{3}$×半径^2×高($V=\frac{\pi}{3}r^2H$)

圆柱体体积=$\frac{\pi}{4}$×直径^2×高($V=\frac{\pi}{4}d^2H$)

求出了物体体积,再乘以物体比重,就知该物体的重量。

有对称面的物体,重心必在对称面内;有对称线的物体,重心必在对称线上;有对称中心的物体,重心必在对称中心上。

捆绑时可用估计的方法和试吊求中心。

(二)稳定性

物体受到重力和支持物作用时,只有当它的重力作用线通过支点、支面的时候,物体才能处于稳定状态。物体的稳定程度和物体重心的位置、支面面积有关。物体重心越高,支面面积越小,稳定程度就越差。因此,为了增加物体的稳定性,常采用增大支面面积、降低重心高度等办法。

二、物体吊点的选择

吊点选择关系到吊索角度。吊索角度的大小,直接影响每根吊索所受力的大小。因此,吊点的选择应根据物体体积、重量,拟用吊索根数来确定。在货物重量一定的情况下,吊索之间的夹角越大,吊索受力越大,反之越小。因此,吊索套挂,夹角不能太大,通常不得超过90°。常用的一点吊,吊点位置选择的原则是:

(1)有吊耳的设备,要用原设计的吊耳。

(2)没有吊耳的设备,可在设备两端四个点上捆绑吊索,然后按设备情况选择吊点,但吊点与重心应在同一铅垂线上。

(3)水平吊装细长件时,两吊点位置应与中心等距离,吊点作用线通过重心;竖吊构件时,吊点位置应在重心上端。

(4)方形件四根吊索应挂在重心四边。

任务四　起重安全知识

起重作业在国民经济各个领域中占有相当重要的地位，广泛应用于各行各业。

由于起重作业突击性强，工作环境复杂多变，作业对象种类繁多，容易导致事故，应予以高度重视。

起重作业基本分为机械起重和手工起重两大类。除特殊情况外，都使用机械起重，它代表着起重作业的方向。

机械起重机械化程度高，起重量大，速度快，大大降低劳动强度。但是，一旦发生事故，性质恶劣，后果严重。

前文就某些安全注意事项作了简要叙述，此处仅就一般安全知识作一介绍。

(1)脱钩。一是下降过快，二是物体不稳，三是行车紧急制动等造成。

(2)安全防护装置。如制动器、缓冲器、行程限制器、重量限制器、防护罩等应装置齐全并防止失灵。

(3)吊运物体不准从人体上面经过，条件许可，亦应避开设备。

(4)物体吊运过程中，不准与周围物体或建筑物碰撞，亦不准紧急刹车，以免物体倾倒、翻转。

(5)在环境内有电气线路、电器设备时，应尽量避开，或做好安全可靠的防护后，方可作业，以免触电。

(6)指挥信号分手势、音响两种，起重作业时，一定要服从指挥，弄清信号后方可操作。

(7)起吊的物体上不许站人；光线暗、风沙大、雨雪时，能见度差，应避免作业。

(8)设备不能带病运行，起吊不准斜拉物体。

思考题

1. 常用起重工具有哪些？其共同点是什么？
2. 起重作业中最常用的索具是哪几种？其报废标准是什么？
3. 滑轮组的主要作用是什么？
4. 滚杠搬运、布置应注意哪些安全问题？
5. 解释名词：重心、稳定、吊点。

第二篇

电气基础知识

闸门运行检修

思维导图

- 电磁与电磁感应
- 交流电路
- 变压器与三相异步电动机
- 常用电器及电气图
- 安全用电常识

模块一　电磁与电磁感应

几千年前,我国劳动人民就发现了磁铁,并利用它制成了我国古代四大发明之一的指南针。随着生产的不断发展,人们逐步认识到,电和磁之间存在着密切的关系。磁场总是伴随电流而存在,电流也总是被磁场所包围,磁场的变化或运动又会使导体感应出电动势。很多电气设备(如发电机、电动机、变压器等)、电工仪表和家用电器(如电压表、洗衣机、电风扇等)的运行都离不开电磁间的相互作用。

任务一　磁的基本概念

一、永久磁铁及其特性

磁铁,具有吸引含铁物质的能力,有天然磁铁和人造磁铁两种。天然磁铁是具有磁性的矿物质。人造磁铁又可分为永久磁铁和暂时磁铁两种,它采用铁、镍、钴等金属制成。

永久磁铁是能长期保留磁性的磁铁,暂时磁铁只在被磁化时才有磁性,磁化停止后,磁性跟着消失。

试验证明,磁铁具有下列性质:

(1)任何一块磁铁对铁都具有吸引力,吸引力最大的两端称为磁极。如果把一块磁铁分成若干块,可以发现被分割后的磁铁各自仍有两个磁极,即磁极总是成对出现、不可分割的。

(2)如果磁铁可以在水平面上自由转动,那么当这块自由转动的磁铁静止下来后,必然有一端指向南方,另一端指向北方。指向南方的称为南极,用 S 表示;指向北方的称为北极,用 N 表示。

(3)当两块磁铁彼此靠近时,具有同极性相斥、异极性相吸的特性,磁极间的相互作用力叫磁力。

二、磁场的磁力线

磁铁可以使附近的磁针发生偏转,也就是说,磁铁的周围空间对磁针具有作用力,这个作用力的空间称为磁场。磁场的强弱和方向可以通过它对磁针的作用表现出来。磁针所受作用力越大,磁场越强;磁针所受作用力越小,磁场越弱。一般规定,在磁场中磁针北极所指的方向即为该点的磁场方向。为了形象地反映磁场的强弱和方向,用“磁力线”来描绘。

将小磁针放在磁铁周围不同位置上,如图 2-1-1(a)所示,小磁针的北极(N)会偏转到一定的方向,而且在不同的位置上具有不同的指向。把小磁针的北极在不同位置上所指的方向连成光滑的曲线,这种曲线就叫磁力线,如图 2-1-1(b)所示。用磁力线的疏密来表示磁场的强弱,磁力线的箭头表示磁场的方向。磁力线具有下列特性:

(1)每一条磁力线都是无始无终的封闭曲线。

(2)磁力线的方向在磁铁外部从北极指向南极,在磁铁内部则由南极指向北极。

(3)由于磁场中每一点的磁场方向唯一确定,所以任何两条磁力线都不会相交。

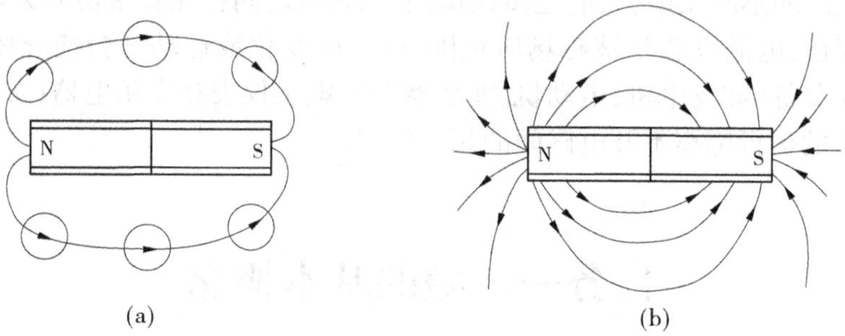

图 2-1-1　条形磁铁的磁力线

任务二　电流的磁效应

一、通电直导线周围的磁场

当电流在导线中通过时,导线周围就产生了磁场,愈靠近导线,磁场愈强;愈远离导线,磁场愈弱。另外,如果导线中通过的电流愈大,所产生的磁场也愈强。如果通过导线的电流方向改变,导线周围的磁场方向也随之改变。

通电直导线周围磁场的强弱和方向,也可以用磁力线来表示。这些磁力线都是同心圆,愈靠近导线,磁力线愈密,愈远离导线,磁力线就愈疏。如图 2-1-2 所示,图中圆心处的符号"·"表示电流从纸面流出,"×"表示电流流入纸面。通电直导线周围磁场的方向,由电流方向决定,可用右手螺旋定则来判断。方法是,以右手握住导线,使伸直的拇指指向电流方向,则其余四指的方向就是磁场的方向,如图 2-1-2 所示。

图 2-1-2　通电直导线周围的磁场

二、通电线圈的磁场

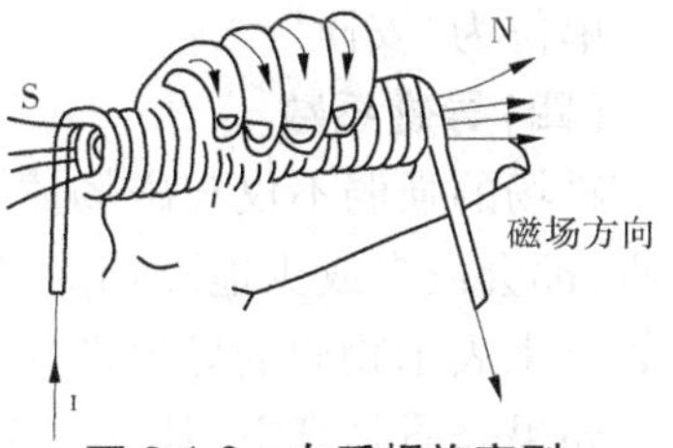

图 2-1-3 右手螺旋定则

通电线圈周围也会产生磁场。磁力线的分布与一根条形磁铁类似。通电线圈产生的磁场方向也可以用右手螺旋定则来确定。用右手握住线圈,使四指指向电流方向,则伸直的拇指所指的方向就是磁场方向。如图 2-1-3 所示,拇指所指的那端是通电线圈的 N 极,另一端为 S 极。在实际应用中,通常采用图 2-1-4 的方法来表示。

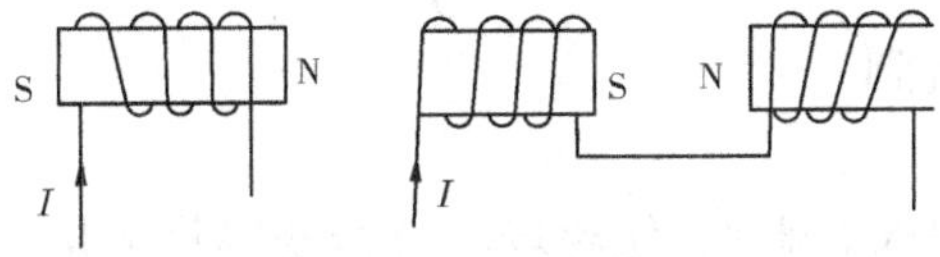

图 2-1-4 实际表示方法

三、磁场的几个基本物理量

前面讨论过,用磁力线可以形象地表示磁场,但要作定量分析,还须了解以下几个基本物理量。

(一)磁感应强度

描述磁场中各点磁场强弱和方向的物理量,这就是磁感应强度,也称磁通密度,用符号“B”表示。它的定义是:在均匀磁场中垂直于磁场方向的单位面积中的磁通量,即

$$B = \frac{\Phi}{S} \tag{2-1-1}$$

它的单位是“韦伯/米^2”(Wb/m^2),也有用高斯(G)表示的,它们的换算关系为

$$1\ Wb/m^2 = 10^4\ G$$

(二)磁通量

在均匀磁场中,磁感应强度 B 与垂直于磁场方向的截面面积 S 的乘积,叫作通过这个面积的磁通量,简称磁通,用符号“Φ”表示,即

$$\Phi = BS \tag{2-1-2}$$

如果截面 S 不与磁场垂直,则应该取其与磁场方向垂直时的平面投影面积来计算。

磁通的单位是“韦伯”(Wb),工程上常用“麦克斯韦”(Mx)表示,它们的换算关系是

$$1\ Wb = 10^8\ Mx$$

(三)磁势

要使某一导体内有持续电流通过,必须有一定的电动势。同样,要使线圈产生磁场,也必须有一定的磁势。试验证明,电流产生磁场的强弱,与通过线圈的电流 I 和线圈的匝数 N 都成正比。把线圈的匝数 N 与通过线圈的电流 I 的乘积 NI 称为磁势。用符号“F”表示,即

$$F = NI \tag{2-1-3}$$

单位为“安匝”。

(四)导磁系数

磁场的强弱不仅与磁场体有关,还与周围的介质有关,一般来说,处在磁场中的任何物质,都会或多或少地影响磁场的强弱,其影响程度与物质的导磁性能有关,通常用导磁系数μ来表示物质的导磁性能,μ的单位是“亨/米”(H/m)。

如果介质是真空,其导磁系数以μ_0表示。它是一个常数,即$\mu_0 = 4\pi\times10^{-7}$ H/m。其他介质的导磁系数μ与真空导磁系数的比值,称为该介质的相对导磁系数,即

$$\mu_r = \frac{\mu}{\mu_0}$$

μ_r一般可从手册中查到。

(五)磁场强度

由于介质对磁场的强弱有影响,使磁场的分析变得复杂化。有时为了便于分析计算,可采用“磁场强度”这个辅助物理量(用符号“H”表示)。

磁场强度H只与通入线圈的电流大小、匝数、形状有关,而与介质的性质(导磁系数的大小)无关。由此可知磁场强度H与磁感应强度B之间的关系是

$$B = \mu H \tag{2-1-4}$$

H的单位是“安/米”(A/m)。

任务三　电磁感应

当导体的周围磁场发生变化时,导体上将感应出电动势,这种现象称为电磁感应。由电磁感应产生的电动势叫作感应电动势,由感应电动势产生的电流叫感应电流。

电磁感应按其表现形式分为两类:直导体的电磁感应和线圈的电磁感应。这两种电磁感应的实质是相同的,都是动磁生电。

一、感应电动势的产生

前面讨论过,电流可以产生磁场,那么磁场能否产生电流呢?下面的两个试验将说明这个问题。

如图2-1-5所示,一只空芯线圈的两端接到一只检流计(一种用来测量微弱电流并检验电流方向的仪表)上,当用一根永久磁铁向下插入线圈或向上由线圈中抽出时,可以看到检流计上的指针分别向两个不同方向偏转[见图2-1-5(a)、(b)]。这表明电路中产生电动势,有电流流过,而且两种情况下所产生的电动势方向相反。当永久磁铁停止不动时,检流计的指针就立即回到零[见图2-1-5(c)],表明电路中没有电流,即线圈中电动势已消失。如果永久磁铁不动,而将线圈做上下移动,也能产生同样的结果。总之,只要外加磁场穿过线圈的磁通(磁力线)发生变化,线圈中就会产生电动势,电路中就有电流。

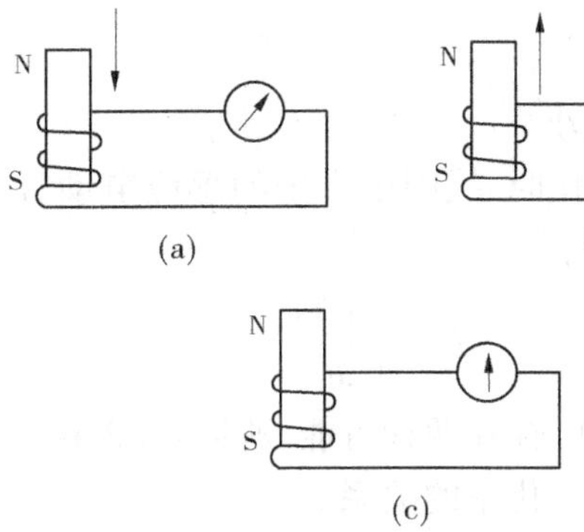

图 2-1-5　线圈的感应电动势

如图 2-1-6 所示，用一根直导线连接一只检流计，将直导线放在 U 形磁铁的磁场中。当导线向下移动时，检流计指针偏向一方[见图 2-1-6(a)]；当导线向上移动时，检流计指针又偏向另一方[见图 2-1-6(b)]。这说明导线在磁场中移动而切割磁力线时，在导线中也会产生电动势。如果直导线不动，而将磁铁上下移动，能产生同样结果。

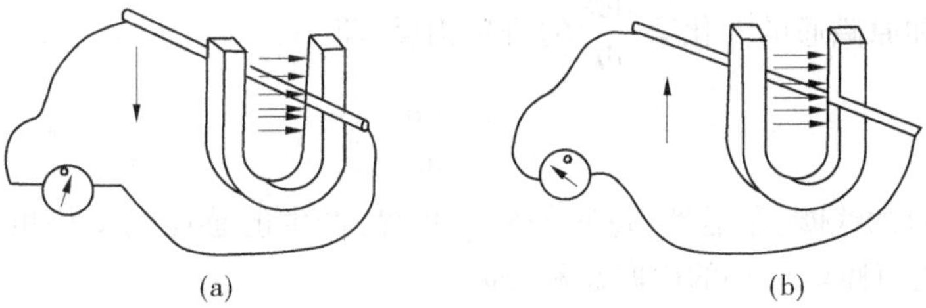

图 2-1-6　直导线的感应电动势

二、感应电动势的方向

直导体上产生的感应电动势的方向用右手定则确定，即伸展右手，拇指与其余四指垂直，并与掌心在同一平面，让磁力线垂直穿过掌心，拇指指向导体切割磁力线运动的方向，则其余四指的指向就是感应电动势的方向。

线圈中感应电动势的方向用楞次定律确定。楞次定律的内容是：在闭合路径内产生的感应电动势总是企图沿着感应电动势的方向产生一个感应电流，该电流产生的通过回路面积的磁通总是阻碍原来磁通的变化。根据楞次定律可以确定感应电流的方向，感应电动势的方向与感应电流方向相同。

楞次定律的实质是：感应电流产生的新磁通阻碍原磁通的增大或减小，而不是阻碍原磁通的存在。当回路中的原磁通减小时，感应电流的磁通与原磁通同向，阻碍原磁通的减小；当回路中的原磁通增大时，感应电流产生的磁通与原磁通反向，阻碍原磁通的增大。

三、感应电动势的大小

(一)线圈中感应电动势的大小

当穿过线圈的磁通量发生变化时,线圈中产生的感应电动势大小与穿过线圈的磁通量对时间的变化率成正比,即

$$E = \left|\frac{\mathrm{d}\Phi}{\mathrm{d}t}\right| \tag{2-1-5}$$

由于回路中感应电动势的方向存在两种可能,所以式(2-1-5)是用绝对值表示的。下面讨论感应电动势的方向与磁通变化率的关系。

根据前面的分析可知,感应电动势总是企图使感应电流产生的磁通阻碍原来磁通的变化,因此当原磁通的变化率 $\frac{\mathrm{d}\Phi}{\mathrm{d}t} > 0$ 时,按右手螺旋定则感应电动势的方向与回路磁通正方向正好相反,即 $e < 0$;而当原磁通减少,即磁通变化率 $\frac{\mathrm{d}\Phi}{\mathrm{d}t} < 0$ 时,感应电动势的方向则与之同向, $e > 0$。

由此可知,当选择感应电动势的正方向与回路磁通正方向符合右手螺旋定则时,感应电动势 E 总是和原磁通的变化率 $\frac{\mathrm{d}\Phi}{\mathrm{d}t}$ 的符号相反,即

$$E = \frac{\mathrm{d}\Phi}{\mathrm{d}t} \tag{2-1-6}$$

对于有 N 匝的线圈,很显然,每匝的磁通相等,产生的感应电动势也相等,整个线圈的感应电动势为每匝电动势的串联总和,即

$$E = -\frac{N\mathrm{d}\Phi}{\mathrm{d}t} \tag{2-1-7}$$

令 $\varphi = N\Phi$,称 φ 为线圈的磁链,则

$$E = -\frac{\mathrm{d}\varphi}{\mathrm{d}t} \tag{2-1-8}$$

此式表明,线圈中的感应电动势的大小等于线圈磁链变化率的负值。

(二)直导线中感应电动势的大小

直导线中感应电动势的大小,取决于导线在单位时间内切割磁力线的多少。而这又与三个因素有关。一是磁场的强弱,即磁感应强度 B 的大小。因为磁感应强度越大,磁力线的分布就越密,在一定位移内导线切割的磁力线就越多,感应电动势也越大。二是导线切割磁力线的速度 v,切割磁力线越快,感应电动势越大。三是导线在磁场中的有效长度 l,导线越长,能切割的磁力线就越多,感应电动势就越大。

综上所述,直导线中感应电动势的大小等于磁感应强度 B、切割磁力线的速度 v 和导线有效长度 l 的乘积,即

$$E = vBl \tag{2-1-9}$$

【例 2-1-1】 判断图 2-1-7 中导线感应电流的方向。

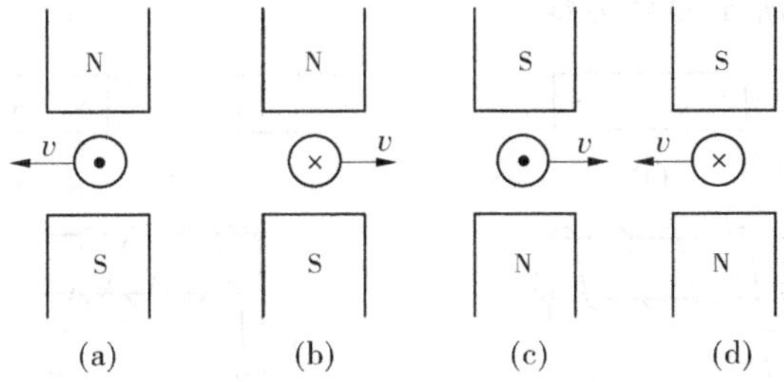

图 2-1-7

解：按照右手定则，手掌向着 N 极，拇指指向与导线运动方向相同，即可判断出图 2-1-7(a)、(c)所示感应电流的方向为流入纸面，图 2-1-7(b)、(d)所示感应电流的方向为流出纸面。

【例 2-1-2】　判断图 2-1-8 中线圈感应电动势(电流)的方向。

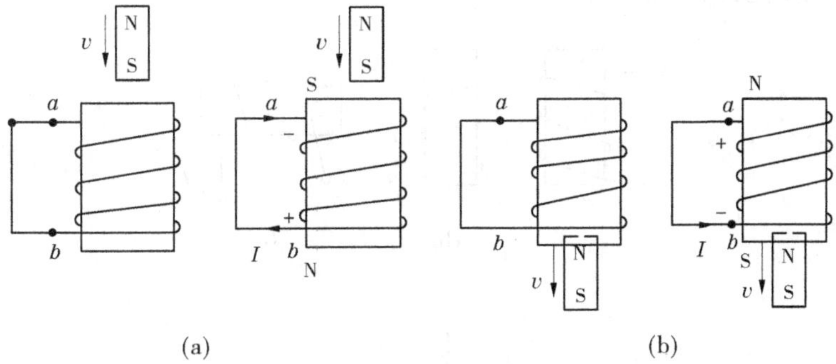

图 2-1-8

解：在图 2-1-8(a)中，磁铁正插入线圈，由楞次定律可知，感应电动势(电流)应使线圈产生的磁极 S 极和磁铁的 S 极靠近，线圈的另一端出现 N 极，再由右手螺旋定则，可判断出感应电流应从 b 端流出，a 端流入。

在图 2-1-8(b)中，磁铁正抽出线圈，由楞次定律可知，线圈和磁铁 N 极靠近的一端应与磁铁的极性相反，即为 S 极。再由右手螺旋定则可判断出感应电流应由线圈 b 端流入，a 端流出。

思考题

1. 什么是磁场？磁场的方向是怎样规定的？如何根据磁力线的图形来确定各点的磁场方向？磁力线有哪些特性？

2. 感应电动势是如何产生的？它的大小、方向如何确定？

3. 试画出图 2-1-9 所示的磁力线。

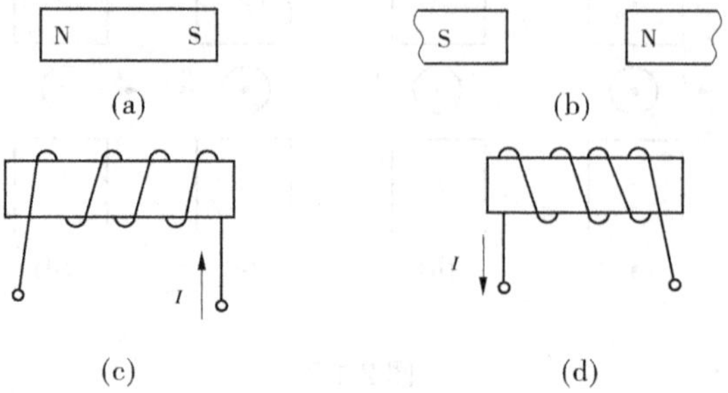

图 2-1-9

4. 什么是自感电动势、自感系数、互感电动势和互感系数?

5. 试画出图 2-1-10 中各线圈的磁极极性或线圈中的电流方向。

6. 一个线圈中电流以 200 A/s 的速度变化,在另一个线圈中所产生的感应电动势为 0.2 V,求两线圈的互感系数。

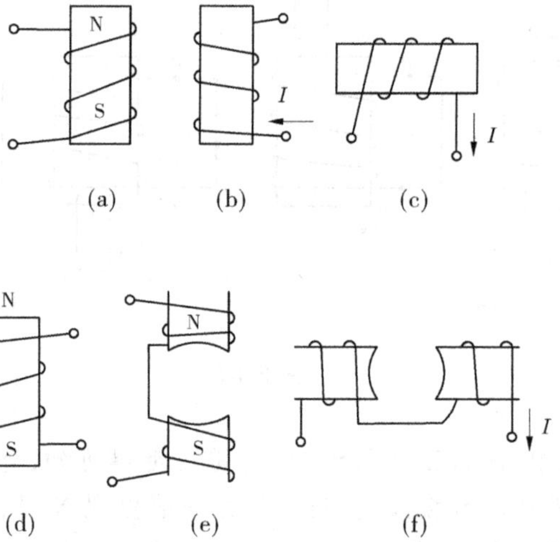

图 2-1-10

模块二 交流电路

任务一 交流电的概念

在直流电路中，我们讨论过的一些基本物理量，如电压、电流和电动势等，它们的共同特点是大小和方向不随时间变化。

电流的大小和方向随时间作周期性变化的称为周期电流。在一个周期内，平均值为零的电流称为对称性交变电流，如图 2-2-1 所示。

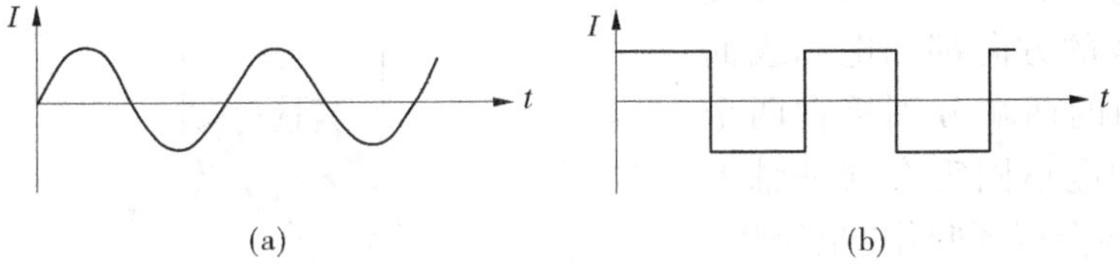

图 2-2-1 对称性交变电流

大小随时间作周期性变化，方向不变的电流称为脉动电流，如图 2-2-2 所示。

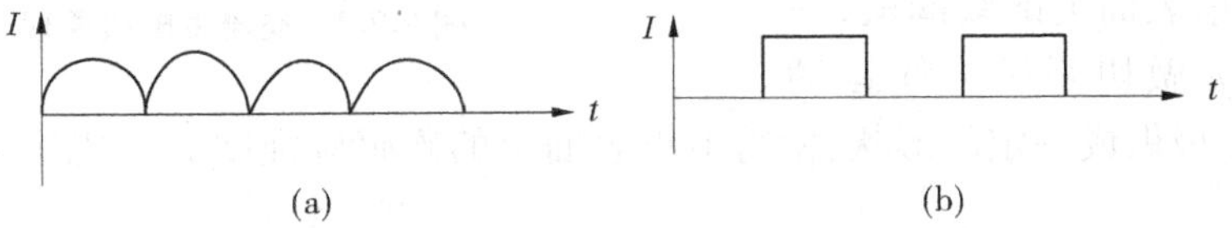

图 2-2-2 脉动电流

当电流随时间 t 按正弦规律变化时，称为正弦交流电流，如图 2-2-1(a)所示。同理，大小和方向随时间 t 按正弦规律变化的电压、电动势分别称为正弦电压和正弦电动势。对于随时间按正弦规律变化的电流、电压和电动势，统称为正弦交流电，简称交流电。本书在讨论过程中所说的交流电，除特别说明外都是指正弦交流电。

具有正弦电流的电路称为正弦交流电路，简称交流电路。

由于交流电容易产生，便于传输和分配，以及交流电机结构简单、运行稳定等一系列优点，所以交流电的应用极为广泛，不论工业、农业、国防、人们的日常生活等，都离不开它。即使在用直流电的场合，也常常是将交流电通过某些设备(整流装置)转化而来的。至于电能的生产，则几乎全部是以交流电的形式产生出来的。

任务二　交流电的产生及表达式

一、正弦交流电的产生

图 2-2-3 是一个交流发电机的简单原理图。在电磁铁的两极 N 和 S 之间放一个由硅钢片叠成的圆柱体，称为“电枢铁芯”。在它上面固定着导体线圈，铁芯和线圈合起来叫作“电枢”，电枢是绕着它的轴转动的。铁芯的一个作用是支持线圈，另一个作用是增加电枢表面的磁感应强度 B，并使磁力线的方向都和电枢表面相垂直。线圈的两端分别接在两个互相绝缘并和电枢固定在同一轴上的铜环上，这两个铜环叫作“集流环”或“滑环”。再用“电刷”将集流环与外电路接通。

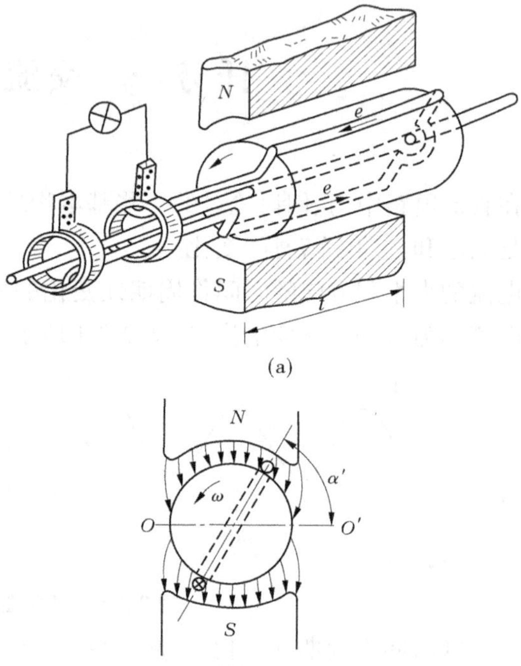

(b)

图 2-2-3　交流发电机原理

当电枢被原动机拖动绕轴作匀速旋转时，电枢表面上的线圈就以一定的线速度 v 做切割磁力线运动。我们有意把磁极做成一定的形状，使得电枢表面上的磁感应强度 B 沿电枢表面按正弦规律分布。

在电机的“中性面”上（中性面即两磁极之间的平分面），电枢表面的磁感应强度为零，即 $B=0$。在磁极下面的中间处，磁感应强度最大，即磁感应强度为最大值，用 B_m 表示。若取电枢表面上任意一点 a，此点和中性面之间的夹角用 α' 表示，则在这一点上的磁感应强度是由正弦函数决定的，即

$$B=B_m\sin\alpha' \tag{2-2-1}$$

用此式可求出电枢表面上任意点的磁感应强度。当电枢被拖动并以匀角速度 ω' 转动时，电枢表面上线圈的“有效边”的线速度 v 也是一定的，这时在线圈中每个有效边导体的感应电势为

$$e'=BLv$$

而线圈有两个有效边，且是串联的，所以一匝线圈的感应电势为

$$e''=2BLv$$

当线圈为 W 匝时，则感应电势就是一匝电势的 W 倍，即

$$e = We'' = 2WBLv$$

再考虑到磁感应强度 B 是按正弦规律分布的，即 $B = B_m \sin\alpha'$，则线圈的感应电势应是

$$e = 2WB_m Lv\sin\alpha'$$

由此可以看出，线圈中感应电势的数值是随着线圈旋转的角度 α 而变化的，即线圈转到不同位置时，电势就有不同的数值，并且是按正弦规律变化的。当线圈转至 $\alpha' = 0$ 时，$\sin\alpha' = 0$，则感应电势 $e = 0$，线圈中的感应电势出现最大值，用 E_m 表示，即

$$E_m = 2WB_m Lv \tag{2-2-2}$$

对于一定的发电机来说，E_m 是常数，这样感应电势的公式可写成

$$e = E_m \sin\alpha \tag{2-2-3}$$

根据式(2-2-3)就可作出感应电热随电枢转动而变化的曲线，如图 2-2-4 所示。

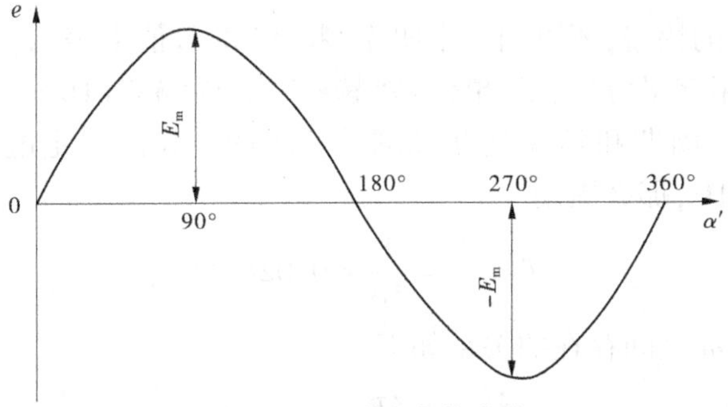

图 2-2-4　感应电势曲线

一般发电机的磁极不只是两个，那么与电势变化相应的电角和空间角是不相等的。它们有下列关系，如果发电机有 p 对磁极，那么电角 α 等于空间角 α' 的 p 倍，即

$$\alpha = p\alpha' \tag{2-2-4}$$

在实际中，为了研究方便，人们常把感应电势随电角 α 变化的关系，转换为电势随时间变化的关系。为此，引入"电角速度"（又称角频率）的概念。它的定义是交流电在单位时间内变化的电角度，一般用字母 ω 表示，即

$$\omega = \frac{\alpha}{t} \text{ 或 } \alpha = \omega t$$

这样就得出感应电势随时间变化的关系

$$e = E_m \sin\omega t$$

此式称为感应电势的"瞬时值解析式"。

【例 2-2-1】　有一台两极交流发电机，电枢直径为 20 cm，线圈导体有效长度为 0.4 m，线圈匝数为 20，它以 $n = 3\,000$ r/min 的恒定转速在正弦分布的磁场中旋转，如果 $B_m = 1.0\ \text{Wb/m}^2$，求出感应电势的最大值，并写出感应电势的瞬时值解析式。

解：电枢线圈的线速度为

$$v = \frac{n}{60}\pi d = \frac{3\,000}{60} \times 0.2\pi = 31.4(\text{m/s})$$

那么感应电势的最大值为

$$E_m = 2WB_m lv = 2 \times 20 \times 1.0 \times 0.4 \times 31.4 = 502.4(\text{V})$$

感应电势的角频率为

$$\omega = \frac{n}{60} \cdot 2\pi = \frac{3\ 000}{60} \times 2\pi = 314(\text{rad/s})$$

感应电势的瞬时值解析式为

$$e = E_m \sin\omega t = 502.4\sin 314\,t(\text{V})$$

二、正弦交流电的三要素(频率、振幅值和初相角)及其有关问题

(一)交流电的周期和频率

交流电的周期,就是交流电变化一个循环所需要的时间,常用字母"T"表示,单位是"秒"(s)。

衡量交流电变化的快慢,还可用一个叫作"频率"的数值来表示。频率是每秒钟内交流电变化的循环数,用字母"f"表示,单位是"赫兹",简称"赫"(Hz)。

从定义可以看出,周期和频率是互成倒数关系的。我国规定电力方面的标准频率(工业频率)为f=50 Hz,那么周期

$$T = \frac{1}{f} = \frac{1}{50} = 0.02(\text{s})$$

频率f和角频率ω之间存在的关系如下

$$\omega = \frac{2\pi}{T} = 2\pi f$$

根据这个关系式可得出工频电流的角频率

$$\omega = 2\pi \times 50 = 314(\text{rad/s})$$

(二)交流电的最大值、有效值、平均值

由于正弦交流电的大小和方向都是不停地随时间变化的,因此不能只用某一个瞬时值表示交流电的大小,而要用"最大值""有效值"和"平均值"这三个物理量来表示交流电的大小。

1. 正弦交流电的最大值

交流电在变化一个循环中,出现的最大的瞬时值就叫作交流电的"最大值",或称为交流电的"振幅值",常用"I_m""U_m""E_m"等符号表示。

2. 正弦交流电的有效值

交流电流i通过电阻R在一周期中所产生的热量Q,如果和某一个直流电流I通过同样的电阻R在相同时间内所产生的热量Q相等时,就把这个在发热做功方面与交流电流等效的直流电流的数值叫交流电流的有效值,用符号"I"表示。

同样,对于电压、电势,其有效值分别用符号"U""E"来表示。

根据数学推导,对于正弦交流电流其有效值和最大值存在下列关系:

$$I = \frac{I_m}{\sqrt{2}} = 0.707 I_m$$

即正弦交流电流的有效值等于其最大值除以$\sqrt{2}$。同样有

$$U=\frac{U_m}{\sqrt{2}} \text{ 和 } E=\frac{E_m}{\sqrt{2}}$$

平时所说的交流电流、电压、电势的数值,如 5 A、10 A、220 V、30 V 等都是指交流电的有效值。

【例 2-2-2】 已知交流电流的最大值为 28.2 A,当用交流电流表测量此电流时,表上的读数应为多少?

解:因交流电流表、电压表所测出的数值都是有效值。故根据最大值与有效值的关系得

$I=\frac{I_m}{\sqrt{2}}=\frac{28.2}{\sqrt{2}}=20(\mathrm{A})$,即电流表的读数为 20 A。

(三)交流电的初相角和相位差

1. 初相角

前面分析交流发电机原理时,选定的起始计算瞬间($t=0$)是有效边已从中性面转过了一个α'角度,这时的感应电势达到$e_0=E_m\sin\alpha'$的数值,如图 2-2-5 所示。故要准确掌握一个正弦量,不仅要知道其最大值和角频率,还要知道起始时($t=0$)电枢绕组已自中性面转过了多大角度,或者说从起点变化了多少电角。

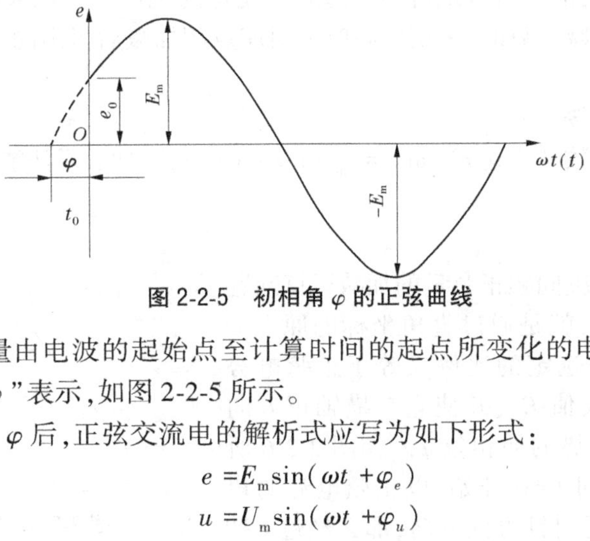

图 2-2-5　初相角 φ 的正弦曲线

为此,把正弦量由电波的起始点至计算时间的起点所变化的电角称作“初相角”或“初相”,用符号“φ”表示,如图 2-2-5 所示。

考虑了初相角φ后,正弦交流电的解析式应写为如下形式:

$$e=E_m\sin(\omega t+\varphi_e)$$
$$u=U_m\sin(\omega t+\varphi_u)$$
$$i=I_m\sin(\omega t+\varphi_i)$$

式中$(\omega t+\varphi)$称为正弦量的“相位角”,初相角即为正弦量在$t=0$时的相位角。

习惯上,初相角一般不用大于 180°的角度表示。若初相角为大于 180°的正角,则可化为小于 180°的负角来表示。如$\varphi=300°$,则可化为$\varphi=300°-360°=-60°$。

2. 相位差

两个同频率的正弦量相位角之差称为“相位差”。下面是两个同频率的电势瞬时值解析式

$$e_1 = E_{1m}\sin(\omega t + \varphi_1)$$
$$e_2 = E_{2m}\sin(\omega t + \varphi_2)$$

它们间的相位差为

$$(\omega t + \varphi_1) - (\omega t + \varphi_2) = \varphi_1 - \varphi_2$$

正弦量的相位差与起始时间的选择无关,但初相角与起始时间的选择有关。

两个同频率的正弦量,若第一个比第二个早到达零值(或最大值),可以说第一个正弦量在相位上“超前”于第二个正弦量,或者说第二个正弦量在相位上“滞后”于第一个正弦量。

若两个正弦量初相角相等,即同时到达零值(或最大值),则称这两个正弦量“同相”。

综上所述,要完全确定一个正弦量,就必须知道这个正弦量变化的快慢、大小以及起始状态,也就是说必须知道它的频率、振幅值和初相角这三个量。因此,我们称频率、振幅值和初相角这三个量为正弦量的“三要素”。当然,有时知道的量是周期 T 及有效值,那么我们可以先根据它们之间的关系把频率和振幅值求出,然后写出正弦量的解析式。

三、正弦交流电的表达式

正弦交流电的表示方法有正弦曲线法、瞬时值解析法和旋转矢量法。

(一)正弦曲线法

所谓正弦曲线就是波形图。这种方法可以将正弦交流电的初相位、最大值和周期等在图上完全反映出来,能够清楚地看出它随时间变化的规律。但如果用这种方法对同频率正弦交流电进行加减运算时,采用两瞬时值对应点相加减后得出的波形图,不但工作量大,而且精确度低。

(二)瞬时值解析法

瞬时值解析法即数学表达式,如 $e = E_m\sin(\omega t + \varphi)$,这种表示法能表达出正弦交流电的三要素。

(三)旋转矢量法

旋转矢量法能解决同频正弦量的加减运算问题。

所谓旋转矢量法,就是通过直角坐标的原点 O 作一向量使其长度按选定的比例尺等于正弦电势(电流或电压)的最大值 E_m,并使它与横轴正方向之间的夹角为正弦电势的初相位 φ。如图 2-2-6 所示,并规定向量从时间 $t=0$ 开始,以正弦电势的角频率 ω 绕原点 O 做逆时针方向旋转,那么经过 t 秒后,向量与横轴夹角将是$(\omega t+\varphi)$,向量在纵轴上的投影就表示正弦电势 e 对应于时间 t 的瞬时值,即

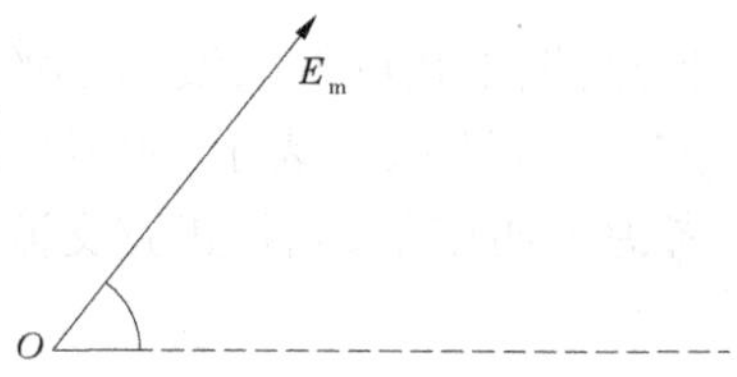

图 2-2-6 旋转矢量法

$$e = E_m\sin(\omega t + \varphi)$$

一般只用起始位置($t=0$)的向量来表示一个正弦交流电。

几个同频率的交流电,可以用几个旋转矢量表示,把它们画在一起,称为矢量图。

两正弦量相加减时,可利用三角公式求解(也可利用作图法求解,但精确度较低)。

如两弦量分别为

$$u_1 = U_{1m}\sin(\omega t + \varphi_1)$$
$$u_2 = U_{2m}\sin(\omega t + \varphi_2)$$

当它们相加后,其最大值为

$$U_m = \sqrt{U_{1m}^2 + U_{2m}^2 + 2U_{1m}U_{2m}\cos(\varphi_1 - \varphi_2)} \tag{2-2-5}$$

其初相角 φ 的正切函数为

$$\tan\varphi = \frac{U_{1m}\sin\varphi_1 + U_{2m}\sin\varphi_2}{U_{1m}\cos\varphi_1 + U_{2m}\cos\varphi_2} \tag{2-2-6}$$

可根据 $\tan\varphi$ 的数值从反三角函数表中查出 φ 的数值。

当两正弦量相减时,仍可利用向量加法来解决,其方法是将减量加一个负号,然后与被减量相加,即

$$e_1 - e_2 = e_1 + (-e_2)$$

而将一正弦量加一负号,即相当于将此正弦量的初相角旋转 180°,也就是说我们将 e_1、e_2 的向量按比例尺画出,然后将 e_2 的向量旋转 180°,即变为 $-e_2$ 的向量,最后将 e_1 的向量与 $-e_2$ 的向量相加,得出 e 的向量。

思考题

1. 什么是正弦交流电的三要素?
2. 什么叫交流电的频率、周期、角频率?它们的关系怎样?
3. 交流电的有效值含义是什么?与最大值之间有什么关系?

模块三　变压器与三相异步电动机

任务一　变压器

一、变压器的用途与分类

(一)变压器的用途

在国民经济的各个部门和人们的日常生活中,经常使用的交流电大多数是380/220 V的三相四线制。如农用水泵上电动机的电源,车床上电动机的电源以及日常生活中的照明电源等。还有一些大型动力机械的动力源需高一些的电压等级,如大型泵站中的同步电动机的电源电压是6 000 V等。然而大型发电厂往往建在水力或煤炭资料丰富的偏僻地区,因此需要把集中生产的大功率电能输送和分配到分散使用电能的地区,这个任务就由变压器完成,即利用变压器升压输电、降压供电。

在输送相同能量电能的情况下,采用超高压输电不仅可以节省输电线路的有色金属使用量,还大大降低了线路的电能损耗及线路的电压损失。

变压器不仅可以改变电压,还可以改变电流及变换阻抗。

总之,变压器的用途很广,除电力工业外,其他行业如冶金、机械、电子测量、自动控制等都离不开它。

(二)变压器的分类

变压器的种类很多,可从不同的角度来分类。

1. 按用途分类

(1)电力变压器。在电力系统中作输、配电用。

(2)调压变压器。在电网中作调节电压用。

(3)测量变压器。用于控制、测量,如电压互感器和电流互感器。

(4)其他专用变压器。如电焊、试验、整流等变压器。

2. 按相数分类

(1)单相变压器。如试验变压器。

(2)三相变压器。电力系统中,大部分都是三相变压器。

3. 按绕组分类

(1)自耦变压器。高、低压共用一个绕组,在高压绕组中抽头作低压绕组。

(2)双绕组变压器。高、低压绕组每相各具有一个绕组。

(3)三绕组变压器。每相各具有高、中、低三个绕组,输入一个电源电压时,可以转换成两个不同等级的电压。

4. 按冷却方式分类

(1)油浸自冷式变压器。

(2)油浸风冷式变压器。

(3)强迫油循环水冷式变压器。

(4)强迫油循环风冷式变压器。

(5)干式变压器。

(6)水内冷式变压器。

此外,还有按附加装置分类的,如有、无带负载调压装置;按绕组材料分类的,如铜绕组和铝绕组等。

二、变压器的结构及铭牌

(一)变压器的结构

变压器最基本的结构是铁芯和绕组。铁芯构成变压器的磁路,为了减少磁滞和涡流损耗,铁芯是用涂有绝缘漆的厚为 0.35(0.5)mm 的硅钢片叠成的。绕组构成变压器的电路,它套在铁芯柱上。与电源连接的绕组称为一次绕组或原边绕组,与负载连接的绕组称为二次绕组或副边绕组。

变压器除铁芯和绕组外,还有油箱、冷却装置、保护装置和出线装置等。

(二)变压器的铭牌

为了变压器安全、经济运行,并保证一定的使用寿命,制造厂对它规定了各项额定值,出厂时,额定值都写在了铭牌上。

变压器的主要铭牌数据有下列几项。

1. 型号

它反映变压器的结构和性能,以型号 SL-100/10 为例来说明其含义:S 表示三相自冷双绕组变压器,L 表示铝绕组(若没有"L"表示铜绕组),短线后分数的分子表示变压器的额定容量为 100 kVA,分母表示高压侧电压为 10 kV。

2. 额定容量

额定容量是指在额定工作条件下,变压器输出视在功率的保证值,以"千伏安"(kVA)或"伏安"(VA)表示。通常原、副绕组的额定容量设计应相等。

3. 额定电压

原边额定电压U_{1e}是规定在变压器原绕组上应加的电源电压。当原绕组接上额定电压而变压器空载时,副绕组的空载端电压称为副边的额定电压U_{2e}。

变压器的额定电压指的是线电压。为了适应电网电压变化的需要,高压侧绕组有调压抽头,通过分接开头进行调整。

4. 额定电流

根据变压器的允许发热而规定的原、副绕组中允许长期通过的电流值,分别称为原、副绕组的额定电流 I_{1e}、I_{2e}。在三相变压器中,I_{1e} 和 I_{2e} 都是指线电流。

5. 连接组别

三相变压器绕组的连接方法、绕组的缠绕方向和绕组端头的标志决定了变压器的一、二次线电压的相位关系。一般用时钟表示法来说明。

除上述各项外，铭牌上还给出额定频率、额定温升、短路电压（阻抗电压）及相数等数据。

三、变压器的工作原理

如图 2-3-1 所示是最简单的单相变压器的工作原理图。在闭合的铁芯柱上套着两个匝数不等的绕组，分别称为一次（初级）绕组和二次（次级）绕组。一般一次绕组接电源为输入端，二次绕组接负载为输出端。

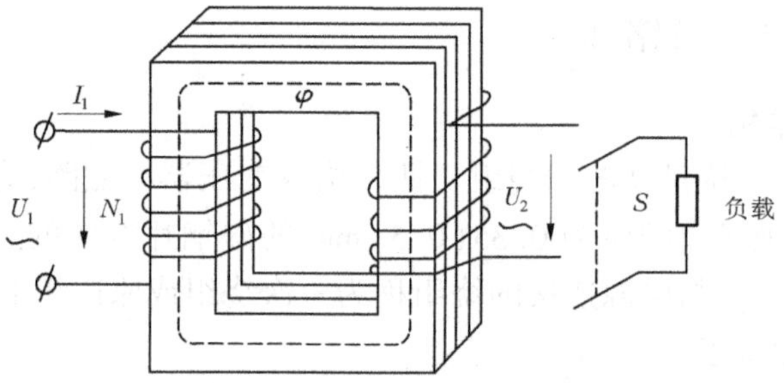

图 2-3-1　变压器工作原理图

凡是与一次绕组有关的量，在其下角标注 1，如一次绕组的匝数 N_1、感应电势 E_1、电网电压 U_1 等；所有与二次绕组有关的量，在其下角标注 2，如 N_2、E_2、U_2。

（一）一、二次绕组的电势及电压比

当变压器的一次绕组 N_1 与电压为 U_1 的电网相连时，就有电流 I_1 流入一次绕组，并在铁芯中产生交变磁通 φ，它与电流的频率相同。由于该磁通同时穿过一、二次绕组，根据电磁感应原理，将在一、二次绕组中分别产生感应电势 E_1、E_2，其大小可用下面公式计算：

$$E_1 = 4.44 f\varphi_m N_1 \tag{2-3-1}$$

$$E_2 = 4.44 f\varphi_m N_2 \tag{2-3-2}$$

式中　f——电网的频率，Hz；

φ_m——磁通的最大值，Wb；

N_1、N_2——一、二次绕组的匝数。

如果二次绕组与负载接通，负载就得到电压 U_2，并有电流 I_2 流过。这说明，一次绕组从电网吸收了电压为 U_1、电流为 I_1 的电能，经过电磁感应的"媒介"作用，由二次绕组以电压为 U_2、电流为 I_2 的形式输送给负载。如果忽略影响不大的绕组上的压降，就可以认为一次绕组电势 E_1 与电压 U_1 相等，二次绕组电势 E_2 与电压 U_2 相等。

由于变压器空载时，一次绕组中流过的空载电流很小，故一次绕组上的电压降很小，可忽略不计，则一次绕组的感应电势近似等于电源电压，即 $E_1 = U_1$。二次侧开路、二次绕组的感应电势就等于输出端电压，即 $E_2 = U_2$。

由式（2-3-1）和式（2-3-2）可得一、二次绕组中感应电势之比等于一、二次绕组的匝数

比，即

$$\frac{E_1}{E_2}=\frac{4.44fN_1\varphi_m}{4.44fN_2\varphi_m}=\frac{N_1}{N_2}$$

又因一、二次绕组的感应电势之比等于一、二次绕组的电压比，故有

$$K=\frac{E_1}{E_2}=\frac{U_1}{U_2}=\frac{N_1}{N_2} \tag{2-3-3}$$

“K”称为变压器的“变压比”，简称“变比”。以上讨论的是单相变压器，对于三相变压器，其变比也是指一、二次绕组相电压之比。

当 $K>1$，即 $N_1>N_2$ 时，$U_1>U_2$，为降压变压器；当 $K<1$，即 $N_1<N_2$ 时，$U_1<U_2$，为升压变压器。

【例 2-3-1】 某行灯变压器一次侧的额定电压为 220 V，二次侧的安全电压为 36 V，这台变压器的变比为多少？

解：变比 $K=\frac{N_1}{N_2}=\frac{U_1}{U_2}=\frac{220}{36}=6.1$

这说明只要适当选择一、二次绕组的匝数比，就可得到一定的电压比，以达到升压或降压的目的。但必须注意，对于已制成的变压器不论是升压还是降压，其电压比是一定值（变比已定），使用时要严格按照额定电压值接线，不可接错。如某变压器一次绕组额定电压是 220 V，若误接于 380 V 时，会使一次绕组电流急剧增大而烧毁变压器。反之，若施加的电压低于变压器的额定电压，则变压器二次绕组送不出额定功率，造成设备浪费等。

（二）一、二次绕组的电流

由于变压器的损耗小，可以认为二次绕组的输出功率 P_2 与一次绕组的输入功率 P_1 几乎相等。根据 $P_1=U_1I_1$ 及 $P_2=U_2I_2$ 的关系，可以得到一、二次绕组电流的关系，即

$$\frac{I_1}{I_2}=\frac{U_2}{U_1}=\frac{N_2}{N_1}=\frac{1}{K} \tag{2-3-4}$$

这说明变压器在工作时，一、二次绕组的电流与它们的匝数成反比。因此，变压器的高压侧匝数多，电流小，导线就细；低压侧匝数少，电流大，导线就粗。从绕组的导线粗细，就能很容易区分高、低压绕组。

（三）变压器的效率

由于变压器没有机械转动部分的损耗，所以它的效率很高。通常把输出功率 P_2 与输入功率 P_1 之比的百分数称为变压器的效率，用字母 η 表示，即

$$\eta=\frac{P_2}{P_1}\times 100\% \tag{2-3-5}$$

大容量变压器的效率可达 98%~99%，小容量变压器的效率为 70%~87%。

【例 2-3-2】 有一台单相变压器一次绕组电压 $U_1=380$ V，二次绕组电压 $U_2=36$ V，带上负载后，实测二次电流 $I_2=3$ A，若变压器的效率为 85%，试求一次绕组的功率和损耗以及一次绕组的电流。（设 $\cos\varphi=1$）

解：二次绕组的负载功率为

$$P_2 = U_2 I_2 \cos\varphi = 36 \times 3 \times 1 = 108(\mathrm{W})$$

则一次绕组输入功率为

$$P_1 = \frac{P_2}{\eta} = \frac{108}{0.85} = 127(\mathrm{W})$$

功率损耗为

$$P_{损} = P_1 - P_2 = 127 - 108 = 19(\mathrm{W})$$

故一次绕组中的电流为

$$I_1 = \frac{P_1}{U_1} = \frac{127}{380} = 0.334(\mathrm{A})$$

任务二　三相变压器

三相变压器在生产中得到广泛应用，它的工作原理与单相变压器相同，但构造上有所不同。如图 2-3-2 所示，它的铁芯有三个芯柱，每个芯柱上各装有一个高压绕组和一个低压绕组，各相高压绕组的始端和末端分别用 A、B、C 和 X、Y、Z 表示，低压绕组的始端和末端分别用 a、b、c 表示。

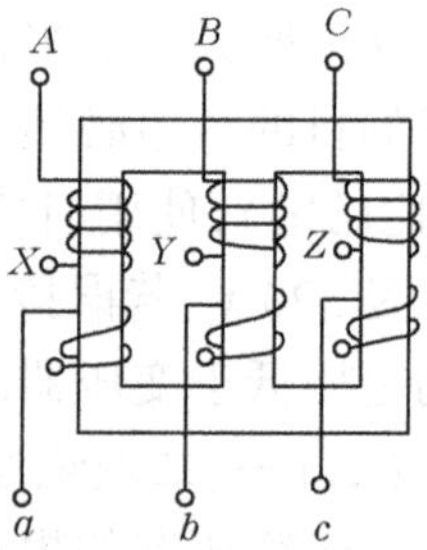

图 2-3-2　三相变压器示意图

三相变压器在对称运行时，各相的电压、电流大小相等，相位彼此相差 120°，故只要分析一相就行了，此时三相变压器的任一相和单相变压器之间没有什么区别，分析的方法和结论是一样的，只不过在计算时要考虑三相和单相的换算规律。

一、变压器的连接组别

三相变压器一次侧和二次侧分别有三个绕组，都可以连接成星形或三角形。

为了表示变压器的不同连接组别，我国采用“时钟表示法”，就是把高压、低压绕组的电动势向量分别看作时钟表面上的长针和短针，而把长针指向 12 上，看短针指在哪一个数字就作为变压器的连接组号。

虽然连接组别较多，但我国规定的标准连接组别只有五种，分别为：

$Y_{yn}O(Y/Y_0-12)$　$Y_d ll(Y/\triangle-11)$　$Y_{ny}O(Y_0/Y-12)$

$Y_{nd}ll(Y_0/\triangle-11)$　$Y_y O(Y/Y-12)$

下面对其中常用的几种连接组别加以介绍。

(一) $Y_{yn}O$ 连接

一般用于容量不大的配电变压器，供给动力和照明负载。三相动力接 380 V 线电压，照明接在 220 V 相电压上。

(二) $Y_d ll$ 连接

用于中等容量、电压为 10 kV 或 35 kV 电网及电厂中较大容量的厂用变压器。

（三）$Y_{nd}11$ 连接

这种连接实际上和 Y_d11 连接一样，所不同的只是从星形连接的一次绕组中性点再引出一条线接地。一般用于 110 kV 及以上的电力系统中。

变压器连接组别高压侧一般都是星形连接。这是因为同样的线电压时，星形连接的相电压较三角形连接的相电压小$\sqrt{3}$倍，也就是说匝数少$\sqrt{3}$倍。这样星形连接的匝间绝缘比三角形连接的要求低，所占空间就小，匝数少，成本低。

二、变压器的并联运行

变压器的并联运行，就是指在一定的条件下将两台或两台以上的变压器的一次和二次绕组分别接在公共母线上，同时对负载供电。

当一台变压器容量不够时，或负载随季节变化（如电力泵站）时，采用并联运行的措施比较经济。在负载较小时，把多余的变压器从电网中解列出来，这样就能减少一部分变压器的空载损耗，提高系统的效率。

当变压器进行定期检修时，为了满足供电需要，先并上一台备用变压器，再把需检修的变压器从电网中解列下来，这样既能有计划地轮流检修，又能保证正常供电。

可见，变压器并联运行在安全、经济等方面都具有重要意义，但并联台数不能过多，否则会增加安装面积和变电所的造价。

并联运行的变压器必须满足以下三个条件：

（1）变比相同，且一、二次额定电压分别相等，分接开关放在同一位置上。

（2）变压器的连接组别相同，否则将在并联运行的变压器绕组中产生很大的环流，以致烧坏变压器。

（3）短路阻抗（短路电压）百分数相同，不然将造成负载分配不均，短路阻抗小的变压器过载，短路阻抗大的变压器达不到额定出力。

任务三　三相异步电动机的结构

三相异步电动机（又称感应电动机）具有结构简单、制造容易、维护方便、价格低廉等特点，是工农业生产中应用最广泛的动力装置。

异步电动机可按下列方式分类：

（1）按定子的相数分为三相、单相和两相三种。电力排灌站中多数是用三相异步电动机；单相电动机的应用也很广，如电风扇、洗衣机等；两相电动机的使用较少，主要用于微型控制。

（2）按转子的形式分为绕线式和鼠笼式。

（3）按冷却方式和防护方式分为开启式、防滴式、封闭式和防爆式。

我们主要介绍三相异步电动机，因为它的应用最为广泛。

三相异步电动机的结构主要由两个部分组成，固定不动的部分叫作定子，旋转部分叫作转子。转子装在定子中,相互间留有一定的气隙,在定子两端装有端盖。

一、定子

三相异步电动机的定子由定子铁芯、定子绕组和机座三部分组成。定子铁芯是电动机磁路的一部分,由涂有绝缘漆或氧化膜的硅钢片叠压而成,在其内冲有均匀分布的凹槽,槽中嵌置定子的三相绕组。机座是用来固定和支撑定子铁芯的。

二、转子

三相异步电动机的转子由铁芯、转子绕组和转轴组成。

转子铁芯也是磁路的一部分,它的外表面呈圆柱形,转子的形式有两种。

(一)鼠笼式转子

如图 2-3-3 所示,是一个工艺简单的多相闭合绕组。该绕组由插入每个转子槽内的导条和两端的端环组成。如果去掉铁芯后,图示的绕组外形就像一个鼠笼,所以称为鼠笼式转子,并有普通鼠笼、深槽鼠笼和双鼠笼之分。

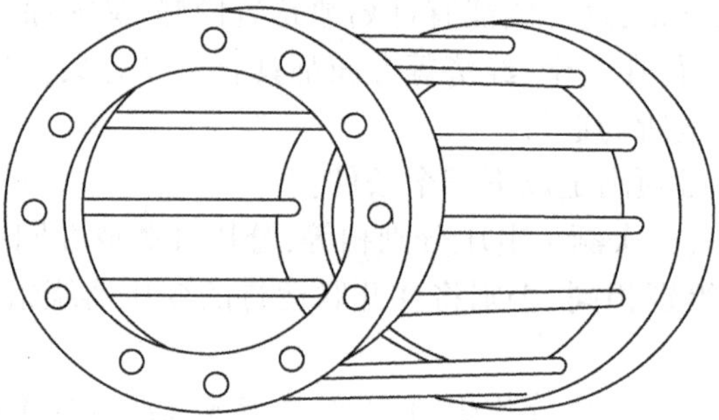

图 2-3-3 鼠笼式转子绕组

(二)绕线式转子

在绕线式转子铁芯槽内,嵌有绝缘导线组成的三相绕组,然后接到转轴上的三个集电环(滑环),再通过电刷把电流引出来。这种转子的特点是:可以通过滑环和电刷在转子绕组回路中接入附加电阻(变阻器),用以改善电动机的起动性能或调节电动机的转速。

三、铭牌

每台电动机的机座上都有一块铭牌,了解铭牌上数据的含义,是正确使用电动机的前提。

(一)型号

它表示电动机的类型、机座形式和磁极极数。如 Y100L2-4,“Y”表示三相异步电动机,“100”表示中心高为 100 mm,“L2”表示长机座中第二种铁芯,“4”表示 4 极电动机。

(二)额定功率

额定功率指在额定运行情况下,电动机轴上输出的机械功率。

(三)额定电压

电动机在额定运行情况下的线电压称为电动机的额定电压。

(四)额定电流

在额定情况下的线电流称为电动机的额定电流。

此外还有额定频率、额定温升和工作制等铭牌数据。

任务四　三相异步电动机的工作原理

一、旋转磁场

所谓旋转磁场,就是指以一定的速度、按一定的方向不断旋转的磁场。

在三相异步电动机定子内,具有在空间固定着的对称排列的三相绕组(互成电角度120°),当通过三相对称交流电时,三相交流电所产生的合成磁场是旋转磁场。

如图2-3-4所示的是三相异步电动机的最简单的定子绕组,每相绕组仅由一个线圈组成,这三个线圈在空间彼此相隔120°,假定三相绕组作星形连接。

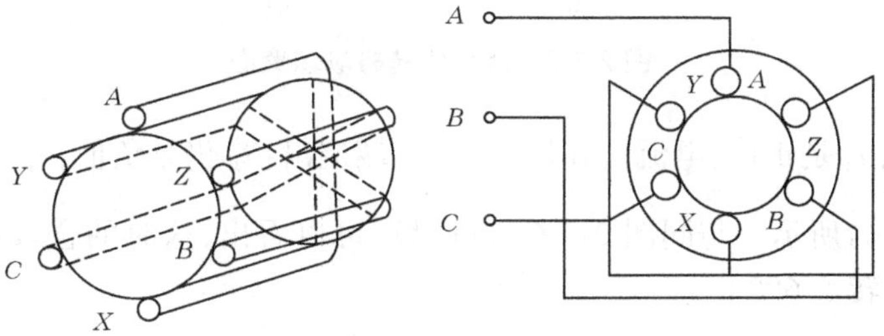

图2-3-4　简单的三相定子绕组示意图

三相定子绕组的始端A、B、C接通电源后,定子绕组中便通过三相对称电流,其波形如图2-3-5所示。

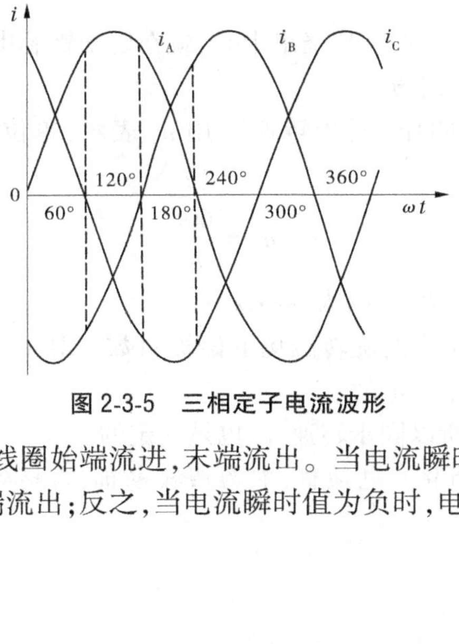

图2-3-5　三相定子电流波形

选取电流的正方向由线圈始端流进,末端流出。当电流瞬时值为正时,电流的实际方向是从线圈始端流进,末端流出;反之,当电流瞬时值为负时,电流的实际方向则从线圈末端流进,始端流出。

现在选择几个瞬时值,来分析三相交流的合成磁场是怎样的。当 $t = 0$ 时 ,$i_A = 0$; i_B 是负值,即 B 相绕组中的电流实际方向与正方向相反; i_C 是正值,即 C 相绕组中的电流由 C 端流进, Z 端流出,与假定的正方向相同。运用右手螺旋定律,就可以确定这一瞬时的合成磁场,如图 2-3-6(a)所示。

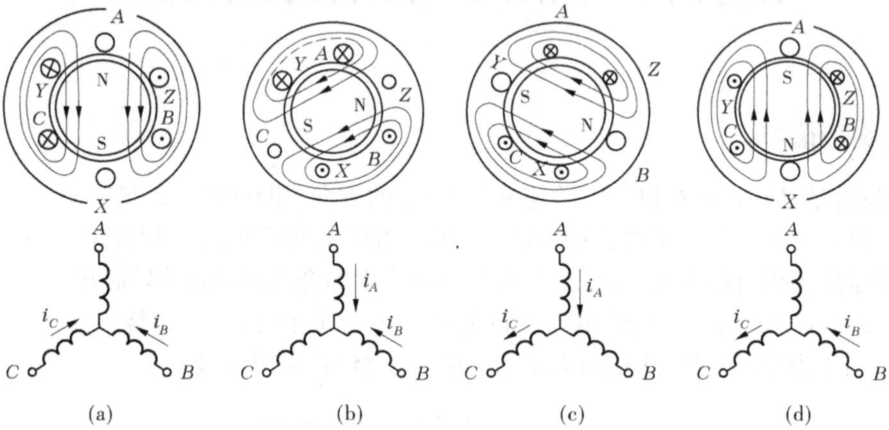

图 2-3-6　两极旋转磁场示意图

当 $t = \frac{\pi}{6}$ 时, i_A 是正值,电流由 A 端流进, X 端流出; i_B 仍是负值; $i_C = 0$。此时的合成磁场如图 2-3-6(b)所示。与同图 2-3-6(a)比较,可以看出,这时的合成磁场方向在空间按顺时针方向旋转了 60°。

当 $t = \frac{\pi}{3}$ 时, i_A 是正值; $i_B = 0$; i_C 是负值。此时的合成磁场又按顺时针方向旋转了 60°,如图 2-3-6(c)所示。

当 $t = \frac{\pi}{2}$ 时,其合成磁场如图 2-3-6(d)所示,与 $t = 0$ 时相比,合成磁场旋转了 180°。

由此可见,当三相电流通入三相绕组中时,就在定子铁芯中产生出朝某一方向旋转的磁场,故称这种磁场为旋转磁场。

三相旋转磁场的转速叫作“同步转速”,用 n_1 表示,单位是转/分(r/min)。由下式确定

$$n_1 = \frac{60f}{P} \tag{2-3-6}$$

式中　f——三相交流电频率,工频为 50 Hz;

　　P——由定子绕组决定的旋转磁场的磁极对数。对于一台已制造好的电动机,它的磁极对数是一定的。

因 f 、P 都是一定的,所以同步转速 n_1 也是一定的。

【例 2-3-3】　某台三相异步电动机,它为四极电机,当接到电网上后,它的同步转速为多少?

解：四极电机即为二对极电机，$P=2$。电网频率 $f=50\text{Hz}$。故同步转速为

$$n_1=\frac{60f}{P}=\frac{60\times 50}{2}=1\,500(\text{r/min})$$

旋转磁场的转向，由通入定子绕组的三相交流电的相序决定。如果定子绕组是按顺时针方向通入三相电流，则旋转磁场的转向也为顺时针；若将定子绕组接至电源的三根相线的任意两根对调，则三相交流电的相序就相反，相应的旋转磁场的转向也改变。三相异步电动机就是应用这一原理实现反转的。

二、转子的转动

图 2-3-7　异步电动机工作原理图

如图 2-3-7 所示，设旋转磁场按顺时针方向旋转，则原来静止的转子与旋转磁场之间就有了相对运动，转子导体切割磁力线，产生了感应电势。由于旋转磁场按顺时针方向旋转，相当于转子导体以逆时针方向切割磁力线。根据右手定则，可以确定出转子的上半部导体感应电势的方向是出来的，下半部是进去的。由于转子导体构成闭合回路，故在此感应电势作用下，转子导体内就有感应电流。感应电流与旋转磁场相互作用产生电磁力 F，力的方向可按左手定则确定出来，如图 2-3-7 所示。这些电磁力对转轴形成电磁转矩，其方向与旋转磁场的旋转方向一致，因而转子就顺着旋转磁场的旋转方向转动起来。若旋转磁场反转，则转子的旋转方向也随之改变。

三、转差和转差率

异步电动机的转速是指转子的旋转速度，它接近于同步转速而又略小于同步转速。因为只有这样，旋转磁场与转子导体间才有相对运动，切割磁力线而感应电势和电流，形成电磁转矩，从而驱动转子转动。由于转子转速与旋转磁场的转速不同步，所以叫作异步电动机。这就是异步电动机与同步电动机的显著区别之一。

旋转磁场转速 n_1 与转子转速 n 之间存在着转速差(n_1-n)。转速差与旋转磁场转速之比值，称为转差率，用 S 表示，即

$$S=\frac{n_1-n}{n_1} \tag{2-3-7}$$

转差率也可用百分数表示，即

$$S=\frac{n_1-n}{n_1}\times 100\% \tag{2-3-8}$$

转差率 S 是分析异步电动机工作特性的重要参数。一般因 n 接近 n_1，故在正常运行时 S 值很小，在 0.02~0.07。异步电动机起动时，定子绕组接通电源的瞬间即已产生旋转磁场，而转子因机械惯性不能立即转动，此瞬间 $n=0$，则 $S=1$；随着转子转速的上升，转差率 S 逐渐减小。

若已知电动机的极对数 P 及转差率 S，可用下式确定电动机转速 n，即

$$n = (1 - S)n_1 = (1 - S)\frac{60f}{P} \tag{2-3-9}$$

【例 3-3-4】 一台四极异步电动机，接在频率为 50 Hz 的三相电源上，已知额定转差率 $S = 0.04$，求该台电动机的额定转速。

解：根据式(2-3-9)有

$$n = (1 - S)\frac{60f}{P} = (1 - 0.04) \times \frac{60 \times 50}{2} = 1\ 440(\text{r/min})$$

即该台电动机的额定转速为 1 440 r/min。

四、异步电动机的转矩

异步电动机的转矩取决于旋转磁场的强弱及转子电流的大小，两者都取决于电源电压。进一步分析可知，转矩的大小与电压的平方成正比。因此，电压的变化对电动机的运行有很大影响。

根据转矩特性，我们主要说明下面三个转矩，了解了它们，就不难理解异步电动机的机械特性。

（一）最大转矩 M_{max}

这是电动机所能产生的最大转矩，当负载转矩大于或等于最大转矩时，电动机就要停下来。因此，电动机的额定转矩应小于且不能太接近最大转矩，否则电动机略微过载就会停下来。电动机的最大转矩 M_{max} 与额定转矩 M_e 的比值，称为过载系数，用 λ 表示，即

$$\lambda = \frac{M_{max}}{M_e} \tag{2-3-10}$$

国家标准规定，普通的三相异步电动机，λ 不小于 1.6；起重、冶金机械用的异步电动机的过载系数较大，为 2.2~2.5。

（二）起动转矩 M_q

起动转矩 M_q 是指电动机接通电源而转子尚未转动瞬间的转矩。它是衡量电动机性能的指标之一。从生产机械对拖动的要求考虑，希望起动转矩大一些，特别在重载起动时可缩短起动时间，减小损耗，提高劳动生产率。

国家标准规定，起动转矩为额定转矩的 1.0~1.8 倍。

（三）额定转矩 M_e

额定转矩是电动机在额定负载时的输出转矩，也是电动机长期持续工作时轴上输出转矩的最大值。电动机额定转矩 M_e 可根据铭牌上所标的额定功率 P_e(kW) 和额定转速 n_e(r/min) 求出，即

$$M_e = 9\ 550\frac{P_e}{M_e} \tag{2-3-11}$$

它的单位是"牛顿·米"(N·m)。

【例 3-3-5】 某异步电动机的额定转速为 1 440 r/min，额定功率为 1.5 kW，它的额定转矩为多少？

解：根据式(2-3-9)可得额定转矩 M_e 为

$$M_e = 9\ 550 \times \frac{P_e}{M_e} = 9\ 550 \times \frac{1.5}{1\ 440} = 9.95(\mathrm{N \cdot m})$$

任务五　异步电动机的起动与接线

一、起动电流

将异步电动机接入三相电源，从开始起动加速到等速运转的过程称为起动。

电动机接入额定电压时，由于 $n = 0$，$S = 1$，静止的转子与旋转磁场间相对速度很大，从而转子电流很大，进而引起定子绕组出现很大的起动电流 I_q，约为额定电流的 5.5～7 倍，起动电流虽大，但起动时间很短，对电动机本身没什么影响。但是过大的起动电流产生的线路压降较大，而使电网电压突然下降，如果供电变压器的容量与起动的电动机的容量的比值不够大(小于 5)，有可能使电网上其他正在运转中的电动机突然停止转动。如果电动机起动频繁，过大的起动电流使电动机绕组发热，加速老化。

尽管起动电流很大，但起动转矩 M_q 并不大，当起动转矩大于负载转矩时，电动机能够起动，反之不能起动。因此，异步电动机起动时要选择适当的起动方法，既要把起动电流限制在一定数值内，又要保证足够的起动转矩。

二、起动方式

(一)鼠笼式异步电动机的起动

1. 直接(全压)起动

直接起动就是在定子绕组上直接加上它的额定电压，故也叫全压起动。这种起动方法简单，操作方便，但起动电流很大。只有额定功率较小的异步电动机才允许直接起动。

2. 降压起动

当电动机功率较大时，可采用降低起动电压的办法来减小起动电流，起动完毕后，再使加在定子绕组的电压恢复到额定值。由于降压的同时起动转矩也要降低，因此这种方法仅适用于对起动转矩要求不大的场合。

常用的降压起动方法有下列几种：

(1)Y-△降压起动：这种起动只适用于正常运行时定子绕组接成三角形(△)的电动机。起动时，将定子绕组接成星形(Y)，使加在每相绕组上的电压降低到额定电压的 $1/\sqrt{3}$，待电动机接近额定转速时，再利用开关改接成△，使电动机在额定电压下运转，如图 2-3-8 所示。

这种起动方法的优点是起动设备简单，起动电流减小到直接起动时的 1/3，但起动转矩同时降为直接起动时的 1/3，所以不能用于重载起动。

(2)自耦变压器降压起动:这种起动方法是利用自耦变压器来降低加在定子绕组上的起动电压,如图 2-3-9 所示。

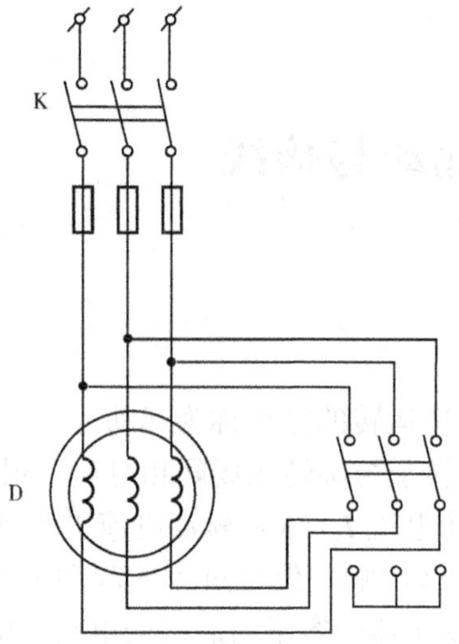

图 2-3-8　Y-△起动原理图

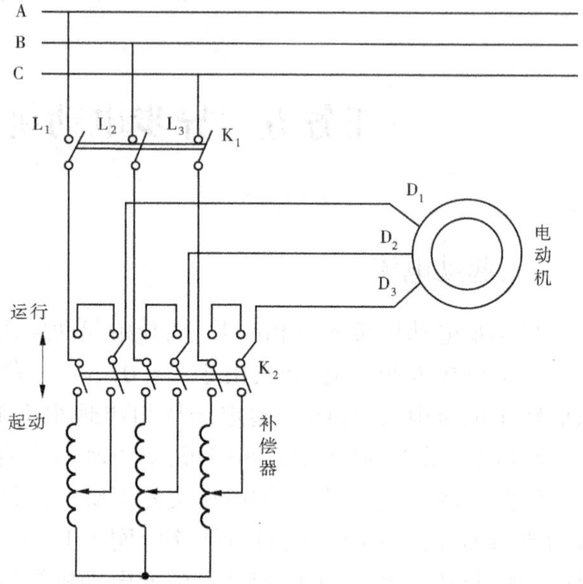

图 2-3-9　自耦变压器降压起动原理图

起动时,合上开关 K_1,将 K_2 放在"起动"位置上,通过自耦变压器把电压降低起动电动机,待转速接近额定转速时,再将 K_2 从"起动"位置迅速扳到"运行"位置,使电动机直接接通电源,在额定电压下工作。

自耦变压器的次级一般备有不同的三个抽头,分别输出不同的电源电压。

这种起动方法的优点是它能将起动电流减小到直接起动时的 $1/K^2$,但起动转矩也同时减小到直接起动时的 $1/K^2$(K 为自耦变压器的降压比)。电动机容量相同时,它的价格比 Y-△起动器要高得多,因此在满足技术条件的情况下,应尽量采用 Y-△起动器。

(二)绕线式异步电动机的起动

绕线式异步电动机具有可在转子回路中接入阻抗元件的特点,因此适当增加转子的电阻,就可以达到降低起动电流、增大起动转矩的目的。目前常用的有串联起动、电阻起动和串接频敏变阻器起动等方法。

1. 转子回路中串联起动、电阻起动

如图 2-3-10 所示,起动时将全部电阻接入转子回路,然后合上电源开关 K,电动机开始起动,随着电动机转速的逐渐升高,利用控制器逐级切除电阻,起动完毕时切除全部电阻,把三相转子绕组短接。

转子回路接入适当电阻,使转子导体的电流减小,因而定子起动电流也相应减小;另外,转子电路的功率因数显著提高,因而起动转矩也增大。

在运算中,调节转子电阻,还可以调节电动机的转速。卷扬机、桥式吊车等常用这种方法起动。

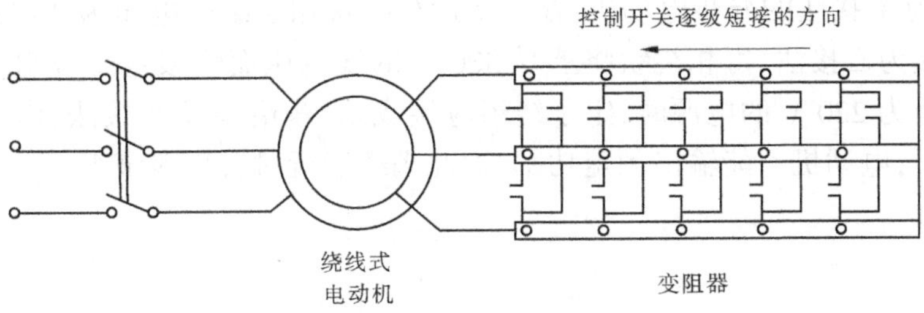

图 2-3-10　绕线式异步电动机用变阻器起动的原理图

2. 转子回路中串接频敏变阻器起动

频敏变阻器的铁芯损耗R_P和铁芯励磁R_P是随频率变化的，用它作为起动电阻时，能自动增大或减小电阻，使电动机平滑起动起来。它结构简单，运行可靠，维护方便，在不需调速的绕线式异步电动机起动中应用广泛。

三、定子绕组接法

普通三相异步电动机有六个线端接至出线盒内。国家标准规定用符号 U_1、V_1、W_1 表示定子三相绕组的首端；用 U_2、V_2、W_2 表示其末端；用 N 表示中性点。过去习惯用 A、B、C（或 D_1、D_2、D_3）表示绕组的首端，用 x、y、z（或 D_4、D_5、D_6）表示其末端；用 O 表示中性点。

定子绕组基本接法有星形（Y）连接和三角形（△）连接两种。

（一）星形（Y）连接

将 U_2、V_2、W_2 联在一起，将 U_1、V_1、W_1 接至电源，如图 2-3-11（a）所示。此时每相绕组的电压（相电压）为额定电压（线电压）的 $1/\sqrt{3}$。

（二）三角形（△）连接

将 U_1 与 W_2、V_1 与 U_2、W_1 与 V_2 分别连接后作为与电源连接的三个端点，见图 2-3-11（b），此时相电压等于线电压。

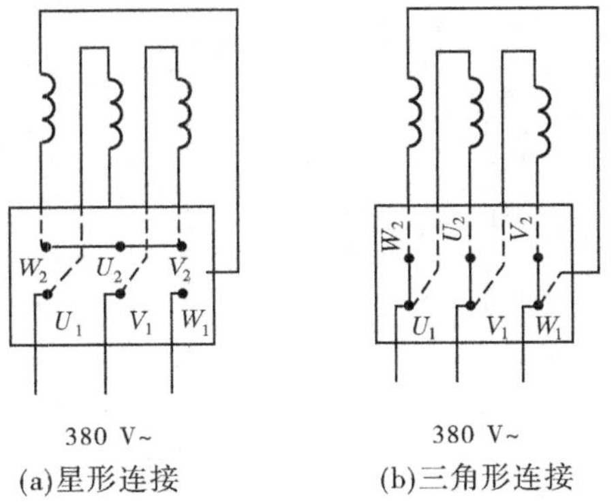

图 2-3-11　三相定子绕组接法

三相异步电动机在正常使用时，定子绕组接法绝对不能搞错。例如，额定电压为 380

V、定子绕组为 Y 接法的异步电动机，在正常运行时每相绕组的电压为线电压的 $1/\sqrt{3}$，即 220 V；若错接为△接法，每相绕组将承受 380 V 的线电压而烧毁定子绕组。如果将该电动机接到电压为 220 V 的电源时，定子绕组应接成△；若错接成 Y 接法，由于每相绕组得不到额定电压，电动机不能输出额定功率，因此满载运行时会烧毁绕组。

模块四　常用电器及电气图

一般认为,1 000 V 以上的电气装置属高压电气装置;1 000 V 及以下的属低压电气装置。也有以对地电压 250 V 作为界限来划分的:250 V 以上的属于高压;250 V 及以下的属于低压。36 V 及以下视为安全电压。

任务一　常用低压电器

为了使电动机等动力设备按照要求运转,必须配备一定的低压电器,如开关、按钮、熔断器、热继电器、接触器等。

一、自动空气开关

自动空气开关(简称自动开关)广泛应用于 500 V 以下的交直流装置中。自动开关一般由自由脱扣机构、触头系统、操作机构和灭弧装置组成。当电路发生过负荷、短路、电压降低或失压时,自动开关能自动切断电路。

自动开关分塑料外壳式(又称装置式)和框架式(又称万能式)两大类。除操作手柄和板前接线头露出外,其余部分安装在壳内,这种形式的自动开关称装置式(DZ 系列)自动开关。另一种形式的自动开关称框架式(DW 系列)自动开关,它制成敞开式结构,其保护方案和操作方式较多,故又称为万能式自动开关。其主要技术参数如下:

(1)型号:DZ 表示装置式空气开关;DW 表示万能式空气开关。

(2)额定电压值:在规定的条件下,开关正常工作时的电压。

(3)额定电流值:在额定电压的情况下,开关可以长期通过的工作电流。

(4)允许切断的极限电流值:指自动开关在额定电压下能切断的最大短路电流值。

(一)自动开关的触头系统和灭弧装置

自动开关的触头系统包括接在主电路内的主触头及接在控制电路内的辅助触头。主触头通常又由工作触头及灭弧触头组成。在正常工作时,工作电流主要通过工作触头,因而要求具有较小的接触电阻和较大的散热表面。为此,接触处往往焊有银片,并施加足够的触头压力。

灭弧触头是用来专门保护工作触头免受电弧烧坏的。当接通电路时,灭弧触头先接通,工作触头再接通;切断电源时,工作触头先断开,灭弧触头后断开。因此,接通和断开电流时,电弧都发生在灭弧触头上,而不会发生在工作触头上。灭弧触头具有可更换的碳或黄铜灭弧端。

在额定电流大的自动开关(如 1 000~4 000 A)中,有工作触头、灭弧触头和副触头。副触头也是用来保护工作触头免受电弧烧坏的。当灭弧触头因故障失去作用时,它可代替灭弧触头工作。具有副触头的自动开关断开时,首先是工作触头断开,其次副触头断开,最后是灭弧触头断开;在接通时,顺序相反。额定电流较小的自动开关,只有一对工作触头。

(二)自动开关的脱扣器

自动开关的自动断路是靠各种脱扣器来实现的。这些脱扣器包括:

(1)过电流脱扣器。当电流达到一定值时,开关自动断开。在直流装置中采用具有一个或两个过电流脱扣器的三极自动开关。而在380/220 V的三相四线制交流装置中,因为可能发生单相接地(短路),应采用具有三个过电流脱扣器的三极自动开关。

(2)分闸脱扣器。供远距离控制开关跳闸。

(3)失压、欠压脱扣器。当电压低于某一规定数值时,使开关迅速跳闸。具有失压脱扣器的自动开关,一般用于某些异步电动机的电路中,当供电网络的电压低于规定数值或完全消失时,电动机自网络断开。

(4)热脱扣器。主要用于过载保护,它是双金属片结构。

需要说明的是,不是任何自动开关都装设所有的脱扣器,例如在DW系列自动开关中,一般不装热脱扣器,且失压脱扣器和分闸脱扣器一般不同时安装在同一自动开关上。

二、低压闸刀开关

低压闸刀开关是一种最简单的低压开关,用于交流500 V电压以下,直流440 V电压以下,额定电流不大于1 500 A的电路中。闸刀开关必须与熔断器串联使用,以便在短路或长期过负荷时能自动切断电路。

其型号意义如下:

第一个符号“HI”,是低压闸刀开关的总称。

第二个符号:

D——表示单向合闸的刀开关;

S——表示双向合闸的刀开关;

H——表示封闭式负荷开关;

K——表示开启式负荷开关;

R——表示刀熔开关;

Z——表示转换开关。

(一)刀开关

刀开关又叫闸刀开关,主要供各种类型的开关板、动力箱使用。刀开关常用在容量不太大(10 kW以下)的低压电路中,作为不频繁接通和分断负荷之用,也可用来对小容量(7.5 kW以下)电动机作不频繁的直接起动。在低压电路检修时,利用它把电源与待检修的电路隔离开,也可兼作隔离开关用。

为了减少电弧对闸刀和夹座的破坏作用,常通过杠杆传动来提高分断速度。

(二)开启式负荷开关

开启式负荷开关也叫瓷底胶盖开关,实质上是一种带有熔断器的组合开关。根据刀极数分为二极和三极两种。如图2-4-1所示为三极胶盖开关的外形、结构和画在电气原理图中的符号。

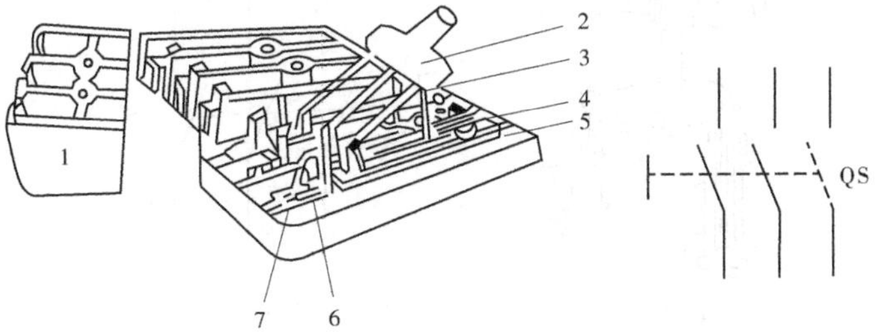

(a)　　　　　　　(b)

1—胶盖；2—瓷柄；3—动触头；4—出线端；5—瓷座；6—静触头；7—进线端。

图 2-4-1　D-35 型多油断路器剖面图

负荷开关安装时，应将电源线接在静止夹座上，负载线接在可动闸刀一侧，这样当断开电源时，裸露在外面的闸刀不带电，确保装换熔丝和维修用电设备时的安全。另外，负荷开关的安装位置应该是合闸时向上推闸刀，如果装反，闸刀就容易因振动和重力的作用跌落而误合。

开启式负荷开关可用在照明和小功率的电动机控制电路中。

（三）封闭式负荷开关

封闭式负荷开关具有铸铁或钢板制成的全封闭外壳，故又称为铁壳开关。它的防护性能好，能工作于粉尘飞扬的场合。

封闭式负荷开关主要由刀开关、瓷插式熔断路、操作机构和铁壳组成。为了保证安全，此开关装有机械连锁装置，即箱盖打开时不能合闸，合闸后箱盖不能打开。安装时铁壳应可靠接地，以防止因漏电引起操作者触电。

开关的动触头为“V”形刀片，铁壳上装有弹簧，用钩子扣于手柄转轴上。当转动手柄开始分闸或合闸时，动触头并不移动，只拉伸了弹簧，积蓄了能量，当转轴转到一定角度时，借助弹簧力使动触头迅速从静触头夹座中拉开或使动触头迅速嵌入静触头夹座，具有较大的分闸和合闸速度，通断能力较高。封闭式负荷开关常用于操作次数较多的小型异步电动机的全压起动和通断负荷电路，也可作为电源的隔离开关。

（四）转换开关

转换开关的结构特点是用动触片向左、右旋转来代替闸刀的推合和拉开，结构比较紧凑。如图 2-4-2 所示为三极转换开关的外型结构和画在电气原理图中的符号。

三个动触片装在绝缘板上，并套在方轴上，通过手柄可使方轴做 90°正、反向的转动，从而使动触片与静触头保持接合或分断。

转换开关除用作电源引入开关外，也可用来直接起动小功率异步电动机及控制机床照明等。

刀开关、胶盖开关、铁壳开关、转换开关都直接串接在主电路中，起接通和断开用电设备电路的作用。

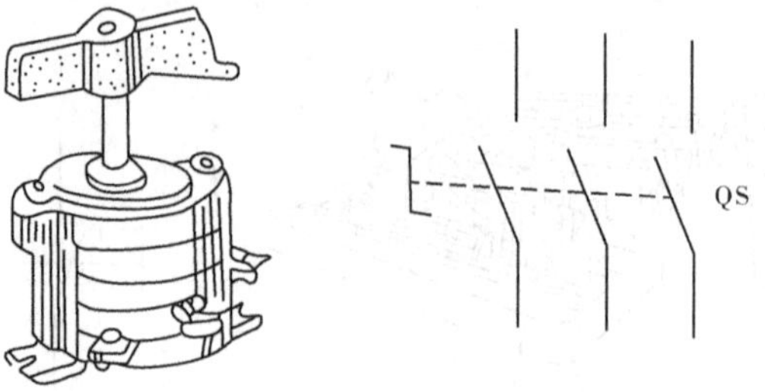

(a)外形　　(b)符号

图 2-4-2　转换开关

三、交流接触器

交流接触器适用于电压 500 V 以下、电流 150 A 以下的电路中,供控制和频繁起动三相异步电动机,可作为远距离操纵和自动控制,使电路接通或分断。由于它不能切断短路电流和过负荷电流,故不能用来保护电气设备。

(一)交流接触器的工作原理

如图 2-4-3 所示为单极交流接触器的工作原理图。当合上开关 K 后,铁芯线圈 2 有电流通过,吸引动触头 1,使接触器处于接通状态,而常闭辅助触头 3 断开,常开辅助触头 4 闭合。当开关 K 拉开后,铁芯线圈 2 失电,释放动触头,辅助触头 3 闭合,触头 4 断开。

交流接触器可根据需要选择不同组数的常开或常闭辅助触头,这些辅助触头常用于保持、电气闭锁及信号回路中。

(二)交流接触器的结构

交流接触器种类繁多,但结构大同小异,如图 2-4-4 所示。

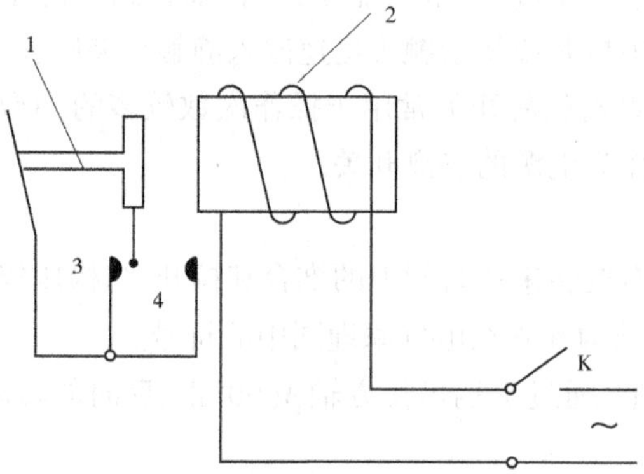

1—动触头;2—铁芯线圈;3—常闭辅助触头;4—常开辅助触头。

图 2-4-3　交流接触器工作原理图

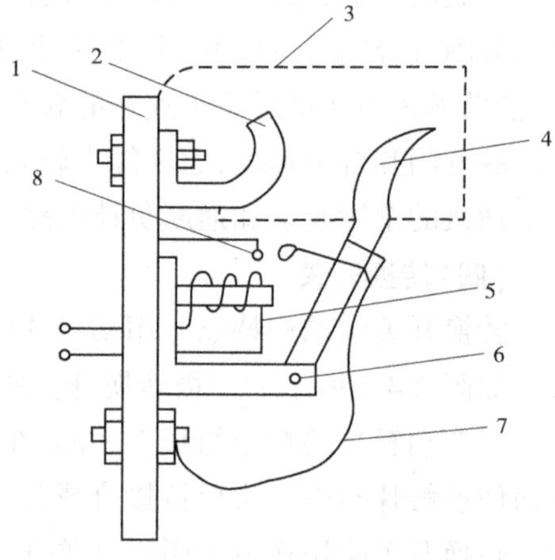

1—底座;2—静触头;3—灭弧罩;4—动触头;5—线圈;6—铁芯;7—软连接线;8—辅助触头。

图 2-4-4　交流接触器结构图

图 2-4-4 是一单极交流接触器的结构图，它由底座 1、静触头 2、灭弧罩 3、动触头 4、线圈 5、铁芯 6、软连接线 7、辅助触头 8 等组成。

型号意义：

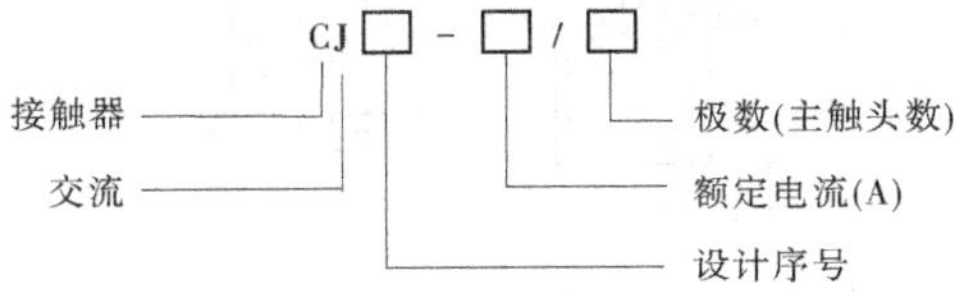

例：CJ10-40/3 表示额定电流为 40 A、极数为 3、设计序号为 10 的交流接触器。

三相(极)交流接触器的结构较为复杂，它主要有下列几个部分：

(1)电磁系统：含静铁芯、线圈和动铁芯。铁芯由硅钢片叠压而成，以减小损耗，避免铁芯过热。交流接触器的静铁芯上装有一个短路铜环，它的作用是减小交流接触器吸合时产生的振动和噪声，故也称减振环。

(2)触点系统：包括三对主触点和四对辅助触点。主触点接在主电路中，起接通和断开主电路的作用，允许通过较大的电流。辅助触点接在由按钮和接触器线圈组成的控制电路中，只允许通过较小电流。所谓常开、常闭触点是指电磁系统未通电动作前触点的原始状态。常开和常闭触点基本上是一起动作的，当线圈通电时，常闭触点先断开，常开触点随即闭合；线圈断电时，常开触点先恢复断开，随即常闭触点恢复闭合状态。

(3)灭弧罩：当接触器断开大电流时，动触点和静触点之间会产生很强的电弧，灼伤触点，并使电路切断时间延长，影响接触器的正常工作，为此，交流接触器都装有陶土制成的灭弧罩。灭弧罩的栅片将电弧分割成若干短弧，同时将电弧的热量散发，促使电弧熄灭。

(4)其他部分：①反作用弹簧的作用是当线圈断电时，使触点复位；②缓冲弹簧的作用是缓冲动铁芯在吸合时对静铁芯的冲击力；③触点压力弹簧片的作用是增加动、静触点之间的压力，从而增大接触面积，减小接触电阻。

此外，还有传动机构和底座等。

四、按钮

按钮是一种手动控制开关，用桥式触点代替刀片。在电路中按动它发出“指令”去控制接触器、继电器等电器，再由它们去控制主电路的接通或断开。按钮所在的电路称为控制电路。

按钮一般分为起动按钮和停止按钮两种。起动按钮具有常开(动合)触点(手指未按下时，它的动、静触点是分离的)。当按下按钮时，动、静触点就接通，手一松开，靠弹簧的作用力把动、静触点分开，这称为复位。停止按钮具有常闭(动断)触点(手指未按下时，它的动、静触点是接通的)，按下按钮就断开，手一松又闭合而接通。

按钮的结构和画在电气原理图中的符号如图 2-4-5 所示。

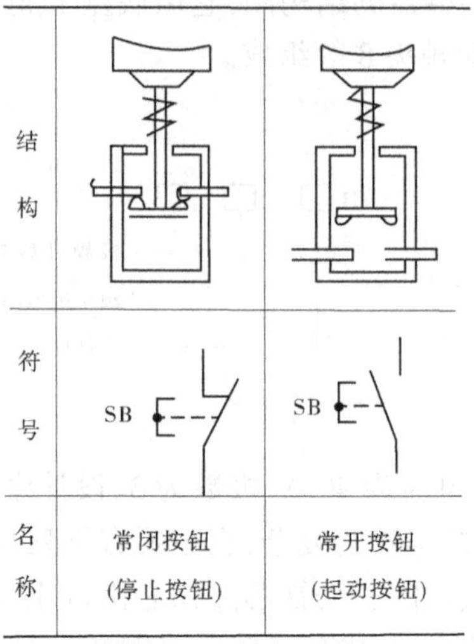

图 2-4-5　按钮开关

五、限位开关

它的作用与按钮开关相同，只是其触点的动作不是靠手按动，而是利用生产机械某些运动部件的碰撞促使触点动作，使之接通或断开某些电路，达到一定的控制要求。

当运动机械的挡铁压到限位开关的滚轮上时，传动杠杆连同转轴一起转动，使凸轮推动撞块，当撞块被压到一定位置时，推动微动开关快速动作，使其常闭触点断开，常开触点闭合；当滚轮上的挡铁移开后，复位弹簧就使限位开关各部分恢复到原始位置。

例如，闸门的电动起闭、行车的控制等电路中，都利用了限位开关，以此达到后备保护作用。

六、热继电器

电动机在工作时，常会出现过载运行。电动机本身有一定的过载能力，短时间过载对电动机寿命影响不大，但长期过载运行，电动机就会因严重发热而损坏。主电路中虽然有熔丝，但熔丝的额定电流选择是按照一定原则进行的，一般为电动机额定电流的 1.5~2.5 倍，故不起过载保护作用。为此，必须采用热继电器作电动机的过载保护。

(一)热继电器的结构特点

热继电器主要由热元件、触点、动作机构、复位按钮、电流调节旋钮等部分组成。

(1)热元件共有两块(或三块)，是继电器的主要部分，它由双金属片及绕在双金属片外面的电阻丝组成。双金属片由两种热膨胀系数不同的金属片紧紧地辗压在一起而成。使用时将电阻丝直接串接在异步电动机的两相或三相主电路中。

(2)触点是由动触点和静触点组成的常闭触点，使用时串接在有接触器线圈的控制电路内。

(3)动作机构由杠杆、凸轮、人字拨杆等组成。动作时使常闭触点断开。

(4)复位按钮是热继电器动作后进行手动复位的按钮。

(5)整定电流旋钮是用来调整热继电器动作电流的。

(二)热继电器的动作原理

当电动机过载时,流过双金属片电阻丝的电流超过电动机的额定电流值,使电阻丝发热过量,双金属片受热膨胀而弯曲,双金属片的一端推动动作机构,使热继电器的一对常闭触点断开,切断了控制电路,从而使接触器主触点断开,切断了电动机的主电路,保护电动机免遭过载损坏。

双金属片经过一段时间散热冷却后,在弹簧力的作用下,使常闭触点重新闭合,这个作用称为复位。常闭触点复位后可再次起动电动机。

热继电器的整定电流是指继电器长久不动作的最大电流,超过此值,继电器即动作。热继电器的整定电流可以通过调节整定电流旋钮进行调整。

热继电器和熔断器的作用是不同的,热继电器只能作过载保护,不能作短路保护;而熔断器只能作短路保护,不能作过载保护。

七、熔断器

熔断器是最简便而又经济的一种保护电器,它串联在电路中以保护电器设备,对过载和短路有明显的保护作用。其结构简单、体积小、维护方便、价格便宜。

熔断器除在低压装置中被广泛应用外,在 3~35 kV 的高压系统中,亦被用来保护电压互感器和小容量的配电变压器,与负荷开关配合使用在短路容量较小的网络中替代高压断路器。

熔断器中装熔体(熔丝或熔片),通过熔断器的电流越大,则熔体熔化得越快,因而断路的时间越短。

熔断器和熔体(熔丝、熔片)的额定电流是两个不同的数值。熔断器的额定电流是指它的载流部分和接触部分所允许的长期工作电流。熔体的额定电流是指长期通过熔体,而熔体不会熔断的最大电流。在同一个熔断器内,可装入不同额定电流的熔体,但熔体的额定电流不能超过熔断器的额定电流。如 RL1-60 为螺旋式熔断器,额定电流为 60 A,电压为 500 V,其熔体有 15 A、20 A、30 A、35 A、60 A 等,都可装入此熔断器内。

熔体熔断后,可以更换,但不能采用“自制”的熔体。

熔断器有高压、低压熔断器之分,下面分别简述之。

(一)低压熔断器

用于低压电路的熔断器种类很多,主要有瓷插式的 RC1A 熔 RM10T。熔断器、断器、密闭式纤维管的 RM10 熔断器、充填石英砂的 R 瓷质螺旋式的 RL1 熔断器,还有用于保护电压互感器和二次回路的玻璃管式 R1 熔断器及热线轴等。

(二)高压熔断器

高压熔断器由于使用条件不同,可分为户内和户外两种。

户外跌落式熔断器是常见的一种高压熔断器,用于设备的短路保护。

在正常工作时,熔丝依靠其机械拉力使动触头紧卡在鸭嘴上,鸭嘴上的弹簧钢片又顶着触头,使熔管掉不下来。当短路时,熔丝熔断,动触头失去拉力而从鸭嘴中滑脱,使熔管跌落。合闸时,将绝缘棒伸入熔管上端的操作环中,把熔管顶入鸭嘴;分闸时,只要用绝缘棒向上捅一下鸭嘴,熔管就会自行跌落,绝对不能硬拉操作环。

(三)熔断器的选择

1. 低压熔断器的选择

低压熔断器的选择主要依据有三条:一是电压,熔断器的额定电压不得小于电网的额定电压;二是电流,熔断器的额定电流不得小于熔体的额定电流;三是根据结构选择各种形式的熔断器。

熔体应按下列规定选用:

(1)如果用电回路是电阻性负载,那么熔体的额定电流应满足下式:

$$I_e \geq I_{js} \tag{2-4-1}$$

式中 I_e——熔体的额定电流;

I_{js}——回路的计算电流。

(2)如果用电回路是感性负载(如电动机等),则应考虑到起动的情况,分别予以选择:

①单台电动机起动回路中,熔体的额定电流应满足:

$$I_e \geq (1.5 \sim 2.5) I_{ed} \tag{2-4-2}$$

式中 I_{ed}——电动机的额定电流。

对于经常起动或起动时间较长的单台电动机,熔体的额定电流应满足:

$$I_e \geq (2.5 \sim 3.5) I_{ed} \tag{2-4-3}$$

②配电干线回路中,熔体的额定电流应满足:

$$I_e \geq (2.5 \sim 3.5) I_{ed \cdot zd} + I_{ed \cdot g} \tag{2-4-4}$$

式中 $I_{ed \cdot zd}$——配电干线中容量最大的一台电动机的额定电流;

$I_{ed \cdot g}$——其余电动机和照明负载工作电流之和。

2. 高压熔断器的选择

(1)熔断器的额定电压不得小于电网的额定电压。

(2)高压熔断器作为用电负载(如变压器)短路保护时,其熔体按下式选择:

$$I_e \geq I_{js}$$

式中 I_{js}——回路的计算电流。

(3)如果高压熔断器作为仪用互感器的短路保护,可选择专用的高压熔断器。

(4)在熔体电流选择以后,熔断器的额定电流不能小于熔体的额定电流,选择时应予以注意。

任务二 简单的电气识图

电气识图包括识别电器元件的图形符号、文字符号及阅读电路原理图,下面举例做一简单介绍。

如图 2-4-6 所示,这是一个点动控制电路原理图。这种控制线路的特点是:只有按下

SB 时电动机才能运转；松手不按按钮，电动机就停转，所以叫作点动控制。如电动葫芦和机床拖板箱快速移动等都是采用这种控制方法。

电路图阅读说明。

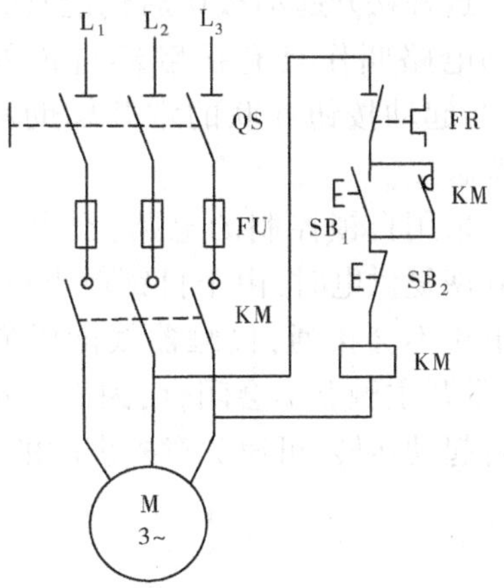

图 2-4-6　点动控制电路图

一、符号意义

L_1、L_2、L_3——三相交流电源线；

QS——负荷开关；

FU_1、FU_2——熔断器；

SB——按钮（图中 SB 属常开按钮）；

KM——交流接触器；

M——电动机。

二、电路说明

（1）从三相电源线L_1、L_2、L_3 经过开关 QS、熔断器FU 和接触器 KM 的主触点到电动机 M 的这条电路，叫作主电路。

（2）跨接在 L_1、L_2 二相电源线之间，由按钮 SB 和接触器 KM 的线圈组成的电路称为控制电路，用来控制主电路的通断。

（3）各电器的触点都是按线圈没有通电时常态画出。

（4）各电器元件统一用国家标准规定的图形符号和文字符号表示，属于同一电器的各部分都用同一文字符号表示，如图中的交流接触器 KM，在主电路中 KM 表示主触点；在控制电路中 KM 表示交流接触器的线圈。

（5）同一电器元件的各部分，按其在电路中所起的作用画在不同的部位上。

三、动作过程

为了简明地分析各种控制原理，通常用符号和箭头配以少量文字来说明其动作原理。如点动正转控制电路的动作原理可写作：

（1）合上电源开关 QS。

（2）起动：按下 SB→KM 线圈得电→KM 主触点闭合→M 运转。

（3）停止：松开 SB→KM 线圈失电→KM 主触点断开→M 停转。

复杂电路图的阅读照此过程进行，方法是一样的。

如图 2-4-7 所示接触器的自锁控制电路图，其动作原理如下：

（1）合上开关 QS 接通电源。

（2）起动：按下 SB_2→KM 线圈得电→ { KM 常开辅助触点闭合自锁（自保持）。 / KM 主触点闭合 → M 运转。 }

（3）松开 SB_2 后，由于 KM 常开辅助触点闭合自锁；控制电路仍保持在接通状态，电动机 M 继续运转。

（4）停止：按下 SB_1→KM 线圈断电→常开辅助触点断开。KM 主触点断开→M 停转。

这种松开起动按钮后仍能自行保持接通的电路叫作具有接触器自锁的控制电路，与起动按钮并联的常开辅助触点叫作自锁触点。

采用自锁控制的电路，在电源临时停电到恢复供电时，由于自锁触点已断开，控制电路不会接通，接触器线圈没有电流通过，常开主触点不会闭合，因而电动机不会自行起动运转，可避免意外事故的发生。

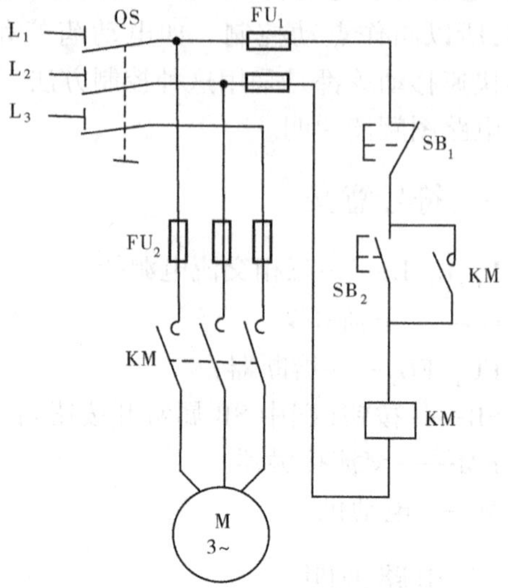

图 2-4-7　接触器自锁控制电路图

模块五　安全用电常识

生产实践中经常接触到各种电气设备的操作人员，应具有一定的安全用电知识，按照安全用电的有关规定从事电气设备的操作，避免人身和设备事故。

任务一　安全用电

一、触电及其类型

当人体触及带电体而承受过高的电压，以致引起死亡或局部受伤的现象称为触电。这是因为带电体与人体之间会有闪击放电、电弧波或电流通过人体与大地或其他导体形成闭合回路。触电对人体的伤害程度可分为电击和电伤两种。

(一)电击

人体相当于一个电阻。根据欧姆定律，通过人体电流的大小取决于人体触及的电压高低及人体电阻的大小。触电的致命因素是电流。根据观察，当人体电流为 0.01 A 以下的工频交流电或 0.05 A 以下的直流电时，不至于有生命危险，但会使神经器官受到刺激，手指、关节剧痛，呼吸器官肌肉麻醉。如果触电的持续时间较长，也会造成死亡。一旦人体电流超过上述数值，心脏会停止跳动，血压降低，呼吸器官麻醉而致死。此外，电流对人体的作用还与人体触电部位有关，当右手和左脚触电时特别危险。在人体健康状况较差或皮肤潮湿时，人体的电阻降低，触电的伤害程度会增加。

(二)电伤

这是由于电流的热效应、化学效应、机械效应以及在电流的作用下，使熔化和蒸发的金属微粒等侵入人体皮肤，使皮肤金属化而局部发红、起泡、烧焦或组织破坏，严重时也可致人死亡。

从触电情况看，以电击为多数；在高压触电中，电击和电伤可能同时发生。由于大多数电气操作人员都是接触低压电气设备，因此多数的触电事故是低压触电。

二、触电方式

触电方式一般有单相触电、两相触电和跨步电压触电。

(一)单相触电

这是指人体与大地之间互不绝缘的情况下，人体的某一部位触及到三相电源线中的任意一根导线，电流从带电导线经过人体流入大地而造成的触电伤害。单相触电又分为中性线不接地和中性线接地两种情况。

1. 中性线不接地的单相触电

如图 2-5-1(a)所示,当站立在地面上的人触及某相导线,由于另两根相线与大地间存在对地电容,所以有对地的电容电流从另外的两相流入大地,并全部经人体流到接触相,一般来说,导线越长,对地的电容电流越大,其危险性也越大。

2. 中性线接地的单相触电

如图 2-5-1(b)所示,当站立在地面上的人手触及某相导线,电流就从该相经人手、身体、脚、大地、中线而回到触及相,形成闭合回路。这时人体所触及的电压基本上是相电压,在低压动力和照明线路中为 220 V,这是很危险的。

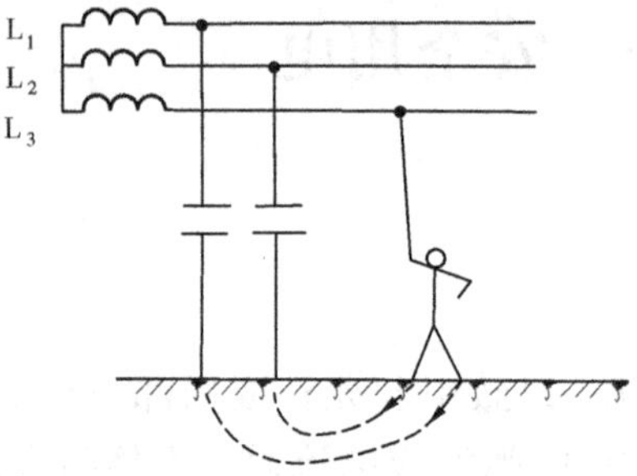

(a)中性线不接地

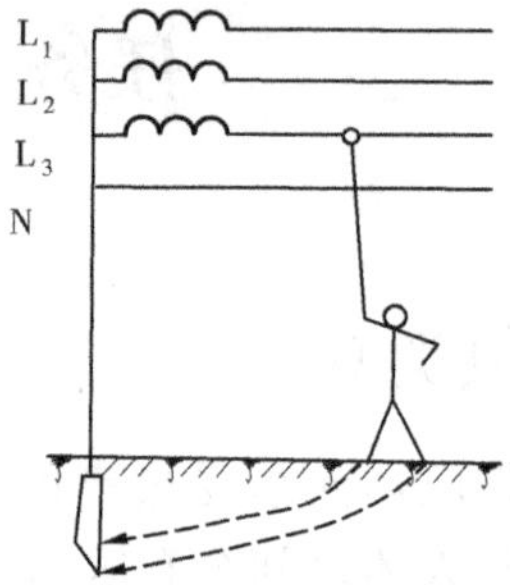

(b)中性线接地

图 2-5-1　交流接触器结构图

(二)两相触电

两相触电也叫相间触电,这是指人体与大地绝缘的情况下,同时接触到两根不同的相线,或者人体同时触及到电气设备的两个不同相的带电部位时,电流由一根相线经过人体到另一根相线,形成闭合回路,如图 2-5-2 所示。两相触电比单相触电更危险,因为此时加在人体上的是线电压。

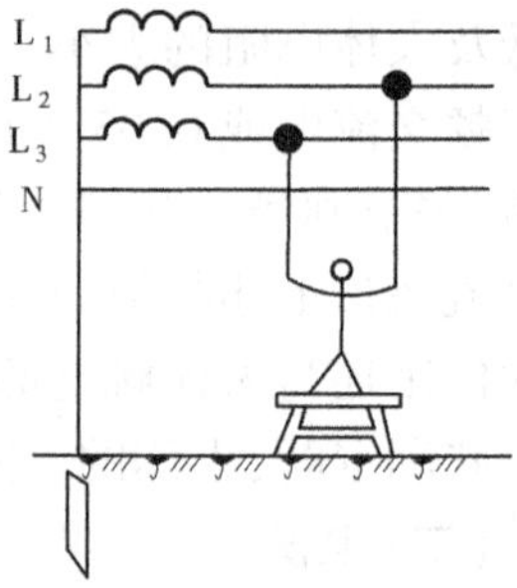

图 2-5-2　两相触电原理图

(三)跨步电压触电

当带电体因触地而有电流流入地下时,电流在触电点周围土地中产生电压降。当人走近带电体的接地点且未与大地绝缘的情况下,两脚之间就有电压,引起跨步电压触电,如图 2-5-3 所示。高压故障接地处,或有大电流流过的接地装置附近都可能出现较高的跨步电压。

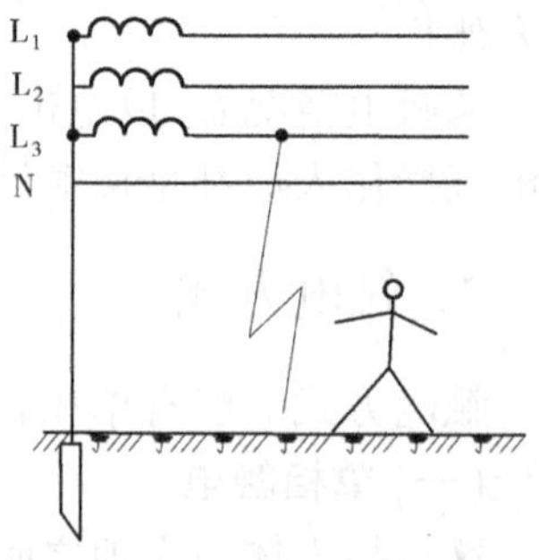

图 2-5-3　跨步电压触电原理图

三、保护接地

保护接地是一种技术上的安全措施。所谓保护接地,就是把在故障情况下可能呈现危险的对地电压的金属部分同大地紧密地连接起来。保护接地应用很广,无论是流电还是静电,无论是交流还是直流,无论是高压还是低压，无论是一般环境还是特殊环境，经常都采取接地措施，以保障安全，便利工作。

保护接地适用于不接地电网。在这种电网中，无论环境如何，凡由于绝缘破坏或其他原因而可能呈现危险电压的金属部分，除另有规定外，都应采取保护接地措施，主要包括：

(1)电机、变压器、开关设备、照明器具及其他电气设备的金属外壳、底座及与其相连的传动装置。

(2)户内、外配电装置的金属构架或钢筋混凝土构架，以及靠近带电部分的金属遮栏或围栏。

(3)配电屏、控制台、保护屏及配电柜(箱)的金属框架或外壳。

(4)电缆接头盒的金属外壳、电缆的金属外皮和配线的钢管。

此外，某些架空电力线路的金属杆塔和钢筋混凝土杆塔、互感器的二次线圈等，也应予以接地。

在干燥场所，交流额定电压 127 V 及以下、直流额定电压 110 V 及以下的电气设备，若无防爆要求，可不接地。

如图 2-5-4 所示为保护接地原理图。

接地电阻的大小主要是根据允许的对地电压来确定的。

在 1 000 V 及以下的低压系统中，单相接地电流一般不超过数安，为保证设备漏电时外壳对地电压不超过安全范围，一般要求保护接地电阻 $R_b \leqslant 4\ \Omega$。

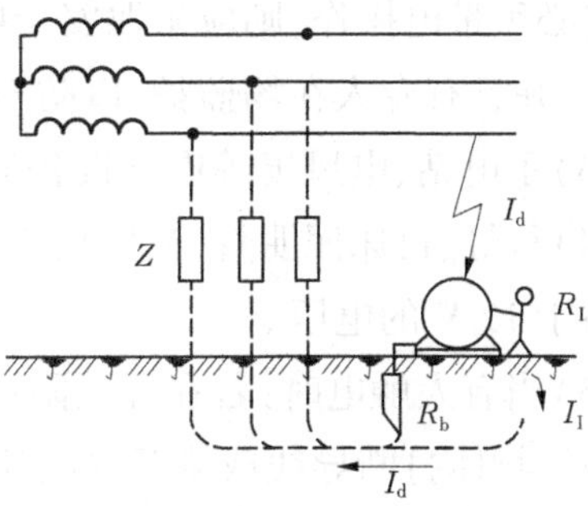

图 2-5-4　保护接地原理图

当配电变压器或发电机的容量不超过 100 kVA 时，由于电网范围小，单相接地电流也较小，可以放宽对接地电阻的要求，取 $R_b \leqslant 10\ \Omega$。

四、保护接零

在通常采用的 380/220 V 三相四线制、变压器中性点直接接地的系统中，普遍采用保护接零作为技术上的安全措施。所谓保护接零，简单地说就是把电气设备在正常情况下不带电的金属部分与电网的零线紧密地连接起来。

在中性点直接接地的系统中，如果用电设备上不采取任何安全措施，则设备漏电时，触及设备的人体将承受 220 V 的相电压，显然是很危险的。这就需要采取保护接零作为安全措施。

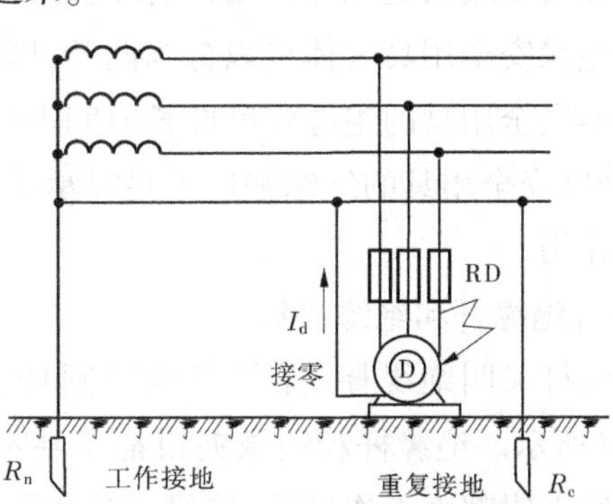

图 2-5-5　保护接零原理图

保护接零的原理如图 2-5-5 所示，当某相带电部分碰到设备外壳时，通过设备外壳形成该相线对零线的单相短路(即碰壳短路)，短路电流 I_d 能促使线路上的保护装置(如熔断器 FU)迅速动作,从而把故障部分断开电源,消除触电危险。

应该注意,在同一电力网中,不允许一部分设备接地而另一部分设备接零。

五、安全用电常识

为避免发生触电事故,除电气设备的保护接地和保护接零外,在工作中还应注意以下几点:

(1)凡裸露的导体、绝缘损坏的导线及接线端,在不知是否带电的情况下,绝不能用手去触摸,若要鉴定是否带电,必须使用完好的验电设备。因此,凡裸露于电器外的接头,应及时包以绝缘,并应置于人不易触及的位置。

(2)在修理电气设备或用具时,不应带电操作。即使是更换熔丝,也应先切断电源。若确实必须带电操作,则应采取安全措施。如人应站立在橡胶板上,或穿绝缘鞋、戴绝缘手套等,并且有专人在场监护,以防发生事故。

(3)手电钻、电风扇等电气设备的金属外壳都必须有专用的接零线。

(4)行灯、机床照明灯等,应使用 36 V 及以下的安全电压。在特别潮湿的场所,应使用不高于 12 V 的电压。

(5)当有人触电时,若在开关附近,应立即切断电源;若附近无开关,应尽快用干燥木棍等绝缘物体打断导线或挑开导线使其脱离触电者,绝不能用手去拉触电者。若触电者脱离电源后已昏迷或停止呼吸,应施于人工呼吸并送医院抢救。

任务二　电工安全用具

一、绝缘安全用具

绝缘安全用具起绝缘作用,包括绝缘杆、绝缘夹钳、绝缘鞋、绝缘手套、绝缘垫和绝缘站台。绝缘安全用具大体可以分为两类,即基本安全用具和辅助安全用具。

基本安全用具的绝缘强度能长时间承受电气设备的工作电压,能直接用来操作带电设备;辅助安全用具的绝缘强度不足以承受电气设备的工作电压,只能加强基本安全用具的保安作用。

(一)绝缘杆和绝缘夹钳

绝缘杆又叫绝缘棒、操作杆或拉闸杆,如图 2-5-6 所示。绝缘夹钳又叫绝缘夹,如图 2-5-7 所示。绝缘杆和绝缘夹钳都是基本安全用具,用于 35 kV 及以下的操作。绝缘杆和绝缘夹钳都由工作部分、绝缘部分和握手部分组成。握手部分与绝缘部分用浸过绝缘漆的木材、硬塑料、胶木或玻璃钢制成,其间有护环分开。

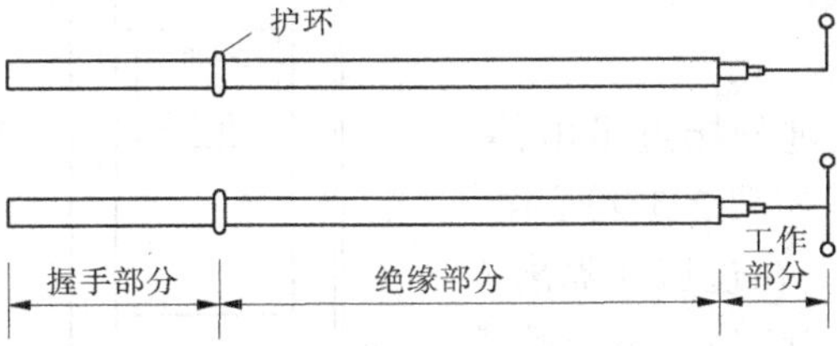

图 2-5-6　绝缘杆示意图

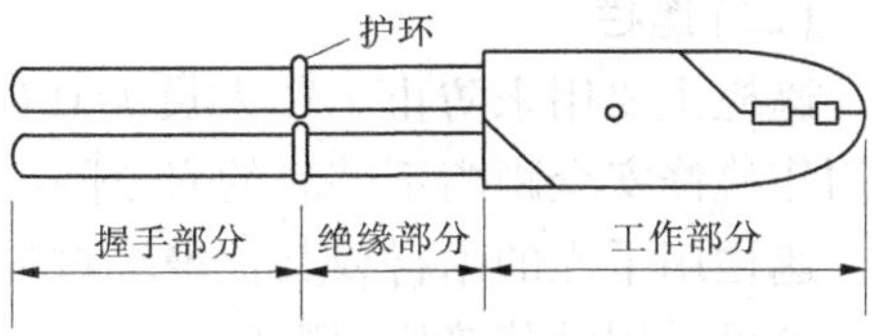

图 2-5-7　绝缘夹钳示意图

绝缘杆主要用来操作高压隔离开关、跌落式熔断器,安装和拆除临时接地线以及进行测量、试验等工作。

绝缘夹钳主要用来拆除和安装熔断器及其他类似工作。

绝缘杆工作部分金属结构的长度,在满足工作需要的情况下,不宜超过 5~8 cm,以免操作时造成相间短路或接地短路。

(二)绝缘手套和绝缘靴

绝缘手套和绝缘靴都是用特种橡胶制成的。绝缘手套和绝缘靴一般都作为辅助安全用具,但绝缘手套可作为低压工作的基本安全用具,绝缘靴可作为防护跨步电压的基本安全用具。

绝缘手套的长度至少应超过手腕 10 cm。

(三)绝缘垫和绝缘站台

绝缘垫和绝缘站台只作为辅助安全用具。

绝缘垫用特种橡胶制成,厚度不应小于 5 mm,表面应有防滑槽纹,最小尺寸为 0.8 m×0.8 m。

绝缘站台用木板或木条制成,如图 2-5-8 所示,相邻板条之间的距离不得大于 2.5 cm,以免鞋跟陷入。台面板用支持绝缘子与地面绝缘,支持绝缘子高度不得小于 10 cm。台面板边缘不得伸出支持绝缘子以外,以免站台翻倾,人员摔倒。绝缘站台的最小尺寸不得小于 0.8 m×0.8 m,但为了便于移动和检查,最大尺寸也不宜大于 1.5 m×1.0 m。

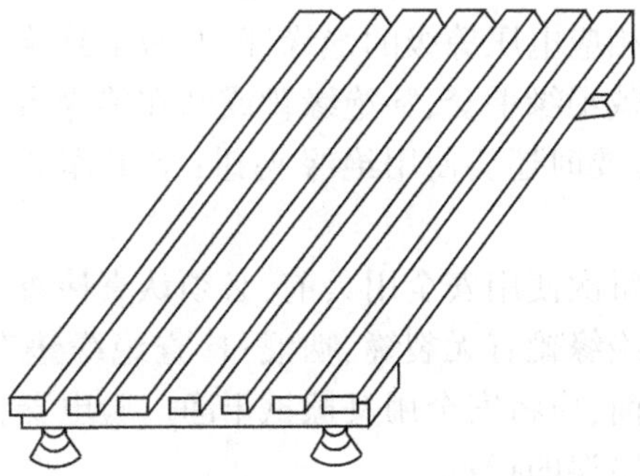

图 2-5-8　绝缘站台

二、临时接地线、遮栏和标示牌

在检修工作中及其他场合,经常用到临时接地线、遮栏和标示牌等安全用具。

(一)临时接地线

临时接地线一般装设在被检修区段两端的电源线路上,用来防止突然来电,还用来消除邻近高压线路所产生的感应电,以及用来放尽线路或设备上可能残存的静电。

装设接地线时,应先接接地端,后接线路或设备端,拆时顺序相反。一般情况下,应验明线路或设备确实无电后才可装设临时接地线。

(二)遮栏

遮栏主要用来防止工作人员无意碰到或过分接近带电体,也用作检修安全距离不够时的安全隔离装置,如图2-5-9所示。

遮栏用干燥的木材或其他绝缘材料制成。在过道和隔离入口等处可采用栅状遮栏(栅栏)。遮栏必须安置牢固,不影响工作的方便。遮栏的高度及其与带电体的距离应符合屏护的安全要求。

若因地点限制或其他原因不能装设遮栏,可设置绝缘板或绝缘罩,起遮拦作用。

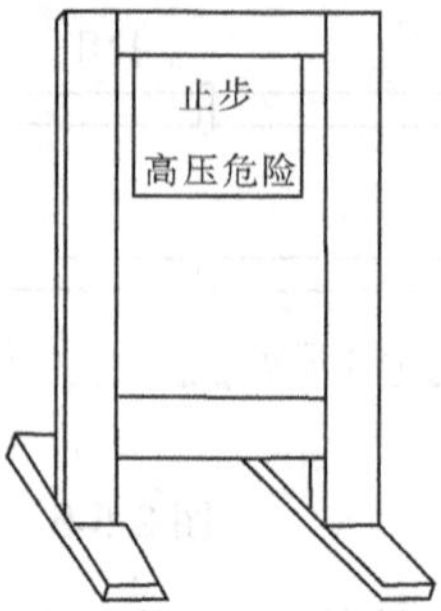

图2-5-9 遮栏

(三)标示牌

标示牌用绝缘材料制成,其作用是警告工作人员不得接近带电部分,指出工作人员的准确工作地点,提醒工作人员采取安全措施,以禁止向某段设备送电等。

标示牌种类很多,如“止步,高压危险”“在此工作”“已接地”“有人工作,禁止合闸”等。

三、安全用具的使用和试验

安全用具是直接保护人身安全的,必须保持良好的性能。为此,必须正确使用安全用具,并进行经常和定期的检查及试验。

(一)安全用具的使用

应根据工作条件选用适当的安全用具。操作高压跌落式熔断器及其他开关时,必须使用相应电压等级的绝缘杆,并戴上绝缘手套或干燥的线手套;若在雨雪天气户外操作,必须戴绝缘手套、穿绝缘靴或站在绝缘台上操作;更换熔断器时,应戴护目眼镜和绝缘手套,必要时还要使用绝缘夹钳;空中作业时,应有合格的登高用具、安全腰带,并戴上安全帽。

每次使用安全用具前,必须认真检查。如检查安全用具的表面有无损坏;检查绝缘手套和绝缘靴有无裂缝、啮痕;检查绝缘垫有无破洞;检查安全用具的瓷元件有无裂纹等。使用前,应将安全用具擦拭干净。验电器在每次使用前都要检验其是否良好,以免使用时给出错误的指示。

安全用具每次使用完毕,应该擦拭干净。安全用具不能任意作他用,也不能用其他工具代替安全用具。

安全用具应予妥善保管,防止受潮、脏污和损坏。绝缘杆应放在木架上,不要靠在墙上或放在地上;绝缘手套、绝缘靴、绝缘鞋应放在箱或柜内,不应放在过冷、过热、阳光曝晒和有酸、碱、油的地方,以防胶质老化;也不应和其他硬、刺、脏物混放在一起或压以重物。验电器应放在盒内,置于干燥的地方。

(二)安全用具的试验

防止触电的安全用具的试验包括耐压试验和泄漏电流试验。除几种辅助安全用具要求做两种试验外，一般只要求做耐压试验。登高作业的安全用具，主要是进行拉力试验。

对于安全用具的试验内容、标准、周期等，国家有关部门已有具体规定，可参照执行。

思考题

1. 什么叫触电？触电的致命因素是电流还是电压？通过人体的电流大小取决于什么条件？

2. 触电的方式有几种？是如何发生的？

3. 高压触电与低压触电相比，哪种触电机会多？为什么？

4. 什么是电气设备的保护接地和保护接零？有什么作用？

5. 绝缘安全用具起什么作用？它包括哪些用具？

6. 简述临时接地线的作用。拆装临时接地线时应注意什么？

7. 安全用具应如何保管？安全用具的试验包括哪些方面的试验？

试验和测试外，一般只须定期做目测检查。[illegible]
对于安全用具的试验内容、标准、周期等，国家有关部门已有具体规定，可参照执行。

思考题

1. 什么叫触电？[illegible]通过人体的电流大小取决于什么[illegible]条件？
2. 触电的方式有[illegible]，哪[illegible]最[illegible]的？
3. [illegible]为什么[illegible]？
4. 什么是安全[illegible]？
5. 触电急救中[illegible]？
6. [illegible]是什么？
7. [illegible]

第三篇

起重机

思维导图

- 起重机的安全防护装置

闸门运行检修

模块一　起重机的安全防护装置

为保证起重机设备的自身安全及人员的安全,各种类型的起重机均设有多种安全防护装置,常见的起重机安全防护装置有各种类型的限位器、缓冲器、防碰撞装置、防偏斜和偏斜指示装置、夹轨器和锚定装置、超载限制器和力矩限制器等。

任务一　限位器

限位器是用来限制各机构运转时通过范围的一种安全防护装置。限位器有两类:一类是保护起升机构安全运转的上升极限位置限制器和下降极限位置限制器,另一类是限制运行机构的运行极限位置限制器。

一、上升极限位置限制器和下降极限位置限制器

上升极限位置限制器是用于限制取物装置的起升高度,当吊具起升到上极限位置时,限位器能自动切断电源,使起升机构停止运转,防止吊钩等取物装置继续上升,继而可防止拉断起升钢丝绳避免发生重物失落事故。

下降极限位置限制器是用来限制取物装置下降至最低位置时,能自动切断电源,使起升机构下降运转停止,此时应保证钢丝绳在卷筒上缠绕余留的安全圈不少于 2 圈。

吊运炽热金属或易燃易爆或有毒物品等危险品的起升机构应设置两套上升极限位置限制器,且两套限位器动作应有先后,并尽量采用不同结构形式和控制不同的断路装置。

下降极限位置限制器可只设置在操作人员无法判断下降位置的起重机上和其他特殊要求的设备上,保证重物下降到极限位置时,卷筒上保留必要的安全圈数。

上升极限位置限制器主要有重锤式和螺旋式两种。

(一)重锤式起升高度限位器

重锤式起升高度限位器由一个限位开关和重锤组成。常用的限位开关的型号有 LX4-31、LX4-32、LX10-31。其工作原理是:当重锤自由下垂时,限位开关处于接通电源的闭合状态,当取物装置起升到一定位置时,托起重锤,致使限位开关打开触头而切断总电源,机构停止运转,吊钩停止上升;若要下降,控制手柄回零重新起动即可。

(二)螺旋式起升高度限位器

螺旋式起升高度限位器有螺杆传动和蜗杆传动两种形式,这类限位器的优点是自重小,便于调整和维修。

螺杆式起升高度限位器是由螺杆、滑块、十字联轴节、限位开关和壳体等组成。当起升重物升到上极限位置时,滑块碰到限位开关,切断电路,控制了起升高度。当在螺杆两

端都设置限位开关时，则可限制上升和下降的位置。

螺旋式起升限位器准确可靠，但应注意的是：每一次更换钢丝绳后，应重新调整限位器的停止位置，避免发生事故。

二、运行极限位置限制器

运行极限位置限制器由限位开关和安全尺式撞块组成。其工作原理是：当起重机运行到极限位置后，安全尺触动限位开关的传动柄或触头，带动限位开关内的闭合触头分开而切断电源，运行机构将停止运转，起重机将在允许的制动距离内停车，即可避免硬性碰撞止挡体对运行的起重机产生过度的冲击碰撞。

通常运行极限位置限制器所采用的限位开关型号多为 LX4-11、LX10-11 和 LZ10-12 等。

凡是有轨运行的各种类型起重机，均应设置运行极限位置限制器。

任务二　缓冲器

当运行极限位置限制器或制动装置发生故障时，由于惯性的原因，运行到终点的起重机或主梁上的起重小车，将在运行终点与设置在该位置的止挡体相撞。设置缓冲器的目的就是吸收起重机或起重小车的运行功能，以减缓冲击。缓冲器设置在起重机或起重小车与止挡体相碰撞的位置。在同一轨道上运行的起重机之间，以及在同一起重机桥架上双小车之间也应设置缓冲器。

缓冲器类型较多，常用的缓冲器有弹簧缓冲器、橡胶缓冲器、聚氨酯缓冲器和液压缓冲器等。

一、弹簧缓冲器

弹簧缓冲器主要由碰头、弹簧和壳体等组成。其特点是结构比较简单、使用可靠、维修方便。当起重机撞到弹簧缓冲器时，其能量主要转变为弹簧的压缩能，因而具有较大的反弹力。

二、橡胶缓冲器

橡胶缓冲器的特点是：结构简单，但它所能吸收的能量较小，一般用于起重机运行速度不超过 50 m/min 的场合，主要起到阻挡作用。

三、聚氨酯缓冲器

聚氨酯缓冲器是一种新型缓冲器，在国际上已普遍采用，目前国内的起重设备也大量采用，大有替代橡胶缓冲器和弹簧缓冲器之势。

聚氨酯缓冲器有如下特点：吸收能量大、缓冲性能好；耐油、耐老化、耐稀酸、耐稀碱的腐蚀；耐高温又耐低温、绝缘又能防爆；比重小而轻，结构简单，价格低廉，安装维修方便和使用寿命长。

四、液压缓冲器

当起重机碰撞液压缓冲器后，推动撞头、活塞及弹簧移动。弹簧被压缩时，吸收了极小的一部分能量。而活塞移动时压缩了液压缸筒内的液体，受到压力的液体油，由液压缸筒流经顶杆与活塞的底部环形间隙进入储油腔，在此处把吸收的撞击能量转化为热能，起到了缓冲作用。在起重机反向运行后，缓冲器与止挡体逐渐脱离，缓冲器液压缸筒的弹簧可使活塞回到原来的位置。此时储油腔中液体又流回液压缸筒，撞头也被弹簧顶回原位置。

液压缓冲器能吸收较大的撞击能量，其行程可做得短小，故而尺寸也较小。液压缓冲器最大的优点是没有反弹作用，故工作较平稳可靠。

缓冲器应经常检查其使用状态，弹簧缓冲器的壳体和联结焊缝不应有裂纹或开焊情况，缓冲器的撞头压缩后能灵活地复位，不应有卡阻现象。橡胶缓冲器使用中不能松脱，橡胶撞块不得有老化变质等缺陷，若有损坏应立即更换。液压缓冲器要注意密封不得泄漏，要经常检查油面位置，防止失效。添加油液时必须过滤，不允许有机械杂质混入，且加油时应缓慢进行，使油腔中的空气排出缓冲器，确保缓冲器正常工作。

起重机上的缓冲器与终端止挡体应能很好地配合工作，同一轨道上运行的两台起重机之间及同一台起重机的两台小车之间的缓冲器应等高，即两只缓冲器在相互碰撞时，两碰头能可靠地对中接触。

弹簧式缓冲器与橡胶式缓冲器已系列化，可以根据机构运行的冲量选择适当型号的缓冲器。

缓冲器在碰撞之前，机构运行一般应切断运行极限位置限制器的限位开关，使机构在断电且制动状况下发生碰撞，以减小对起重机的冲撞和振动。

任务三　防碰撞装置

对于同层多台或多层设置的桥式类型起重机，容易发生碰撞。在作业情况复杂，运行速度较快时，单凭司机判断避免事故是很困难的。为了防止起重机在轨道上运行时碰撞邻近的起重机，运行速度超过 120 m/min 时，应在起重机上设置防碰撞装置。其工作原理是：当起重机运行到危险距离范围时，防碰撞装置便发出警报，进而切断电源，使起重机停止运行，避免起重机之间的相互碰撞。

防碰撞装置有多种类型，目前产品主要有激光式、超声波式、红外线式和电磁波式等类型，均是利用光或电波传播反射的测距原理，在两台起重机相对运动到设定距离时，自动发出警报，并可以同时发出停车指令。

任务四 防偏斜和偏斜指示装置

大跨度的门式起重机和装卸桥的两边支腿，在运行过程中，由于种种原因会出现相对超前或滞后的现象，起重机的主梁与前进方向发生偏斜，这种偏斜轻则造成大车车轮啃道，重则会导致桥架被扭坏，甚至发生倒塌事故。为了防止大跨度的门式起重机和装卸桥在运行过程中产生过大的偏斜，应设置偏斜限制器、偏斜指示器或偏斜调整装置等，来保证起重机支腿在运行中不出现超偏现象，即通过机械和电器的联锁装置，将超前或滞后的支腿调整到正常位置，以防桥架被扭坏。

当桥架偏斜达到一定量时，应能向司机发出信号或自动进行调整，当超过许用偏斜量时，应能使起重机自行切断电源，使运行机构停止运行，保证桥架安全。

《起重机械安全规程 第 1 部分：总则》（GB 6067.1—2010）规定：跨度大于或等于 40 m 的门式起重机和装卸桥应设置偏斜调整和显示装置。

常见的防偏斜装置有如下几种：钢丝绳式防偏斜装置、凸轮式防偏斜装置、链式防偏斜装置和电动式防偏斜指示及其自动调整装置等。

任务五 夹轨器和锚定装置

露天工作的轨道式起重机，必须安装可靠的防风夹轨器或锚定装置，以防止起重机被大风吹走或吹倒而造成严重事故。

《起重机械安全规程 第 1 部分：总则》（GB 6067.1—2010）规定：露天工作的起重机应设置夹轨器、锚定装置或铁鞋。对于在轨道上露天工作的起重机，其夹轨器及锚定装置或铁鞋应能独立承受非工作状态下在最大风力时不致吹倒。

一、手动式夹轨器

手动式夹轨器有两种形式：垂直螺杆式和水平螺杆式。手动式夹轨器结构简单、紧凑、操作维修方便，但由于受到螺杆夹紧力的限制，安全性能差，仅适用于中小型起重机使用，且遇到大风袭击时，往往不能及时上钳夹紧。

二、电动式夹轨器

电动式夹轨器有重锤式、弹簧式和自锁式等类型。

楔形重锤式电动夹轨器操作方便，工作可靠，易于实现自动上钳，但自重大，重锤与滚轮间易磨损。

重锤式自动防风夹轨器，能够在起重机工作状态下使钳口始终保持一定的张开度，并能在暴风突然袭击下起到安全防护作用。它具有一定的延时功能,在起重机制动完成后才起作用,这样可以避免由于突然的制动而造成的过大的惯性力。它比楔形重锤式夹轨器具有自重小、对中性好的优点,可以自动防风,安全可靠,应用广泛。

三、电动手动两用夹轨器

电动手动两用夹轨器主要用于电动工作,同时可以通过转动手轮,使夹轨器上钳夹紧。当采用电动机驱动时,电动机带动减速锥齿轮,通过螺杆和螺母压缩弹簧产生夹紧力,使夹钳不松弛,电气联锁装置工作,终点开关断电,自动停止电动机运转。该夹轨器可以在运行机构使螺母退到一定行程后,触动终点开关,运行机构方可通电运行。在螺杆上装有一手轮,当发生电气故障时,可以手动上钳和松钳。

四、锚定装置

锚定装置是将起重机与轨道基础固定,通常在轨道上每隔一段相应的距离设置一个。当大风袭击时,将起重机开到设有锚定装置的位置,用锚柱将起重机与锚定装置固定,起到保护起重机的作用。

锚定装置由于不能及时起到防风的作用,特别是在遇到暴风突然袭击时,很难及时地做到停车锚定,而必须将起重机开到运行轨道设置锚定的位置后才可锚定。故使用是不方便的,常作为自动防风夹轨器的辅助设施配合使用。通常,露天工作的起重机,当风速超过 60 m/s(相当于 10~11 级风)时必须采用锚定装置。

除以上几种夹轨器和锚定装置外,还有各种不同类型的防风装置。无论其形式如何,都必须满足以下几点要求:

(1)夹轨器的防爬作用一般应由其本身构件的重力(如重锤等)的自锁条件或弹簧的作用来实现,而不应只靠驱动装置的作用来实现防爬。

(2)起重机运行机构制动器的作用应比防风装置动作时间略微提前,即防风制动时间、夹轨器动作时间应滞后于运行机构的制动时间,这样才能消除起重机可能产生的剧烈颤动。

(3)防风装置应能保证起重机在非工作状态风力作用下不被大风吹跑。在确定防风装置的防滑力时,应忽略制动器和车轮轮缘对钢轨侧面附加阻力的影响。

任务六　超载限制器

超载作业所产生的过大应力,可以使钢丝绳拉断,传动部件损坏,电动机烧毁,由于制动力矩相对不够,导致制动失效等。超载作业对起重机结构危害很大,既会造成起重机主梁的下挠,主梁的上盖板及腹板有可能出现失稳、裂纹或焊缝开焊,还会造成起重机臂架或塔身折断等重大事故,由于超载破坏了起重机的整体稳定性,有可能发生整机倾覆倾翻等恶性事故灾害。

额定起重量大于20 t的桥式起重机,大于10 t的门式起重机、装卸桥、铁路起重机及门座起重机等,根据《起重机械安全规程 第1部分:总则》(GB 6067.1—2010)的规定均应设置超载限制器。额定起重量小于25 t·m的塔式起重机,升降机和电动葫芦等起重设备根据用户要求必要时也应安装超载限制器。

对于超载限制器的技术要求主要有:各种超载限制器的综合误差不应大于8%;当载荷达到额定起重量的90%时,应能发出提示性报警信号;起重机械设置超载限制器后,应根据其性能和精度情况进行调整或标定,当起重量超过额定起重量时,能自动切断起升动力源,并发出禁止性报警信号。

超载保护装置按其功能可分为自动停止型、报警型和综合型等。

自动停止型超载限制器是当起升重量超过额定起重量时,能停止起重机向不安全方向继续动作,同时允许起重机向安全方向动作。安全方向是指吊载下降、收缩臂架、减小幅度及这些动作的组合。自动停止型一般为机械式超载限制器,它多用于塔式起重机上。其工作原理是通过杠杆、偏心轮、弹簧等反映载荷的变化,根据这些变化与限位开关配合达到保护作用。

警报型超载限制器能显示出起重量,并当起重量达到额定起重量95%~100%时,能发出报警的声光信号。

综合型超载限制器能在起重量达到额定起重量的95%~100%时,发出报警的声光信号,当起升重量超过额定起重量时,能停止起重机向不安全方向继续动作。

超载限制器按结构形式可分为机械类型、液压类型和电子类型等。

机械类型的超载限制器有杠杆式和弹簧式等。

如图3-1-1所示为电子超载限制器的框图,它是电子类型载荷限制器。它可以根据事先调节好的起重量来报警,一般将它调节为额定起重量的90%;自动切割电源的起重量调节为额定起重量的110%。

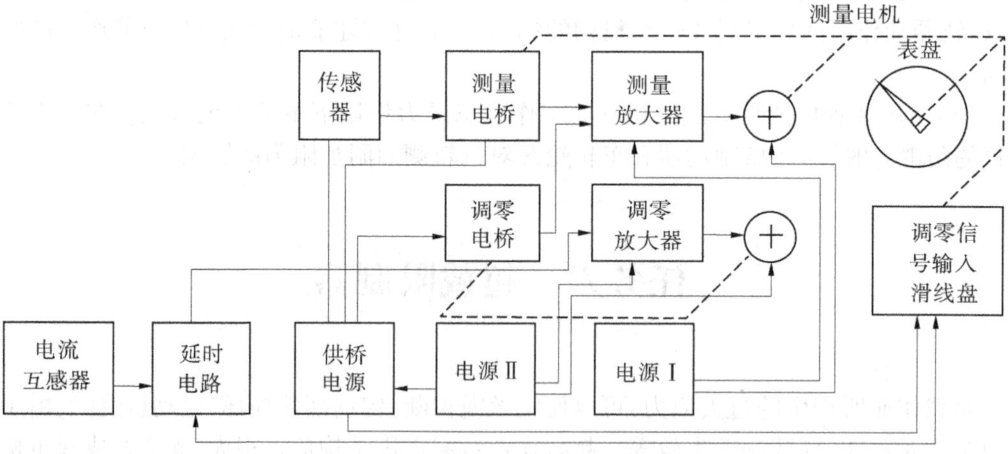

图3-1-1 电子超载限制器框图

数字载荷控制仪通用性能较好、精度高、结构紧凑、工作稳定。

数字载荷控制仪的重量检出部分通常是一套电阻式压力传感器，它的应变筒上贴有联结成电桥式的电阻应变片。当压力作用于应变筒时，电阻应变片随着应变筒发生变形，应变片的电阻值也随着变化，电桥失去平衡，产生了与起重量成比例的电信号，电信号由放大器进行放大。放大后的信号，一路传输给模数转换器用来显示重量和输出打印信号；另一路传输给比较电路，与基准信号源传来的基准信号进行比较，当输入的放大信号超过基准信号源的信号时，比较器输出端产生一个高电平，促使开关电路吸动继电器，使起重机控制回路断路而切断电路。

超载保护装置的自动停止型和综合型的产品在设计、安装和调试时应考虑起重机起升作用时动载荷的影响。这是由于吊载在起升、制动及振动的情况下，速度的变化会在实际载荷的基础上，产生一个瞬间变化的附加载荷，起升动载荷常达到110%～130%的额定载荷。动载荷是起重作业固有的动力现象，是起重机械作业的一个特点，因此超载保护装置必须根据这一特点进行设计，使产品既具备判断处理这种"虚假"载荷的能力，又能防止实际载荷超过规定值，不至于发生误动作。

超载限制器在使用中调整设定要考虑以下因素：

(1)使用超载保护装置不应降低起重能力，设定点应调整到使起重机在正常工作条件下可吊运额定载荷。

(2)要考虑动作点偏高设定点相对误差的大小，在任何情况下，超载保护装置的动作点不大于1.1倍的额定载荷。

(3)自动停止型和综合型的超载保护器的设定点可整定在1.0～1.05倍的额定载荷，警报型可整定在0.95～1.0倍的额定载荷。

任务七　力矩限制器

臂架式起重机的工作幅度可以变化是其工作特点之一，工作幅度是臂架式起重机的一个重要参数。变幅方式一般有动臂变幅和起重小车变幅两种形式。起重量与工作幅度的乘积称为起重力矩。当起重量不变时，工作幅度越大，起重力矩就越大。当起重力矩不变时，起重量与工作幅度成反比。当起重力矩大于允许的极限力矩时，会造成臂架折弯或折断，甚至还会造成起重机整机失稳而倾覆或倾翻。臂架式起重机在设计时，已为其起重量与工作幅度之间求出了一条力矩极限关系曲线，即起重机特性曲线。根据《起重机械安全规程 第1部分：总则》(GB 6067.1—2010)规定：履带式起重机、起重量大于或等于16 t的汽车起重机和轮胎起重机，起重能力大于或等于25 t·m的塔式起重机应设置力矩限制器，其他类型或较小起重能力的臂架式起重机在必要时也要设置力矩限制器。力矩限制器的综合误差不应大于10%；起重机械设置力矩限制器后，应根据其性能和精良情况进行调整或标定，当载荷力矩达到额定起重力矩时，能自动切断起升动力源，并发出禁止性报警信号。

常用的起重力矩限制器有机械式和电子式等。

如图 3-1-2 所示,它是电子式起重力矩限制器的框图。它一般由力矩检测器、工况选择器和微型计算机等组成。其工作原理是:长度、角度检测器测出的臂长、臂角值及工况信息经过数据采集电路进入计算机,计算出该工况的额定值,而力矩检测器测出的信号经过数据采集电路进入计算机,计算出实际值。将额定值与实际值进行比较,当实际值大于或等于额定值的 90%时,发出预警告信号;当实际值达到额定值时,发出禁止性报警信号,并通过自动停止回路,自动停止起重机向危险方向运动,但允许起重机向安全方向运动。同时,起重臂的长度、角度、幅度、起重量等参数经软件程序中数字模型的计算,分别送到液晶显示器显示。

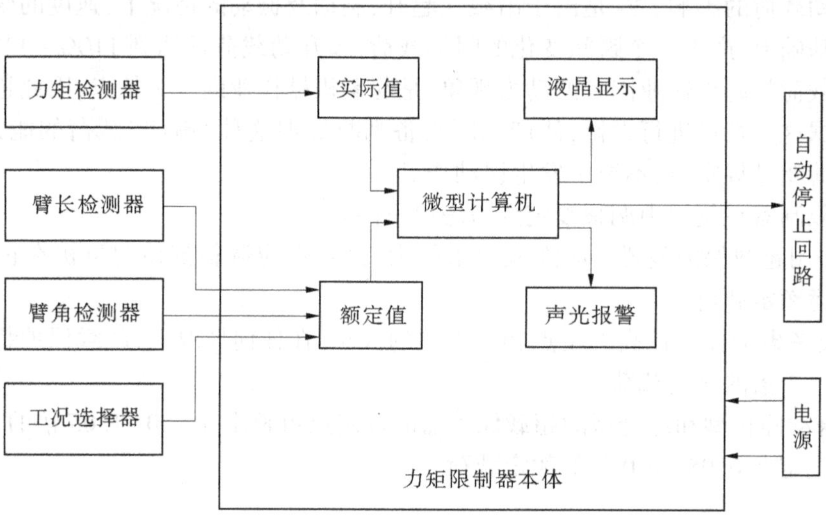

图 3-1-2　电子力矩限制器框图

任务八　其他安全防护装置

一、幅度指示器

流动式、塔式和门座起重机应设置幅度指示器。

幅度指示器是用来指示起重机吊臂的倾角(幅度)以及在该倾角(幅度)下的额定起重量的装置。它有多种形式,一种是有电子力矩限制器的起重机,这种限制器可以随时正确显示幅度;另一种是采用一个重力摆针和刻度盘,盘上刻有相应倾角(幅度)和允许起吊的最大起重量。当起重臂改变角度时,重力摆针与吊臂的夹角发生变化,摆针则指向相应的起重量。操作人员可按照指针指示的起重量安全操作。

二、联锁保护装置

塔式起重机在动臂变幅机构与动臂支持停止器之间应设置联锁保护装置,使停止器在撤去支承作用前，变幅机构不能开动。

由建筑物进入桥式及门式起重机的门和由司机室登上桥架的舱口门应设置联锁保护装置。当门打开时，起重机不能接通电源。

三、水平仪

起重量大于或等于 16 t 的流动式起重机，应设置水平仪。常用的水平仪多为气泡水平仪。主要由本体、带刻度的横向气泡玻璃管和纵向气泡玻璃管组成。当起重机处于水平位置时，气泡均处于玻璃管的中间位置，否则应调整垂直支腿伸缩量。

水平仪具有检查支腿支承的起重机倾斜度的性能。

四、防止吊臂后倾装置

流动式起重机和动臂变幅的塔式起重机应设置防止吊臂后倾装置。它应保证当变幅机构的行程开关失灵时能阻止吊臂后倾。

五、极限力矩限制装置

具有可能自锁的旋转机构的塔式和门座式起重机应设置极限力矩限制装置，这种装置应保证当旋转阻力矩大于设计规定的力矩时，能发生滑动而起保护作用。

六、风级风速报警器

臂架铰点高度大于 50 m 的塔式起重机及金属结构高度大于或等于 30 m 的门座起重机应设置风级风速报警器，它应能保证露天工作的起重机，当风力大于 6 级时能发出报警信号，并应有瞬时风速风级的显示能力。在沿海工作的起重机，当风力大于 7 级时应能发出报警信号。

七、支腿回缩锁定装置

对于有支腿的起重机应设置支腿回缩锁定装置，这种装置应能保证工作时顺利打开支腿，非工作时支腿回缩后能可靠的锁定。

八、回转定位装置

流动式起重机应设置回转定位装置，这种装置应能保证流动式起重机在整机行驶时，使上车能保持在固定位置上。

九、登机信号按钮

对于司机室设置在运动部分（与起重机自身有相对运动的部位）的起重机，应在起重机上容易触及的安全位置安装登机信号按钮，对于司机室安装在塔式起重机上部，司机室安装架设在有相对运动部位的门座起重机及特大型桥式起重机必要时也应安装登机信号按钮。其作用是用于司机和维修人员在登机时，按钮按动后在司机室及明显部位显示信号，使司机能注意到有人登机，防止意外事故发生。

十、防倾翻安全钩

单主梁桥式和门式起重机，在主梁一侧落钩的小车架上应设置防倾翻安全钩。在检修小车时，安全钩应保证小车不倾翻，保证维修工作安全。

十一、检修吊笼

供电主滑线位于司机室对面的桥式类型起重机，在靠近电源滑线的一端应设置检修吊笼。检修吊笼用于高空中导电滑线的检修，其可靠性不得低于司机室。

十二、扫轨板和支承架

在轨道上运行的桥式起重机、门式起重机、装卸桥、塔式起重机和门座起重机的运行机构上应设置扫轨板或支承架保护装置。它们是用来清除轨道上的障碍物，保证起重机能安全运行，通常扫轨板距轨道面不应大于 10 mm，支承架距轨道面不应大于 20 mm，二者合为一体时，距轨道面不应大于 10 mm。

十三、轨道端部止挡体

起重机运行轨道的端部及起重机小车运行轨道的端部均应设置轨道端部止挡体，止挡体应有足够的强度和牢固性，以防止被起重机撞坏出现起重机或小车脱轨而发生事故。止挡体应与起重机端梁或起重小车横梁端设置的缓冲器配合使用。

十四、导电滑线防护板

桥式起重机采用裸露导电滑线供电时，在以下部位应设置导电滑线防护板。

(1)司机室位于起重机电源引入滑线端时，通向起重机的梯子和走台与滑线间应设防护板，以防司机通过时发生触电事故。

(2)起重机导电滑线端的起重机端梁上应设置防护板(通常称为挡电架)，以防止吊具或钢丝绳等摆动与导电滑线接触而发生意外触电事故。

(3)多层布置的桥式起重机，下层起重机应在导电滑线全长设置防电保护设施。

其他使用滑线引入电源的起重机，对于易发生触电危险的部位都应设置防护装置。

十五、倒退报警装置

流动式起重机应设置倒退报警装置，当流动式起重机向倒退方向运行时，应发出清晰的报警信号和明灭相间的灯光信号。

十六、防护罩和防雨罩

起重机上外露的、有伤人危险的转动部分，如开式齿轮、联轴器、传动轴、链轮、链条、皮带轮等，均安装防护罩。

露天工作的起重机，其电气设备应安装防雨罩。

第四篇

水工建筑物

思维导图

- 泄水建筑物
  - 水闸

闸门运行检修

模块一 泄水建筑物

任务一 概 述

在水利水电枢纽中,主要用以宣泄超过水库调蓄能力的洪水为目的而修建的水工建筑物,称为泄水建筑物。为了保证挡水建筑物的安全,在水利水电枢纽中,泄水建筑物是不可缺少的组成部分。

泄水建筑物的作用是:宣泄水库调节后多余的洪水;放空水库,以便进行枢纽中水工建筑物的检查和维修;施工导流;宣泄水库内的漂浮物、冰凌及泥沙等。

泄水建筑物的形式很多,按其在水利枢纽中的位置可分为溢洪道和深式泄水建筑物两种类型。

一、溢洪道

溢洪道的进水口位于水面附近,作用主要是为了宣泄枢纽的多余洪水。按溢洪道所在位置不同又分为以下两种类型:

(1)河岸溢洪道。位于河谷两岸,与拦河坝分离,常在土坝或不能溢流的轻型混凝土坝枢纽中采用。

(2)河床溢洪道。位于河床,与拦河坝相结合,在工程上常叫溢流坝或溢流坝段。

二、深式泄水建筑物

深式泄水建筑物的进水口位于水库的深层,用以向下游宣泄多余洪水,放空水库或施工期导流。深式泄水建筑物按其位置和构造不同而分为以下三类:

(1)坝身泄水孔。位于混凝土、砌石坝等的坝身内,成为拦河坝的一个组成部分。

(2)泄水涵管。埋设在土坝、堆石坝的坝身或坝基内,由钢筋混凝土、圬工或其他材料筑成。

(3)泄水隧洞。位于河谷两岸,从两岸岩石中穿凿而成。

本模块主要讲述河岸溢洪道,其他内容将分别在有关模块中介绍。

任务二　河岸溢洪道的类型

一、正槽式溢洪道

正槽式溢洪道的形式如图 4-1-1 所示。它的泄水槽与堰上水流方向一致,所以其水流平顺,超泄能力大,结构简单,运用安全可靠,这是采用最多的一种溢洪道形式,通常所称的河岸溢洪道即这种溢洪道。

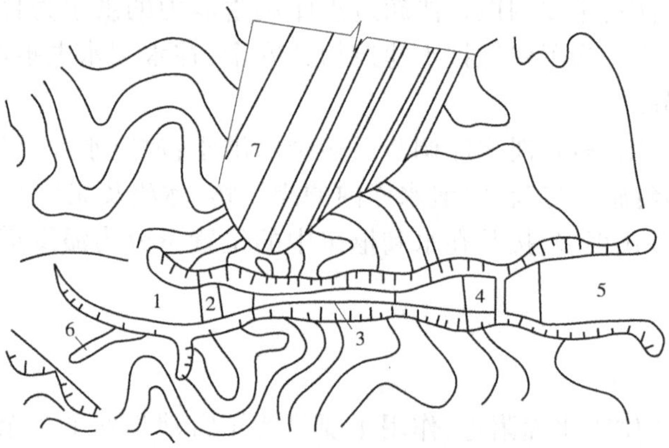

1—引水渠;2—溢流堰;3—泄槽;4—消力池;5—退水渠;6—非常溢洪道;7—土坝。

图 4-1-1　正槽式溢洪道

二、侧槽式溢洪道

侧槽式溢洪道的特点是水流过堰后约转 90°弯经泄水槽流入下游,如图 4-1-2 所示。因而水流在侧槽中的紊动和撞击都很强烈,且距坝头较近,直接关系到大坝的安全。侧槽溢洪道适用于坝址两岸地势较高,岸坡较陡的中小型水库。

三、井式溢洪道

井式溢洪道由进水喇叭口、渐变段、竖井段和泄水隧洞等部分组成(见图 4-1-3)。适用于岸坡陡峻、地质条件良好、地形条件适宜的情况。

四、虹吸式溢洪道

虹吸式溢洪道是由具有虹吸作用的曲管和淹没在上游水位以下的进口(又叫遮檐)组成的。这种溢洪道的优点是不用闸门,就能比较灵敏地自动调节上游水位;缺点是构造复杂,超泄能力较小,且进口易堵塞,管内易气蚀。适用于上游淹没高程有严格限制的情况,如图 4-1-4 所示。

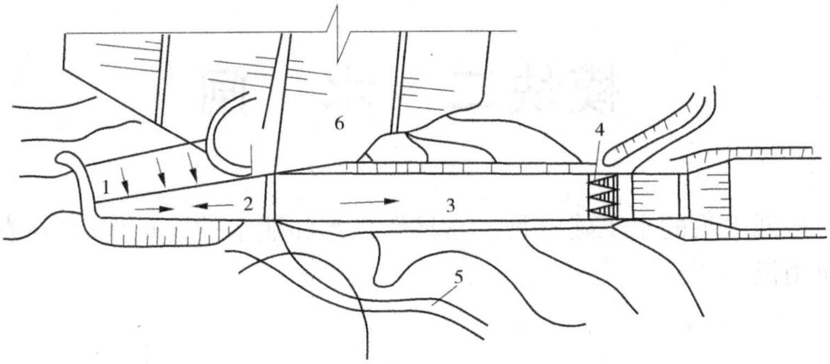

1—溢流堰;2—侧槽;3—泄水槽;4—出口消能段;5—土坝公路;6—土坝。

图 4-1-2 侧槽式溢洪道

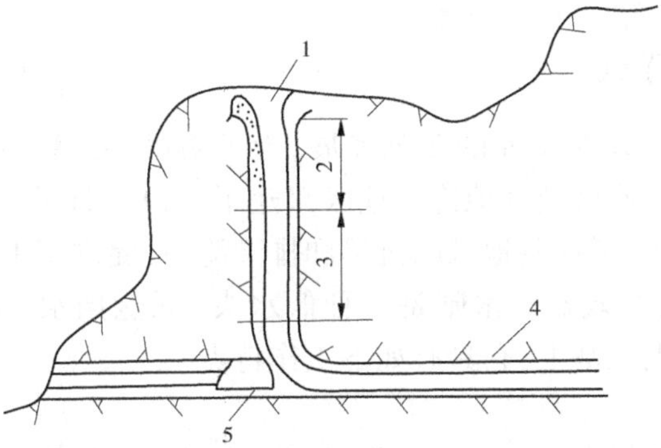

1—喇叭口;2—渐变段;3—竖井段;4—隧洞;5—混凝土塞。

图 4-1-3 井式溢洪道

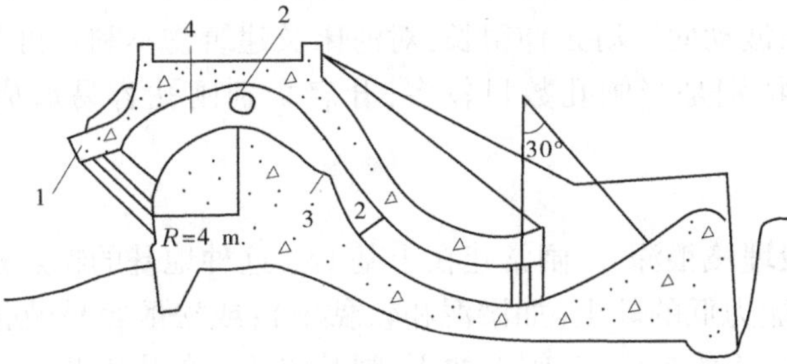

1—遮檐;2—通气孔;3—挑流坎;4—曲管。

图 4-1-4 虹吸式溢洪道

由于正槽溢洪道和侧槽溢洪道的整个流程是完全开敞的,故又称开敞式溢洪道。而把井式溢洪道和虹吸式溢洪道叫作封闭式溢洪道。

模块二　水　闸

水闸是一种低水头的水工建筑物。它具有拦水和泄水的双重作用,在农田水利灌溉、排水工程中应用极为广泛。

任务一　水闸的工作特点、类型、组成和布置

一、水闸的工作特点

1949年后,随着我国水利事业的蓬勃发展,为了防洪、灌溉、排涝、航运及拦潮等,在黄河、长江、淮河、海河等流域及其他许多地区兴建了数以千计的大中型水闸和难以胜数的小型涵闸。大大地增强了这些地区的抗旱和排涝能力,促进了工农业生产的不断发展,给国民经济带来了很大的效益。水闸是一种低水头"既能挡水,又能泄水"的水工建筑物,多建于平原地区软土地基上,它具有如下工作特点。

(一)水流方面

渗流:水闸是靠闸门拦水。在水头差作用下渗流通过闸基及两岸,对闸室及两岸连接建筑物的稳定不利,并可能产生有害的渗流变形而危及建筑物的安全。

泄流:水闸初始泄流时,闸下游无水或水深很浅,随着闸门开度增大和开启门数增多,下游水深急剧变化,给闸下消能带来了困难。当水闸上下游水位差较小时,容易产生波状水跃,消能效果差,水面波动向下游延伸很长,对河床及建筑物不利。再有,水流由护坦流入下游宽而浅的河槽,特别是当闸孔数目较多,开启个别闸孔容易形成折冲水流,淘刷两岸。

(二)地基方面

平原地区岩层一般埋藏很深,水闸常建在土基上。这种地基的特点是土层分布复杂,常夹有压缩性大、承载能力低的软土(如淤泥和软黏土);或松散容易液化、抗冲能力较低的细砂。对闸的稳定性、不均匀沉陷、闸下冲刷、闸基渗流等的影响均较复杂。

二、水闸的类型

(一)按照水闸所担负的任务分类

按照水闸担负任务不同,可分为进水闸、节制闸、排水闸、挡潮闸和分洪闸。

1.进水闸(或称取水闸)

为了满足农田灌溉、水力发电或其他用水的需要,在河道、水库或湖泊的岸边,建闸引水,并控制入渠流量,称为进水闸。因其通常建筑在渠道的首部,故又叫渠首闸。

2. 节制闸

节制闸一般拦河建造,故又叫拦河闸。枯水期借以截断河道抬高水位,以利上游航运和进水闸取水;洪水期用以控制下泄流量。此外,在灌溉渠系上位于干、支渠分水口附近的水闸,也叫节制闸。

3. 排水闸

排水闸常位于江河沿岸。外河水位上涨时可以关闸以防江河洪水倒灌;河水退落时即行开闸排除渍水。由于它既要排除洼地积水,又要挡住较高的外河水位,所以其特点是闸底板高程较低而闸身较高,并受有双向水头的作用。

4. 挡潮闸

在滨海地区,潮水沿入海河道上溯,两岸受潮水影响,土地卤化,造成危害;在汛期受潮水顶托,排洪能力降低,造成内涝;平时则内河淡水流失盐化。为了挡潮、御卤、排水、蓄淡,在入海河口附近所建的水闸称为挡潮闸。其特点亦是受有双向水头作用,且操作频繁。为了沟通内河与内海交通,挡潮闸通常设有通航孔或船闸。

5. 分洪闸

分洪闸常建于河道的一侧,用以分泄天然河道所不能容纳的多余洪水进入湖泊、洼地,及时削减洪峰,保证下游河道安全。待外河水位降落时,再由洼地或湖泊下游的排水闸泄出,流回原河道。这类水闸的特点是,泄水能力大,以利及时分洪。

(二)按照水闸结构形式分类

按照水闸的结构形式可分为开敞式水闸和涵管式水闸。

1. 开敞式水闸

开敞式水闸是露天的,上面没有填土。它是水闸中应用比较普遍的一种形式(见图4-2-1)。

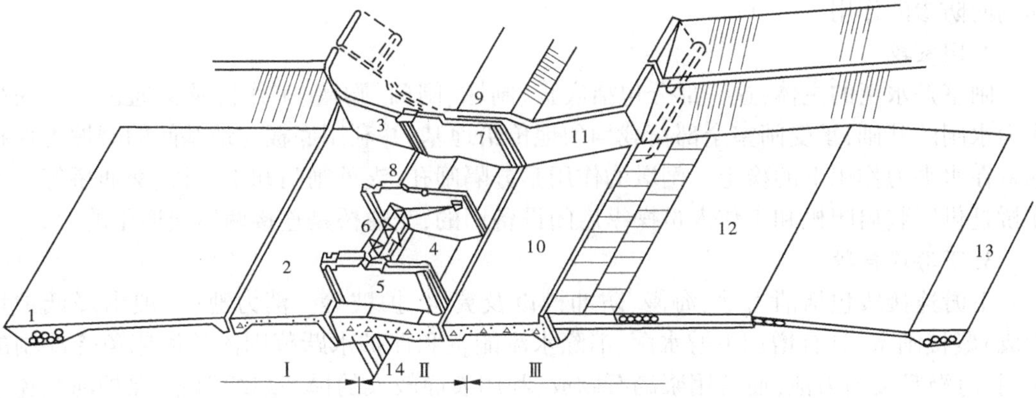

Ⅰ—上游连接段;Ⅱ—闸室段;Ⅲ—下游连接段;1—上游防冲槽;2—铺盖;3—上游翼墙;4—闸室底板;5—闸墩;6—闸门;7—交通桥位置;8—工作桥位置;9—边墩;10—消力池;11—下游翼墙;12—海漫;13—下游防冲槽;14—板桩。

图4-2-1 开敞式水闸示意图

2. 涵管式水闸

水闸修建在河、渠堤之下时，则成为涵管式水闸（见图 4-2-2）。它与涵洞的结构形式基本上相同，不同的是，涵管式水闸设有闸门及启闭设备，而涵洞则没有。

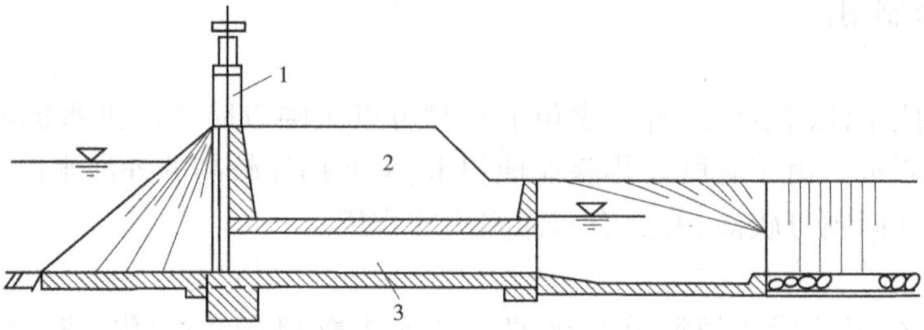

1—闸门启闭机；2—河堤；3—涵管。

图 4-2-2　涵管式水闸

三、水闸的组成和布置

（一）水闸的组成

各种类型水闸的组成部分大致类似，一般由上游连接段、闸室段和下游连接段三部分组成（见图 4-2-1）。

1. 上游连接段

上游连接段主要是将上游来水平顺地引进闸室，这一部分包括河底部分的铺盖，上游防冲槽及两岸的翼墙和护坡。铺盖作为防渗设备兼具防冲作用，有时还利用它作为阻滑板，其位置紧靠闸室底板；铺盖上游河床常设置砌石护底，防止河床冲刷，并起挡土、防冲和侧向防渗的作用。

2. 闸室段

闸室是水闸的主体，这一部分包括底板、闸墩、闸门、胸墙、工作桥及交通桥等。底板作为水闸的基础，承受闸室全部荷载均匀地传给地基，并利用底板与地基间的摩擦力保护闸室在水平力作用下的稳定。闸墩的作用是分隔闸孔，支承闸门和工作桥、交通桥等。工作桥是供安装启闭机和工作人员操纵启闭设备用的，交通桥是连接两岸交通用的。

3. 下游连接段

下游连接段包括消力池、海漫、防冲槽以及翼墙、护坡等。消力池（一般由降低护坦构成）紧接闸室，具有增加下游水深、消除水流能量和保护水跃范围内的河床免受冲刷的作用；海漫紧接消力池，通常用浆砌石砌成，利用表面较大的糙率继续消能，保护河床免受冲刷；海漫逐渐降低做成防冲槽，利用槽中增加的水深减缓流速、保护海漫免受冲刷，在海漫和防冲槽长度范围内，两岸做成块石护坡，护坡下面设砂石垫层，防止岸坡内渗水出逸时将土带走；下游翼墙是引导过闸水流均匀扩散，并保护两岸免受冲刷。

（二）水闸的布置

水闸的布置首先是技术上先进，同时达到投资少、效益高及管理方便的目的。布置时应考虑下列几点：第一，必须满足规划提出的要求；第二，闸址应尽可能选择在土质较好、挖方量少的地方，且具有一定的施工场地；第三，闸的布置应使进闸水流及出闸水流都比较平顺，减少对河道的冲刷；第四，布置时应结合道路设置桥梁，有利于建成后的交通；第五，还应结合运行管理和各类水闸的特点进行合理布置。

如图 4-2-3 所示进水闸，它的位置应选择在凹岸顶点稍偏下游处。因为凹岸河水较深，水质清净，利用水流在弯道的水沙运行规律，达到取水防沙的目的。闸址离河道与渠道交叉口的距离应大于 2~5 倍的闸宽，引水角 θ(进水闸中心线与河道中心线的夹角)一般取 30°~50°为宜。

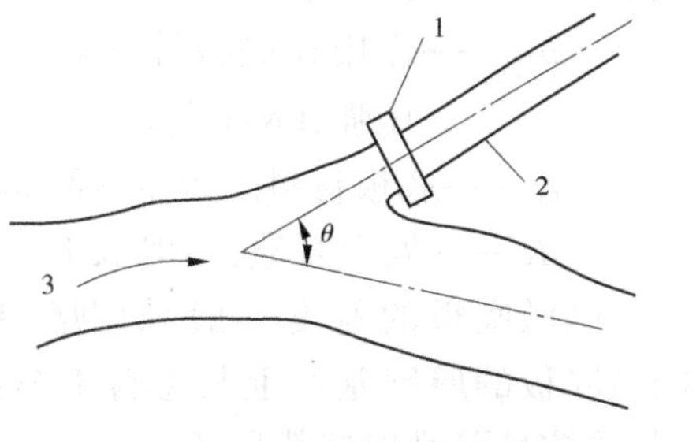

图 4-2-3 进水闸位置示意图

灌溉用水的进水闸，闸址应尽可能选择在地势较高处，能够扩大自流灌溉面积。

进水闸底板顶面高程一般比河床高程高出 0.5 m 以上，以防泥沙入渠。有坝取水枢纽中设有冲沙闸时，进水闸底板高程常高于冲沙闸底板高程。

水闸布置涉及的因素较多，应综合分析，选择合理方案。

任务二 闸室的布置和构造

闸室是水闸工作运行的主体部分，由底板、闸墩、闸门、工作桥和交通桥等组成。当上游水位变化幅度较大时，闸门顶以上还可能设胸墙，以减小闸门挡水高度。

合理选择闸室各部分结构形式、布置和构造，使作用在地基上的单位面积荷载尽量减小并尽量均匀分布，且使闸室能适应地基可能的沉陷变形，是水闸设计的一项重要内容。由于水闸所承担的任务多样，故在进行闸室布置和选定构造尺寸时，应就具体情况作具体分析。

一、闸底板

底板是闸室的基础，它把闸室上部结构的重量和承受的水平荷载均匀地传到地基上去，并利用与地基接触面的摩阻力来抵抗滑动，使闸室稳定。底板顺水流方向的长度，主要由闸室上部结构布置的要求和地基应力分布均匀等条件来决定。初步设计时，一般对于砂性土闸基，底板长度可以取 1.5~2.0 倍的上、下游水位差；对于黏性土闸基可以取 2.0~2.5 倍的上、下游水位差。

小型水闸的底板一般采用平底板，它的构造简单，施工方便。按底板与闸墩的连接方式，平底板又可分为分离式底板和整体式底板两类。

(一) 分离式底板

它由分离式底板(又称小底板)和闸墩底板组成，二者中间有缝分开，缝中设止水，如图 4-2-4 所示。闸墩及上部结构的重量由闸墩底板传给地基。分离式底板一般不需要进行结构计算，其厚度一般按下式核算：

$$t = K \cdot \frac{h_{渗}}{r_n} \tag{4-2-1}$$

式中　t——分离式底板厚度，m；

$h_{渗}$——作用在底板计算截面上的渗透压强，kN/m^2；

r_n——底板材料的容重，kN/m^3；

K——安全系数，一般取1.1～1.3。

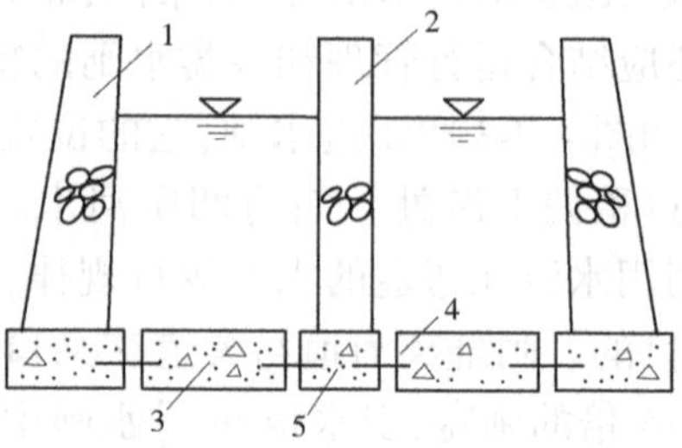

1—边墩；2—中墩；3—小底板；4—止水；5—闸墩底板。

图4-2-4　分离式底板

闸墩底板的宽度一般采用墩厚的2倍。闸墩底板的厚度基本上与悬臂部分的长度相同，并按悬臂梁校核其强度。

分离式底板常用混凝土或浆砌块石筑成。浆砌块石表面应再浇一层10～15 cm厚的150号混凝土，能使板面平整并提高底板的防渗、抗冲能力。分离式底板的优点是能够节约材料，缺点是只适用于地基承载能力较大的砂土、沙壤土地基，并且止水条件要求高，施工进度慢，整体性不如整体式底板好。

（二）整体式底板

当闸墩与底板浇筑成整体时便成为整体式底板，通过它把闸墩及上部结构的重量传给地基。建在软土地基上的小型水闸（特别是单孔闸）普遍采用这种形式，如图4-2-5所示。底板厚度一般为50～80 cm。两侧墙高4 m以下，孔径在3.5 m左右，底板的材料常用100～150号混凝土。

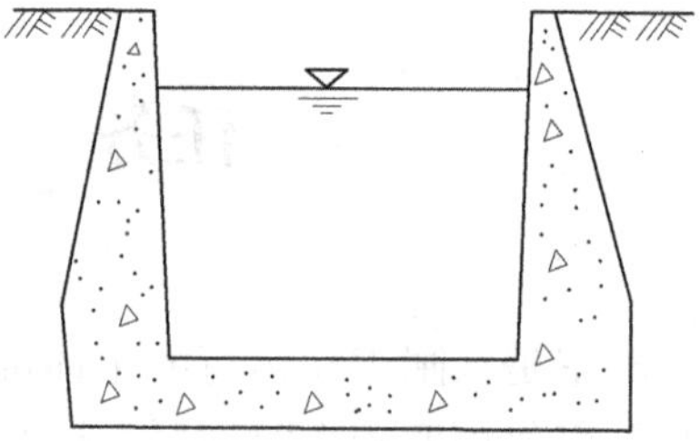

图4-2-5　整体式底板

整体式底板工作时常承受较大弯矩，而须配置相当数量的钢筋。底板的上游端及下游端还应设有深0.5～1.0 m的齿墙，以增加闸室的抗滑稳定性，并加强底板的刚度，同时亦增加了渗径长度。

二、闸墩

闸墩分为中墩和边墩（见图4-2-4）。闸墩是工作桥（启闭台）、交通桥等上部结构的支承。闸墩承受上部结构的全部重量及闸门传来的水压力。小型水闸一般不设岸墙，所以，边墩同时又起挡土墙的作用，承受墙后土压力。

闸墩的长度一般与顺水流方向的底板长度相同。根据上部结构的工作桥、交通桥等布置的需要，中墩的下游面可做成10∶1～5∶1的向内倾斜面或在闸墩顶部设置牛腿，用以支承上部结构。闸墩的顶面应高于上游最高水位或下游最高水位0.3～0.5 m。

闸墩应有足够的厚度来满足稳定和强度的要求，小型水闸的闸墩一般用浆砌块石，其厚度为0.6～1.2 m。门槽部位为混凝土浇筑。挡土边墩可做成上窄下宽的梯形断面。

小型水闸闸墩的端部为了有利于水流，外形常做成半圆形的。闸门门槽的位置一般偏于上游侧，目的在于减小闸墩门槽处的应力。检修门槽离主门槽的距离应在1.0 m左右,渠系上的水闸一般不设检修门。

三、胸墙

小型水闸的胸墙常设在闸门的下游一侧,如图 4-2-6(a)所示,以利用闸门顶上水重增加闸室的稳定,且门顶止水效果较好,但对闸门启闭螺杆防锈蚀不利。大中型水闸的胸墙,一般设在门前,如图 4-2-6(b)所示,因为闸门顶上无水重,可减少启门力。采用弧形闸门时,胸墙必须设在闸门上游,否则闸门无法启闭。胸墙底部应做成曲线形,以平顺水流。

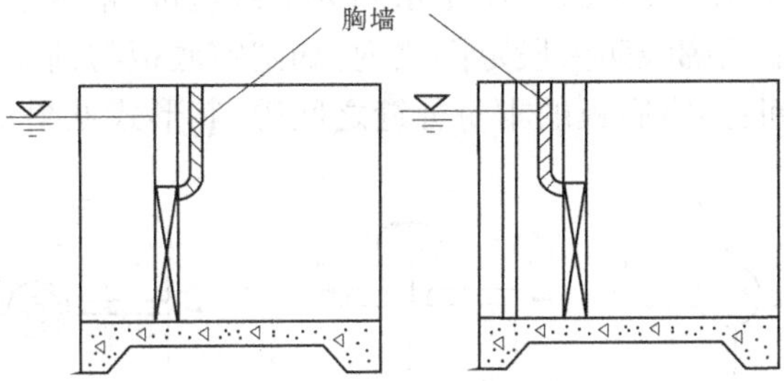

(a)胸墙设在上游　　(b)胸墙设在下游

图 4-2-6　分离式底板

胸墙多为钢筋混凝土结构,与闸墩的连接有固接和简支两种形式。小型水闸因跨度小,常用预制装配的胸墙,做成厚度不小于 10 cm、上薄下厚的楔形板,简支在闸墩上预留的闸槽内。胸墙与闸墩固接时,可增加闸室的刚度和整体性,也节省材料,但靠近闸墩处迎水面的梁板负弯矩较大,易产生裂缝。

对于有通航要求或需要超设计泄洪的水闸,胸墙可以做成活动式的,以便全部开启闸孔。此时,上面的活动式胸墙实际上是上扇闸门,它与下面的主闸门构成双扇闸门。

四、工作桥

工作桥是为安装启闭机和便于工作人员操作而设于闸墩上的桥。工作桥的高程应能满足闸门提出水面后,门顶以上尚能留有一定的余幅。采用螺杆启闭机时应特别注意螺杆的无丝长度。

小型水闸的工作桥一般采用板式结构。大中型水闸由于桥面很高,故常采用装配式板梁结构,如图 4-2-7 所示为一工作桥横剖面。

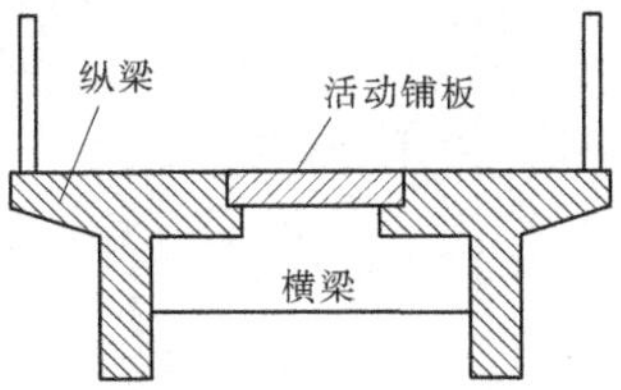

图 4-2-7　工作桥

五、交通桥

为了便于交通,常在水闸上架设交通桥,即使不与公路连接,也应设有供行人或车辆通过的交通便桥。交通桥一般设于闸墩的下游侧,做到闸桥结合,节省投资。

交通桥的尺寸与荷载标准,应适应当前需要和今后发展,并征询交通运输部门意见后确定。一般公路桥单车道净宽 4.5 m,双车道净宽 7.0~9.0 m,不要求通行车辆的人行便桥一般宽 1~2 m。

交通桥的形式可用板式、板梁式或拱式。板拱上有填土，增加了闸室的重量，对闸室抗滑稳定性有利，但对地基要求较高。

六、止水设备

为了防止地基不均匀沉降，保证渗径长度和防止混凝土因温度变化、干缩而引起裂缝，水闸上应设置沉降缝和伸缩缝，缝中设止水。

止水分为铅直缝止水和水平缝止水两种。铅直缝止水设在闸墩、边墩(岸墙)与翼墙之间，靠近迎水面一侧(见图 4-2-8)。小型水闸为节约造价，常常采用图 4-2-8(c)的形式。水平缝止水设置在地下轮廓线防渗段范围之内，如闸室底板与铺盖和消力池之间；翼墙底板与铺盖和消力池之间；闸室底板的本身分缝之间等，其形式见图 4-2-9。

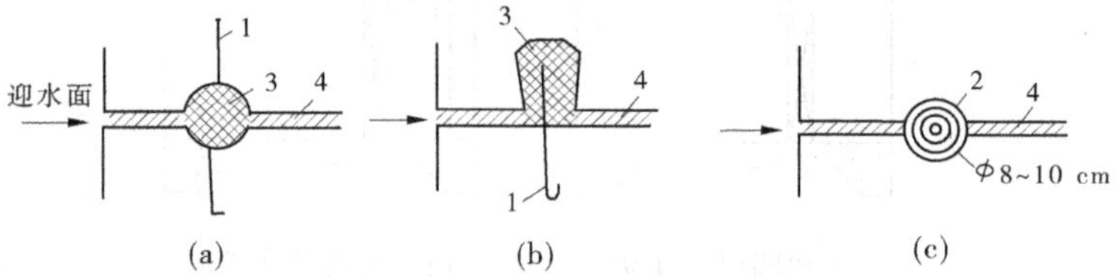

1—金属止水片；2—沥青油毛毡卷；3—灌注沥青；4—接缝填充料。

图 4-2-8 铅直缝止水

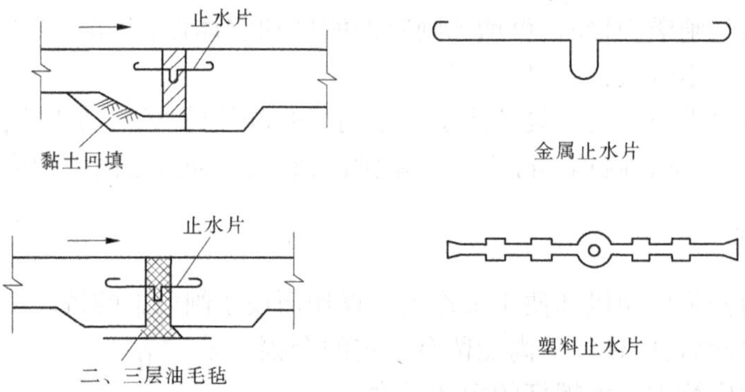

图 4-2-9 水平缝止水

任务三 水闸与河岸的连接

水闸与两岸的连接建筑物，包括上、下游翼墙，边墩及岸墙等。连接建筑物的作用是：保护河岸免受过闸水流冲刷，控制绕过闸室两侧的渗流，防止两侧填土的渗透变形，挡住两侧的填土，保持河岸稳定，以及平顺地引导过闸水流，并使闸后水流均匀扩散，防止折冲水流产生。

小型水闸连接建筑物的工程量占总工程量的25%～40%，而且对整个水闸的安全影响较大。因此，在设计和施工中对连接建筑物应予重视。

一、翼墙布置形式

（一）上游翼墙的布置形式

小型水闸常见的上游翼墙平面进口形式有圆弧、扭曲面、30°或45°八字墙、凹圆锥、斜坡、隔墙等，如图4-2-10所示。各种进口形式对水流条件、工程量大小、施工复杂程度都有所影响，其进口形式的流量系数见表4-2-1。

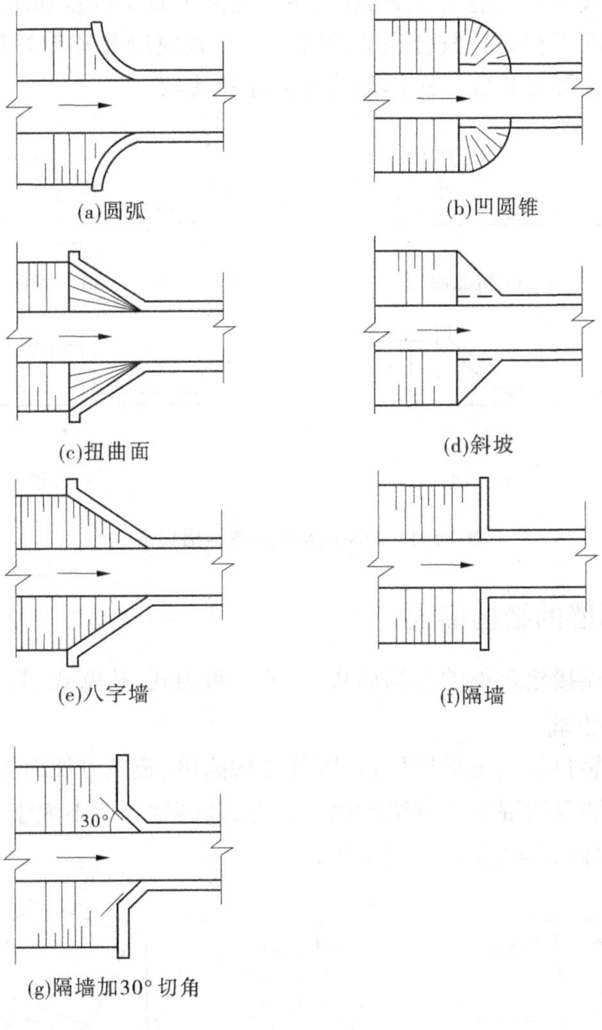

图4-2-10　小型水闸的各种进口形式

表 4-2-1　各种进口形式的流量系数 m 值

进口形式	圆弧	扭曲面	30°八字墙	45°八字墙	凹圆锥	斜坡	隔墙	隔墙加30°切角
m 值	0.98	0.97	0.96	0.93	0.91	0.85	0.87	0.94

从表 4-2-1 中可以看出,隔墙加 30°切角的进口形式流量系数较大,工程小,而且施工比较容易。它是小型水闸的一种比较合理的进口形式。但对于流量及上、下游水位差都比较大的水闸以及利用上游翼墙来满足防渗要求的水闸,不宜采用这种形式。

(二)下游翼墙的布置形式

下游翼墙的平面出口形式有扭曲面、八字墙、斜坡、隔墙等,如图 4-2-11 所示。小型水闸不同的出口形式对过水能力影响极微,主要是从节省工程量和施工方便来考虑,采用隔墙式对于小型水闸工程是比较合理的形式。八字式翼墙能够较好地扩散水流,防止折冲水流产生并能延长渗径长度。选择形式时应作些比较。

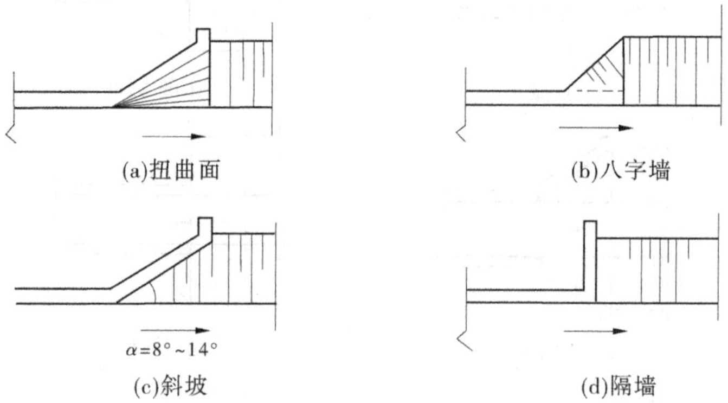

图 4-2-11　小型水闸的各种出口形式

二、边墩与翼墙的结构形式

小型水闸两岸连接建筑物的结构形式,主要有重力式、扶壁式、其他形式挡土墙等。

(一)重力式挡土墙

重力式挡土墙靠自身重量维持稳定,因其结构简单、施工方便而被广泛采用。

重力式挡土墙墙身用混凝土或浆砌块石建造,其高度一般不大于 5 m(土基),临水面做成垂直的,挡土面做成倾斜的(见图 4-2-12)。

图 4-2-12　重力式挡土墙的结构形式

墙顶宽度一般为 30~60 cm,墙底宽度 B_1 随高度增加而增加,常采用 $B_1=(0.3\sim0.6)h$。底板常用素混凝土浇筑,其厚度为 30~60 cm,宽度应在 0.6 m 左右,前后趾伸出长度应大于或等于 30 cm。

(二)扶壁式挡土墙

扶壁式挡土墙由直墙、底板及扶壁三部分组成。它能利用底板上的土重来维持稳定,比重力式挡土墙节约材料,如图 4-2-13 所示。

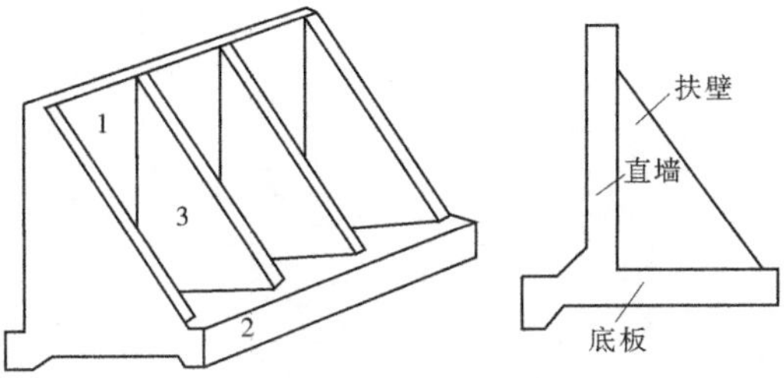

1—墙身;2—底板;3—扶壁。

图 4-2-13 扶壁式挡土墙的结构形式

高度较低的扶壁式挡土墙,直墙和扶壁可用 100 号砂浆浆砌块石建筑。直墙的顶宽 0.4~0.6 m,底部宽度为墙高的 13%~14%;扶壁间距(中到中)为 2.0 m 左右,厚度为 0.4~0.6 m;底板一般采用 150 号素混凝土,宽度 B 为墙高的 70%~80%,厚度为 0.4~0.6 m。墙底设齿墙,齿墙的厚度及高度为 0.3~0.6 m。高度较大的扶壁式挡土墙,可用钢筋混凝土结构形式。

(三)其他形式挡土墙

小型水闸可以结合当地情况修建箱格装配式挡土墙,当两岸地基承载能力较低时,可采用空箱式挡土墙,如图 4-2-14 所示。

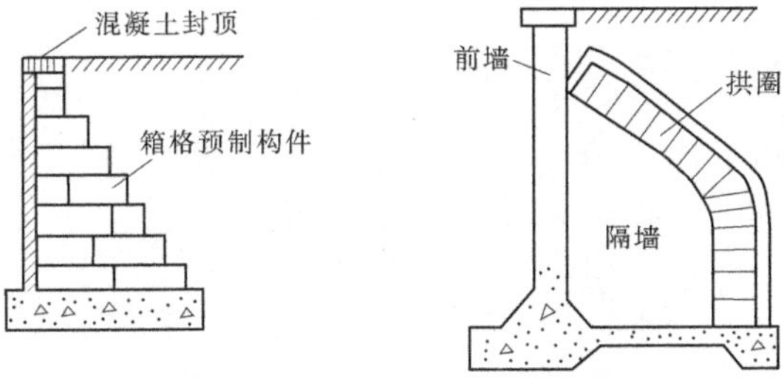

(a)箱格装配式挡土墙 (b)空箱式挡土墙

图 4-2-14 其他形式的挡土墙

第五篇

闸门运行工

闸门运行检修

思维导图

- 闸门
- 启闭机
- 闸(阀)门与启闭机的运行

模块一　闸　门

任务一　概　述

一、闸门及其在水工建筑物中的作用

闸门是水工建筑物的重要组成部分之一，它的作用是封闭水工建筑物的孔口，并能够按需全部或局部开启这些孔口，以调节上、下游水位，泄放流量，用于防洪、灌溉、引水发电、通航、过木，以及排除泥沙、冰块或其他漂浮物等。

随着水利水电事业发展的需要和工业生产水平的日益提高，近年来闸门已达到相当大的规模。在国外，单扇闸门尺寸达到可以闭塞 1 000 m^2 以上的孔口面积，承受的总水压力在 100 MN 以上。在门型方面，目前已发展到拥有十几种门型。我国目前已建成的露顶闸门孔口面积已达 340 m^2，潜孔闸门的总水压力已高达 101 MN，已接近世界先进水平。

闸门装置在水工建筑物总造价中所占的比重是很大的，一般在 10%～30%，在某些工程中甚至可高达 50%。水工建筑物的适用性和安全性与水工金属结构紧密相关，因此闸门的重要性不同一般。

闸门一词，从广义上讲包括闸门与阀门。闸门一般主要由以下三大部分组成：一为活动部分，既能关闭孔口又能开放孔口的堵塞体，一般称门叶结构；二为埋设部分，即埋固在土建结构中的构件，如支承行走轨道等，通过这些构件将活动部分所承受的荷载传给土建结构；三为启闭机械，即控制活动部分位置的操作机构。以平面闸门为例的闸门组成如图 5-1-1 所示。

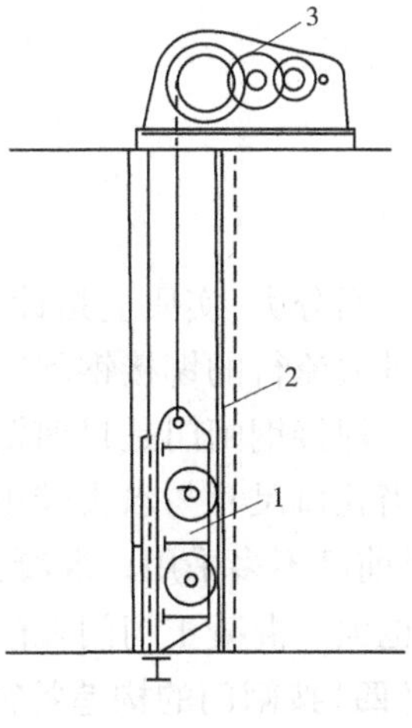

1—活动部分；2—埋设部分；3—启闭设备。

图 5-1-1　平面闸门的组成

二、闸门的分类

闸门种类很多，目前尚无统一的分类方法，一般可按闸门的工作性质、设置部位、使用材料和构造特征等加以分类。

（一）按闸门的工作性质分类

按闸门的工作性质可分为工作闸门、事故闸门、检修闸门和施工导流闸门等。

工作闸门是指承担主要工作并能在动水中启闭的闸门。但也有例外，如船闸通航孔

的工作闸门大都在静水条件下启闭。

事故闸门是指当闸门的下游(或上游)发生事故时,能在动水中关闭的闸门,为防止事故扩大,截断水流,在事故消除后,则可在静水条件下开放孔口。能快速关闭的事故闸门,也称快速闸门;这种闸门一般在静水中开启。

检修闸门是指水工建筑物和机械设备检修时用以挡水的闸门,它总是在静水中启闭的。

施工导流闸门是指供截堵经历数年施工期过水孔口用的闸门。一般在动水条件下关闭孔口。

(二)按闸门在孔口的位置分类

按闸门在孔口的位置可分为露顶式闸门和潜孔式闸门:在孔口关闭位置时,露顶式闸门门叶的上缘高出上游蓄水位,潜孔式闸门门叶的上缘则低于上游蓄水位。

(三)按制造闸门的材料和方法分类

- 闸门分类
  - 钢闸门
    - 铆接闸门
    - 焊接闸门
    - 铸造闸门
    - 混合连接闸门
  - 铸铁闸门
  - 木闸门
  - 钢筋混凝土闸门
    - 普通钢筋混凝土闸门
    - 预应力钢筋混凝土闸门
    - 钢丝网水泥混凝土闸门
  - 其他材料闸门

上面分类,实质上是针对闸门的门叶而言的。

过去流行的铆接钢闸门,由于耗钢量大、劳动强度大、造价高,已逐渐被焊接钢闸门所替代。焊接钢闸门是目前钢闸门的主要形式。

当孔口尺寸与水头较小时,可采用铸造闸门(铸钢或铸铁)。木闸门因容易漏水及腐烂,目前已不多采用。混凝土闸门具有较好的刚度和整体性,造价较低,但闸门自重大,启闭力也大。混凝土闸门在南方一些中小型水利水电工程中使用较多。

(四)按闸门的构造特征分类

闸门按闸门面板的形状和闸门的运动或移动方式分类见表5-1-1。

(五)按闸门的操作方式分类

(1)机械操作:手动、电动。

(2)水力操作:半自动、自动。

机械操作的动力可以是多种多样的,一般常用的是电动。人力手动方式仅用于小型工程。

水力操作的闸门,若操作系统与水位升降相联动,闸门能随水位变化自行调节开关的为自动式,若尚需其他辅助设备才能靠水力操作者为半自动式。

表 5-1-1　闸(阀)门按构造特征分类

<table>
<tr><th colspan="2">挡水闸体形特征</th><th colspan="2">运移方式</th><th>闸(阀)门名称</th><th>说明</th></tr>
<tr><td colspan="2" rowspan="8">平面形</td><td colspan="2">直升式</td><td>滑动闸门
定轮闸门
链轮闸门
串辊闸门</td><td></td></tr>
<tr><td colspan="2">横拉式</td><td>横拉闸门</td><td></td></tr>
<tr><td rowspan="2">转动式</td><td>横轴</td><td>舌瓣闸门
翻板闸门
盖板闸门(拍门)</td><td></td></tr>
<tr><td>竖轴</td><td>人字闸门
一字闸门</td><td></td></tr>
<tr><td colspan="2">浮沉式</td><td>浮箱闸门</td><td></td></tr>
<tr><td colspan="2">直升-转动-平移
(混合式)</td><td>升卧式闸门</td><td>有向上游升卧和向下游升卧两种</td></tr>
<tr><td colspan="2">横叠式</td><td>叠梁闸门</td><td>分普通、浮式、叠梁等</td></tr>
<tr><td colspan="2">竖排式</td><td>排针闸门</td><td></td></tr>
<tr><td colspan="2" rowspan="2">弧形</td><td rowspan="2">转动式</td><td>横轴</td><td>弧形闸门
反向弧形闸门
下沉式弧形闸门</td><td></td></tr>
<tr><td>竖轴</td><td>立轴式弧形闸门</td><td></td></tr>
<tr><td colspan="2" rowspan="2">扇形</td><td colspan="2" rowspan="2">横轴转动式</td><td>扇形闸门</td><td>铰轴位于下游底槛上</td></tr>
<tr><td>鼓形闸门</td><td>铰轴位于上游底槛上</td></tr>
<tr><td colspan="2">屋顶形</td><td colspan="2">横轴转动式</td><td>屋顶形闸门</td><td>又称浮体闸</td></tr>
<tr><td rowspan="2">立式
圆管形</td><td>部分圆</td><td colspan="2" rowspan="2">直升式</td><td>拱形闸门</td><td>分压拱、拉拱闸门等</td></tr>
<tr><td>整圆</td><td>圆筒闸门</td><td></td></tr>
<tr><td colspan="2">圆辊形</td><td colspan="2">横向滚动式</td><td>圆辊闸门</td><td></td></tr>
<tr><td colspan="2">球形</td><td colspan="2">滚动式</td><td>球形闸门</td><td></td></tr>
<tr><td colspan="2" rowspan="3">壳形</td><td colspan="2">移动式</td><td>针形阀
管形阀
空注阀
锥形阀
闸阀</td><td>分外套式、内套式两种</td></tr>
<tr><td colspan="2" rowspan="2">转动式</td><td>蝴蝶阀</td><td>分卧轴式、立轴式</td></tr>
<tr><td>球阀</td><td>分单面、双面密封</td></tr>
</table>

任务二　平面钢闸门

一、平面钢闸门的结构及各部件的作用

平面钢闸门一般由活动的门叶结构、门槽埋件结构和启闭闸门的机械设备三大部分组成。本任务着重介绍门叶结构及门槽埋件结构,启闭设备在本篇模块二专门介绍。

(一)门叶结构

以直升式平面钢闸门为例,闸门门叶结构如图5-1-2所示,它由面板1、梁格2、纵向垂直联结系3、行走支承装置4、导向装置5、止水装置6、吊耳7等组成。此外,有些平面钢闸门由于特殊需要还设有吊杆和充水设备。下面将分别加以简单介绍。

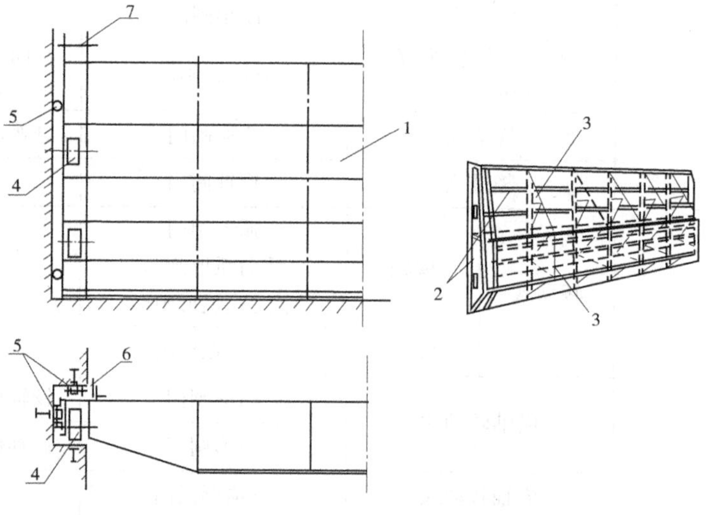

1—面板;2—梁格;3—纵向垂直联结系;4—行走支承装置;5—导向装置 6—止水装置;7—吊耳。

图5-1-2　门叶结构

1. 面板

面板是用一定厚度的钢板拼焊而成的平面式结构,为主要的挡水构件。它一方面直接承受水压力,并把它传给梁格,另一方面又起到了承重结构的作用。

面板一般设在上游面,这样可以避免梁格和行走支承浸没在水中而聚积污物,同时可减小闸门底部过水时产生的振动。但也有将面板放在下游面的,例如一些设有充水阀的闸门、利用底梁水柱关闭的闸门和一些检修闸门等,面板设在下游面对于设置止水比较方便。

2. 梁格

梁格是用来支承面板,以缩小面板的跨度和减少面板的厚度,一般由主梁、次梁(包括水平次梁、垂直次梁、顶梁和底梁)和边梁组成(见图5-1-3)。

梁格有简式、普通式和复式三种形式。简式梁格的面板是直接由多个主梁来支承的,

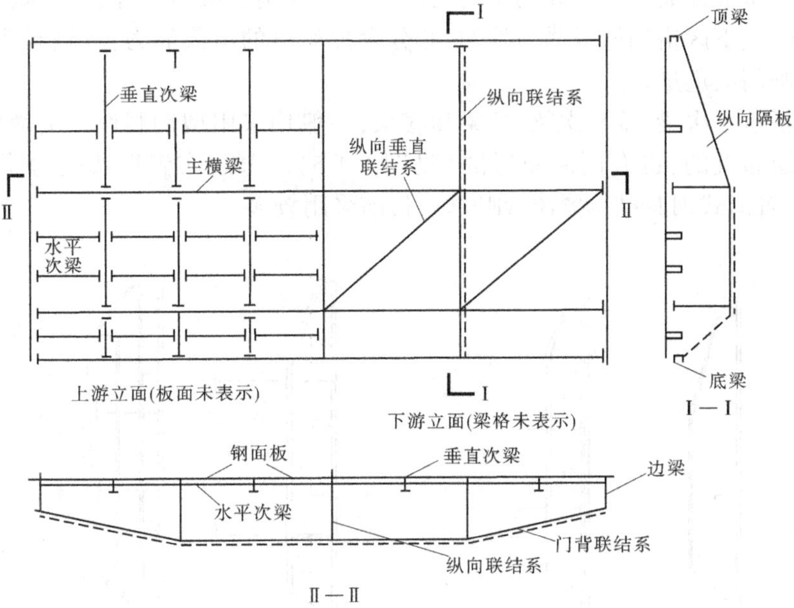

图 5-1-3　梁格的组成

面板上的水压力直接通过主梁传给两侧的边梁。普通式梁格的主梁数目较少,其间距和截面尺寸较大,一般在主梁之间设置有水平次梁。复式梁格的主梁数目更少,其间距和截面尺寸也更大,中间设有垂直次梁和水平次梁。

主梁是闸门的主要受力构件,水压力通过面板传到主梁上,再由主梁传至边梁,边梁再通过支承结构将力传到门槽埋件上。主梁的形式有三种,即型钢梁、组合梁和桁架梁(见图 5-1-4)。型钢梁采用定型角钢、槽钢、工字钢等,组合梁是钢钣或型钢拼焊构成的。型钢梁和组合梁又统称为实腹梁。桁架梁是由杆件和结点构成的,杆件一般采用型钢材料,桁架梁又称为空腹梁。桁架梁一般用于低荷载、大跨度的闸门,它可以节约钢材,又能满足闸门的刚度要求。

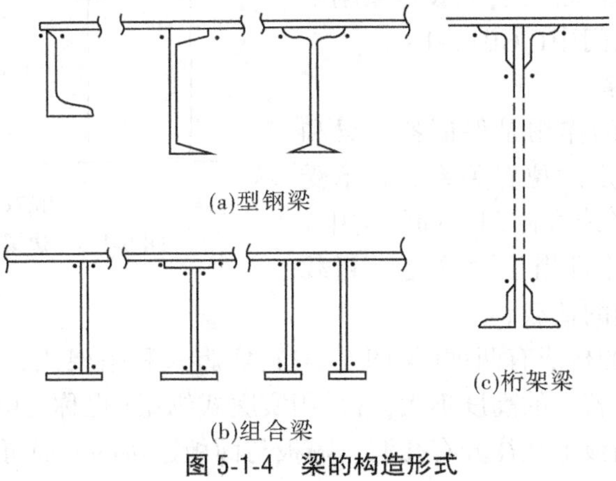

图 5-1-4　梁的构造形式

次梁是用来加强面板强度和刚度的构件。合理地调整梁格尺寸,可以减小面板的厚度,同时可使上、下区格的面板受力均匀,充分发挥梁格的承载能力,减轻制造、安装的工作量和减轻闸门的重量。

次梁包括水平次梁、垂直次梁、顶梁和底梁,一般均采用型钢制作。主梁与次梁的布置形式有分层布置的,也有同层布置的(见图 5-1-5)。分层布置形式受力明确,但刚度差;而同层布置形式因其结构紧凑、刚度好,目前采用较多。

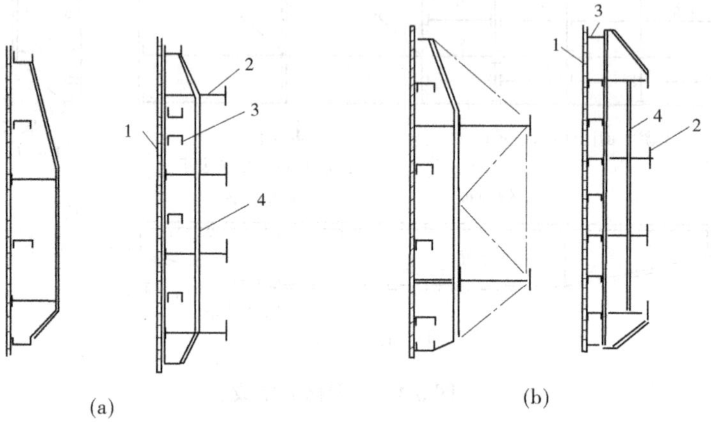

1—面板;2—主梁;3—水平次梁;4—垂直次梁。

图 5-1-5 梁系布置

边梁实质上是垂直布置的梁,它承受由面板、主横梁及起重桁架传来的力,并把力传给支承行走部分。此外,在提升闸门时,它往往还与启闭设备相联系,受到闸门自重和阻力的作用。边梁通常做成单腹板或双腹板的实腹梁。单腹板梁结构简单,制造、安装方便,多用于小型滑动闸门及辊柱式闸门;双腹板梁刚度大,广泛应用在轮式闸门中(见图 5-1-6)。

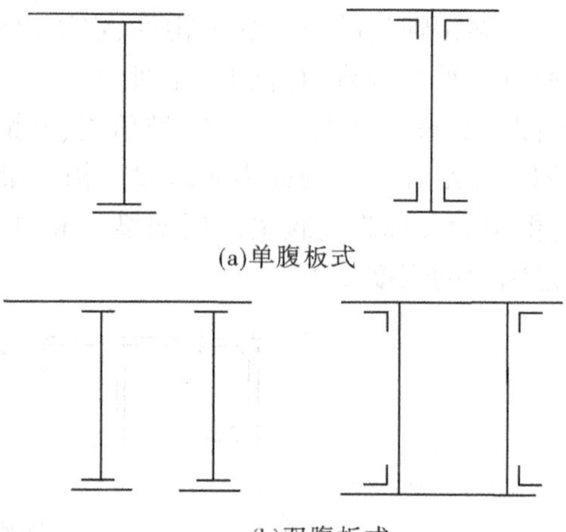

(a)单腹板式

(b)双腹板式

图 5-1-6 边梁的构造形式

3. 纵向垂直联结系

闸门纵向联结系的作用是保证各主梁和起重桁架之间保持固定的位置关系。它承受作用在横梁平面以外(或在闸门空间结构中)引起扭矩的偶然力,并且当主横梁之一超载时,它能调整各横梁间的荷载。

纵向垂直联结系的构成有两种(见图 5-1-7):实腹式和桁架式。当闸门尺寸不大、采用多根实腹式主梁时,若梁的高度不大,常采用实腹式纵梁(也称为隔板),为了减轻闸门的重量和便于检修,隔板上往往开有孔洞。隔板与面板连接的一面可不用翼缘,而直接与面板焊接,另一面则要加用翼缘板。桁架式的联结形式很多,一般总是采用静定桁架。

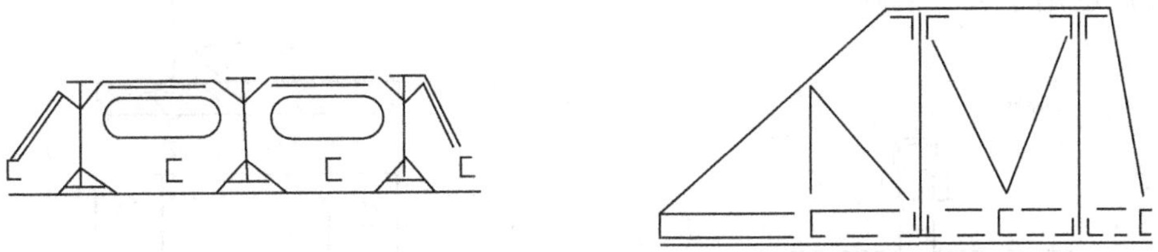

(a)实腹式　(b)桁架式

图 5-1-7　闸门纵向联结系

闸门的纵向垂直联结系又称为起重桁架。其作用是保证闸门在垂直于水流的平面内有足够的刚度,以使闸门在提升或下降时在此平面内所出现的应力和变形尽可能地小。

起重桁架承受的荷载主要有:闸门自重,门顶及门底水压力,泥沙压力,由于制造、安装不准确使闸门变形而产生的力,闸门提升不均匀时或卡塞时产生的各种力。

如图 5-1-8 所示,对于多主梁式闸门,当主梁间距不大,跨度也较小时,采用对角线交叉式联结系;对于水头较大的深孔闸门,采用钢架的形式;桁架式主梁的闸门起重桁架为桁架式。

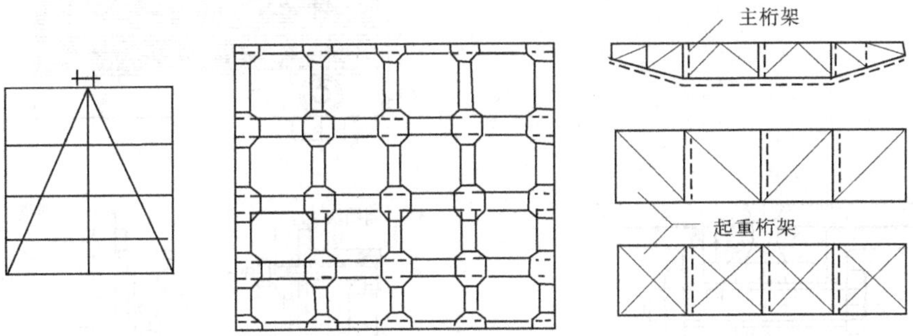

(a)对角线交叉线　(b)钢架式　(c)桁架式

图 5-1-8　闸门垂直联结系

4. 行走支承装置

行走支承装置支承着闸门,承担闸门所承受的全部水压力,并将其传递给埋在混凝土中的轨道。

根据闸门在移动时所产生的阻力特性,行走支承装置分为以下几种形式:

(1)滑动式行走支承。滑动式行走支承按其材料不同又可分为以下几种:

①木滑块。木滑块制作简单,还可以兼作止水,但其摩擦力较大。主要用于小型闸门(见图 5-1-9)。

②金属滑块。金属滑块装置与轨道的接触条件可分为弧面滑块(见图 5-1-10)和平面滑块。金属滑块易腐蚀,摩擦力较大,一般用于中小型闸门和静水启闭的检修门。滑块的材料一般为低碳钢或铸铁。

③胶木滑道。它是一种以桦木片浸渍酚醛树脂后,经过高温高压处理而得到的滑道材料,有较高的机械强度、良好的加工性。它与不锈钢轨道配合使用,摩擦系数较小。胶木滑道支承的形式有装配式和镶嵌式两种(见图 5-1-11 和图 5-1-12)。前者用于小型闸

门,后者广泛用于大中型闸门。

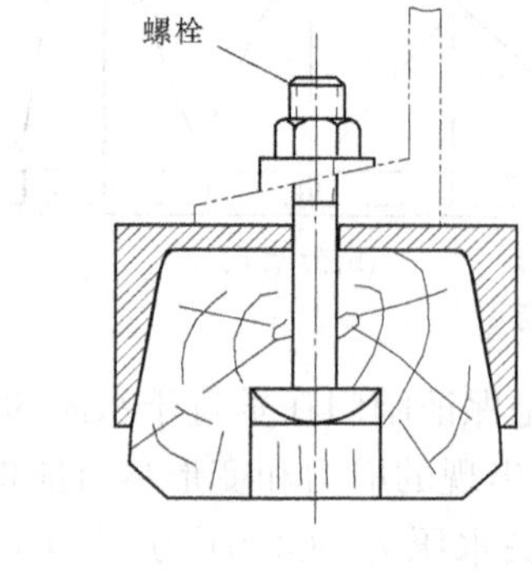

图 5-1-9　木滑块

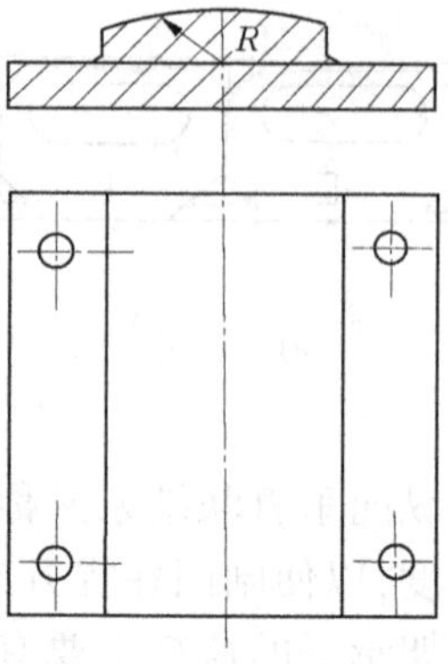

图 5-1-10　金属弧面滑块

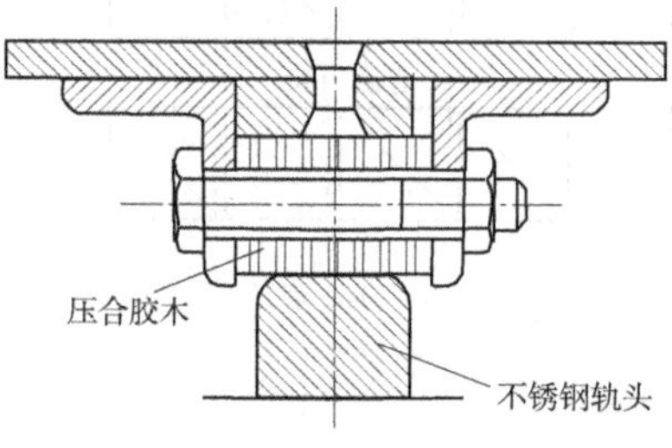

图 5-1-11　装配式胶木滑道

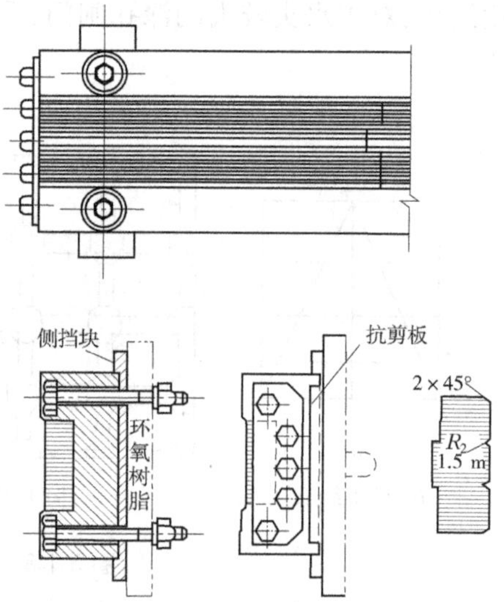

图 5-1-12　镶嵌式胶木滑道

胶木滑道支承的工作面,应使多层顺木纹方向的端面(颜色较深)受压。滑道胶木由三条组成,其总宽度一般为 100~150 mm,应保证工作面足够光滑。在镶嵌式胶木滑道中,三条胶木的总宽度应比夹槽宽度大 1.3%~1.7%,胶木压入夹槽前应测定其含水率不得大于 5%,否则,可置于 75~80 ℃的石蜡炉中干燥 40~80 h,脱水干燥后,在胶木和夹槽中间涂一层冷固性 2127 酚醛树脂,再压入夹槽,装配及加工后,应涂黄干油封闭保护,并放置于通风干燥而不暴晒处。

④新型滑道材料。由于胶木存在局部磨损和老化问题,摩擦系数不稳定,目前我国已先后研制出真空渗四氟的滑道,胶木、聚甲醛钢背复合材料 GS-2B 型支承滑道和 P23 塑料复合钢材滑道、SF-3A 等新型压合胶木及压合胶木的代用材料 MC 尼龙和铸型油尼龙等支承滑道,充分发挥了塑料和金属的优点,具有低摩擦、自润滑、耐磨、承载能力强等性能。

(2)定轮式支承行走装置。其形式有:悬臂轮式、简支轮式、台车式。

对于中小型闸门，通常采用悬臂轮式和简支轮式（见图 5-1-13）。悬臂轮的轮子伸在门叶外侧，轮子可兼作反向支承。简支轮的轮子支在边梁的两道腹板上。当闸门的跨度 L 很大且 $L \geq 12$ m 时，为保证轮子踏面与轨道的正常接触，宜采用台车式支承。

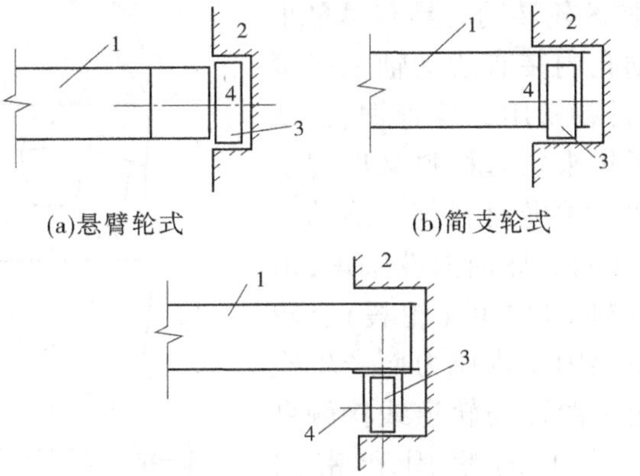

(a)悬臂轮式　(b)简支轮式

(c)台车式

1—门叶；2—门槽；3—轮子；4—轮轴。

图 5-1-13　轮子的装配形式

台车式支承形式又分为柱铰式台车、弧面台车和平衡台车等（见图 5-1-14）。采用台车支承时，门槽宽度有时达 2～3 m 或更大，因此要注意选取合宜的门槽体形。台车式支承的主要缺点是构造比较复杂，钢材用量大，可达门体重量的 20%～30%。

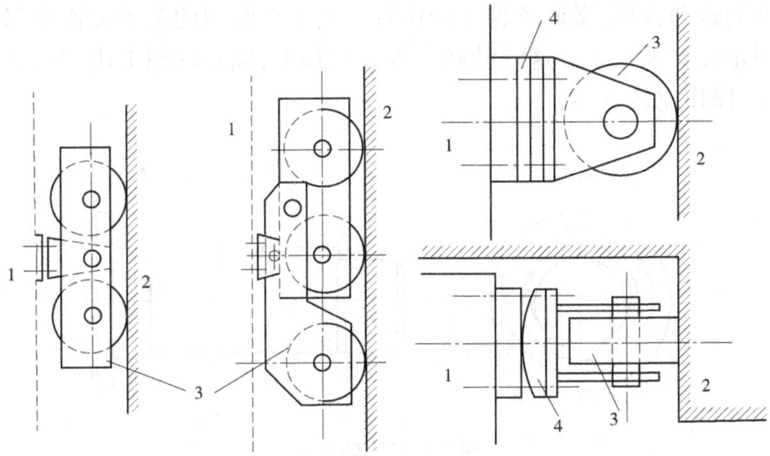

(a)平衡台车　(b)圆弧连接铰

1—门叶；2—轨道；3—滚轮；4—圆弧连接铰。

图 5-1-14　台车式支承形式

小型闸门的轮子多采用铸铁制造，当轮子荷载较大时，可采用铸钢或合金铸钢制造。为了提高轮子的承载能力，目前我国已发展到使用合金铸钢 ZG35CrMo 及 34CrNi3Mo，其后采用了 50Mn2 锻钢。目前国内最大轮压将达 4 130 kN。

轮子的轮缘可以做成直线形的，也可做成弧形的。弧形轮缘因轮缘是凸出的，有一定的转动可能,可以适应闸门的变形,因此可以用于跨度较大的闸门上。

滚轮与闸门的连接是靠轴来完成的。轴的材料一般用优质碳素结构钢,轴表面一般经镀铬处理以防锈。为了使滚轮转动时具有尽量小的摩擦力,在滚轮的轴孔内装有滑动轴承或滚动轴承。滑动轴承的材料常用锡磷青铜、铝铁青铜及压合胶木等,近年来轴套材料又出现了钢背复合材料、含油铸型尼龙材料等。滚动轴承一般选用双列或单列向心球面滚珠轴承,由于此种轴承允许内圈(轴)对外圈(轮毂)有较大的倾斜,故当闸门主梁因受水压力而产生挠曲变形时,尚能保证轮子踏面与轨道线接触良好。滚动轴承在定轮上的紧固和密封如图 5-1-15 所示。

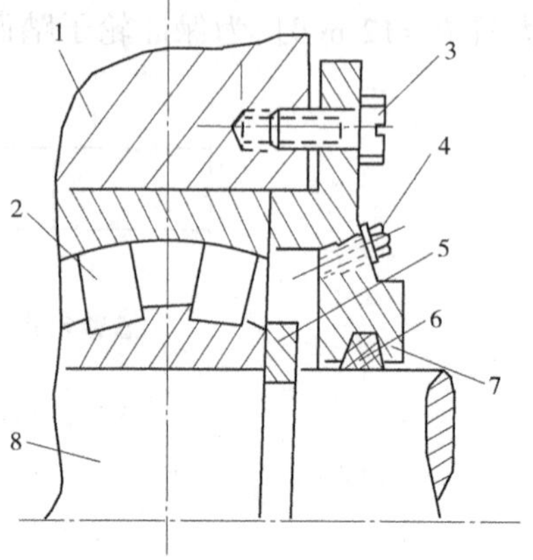

1—轮子;2—滚珠轴承;3—螺钉;4—油塞;
5—开口弹性挡圈;6—毡圈;7—透盖;8—轴。

图 5-1-15　滚动轴承在定轮上的紧固和密封

为了保证闸门上的轮子受力均匀,使闸门运行平稳,闸门安装时应力求各轮子的踏面在同一平面内。为了使滚轮安装时位置正确,可以将支承板(一般就是边梁的腹板)上的轴孔直径大于轴径 10 ~ 15 mm,另外加一块称作"浮动板"的垫板来传递荷载。浮动板在轮子位置调整正确后,再与支承板焊接起来。另一种做法是采用偏心轴(见图 5-1-16),轮子的轴心与支承板的轴心有少许偏差,安装时利用偏心轴的转动,可略微调整轮子的位置。当整个闸门的轮子位置全部调整完毕后,用螺栓将轴固定在支承板上。这两种做法各有优缺点,偏心轴加工比较复杂,调整的幅度有限,但调整时操作比较方便。

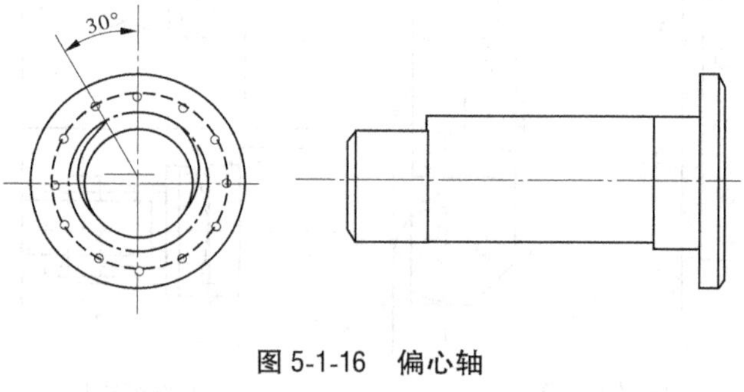

图 5-1-16　偏心轴

(3)辊柱式支承。采用辊柱式支承的闸门有串辊闸门和链轮(履带)闸门(分别见图 5-1-17 和图 5-1-18)。串辊闸门是把滚轴串成一根履带条,履条绕过一条钢索,它一端固定在闸门上,另一端则固定在闸墩或边墩上,闸门移动时,辊柱小车的行程只是闸门行程的一半。由于这种情况辊柱小车会受到流水的冲击,易被污物堵塞,工作条件较差,故串辊闸门目前已不多见。在链轮闸门上辊轴用小轴和薄钢板互相连接起来,形成一个链圈,环绕在门叶外侧的周边上,成为一个整体。履条可以连续运转。由于这种闸门所承受的荷载是由很多辊柱传递给门槽支承轨道的,辊柱受力比较均匀,所以这种闸门的承载力很大。在一般情况下，链片采用优质碳素钢制造，辊柱采用合金结构钢制造，并要求表面镀不锈金属。辊柱要求具有一定的表面硬度和淬火深度（见图 5-1-19）。装配时，链片轴孔内要装青铜轴套，链片与辊柱为动配合，链片与链片间嵌以铜隔环。链轮闸门目前在国内、外高水头情况下都有所采用。

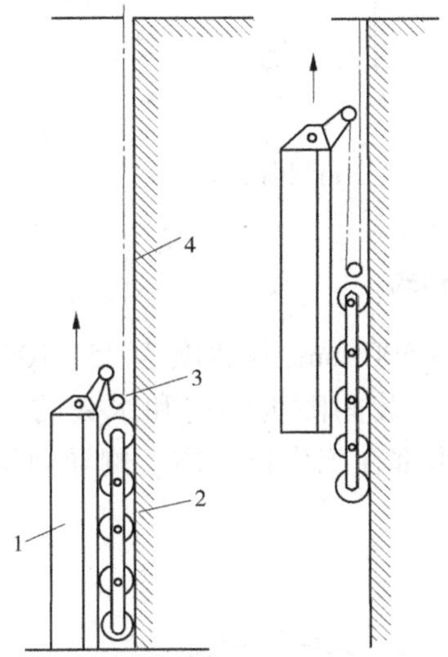

1—门叶；2—串辊；3—滑轮；4—门槽。

图 5-1-17　串辊闸门

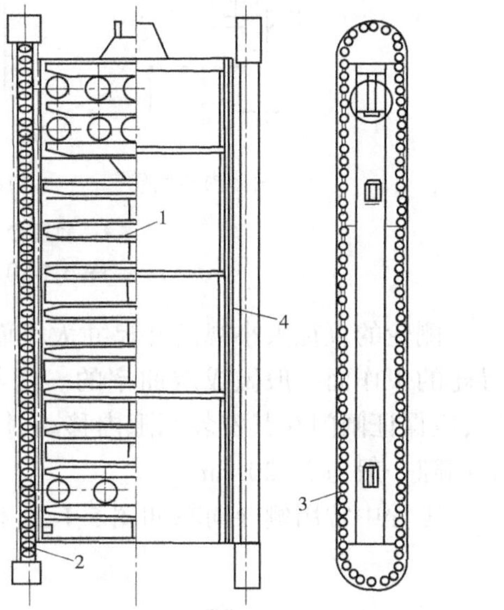

1—门叶梁系结构；2—链轮；3—侧向导轮；4—止水装置。

图 5-1-18　链轮闸门

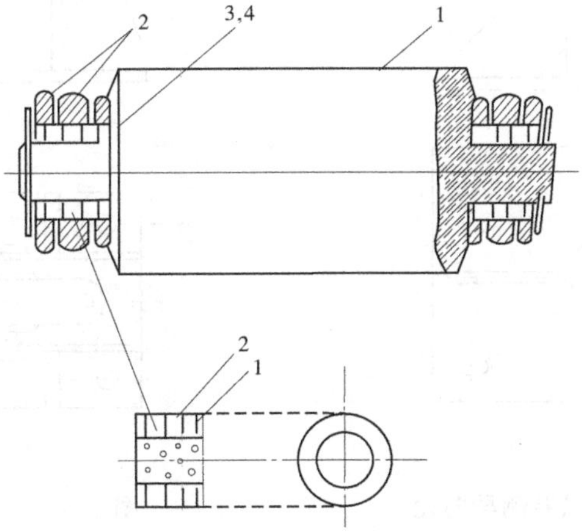

1—辊柱；2—片式链；3—青铜轴套；4—固体润滑剂。

图 5-1-19　辊柱结构

5. 导向装置

为了保证门叶在门槽中平顺地启闭，防止闸门前后左右产生过大的位移，在闸门上要设置导向装置。在平面直升门上一般设置侧向导座和反向导座。

（1）侧向导座。侧向导座的主要形式有：槽内式侧轮、槽外式悬臂侧轮及侧向滑块三种，也有用带凸缘的主轮代替侧导向的。侧向导座的布置形式如图 5-1-20 所示。

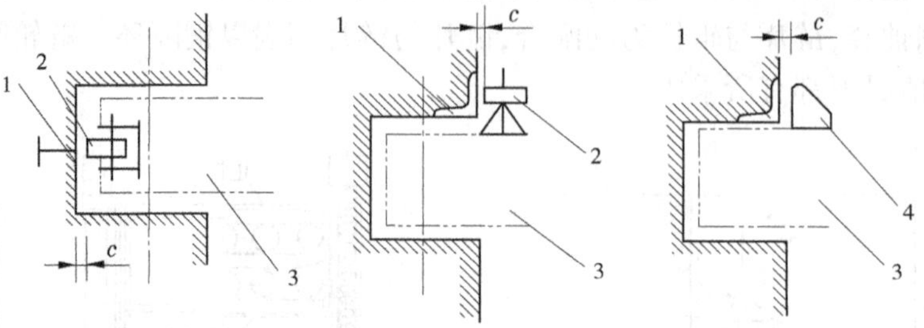

(a)槽内式侧轮　(b)槽外式悬臂侧轮　(c)侧向滑块

1—轨道；2—侧轮；3—门叶；4—滑块。

图 5-1-20　侧向导座的布置形式

侧轮的直径大小视门叶尺寸大小而定，一般取 150 ~ 500 mm，其宽度为 35 ~ 100 mm。导轮的工作面一般做成双曲率的。门与门槽侧轨间的安装间隙视闸门和水头的大小而定，应保证闸门在其安装间隙内移动时，主支承和侧止水都在工作位置内。侧导向轮的安装间隙一般为 5 ~ 20 mm。

工程中常用侧导向轮如图 5-1-21 和图 5-1-22 所示。

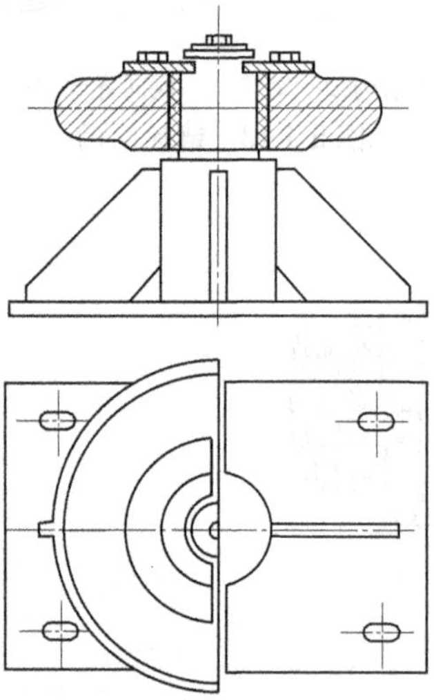

图 5-1-21　槽外式悬臂侧导向轮

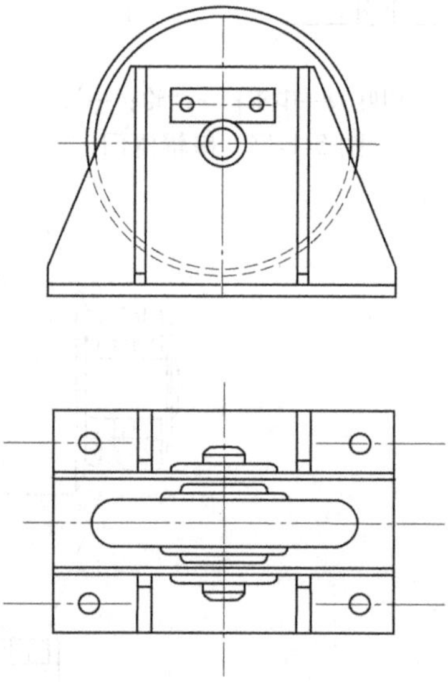

图 5-1-22　槽内式侧导向轮

在小型闸门上，大都采用滑块式导向，并做得非常简易，在门叶上安装一段角钢就行了。

(2)反向导座。在平面闸门中需设置反向导座，反向导座主要有反轮和滑块。在跨度较小、重要性较低的闸门上，一般采用图 5-1-23(a)所示导座，即仅在门叶上安设滑块和橡皮垫板，构造简单；对跨度较大的露顶式闸门，往往采用图 5-1-23(b)形式的固定轴反轮。这两种形式的滑块或反轮与反轨的间隙一般取 10 ~ 20 mm。对于跨度较大、水头较高的闸门(包括检修闸门)及有局部开启要求的闸门,则为了使闸门启闭时不致发生剧烈的撞击和振动,往往采用图 5-1-23(c)、(d)形式的导座。图 5-1-23(c)是将反轮安设在板弹簧上,图 5-1-23(d)是将反轮安装在具有橡皮垫块的缓冲车架上,两者均能靠弹簧或橡皮的弹力使门叶与反轨挤紧。

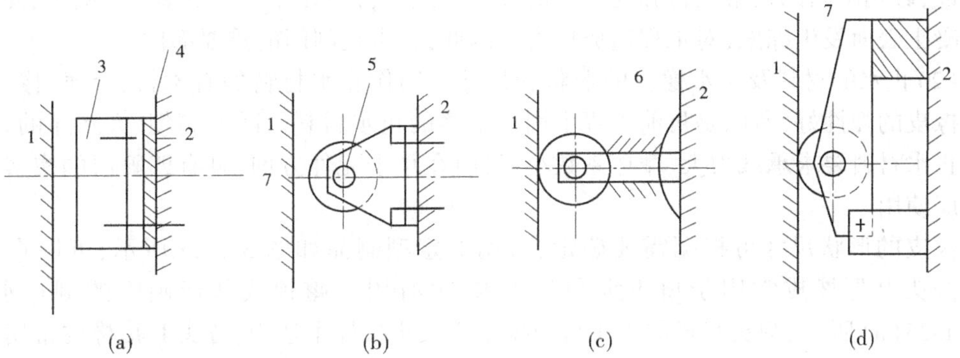

1—门槽反轨;2—门叶;3—滑块;4—橡皮垫板;5—反轮;6—板弹簧;7—橡皮垫块。

图 5-1-23 反向导座的形式

常用的带活动轴的弹性反轮装置见图 5-1-24。

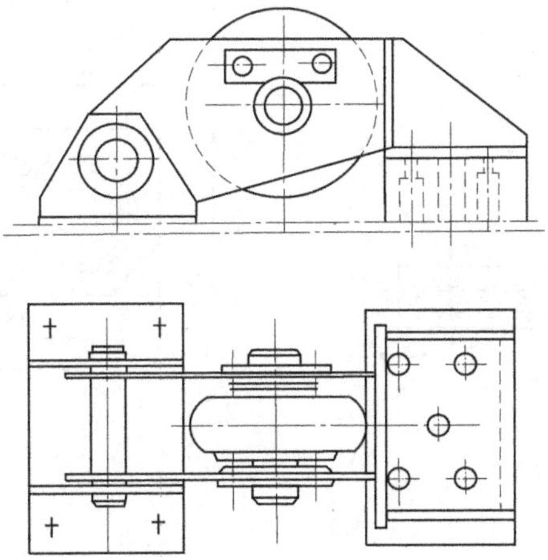

图 5-1-24 带活动轴的弹性反轮

6. 止水装置

(1)作用与要求。止水的作用是封堵闸门与门框之间的缝隙,以阻止漏水。

止水装置一般装设在闸门门叶上,便于维修更换。止水按装设的部位不同,可分为顶止水、侧止水、底止水和节间止水四种。

露顶式闸门中仅有侧止水和底止水;潜孔闸门中除侧止水、底止水外,还需设顶止水。对于高孔口的平面闸门,为便于制造、运输和安装,常将闸门门叶分成数节,节间用螺栓或其他结构连接起来,因此还要设置节间止水。

底止水的密封通常由闸门自重的挤压来保证，侧止水、顶止水的密封一般依靠预留压缩量和上游水压力对其形成的挤压力来实现。只有特殊构造的止水才需要外加压力来保证它的工作。

止水的失效，不仅造成闸门严重漏水，同时可能使闸门振动，导致闸门及埋件的空蚀或磨蚀，影响闸门的正常运行和建筑物的安全。此外，在寒冷地区，冬季闸门漏水，使过流的混凝土表面发生冻融，对工程造成危害。因此，止水是闸门的重要部件。

(2)止水的材料及止水橡皮的形状和尺寸。用作止水材料的有木材、金属、橡皮等。由于橡皮的弹性好，所以是目前工程中用得最多的止水材料。随着高坝、大水库的兴建，闸门止水材料要求承载力大、摩擦系数小，目前在止水元件方面，具有四氟层的橡塑止水已推广使用。

橡皮的形状尺寸可根据需要确定，常用的定型制品如图 5-1-25 所示，可以直接选用。圆头 P 形橡皮常用于顶止水和侧止水，也有用于露顶式弧形闸门的侧止水，如图 5-1-25(a)所示，圆头直径的大小可根据水头大小按样本选用；方头 P 形橡皮常用于潜没式弧形闸门的顶止水和侧止水，如图 5-1-25(b)所示；角形橡皮止水常用于露顶式弧门的侧止水，如图 5-1-25(c)所示；条形橡皮常用于底止水、节间止水，也有用于露顶式弧形闸门的侧止水，如图 5-1-25(d)所示。大型或高水头闸门的止水橡皮中，还可以加嵌帆布带，如图 5-1-25 中的虚线，以增加橡皮的强度。

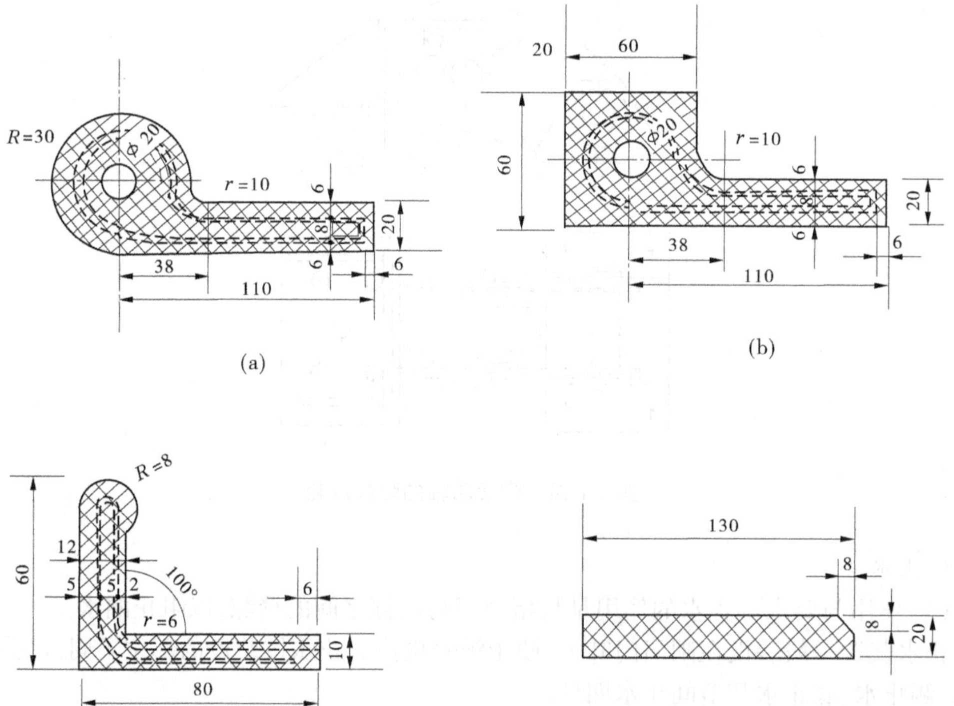

图 5-1-25　止水橡皮尺寸　(单位:mm)

(3)止水装置的一般构造形式。

①顶止水的构造形式。平面钢闸门的顶止水一般是用压板和垫板把止水橡皮夹紧，并用螺栓固定于门叶或埋件的门楣上。止水橡皮的设置方向，应根据水压方向而定。一般要求止水橡皮在受到水压后，能使其圆头压紧在止水座上。

图 5-1-26 是布置在闸门迎水面上的顶止水。图 5-1-27 是布置在闸门背水面上的顶止水。为达到较好的止水效果，应考虑一定的预压量，一般顶止水和侧止水的预压量为 2~4 mm。顶止水和侧止水装置中的垫板，主要用来垫起 P 形橡皮的圆头，使其获得好的止水效果，并可保证止水面平直，故垫板一般采用厚钢板，并焊在门叶上(见图 5-1-26)，但也有采用橡皮作垫板的，或采用型钢作垫板的(见图 5-1-27)。

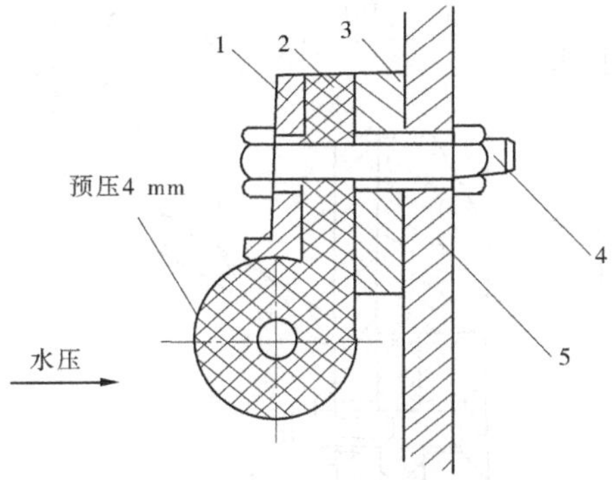

1—压板；2—止水橡皮；3—垫板；4—螺栓；5—门叶。

图 5-1-26 迎水面顶止水

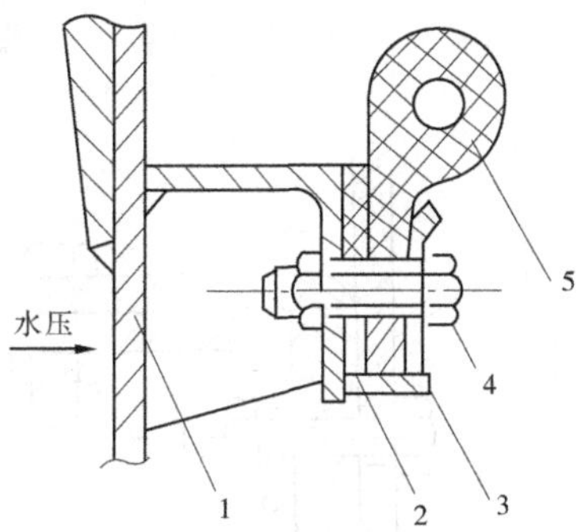

1—门叶；2—垫板；3—压板；4—螺栓；5—止水橡皮。

图 5-1-27 背水面顶止水

顶止水装置中的压板，除用来夹紧止水橡皮外，尚起防止止水橡皮在启闭过程中翻卷的作用。因此，压板常做成一端翘起的形状，如图 5-1-26 所示，也可选用较厚的压板将橡皮头顶住，在水头较高的潜孔门中，止水摩阻力较大，为防止止水橡皮在启闭过程中翻卷，也有另加防卷钢板的，将橡皮圆头包住，防卷板厚一般为 6~8 mm，构造如图 5-1-28 所示。

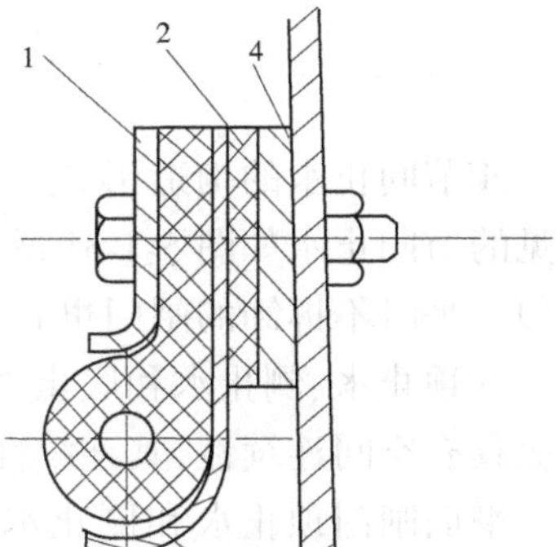

1—压板；2—橡皮垫；3—防卷钢板；4—垫板。

图 5-1-28 带防卷板的顶止水

②侧止水的构造形式。平面闸门的侧止水与顶止水构造形式相同，其结构形式如图 5-1-29 所示。

③底止水的构造形式。平面闸门的底止水橡皮是利用压板和螺栓直接固定在门叶面板上，图 5-1-30(a)是将止水橡皮设在面板背水面的构造形式，图 5-1-30(b)是将止水橡皮设在面板迎水面的构造形式，止水橡皮一般都采用条形橡皮。

为达到较好的止水效果，一般靠闸门的自重压缩止水橡皮 3~5 mm。底止水压板一般采用角钢，并用螺栓固定在门叶底部的次梁上。

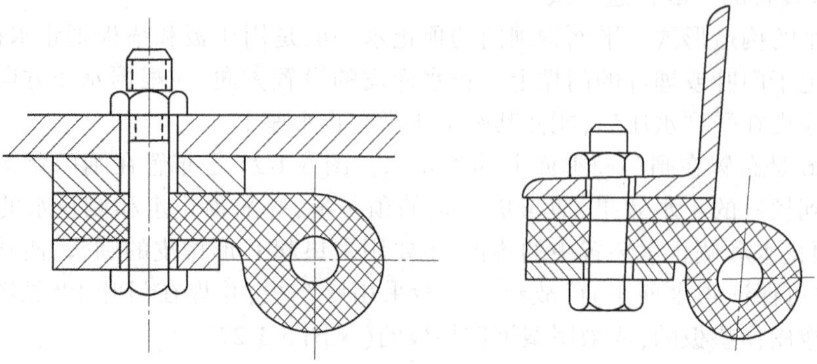

(a) (b)

图 5-1-29　侧止水

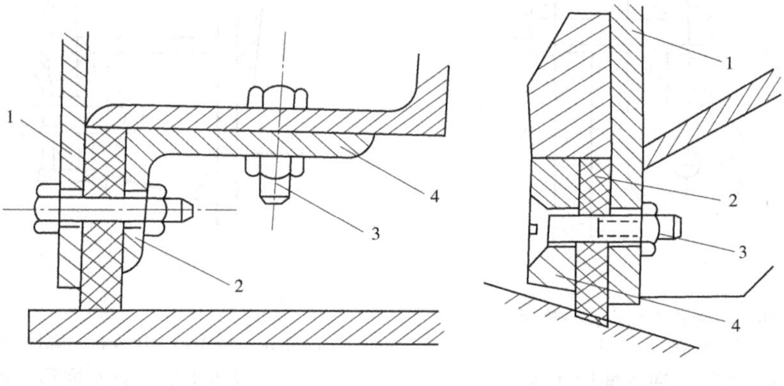

(a) (b)

1—门叶；2—止水橡皮；3—螺栓；4—压板。

图 5-1-30　底止水的构造形式

④节间止水的构造形式。对于分段的平面闸门或叠梁闸门，一般都应设节间止水。常见的节间止水如图 5-1-31 所示。一般节间止水与闸门的节间连接是分设的，这样拆卸方便。平时不拆卸的闸门也有止水与节间连接联合设置的，如图 5-1-31(c)所示。

⑤顶止水、侧止水和底止水的连接形式。闸门各部位的止水装置不仅应有严密性，同时应具有空间连续性，其连续性由止水的连接件来实现。

平面闸门顶止水和侧止水的连接件一般选用标准的拐角止水橡皮（见图 5-1-32）。侧止水和底止水的一般连接形式如图 5-1-33 所示。

⑥特殊止水装置的构造形式。用于排灌或挡潮的平面闸门，常常需要正、反两面挡水，因此往往需在闸门上设置双向式止水。双向式止水形式如图 5-1-34 所示。

高水头的闸门止水有的采用了变形止水装置和充压型止水装置。其具体形式在后文任务三弧形闸门中再详细介绍。

7. 吊耳

吊耳是门体上连接闸门与启闭机的零件。闸门门叶上一般设置 1~2 个吊耳（有时在分段的门叶上也设吊耳）。当闸门的宽、高比不大于 1 时，宜采用两个吊耳；宽高比小于 1

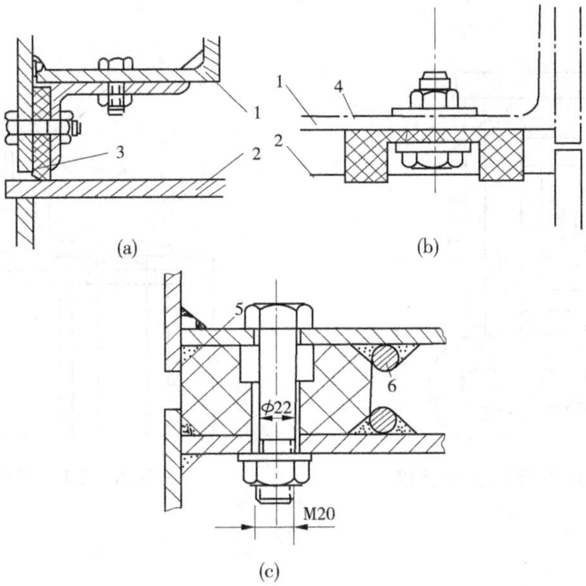

1—上段门叶；2—下段门叶；3—条形橡皮；4—凹形橡皮；5—矩形橡皮；6—圆钢。

图 5-1-31　节间止水

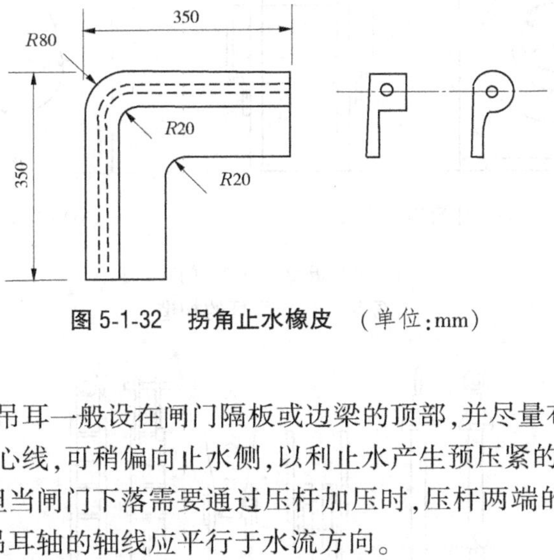

图 5-1-32　拐角止水橡皮　（单位：mm）

时，可用 1 个吊耳。

直升式平板门的吊耳一般设在闸门隔板或边梁的顶部，并尽量布置在闸门重心线上，对检修闸门的吊耳中心线，可稍偏向止水侧，以利止水产生预压紧的效果。吊耳轴的轴线应垂直于水流方向，但当闸门下落需要通过压杆加压时，压杆两端的轴相互垂直，以构成一个双向空间铰，则吊耳轴的轴线应平行于水流方向。

吊耳的结构包括吊耳轴、止轴板、吊耳板和轴承板。根据受力大小，吊耳可做成单吊耳板或双吊耳板，多数为双吊耳板。当选用固定式启闭机时，吊耳轴很少有拆卸机会，故一般做成圆形轴孔；但当选用移动式启闭机时，销轴需要经常拆卸，为便于操作，又不影响孔与轴的紧密接触，往往将轴孔做成梨形（见图 5-1-35）。

8. 吊杆

吊杆是启闭机吊具与闸门吊耳之间的连接杆件，一般用于提升检修闸门。吊杆截面形状有 H 形、箱形和圆形（见图 5-1-36），可用钢板、型钢或钢管制作。

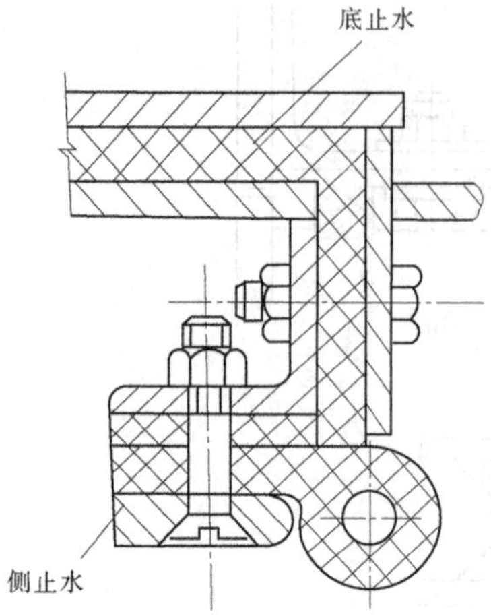

图 5-1-33　侧止水与底止水连接

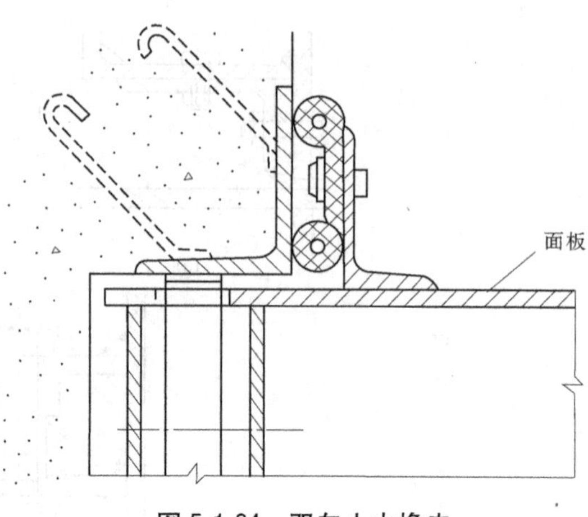

图 5-1-34　双向止水橡皮

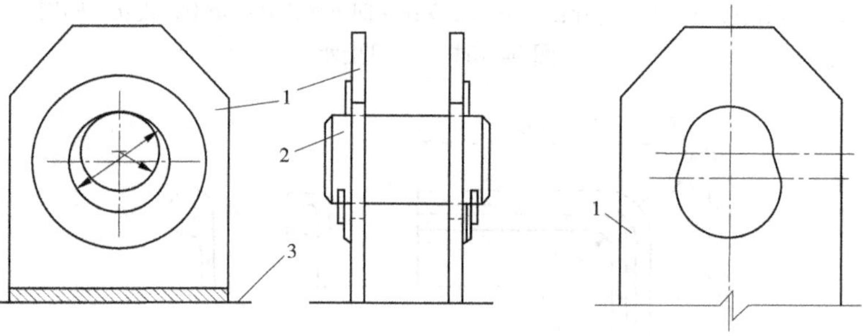

(a)吊耳的构造形式　(b)梨形孔的形式

1—吊耳板;2—轴;3—门叶。

图 5-1-35　吊耳的构造

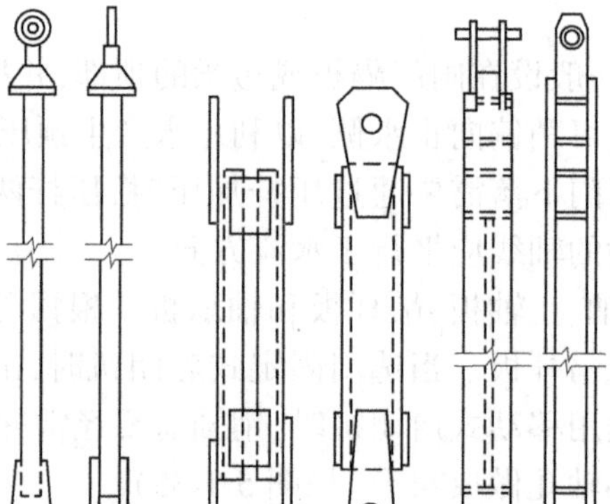

(a)圆钢制作　(b)槽钢制作　(c)钢板制作

图 5-1-36　吊杆

9. 充水设备

检修闸门或事故闸门一般在静水中开启,以减小启闭力。因此,需在检修闸门或事故闸门开启之前对闸门门后或输水管道进行充水平压。

闸门的平压方式大致可分为:旁通阀充水;门上设充水阀或门上开小门;小开度提门;闸门节间充水等。旁通阀充水法,即在水工建筑物内埋设管件来充水,由于水工布置复杂,操作维修不便,现在已很少采用;小开度提门充水一般用于孔口尺寸小、动水启门水头较小的情况;闸门节间充水方式适用于中低水头、闸门分节的情况。工程中常用的是门上设充水阀的充水方式。

充水阀的结构形式主要有以下几种:

(1)盖板式充水阀。盖板式充水阀是在弯管的顶部用一块盖板来封堵孔口(见图 5-1-37)。为了避免充水时盖板晃动,在图 5-1-37(b)型的盖板下面采用了三片导叶导向。盖板的关闭靠自重和起吊吊具的重量。充水阀的开启一般是和闸门联动,在吊具上开有椭圆孔,启门前启闭机先打开一小行程将充水阀打开,进行门后充水,待充水平压后,启闭机再将闸门提起。启闭机上设有行程自动控制系统。

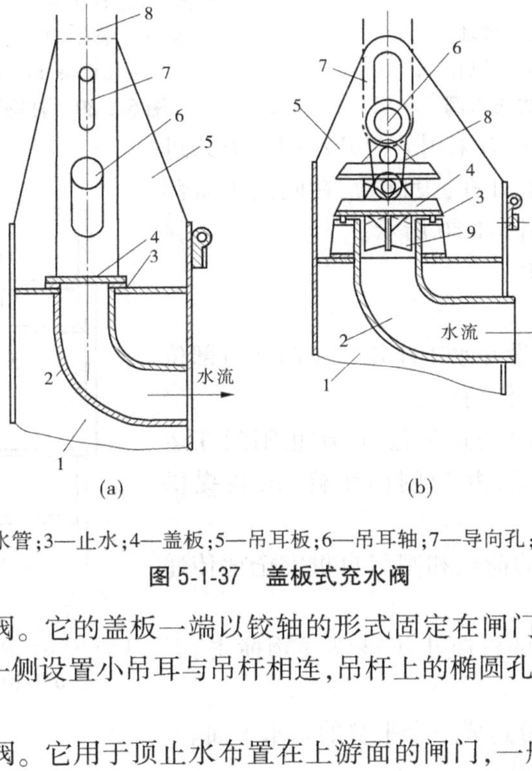

1—门叶;2—导水管;3—止水;4—盖板;5—吊耳板;6—吊耳轴;7—导向孔;8—阀体;9—导叶。

图 5-1-37　盖板式充水阀

(2)拍门式充水阀。它的盖板一端以铰轴的形式固定在闸门上,作为拍门门盖的旋转中心,拍门门盖另一侧设置小吊耳与吊杆相连,吊杆上的椭圆孔行程控制拍门的开启和关闭(见图 5-1-38)。

(3)柱塞式充水阀。它用于顶止水布置在上游面的闸门,一般固定在闸门的中横梁上,从闸门面板上开孔,经管道引水,通过柱塞孔口充水。充水阀与闸门吊耳有一定高差,因此,在充水阀阀芯上设置一个小吊杆与闸门吊杆连接,用以启闭充水阀的柱塞(见图 5-1-39)。

在小型低水头的闸门上也可以设置手动式闸阀,选用定型的机械产品,依靠操作人员人工启闭。

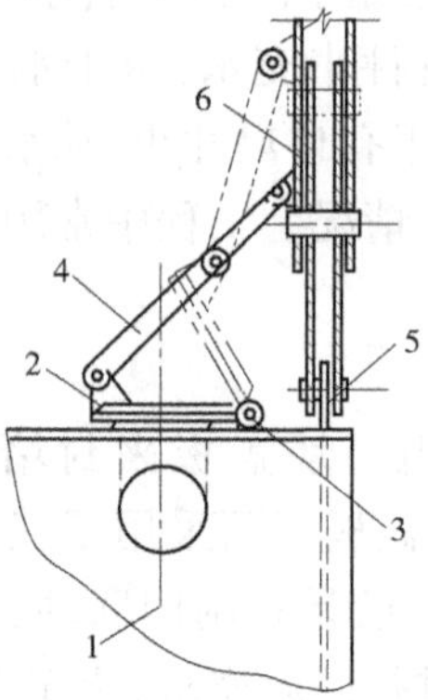

1—门叶；2—拍门；3—铰轴；
4—拉杆；5—吊耳；6—吊杆（接启闭机）。

图 5-1-38 拍门式充水阀

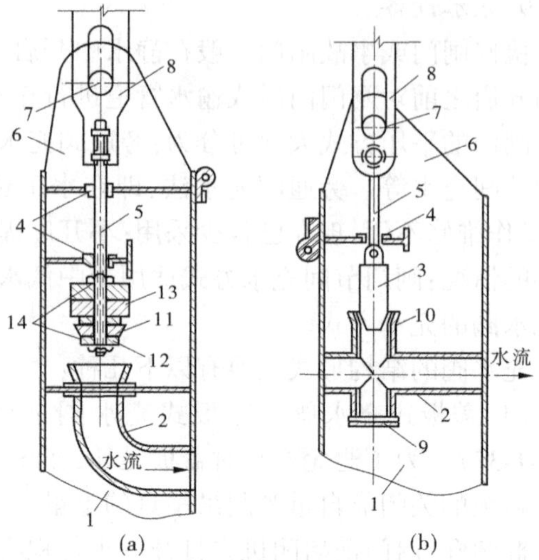

1—门叶；2—阀管；3—柱塞；
4—导向座；5—小吊杆；6—吊耳板；7—吊耳轴；8—吊杆；
9—底盖；10—铜套；11—橡皮柱塞；12—夹块；
13—压重块；14—调整螺帽。

图 5-1-39 柱塞式充水阀

上游面止水的闸门也有采用大门开小门的方式进行充水的，在闸门面板上开孔，设圆管，在闸门下游侧装小门，其构造形式如图 5-1-40 所示。

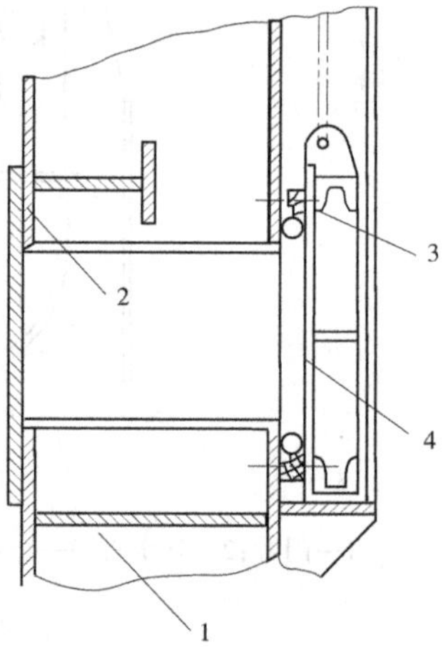

1—门叶；2—加强板；3—止水；4—小门。

图 5-1-40 门上开小门充水

（二）门槽埋件结构

1. 埋件的作用

闸门埋件是预先埋设在水工建筑物闸门运行部位混凝土中的金属构件，其作用如下：

（1）保证闸门移动时的正常位置，防止闸门在运行中产生偏斜卡阻现象，并为闸门维修、吊装提供方便。

（2）将闸门上所受的荷载和闸门自重安全地传递到闸墩上去。

（3）保护门槽部位的混凝土不被漂浮物撞击、泥沙磨损和气蚀作用损坏。

（4）在门槽土建部分造成一个平整的封水平面。

2. 埋件的组成及材料

门槽埋件主要有主轨（支承行走轨道）、反轨、侧轨、门楣、底槛、护角、护面、止水座面等，还包括为了防止结冰而设置的加热器埋件、为了抵抗空蚀和磨损而镶护的埋件、为了锁定闸门而埋设的锁定器以及为了便于检修用的锚钩等。

（1）主轨。主轨为埋件的主要受力构件，其材料一般为铸件和型钢，平面滑动闸门的主轨一般为型钢或型钢与钢板的组合件。胶木滑道的轨道一般为厚钢板或铸钢轨道上焊接不锈钢条，也可在上面堆焊不锈钢。定轮式支承行走的闸门的轨道多采用铸铁或铸钢的铸造轨道，也有采用标准的铁路钢轨或起重钢轨的（见图 5-1-41、图 5-1-42）。

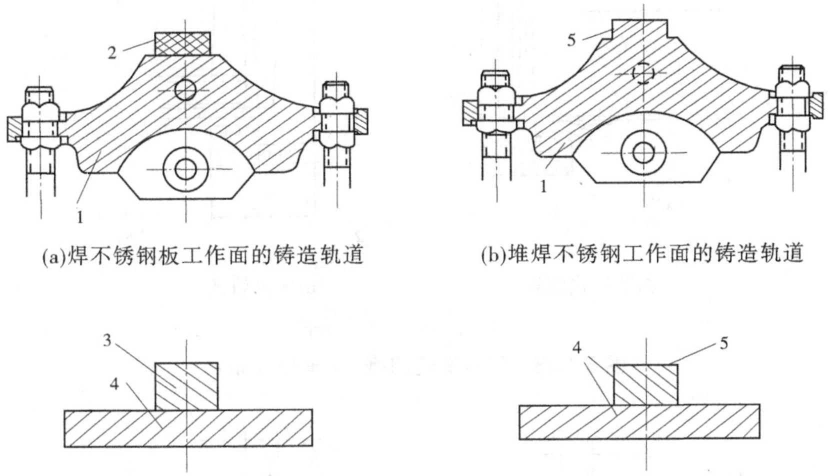

(a)焊不锈钢板工作面的铸造轨道　(b)堆焊不锈钢工作面的铸造轨道

(c)焊不锈钢条的焊接轨道　(d)堆焊不锈钢工作面的焊接轨道

1—铸钢轨座；2—不锈钢板；3—不锈钢条；4—厚钢板或钢条；5—堆焊不锈钢。

图 5-1-41　胶木滑道的轨道

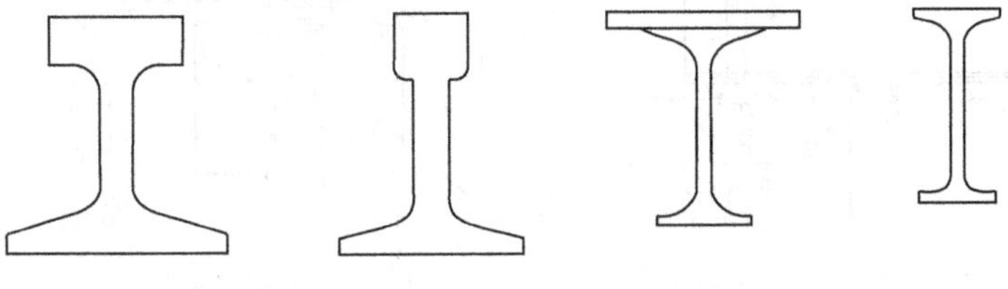

(a)铸造轨　(b)定型起重轨　(c)组合轨道　(d)型钢轨道

图 5-1-42　滚轮轨道

（2）底槛、反轨、侧轨。底槛承受闸门重量及兼作止水座面，反轨、侧轨主要起导向作用。一般都用型钢制作。

（3）门楣。门楣主要作为止水座面，一般用型钢或型钢与钢板的组合件做成。

3. 平面闸门的埋件布置及固定方式

对采用胶木滑道式支承的闸门，门槽埋件如图 5-1-43 所示，图 5-1-43（a）是下游止水闸门采用槽外式侧轨时的埋件布置图；图 5-1-43（b）是上游止水的闸门，其导向装置是在胶木滑道的夹槽内装一挡块，利用埋件上的不锈钢方钢作侧向挡块的轨道，故一般可不设侧轨。

对采用钢滑块支承的闸门，埋设件按止水及侧向装置的不同位置而有不同的布置。

图 5-1-44（a）是上游止水闸门采用槽外式侧轨的埋件布置；图 5-1-44（b）是下游止水闸门采用槽内式侧轨的埋件布置。

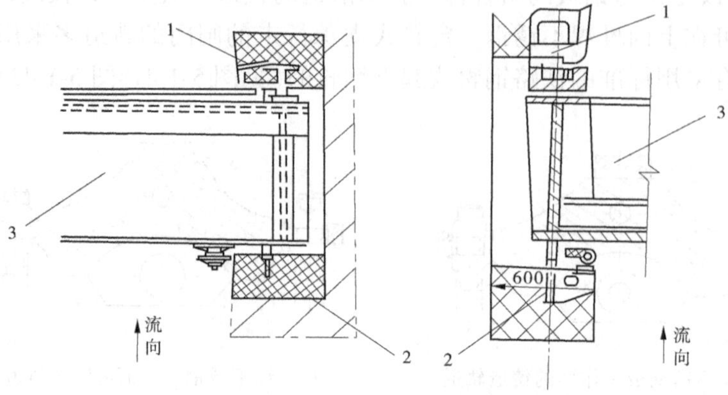

1—主轨;2—反轨;3—门叶。

图 5-1-43 胶木滑道门槽 (单位:mm)

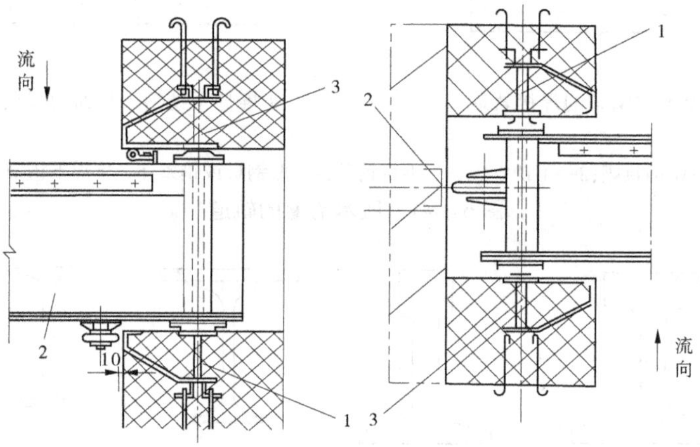

1—主轨;2—反轨;3—门叶。

图 5-1-44 滑块式支承闸门门槽 (单位:mm)

对采用简支式定轮支承的闸门,其埋件的典型布置形式如图 5-1-45 所示。台车式定轮支承闸门埋件的布置形式如图 5-1-46 所示。

按照工作状况,门槽埋件可分为上段与下段。上段为非工作范围,闸门不承受不平衡水压。下段自底槛以上至 1.0~2.0 倍的孔口高度为工作范围,这段闸门承受不平衡水压。下段一般都应设置主、反、侧轨道等支承埋件和门楣、底槛等埋件,上段主轨因不承受水压,一般选用轻型构件。不论土建部分采用什么形式,埋设部件总是埋设在混凝土内。

在深孔泄水闸门中,由于高速水流的作用,常采用钢板衬砌的方法来抗蚀。其范围在门槽上游面为 1~2 m、下游面为 3~5 m。钢板厚度一般为 10~20 mm,用锚筋与混凝土固接。

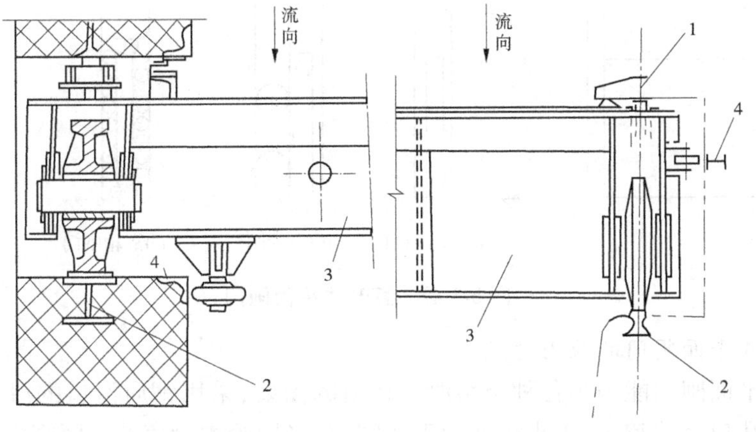

(a)下游槽外式侧轨 (b)槽内式侧轨

1—反轨;2—主轨;3—门叶;4—侧轨。

图 5-1-45 简支式定轮门槽

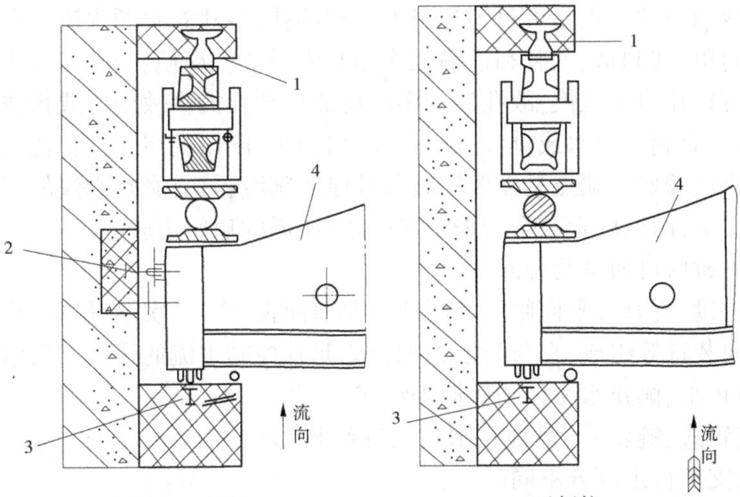

(a)槽内式侧轨 (b)无侧轨

1—主轨;2—侧轨;3—反轨; 4—门叶。

图 5-1-46 台车式定轮门槽

二、各种类型的平面闸门

从表 5-1-1 中可看到,平面闸门按构造和运移方式又分为直升式、横拉式、转动式及混合式等。下面分别介绍各类平面闸门的构造和应用特点。

(一)直升式平面闸门

直升式平面闸门是用得最广泛的闸门。如前所述,直升式平面闸门一般还可按其支承行走部分的构造形式,分为滑动闸门、定轮闸门、链轮闸门和串辊闸门等(见图 5-1-47)。

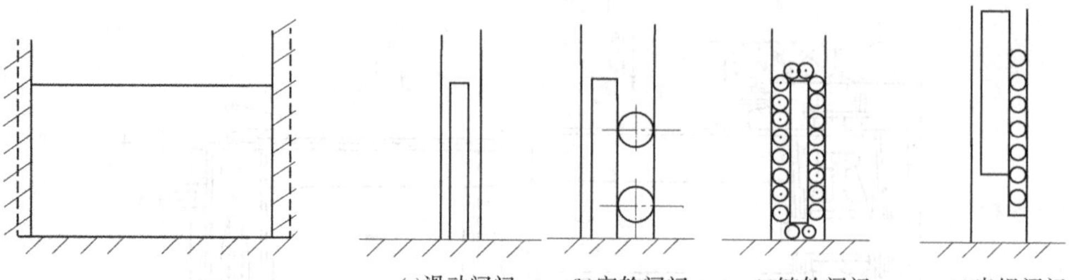

图 5-1-47 直升式平面闸门

1. 直升式平面闸门的应用特点

直升式平面闸门能满足各种类型泄水孔道的需要，采用钢质滑道的滑动闸门多用作检修闸门或孔口尺寸较小、水头较低的工作闸门；采用胶木滑道的平面闸门多用于水头较高、孔口尺寸不大的工作闸门或事故闸门。定轮式闸门应用很广，一般用作事故闸门、工作闸门，可在动水中启闭。链轮闸门目前使用不多，用于一些高水头、承载能力很大的工作闸门。

直升式平面闸门的优点是可封闭相当大面积的孔口；建筑物顺水流方向的尺寸较小；闸门结构比较简单，其制造、安装和运输工作相对来说比较简便；门叶可移出孔口，便于检修、维护；门叶可在孔口间互换，故孔口较多时可兼作他孔的事故闸门或检修闸门；门叶可沿高度分成数段，有利于泄水或排沙，也可减轻启门力；闸门的启闭设备比较简单，对移动式启闭机的适应性较好。缺点是需要较高和较厚的闸墩；具有影响水流的门槽，特别是在水头较高的情况下，门槽的存在会带来很多麻烦；所需的启闭力较大。

2. 直升式平面闸门的结构特点

前面已经讲过，直升式平面闸门的门叶主要由面板、主梁、次梁、吊耳、止水装置、支承行走装置和导向装置等组成，它与门槽相配合能起到控制水流的作用。门槽一般由主、侧反支承轨道，顶止水、侧止水座板和底槛等组成。

滑动式、定轮式、链轮式、串辊式闸门门叶结构形式大致相同，只是支承行走部分不同。

(二) 横拉式平面闸门

横拉式平面闸门(见图 5-1-48)是沿水平方向移动的闸门。

1. 横拉式闸门的应用特点

横拉式闸门不能在动水中操作运行，但却能承受双向水压，因此广泛地用在承受双向水压的工作条件下，如用于船闸上作为工作闸门。它的优点是可以封闭相当大面积的孔口；可承受双向水压；门叶具有较大的刚度；具有较短的闸首；航道净空不受限制等。缺点是不能在动水中操作运行；需要较大的门库和门坑，且易产生淤积；闸门长期处于水中，零部件又较多，其检修维护

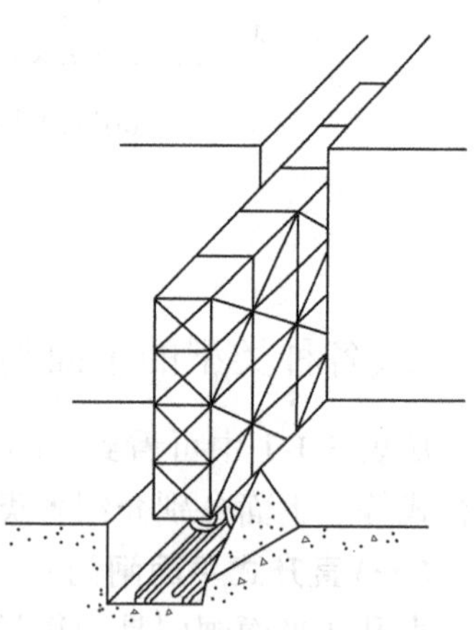

图 5-1-48 横拉式平面闸门

工作较困难;所需启闭力较大;门的重量较大。

2. 横拉式闸门的结构特点

横拉式闸门的门叶结构与直升式平面闸门相似,所不同者,其支承部分和行走部分分设在不同的部位,即支承部分仍置于边梁上,而行走部分的定轮或小车分设在门叶的对角线上,并以支持闸门的重量为主;其一组位于门顶沿埋设在门库顶部的轨道行走;另一组设在门底,沿水下门坑埋设的轨道行走。有的横拉闸门上还加设密闭气箱以减轻门重;有的横拉闸门上还开设输水平压小门。当闸孔不受净空限制时,也可在闸墙顶部架设跨孔轨道,将门叶支承行走部分放在上面,有利于检修维护。

(三)转动式平面闸门

转动式平面闸门也是使用较广泛的闸门。转动式闸门又分横轴式和竖轴式。横轴式转动闸门按轴的安设位置不同又分为舌瓣闸门、翻板闸门、盖板闸门(也称为拍门),竖轴转动的平面闸门也可按轴的安设位置分为一字闸门和人字闸门(见图 5-1-49)。

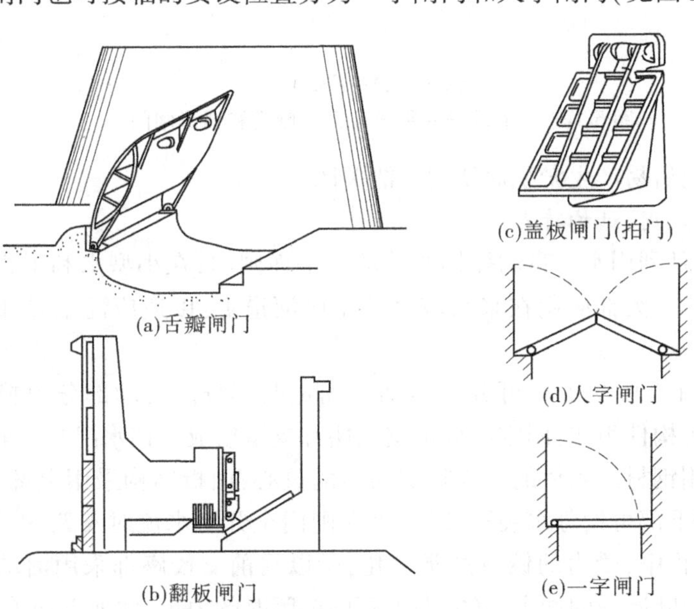

图 5-1-49　转动式平板闸门

1. 舌瓣闸门的应用、结构特点

舌瓣闸门可绕固定在坝上的水平轴旋转,在宽而矮的孔口上构成一活动坝,用以调节水位、放水、排沙、排漂污等,它可使用机械操作,也可设平衡铊借水力作用达到自动控制。自动平衡的舌瓣闸门又分为上平衡式和下平衡式两种,上平衡式应用较广,舌瓣闸门除直接装设在坝上外,还有在直升式平面闸门或弧形闸门上装设,以适应从门顶泄水的需要。舌瓣闸门的结构,具有平面形式的门叶,门叶可绕设在底部或中部的水平固定轴旋转。图 5-1-50 中分别为带舌瓣的平面直升式闸门和弧形闸门。其舌瓣门一般用液压设备操作。

舌瓣闸门的优点是泄水、排漂较方便,可以用它来调节水位。缺点是门叶处于流水中,检修、维护不方便,而且可能产生撞击、振动。另外,自动操作的舌瓣闸门不能按任意

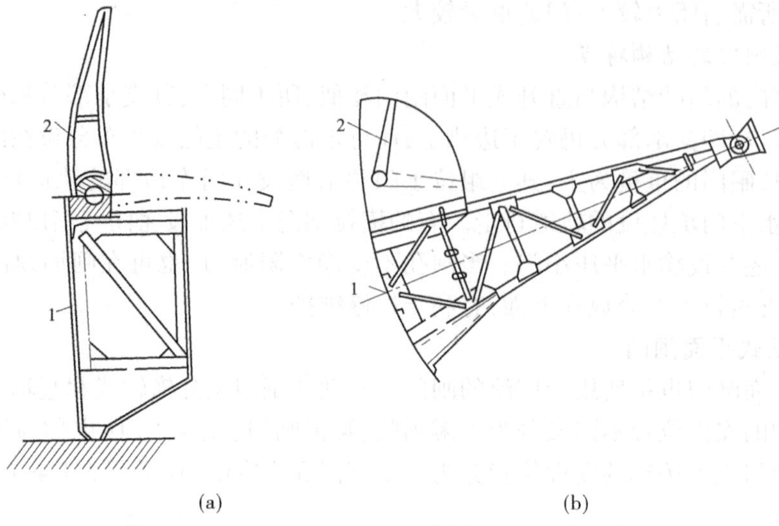

1—闸门；2—舌瓣。

图 5-1-50　带舌瓣的平面直升式闸门和弧形闸门

的运行条件操作，门后易产生淤积而使门不能关闭。

2. 翻板闸门的应用、结构特点

翻板闸门是一种利用水力自动操作的转动式平面闸门，在小型水利工程上用得相当广泛，形式多种多样。大都应用在来水较猛的山区河道上，以适应河水暴涨急落的运行特点。

翻板闸门［见图 5-1-49（b）］可分为活动和固定两部分。活动部分由梳齿、面板、支架、支承铰和止水等构件组成；固定部分由支铰座和支墩组成。挡水门叶一般采用钢筋混凝土结构；也有采用钢材或木材的。为降低闸门的重心，面板结构采用上部为槽形板，下部为矩形板。支架下部可设分水装置，以减小在闸门全开时水流对支架的动水压力。由于闸门自动启闭过程中，受力的铰点经常变化，所以目前支铰座都采用活动多铰座的形式，这样既能减轻门叶所受的冲击，又能增大闸门关闭时的力矩，增加自动关门的可能性。

翻板闸门的优点是可利用水力自动操作，管理简便。闸门制造可就地取材、节省钢材。缺点是不能适应在任意运行条件下操作，不能调节水位和流量，闸门翻倒过水时水流紊乱有撞击及振动现象。另外，启门时水流易冲刷下游河床。

3. 盖板闸门的运用、结构特点

盖板闸门又称拍门。它常设在抽水站水道出口，当水泵停止运转时，闸门立即迅速关闭，以免水流倒灌。这种闸门由盖板、铰链等组成的门叶绕门框顶部的水平轴转动。其门框一般采用法兰或结构件嵌固在混凝土内。门框和门叶拍合在一起时即起挡水作用。

盖板闸门是依靠水力自控操作的闸门。利用管道中过水时的动力，将门叶顶开；反之，门叶即自行关闭。

盖板闸门的优点是结构简单、安装方便，无须设置启闭设备，管理方便。缺点是它仅能单向挡水，并经常处于流水中，可能产生振动和撞击，有时必须设缓冲装置。

(四)浮箱式闸门

浮箱式平面闸门只能在静水中操作运行,并且操作比较费时,一般只用在船坞上作为工作闸门,在水利工程中可作为露顶式孔口上的检修闸门。

浮箱式闸门主要依靠浮力动作,闸门结构比较接近于趸船,门叶有一定的封闭空间,并设置水泵、阀门和管道等机械设备,采取调节门叶内的水量来改变门重与浮力间的平衡关系,下沉时闸门直立,封堵孔口进行挡水,上浮时闸门可放倒开放孔口,并可移至其他水域停泊。

浮箱式闸门(见图 5-1-51)按其外形可分为箱形、比重计形和桶形三种。桶形闸门因其稳定性好、节省钢材,被普遍采用。

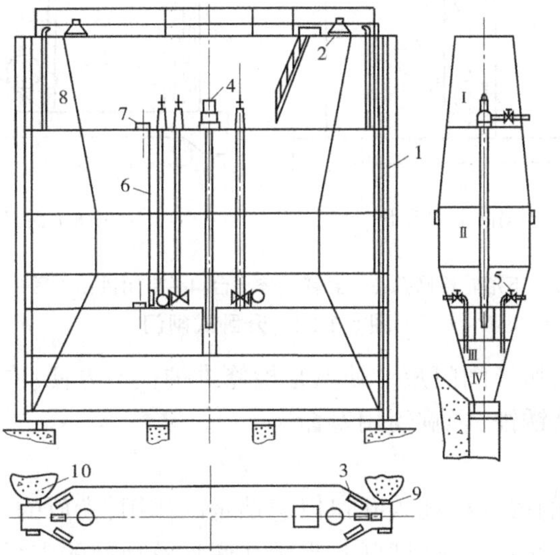

Ⅰ—机舱层;Ⅱ—调节压舱层;Ⅲ—固定水压舱;Ⅳ—混凝土压舱;

1—门体;2—人力绞盘;3—系缆柱;4—深井泵;5—闸阀;6—爬梯;7—人孔;8—进气管;9—止水;10—支承件。

图 5-1-51　浮箱式闸门

这种闸门具有较大刚度,可不设专用的启闭机械,可自由浮动,运输方便;但它不能在动水中操作运行,重量较大,就位操作比较费时,并需要一定水深才能运行。

(五)升卧式闸门

升卧式闸门是一种沿折线轨道运动的平面闸门。它的门叶与定轮闸门基本相同,吊耳设在门叶下部。门槽主轨的下部为垂直的,上部通过圆弧段转弯,使门沿主轨运行,逐渐由直立位置转动到平卧位置。

升卧式闸门有向上游升卧和向下游升卧两种(见图 5-1-52)。前者闸门吊点设在门叶下游底部,闸门关闭后钢丝绳位于下游,可不浸水;从整体布置看,闸墩偏向上游,对过闸水流的流态有利。后者则相反,但闸门向下游升卧时,启闭机的操作高度可以降低,也就降低了机架桥的高度。

升卧式闸门适用于地震区挡水高度较高的水闸及河岸式溢洪道工程,可作为工作闸门。其优点是可提高水闸工程的整体抗震性能;可降低启闭机机架桥和闸墩的高度,节省

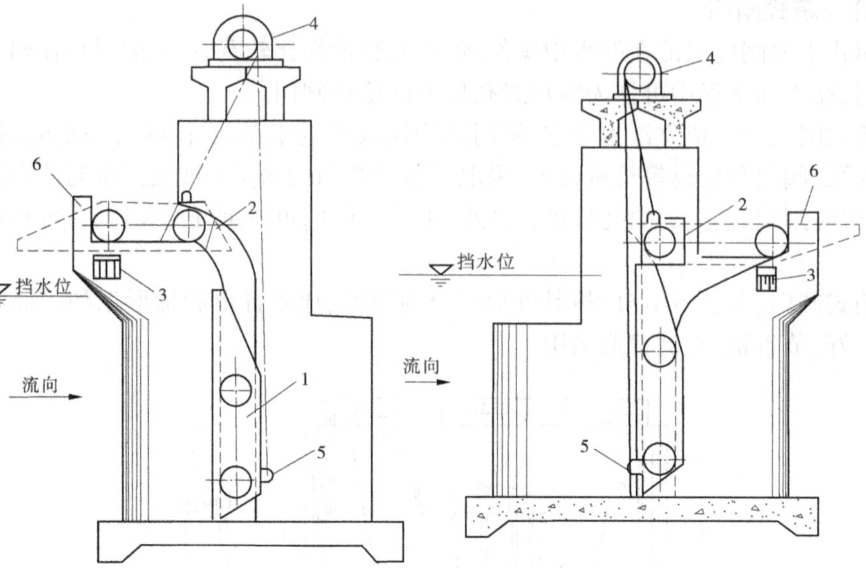

(a)向上游升卧　　(b)向下游升卧

1—门体;2—下滚轮检修孔;3—悬臂检修平台;4—启闭机;5—吊头;6—限位坎。

图 5-1-52　升卧式闸门

土建造价;所需闸墩比弧形闸门短。缺点是检修维护很不方便;向下游升卧的门的启吊钢丝绳长期泡在水中,易锈蚀,影响使用寿命。

(六)梁式闸门

梁式闸门是单独的梁逐根插入孔口以起挡水的作用,横放的又称为叠梁闸门,它可以直接插入门槽;竖放的又称为排针闸门,支承在底坎及顶部的支承梁上(见图 5-1-53)。

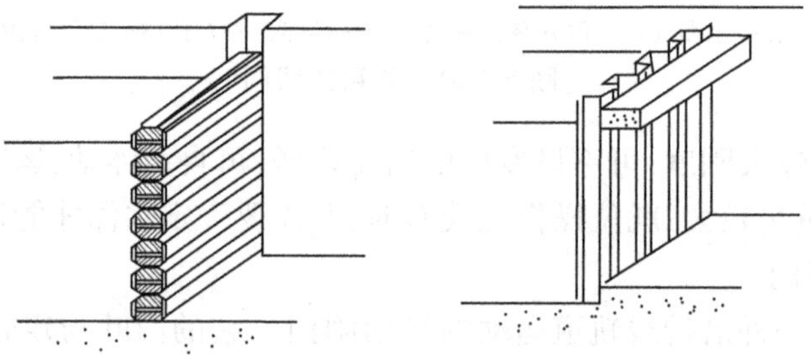

(a)叠梁闸门　　(b)排针闸门

图 5-1-53　梁式闸门

叠梁闸门用作临时挡水或检修门,排针闸门主要使用在小型灌溉工程上,其水头不高,用作临时挡水或抬高水位。

这两种闸门的结构简单、起吊力小、搬运方便,但漏水量大、操作费时。近年来,将普通的叠梁闸门改进成浮式叠梁,由于它能单独漂浮出水,因而使闸门在门槽内的挂、脱钩和起吊工作比较方便。

(七)双扉式平面闸门

在一些挡水高度较高的水闸或河岸式溢洪道工程中,为了控制下泄流量,也有采用双扉式平面闸门的。双扉式平面闸门的上、下闸门均为一般的平面闸门,上、下闸门为前后套叠布置,中间设有止水装置。两扇门可以单独启闭。有的双扉门可先开启下闸门,升至与上闸门齐平时,通过连锁装置带动上闸门,两扇门套叠在一起升至孔口以上。

双扉闸门的优点是:可以用其调节下泄流量,降低启闭机机架桥的高度。缺点是:节间易漏水,检修不太方便。

(八)特殊结构的平面闸门

近年来,国内外水利水电工程发展的特点是闸门孔口尺寸越来越大,承受的水头越来越高,为适应这一特点,出现了几种特殊结构的平面闸门。

1. 带反压室的平压无槽式平面闸门

带反压室的平压无槽式平面闸门是利用水力平衡原理,减小行走部分的荷载,从而降低闸门的启闭力。这种闸门的承重构件就是连通上游和下游反压室的供水管。闸门的上、下游均设液压伸缩式止水,压力水沿管道经充水阀进入止水装置的压力室,闸门操作时,只要液压启闭机的吊杆一提升,止水装置的压力室的水即被截断,止水元件就会自动收缩,大大减小了启闭力。

2. 跨步式平面闸门

跨步式平面闸门由两扇可做相对运动的主、副平面闸门组成,主闸门设在上游,副闸门置于主闸门之后,主闸门止水设在埋件上,副闸门止水沿主闸门周边布置。主副闸门之间形成反压室,压力室充水,则主闸门减载,移动一个步距;压力室放水,则副闸门减载,同样移动一次,如此主、副闸门相继减载,就可将闸门一步步开启,可以大大减小启闭力。

任务三　弧形闸门

一、概述

弧形闸门是我国广泛使用的一种门型。它具有圆弧形的挡水面,并能绕其圆弧半径上的水平铰轴旋转。旋转幅度一般为闸门的挡水高度。这种闸门的转动中心(或称支铰中心)通常与圆弧形挡水面的圆心相重合,即使作用于该面上的总水压力总是通过支铰中心。因此,当闸门启闭时,不产生很大的阻力,启闭力较同尺寸的平面闸门小。由于闸门挡水面呈圆弧面,泄流时比较符合闸下自由出流的流线;闸墩侧面无门槽,水力条件好,因此泄洪孔(道)出口的工作闸门一般多采用弧形闸门。

弧形闸门的优点是:可封闭相当大面积的孔口;所需闸墩高度和厚度较小;没有影响水流流态的门槽;所需启闭力较小;埋设件较简单,用钢量少。其缺点是:需要较长的闸墩;闸门所占空间位置较大;不能提出孔口以外检修、维护,不能在孔口间互换;闸门承受的总水压力集中于支铰处,对土建结构不利。

二、弧形闸门的结构及各部件的作用

弧形闸门主要由门叶结构、支铰、吊耳、止水装置及埋设件组成(见图 5-1-54)。

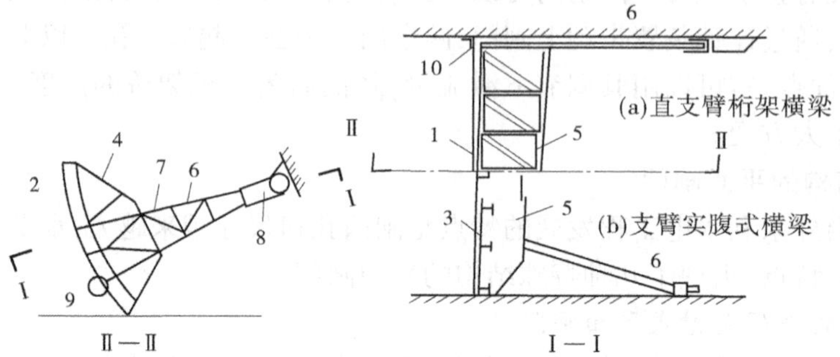

1—面板;2—水平次梁或小横梁;3—竖直次梁或小纵梁;4—竖向桁架或纵架;5—大横梁;6—支臂;7—门背联结系或起重桁架;8—支铰;9—吊耳;10—止水装置。

图 5-1-54　露顶式弧形闸门组成示意

(一)门叶结构

弧形闸门的门叶结构主要由面板、梁格、支臂、门背联结系或起重桁架等组成。

1. 梁格布置

弧形闸门的梁格布置及连接形式和平面闸门基本相同,它的结构布置主要有主横梁式和主纵梁式,梁系的连接又有同层布置和叠层布置等方式(见图 5-1-54)。目前常用的有以下三种结构形式:

(1)主横梁与次梁同层布置。主横梁,水平、垂直次梁都与面板焊接,支臂与主横梁用螺栓连接构成刚性主框架。水压力经面板、次梁和隔板传给横梁至框架,再通过支铰传至基础[见图 5-1-55(a)]。这种结构的优点是闸门整体刚度大,适用于宽高比较大的弧形闸门,露顶式弧形闸门常采用这种结构形式。

(2)主纵梁与次梁叠层布置。面板支承在水平、垂直次梁构成的梁格上,梁格又支承在两根主纵梁上,支臂用螺栓连接组成主框架[见图 5-1-55(b)]。水压力经面板、梁格传给纵梁主框架,再经过支铰传至基础。这种结构的优点是便于分段运输、安装拼接,其缺点是增加了梁系的高度,结构整体刚度比同层布置差,适用于宽高比较小的弧形闸门。

(3)主纵梁与次梁同层布置。其面板支承在垂直次梁和主纵梁上,而垂直次梁与主纵梁之间的高差,采用多根横梁支承小次梁,横梁与主纵梁等高连接,这种闸门整体刚度较大。支臂与主纵梁用螺栓连接组成主框架[见图 5-1-55(c)]。水压力经面板、垂直次梁、横梁传给纵梁主框架,再通过支铰传至基础。这种结构的特点是面板直接参与纵梁工作,降低了梁格连接高度,整体刚度大。但主纵梁的制造、加工要求较高,当闸门纵向分块时,分缝、拼接比较困难。这种结构适用于宽高比较小的弧形闸门,孔口尺寸较大的潜孔闸门也常采用这种结构。

2. 主梁框架的形式

主横梁式弧形闸门多采用双主梁布置,其支臂的布置数量与主梁数相应。单支臂弧

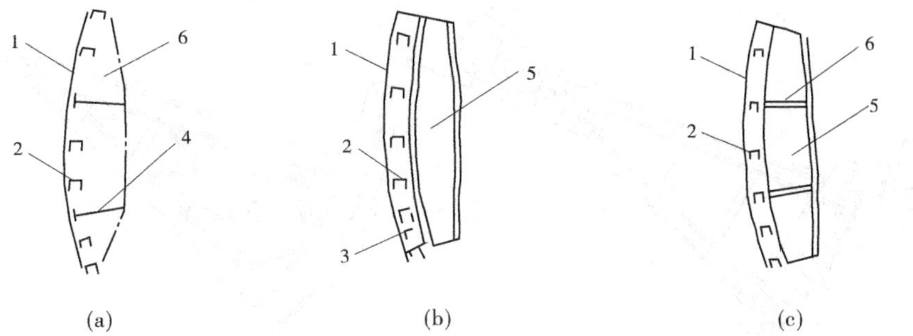

1—面板；2—小横梁；3—小纵梁；4—主横梁；5—主纵梁；6—横梁。

图 5-1-55　弧形闸门梁格布置

形闸门结构简单，但抗扭刚度低，只在小孔口上偶有采用。三支臂或多支臂结构布置及其制造均较复杂，目前采用较少，仅在高度较大的弧形闸门上采用。

主横梁式弧形闸门的支臂有直支臂和斜支臂两种。支臂和主横梁的组成有四种框架形式，图 5-1-56(a)所示类型结构形式简单，便于安装和制造，但耗钢量多，目前除在闸孔空间不允许受到限制的船闸上偶有使用外，已不多见；图 5-1-56(b)所示类型由于主梁悬臂部分的负弯矩减少了主梁跨中的弯矩，用钢量较少，但其斜向支撑增加了侧推力，故其支臂和支铰相对来说比较复杂，这种结构常用在露顶式弧形闸门上；图 5-1-56(c)所示类型结构简单，受力条件好，常用于潜孔式弧形闸门；图 5-1-56(d)所示类型仅当跨度很大时偶有采用。

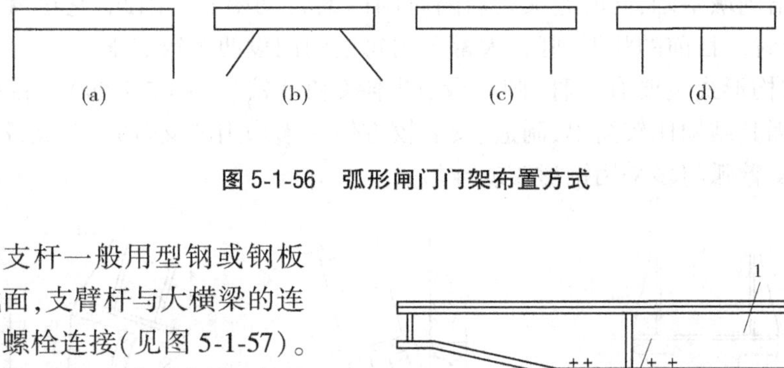

图 5-1-56　弧形闸门门架布置方式

支臂的支杆一般用型钢或钢板组成柱式截面，支臂杆与大横梁的连接一般采用螺栓连接(见图 5-1-57)。

主纵梁式刚架可分为框架式和桁架式两类，采用较多的是框架式结构。对于承门，主纵梁和支臂往往采用较多的是框架式结构。对于承受荷载较大的潜孔或弧形闸门，主纵梁和支臂往往采用箱形断面，使其具有较大的刚度。主纵梁式弧形闸门见图 5-1-58。

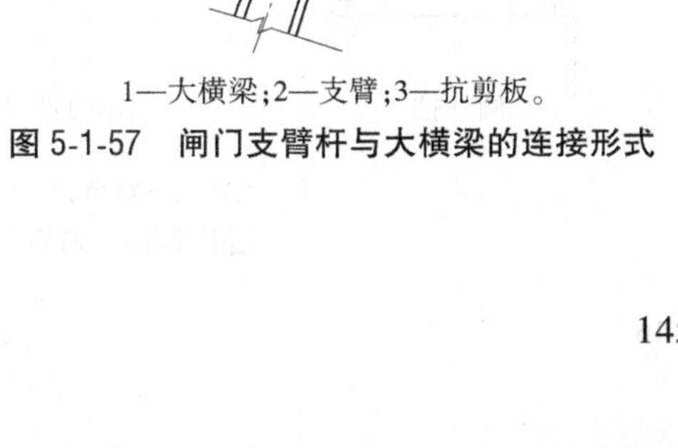

1—大横梁；2—支臂；3—抗剪板。

图 5-1-57　闸门支臂杆与大横梁的连接形式

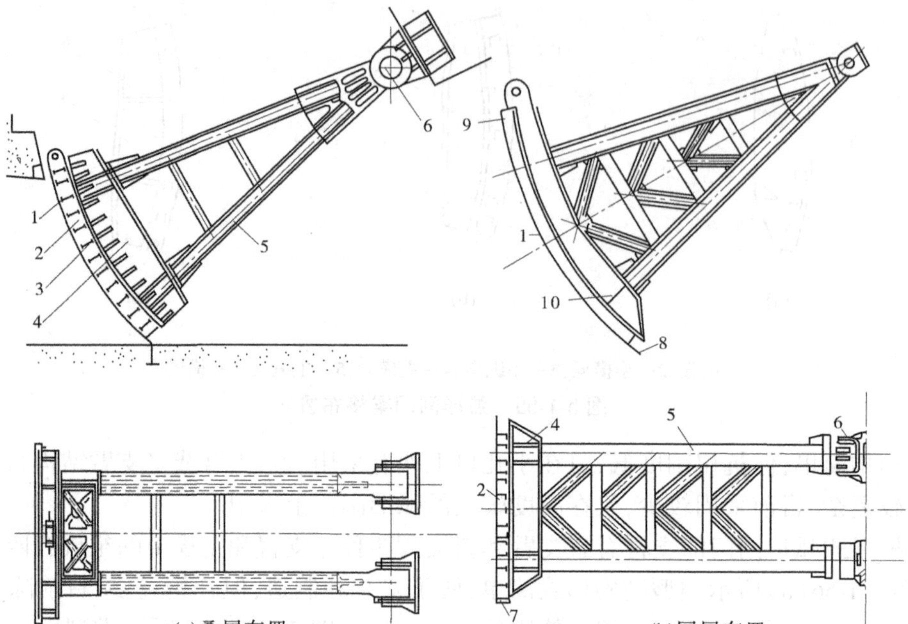

(a)叠层布置　　(b)同层布置

1—面板;2—小纵梁;3—横梁(横向隔板);4—主纵梁;5—支臂;
6—支铰;7—侧止水;8—底止水;9—顶止水;10—垂直次梁。

图 5-1-58　主纵梁式弧形闸门

(二)铰链和铰座

弧形闸门的支铰由铰链、铰座和铰轴组成。它直接承受由闸门支臂传来的全部水压力,并将其传给闸墩基础,同时它又是启闭时闸门的转动中心。因此,它也就是弧形闸门的支承行走装置。目前的弧形闸门,大都采用每扇闸门设两个铰支承。

支铰的结构形式主要有三种:圆柱铰、圆锥铰和球铰(见图 5-1-59)。目前用得最多的是圆柱铰,因其结构比较简单,制造、安装较方便。当采用斜支臂时,在支铰处将出现横推力,大型斜支臂弧门多采用锥形铰或球形铰。

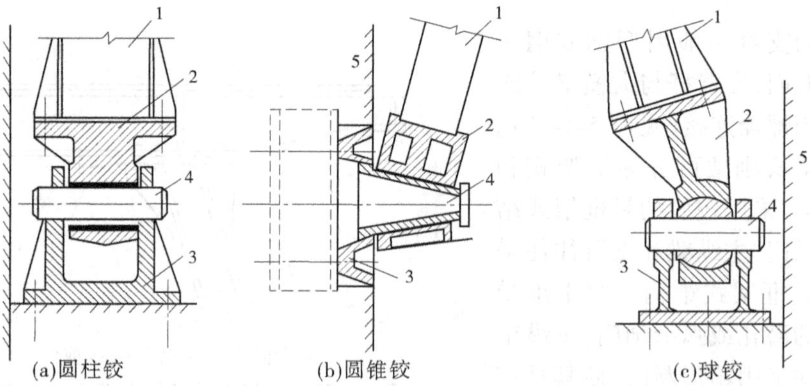

(a)圆柱铰　　(b)圆锥铰　　(c)球铰

1—支臂;2—铰链;3—铰座;4—轴;5—闸墩。

图 5-1-59　弧形闸门的支铰结构

铰链和铰座一般采用铸钢件。圆柱铰的轴和轴承与滚轮的轴完全一样，轴一般要求镀硬铬防锈，轴套可选用青铜、胶木或钢背复合材料自润滑式轴套。

为了解决斜支臂产生的巨大轴向力和各种原因产生的偏移，采用球面滑动轴承（关节轴承，见图 5-1-60）是今后发展的方向。国外广泛采用有球面滑动轴承和焊接式双支承面的支铰座，这种铰座的最大特点是其侧面可与闸墩紧密接触，侧推力直接传至闸墩；铰座可用焊接组合件，这对大孔口弧形闸门特别有利。

铰链与支臂的连接一般是铰链底板与支臂底板平接，并以粗制螺栓连接。

另一种如图 5-1-61，支臂插入铰链的侧板，用精制螺栓连接支臂的腹板或翼缘板，作用力由螺栓剪切传递。这种形式构造复杂，目前已不多采用，只在闸门承受双向水头时，此种结构比较有利。

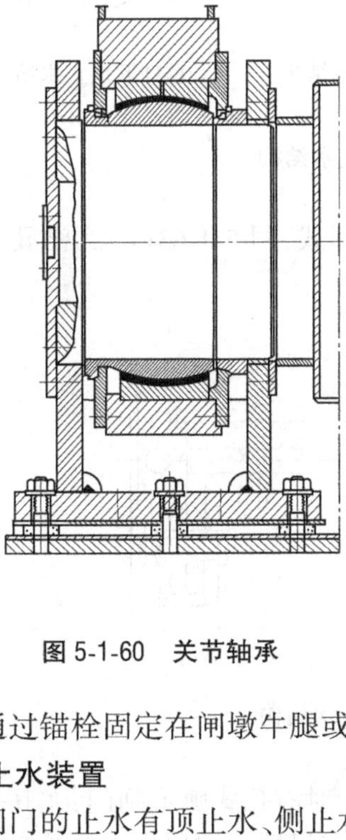

图 5-1-60　关节轴承

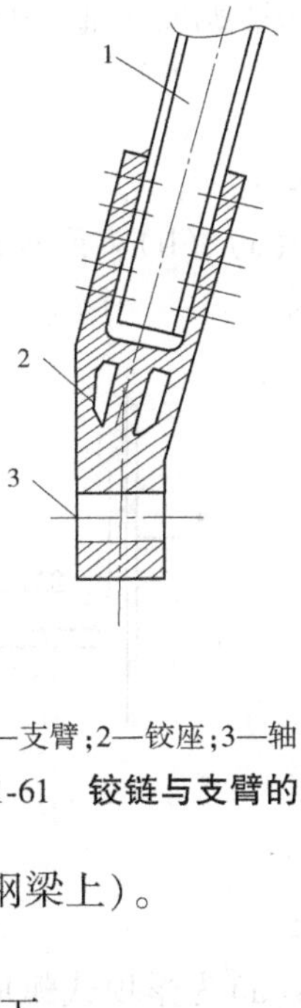

1—支臂；2—铰座；3—轴。

图 5-1-61　铰链与支臂的连接

铰座通过锚栓固定在闸墩牛腿或钢筋混凝土梁上（或钢梁上）。

（三）止水装置

弧形闸门的止水有顶止水、侧止水和底止水，现分述如下。

1. 顶止水

弧形闸门的顶止水，通常设在迎水面，并在启门过程中做圆弧运动，但由于弧形闸门面板的弧度和门楣埋件一般不同程度地存在着制造、安装误差，加上弧形闸门支臂的压缩变形，以致弧形闸门顶止水往往漏水或射水，进而造成止水橡皮撕裂或引起闸门振动等不良后果，因此潜孔弧形闸门的顶止水一般采用一些特殊措施。

（1）具有活动铰的顶止水结构。如图 5-1-62 所示，止水连同活动铰一起固定于埋件上，门叶上只设侧止水和底止水。闸门启闭过程中，顶止水始终紧贴门叶，可避免闸门启闭过程中产生缝隙射流。它常使用在有局部开启要求的弧门上。

(2)两道P形橡皮组成的顶止水结构。如图5-1-62(b)所示,两道P形止水橡皮可全固定在埋件上,也可一道固定在埋件上,另一道设在门叶上。它一般用在水头不高的潜孔弧形闸门上。

(3)Ω形顶止水结构。如图5-1-62(c)所示,它是利用门前水压力将其压紧于门叶上,上面一道P形止水装设在门叶上。关闭闸门时,两道止水均起止水作用,开启后,上面一道P形止水立即脱离接触,下面一道保持与门叶接触,防止缝隙射流。

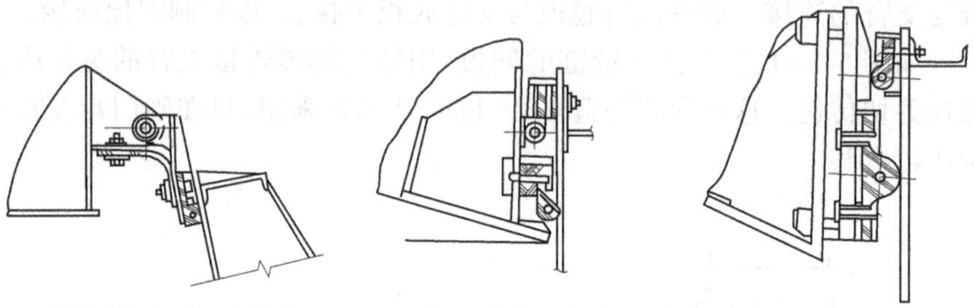

(a)具有活动铰的顶止水结构　(b)两道P形橡皮止水结构　(c)Ω形顶止水结构

图 5-1-62　弧形闸门顶止水结构

2. 侧止水

图5-1-63(a)、(b)为露顶式弧形闸门的侧止水形式,图5-1-63(c)为潜孔式弧形闸门的侧止水形式。

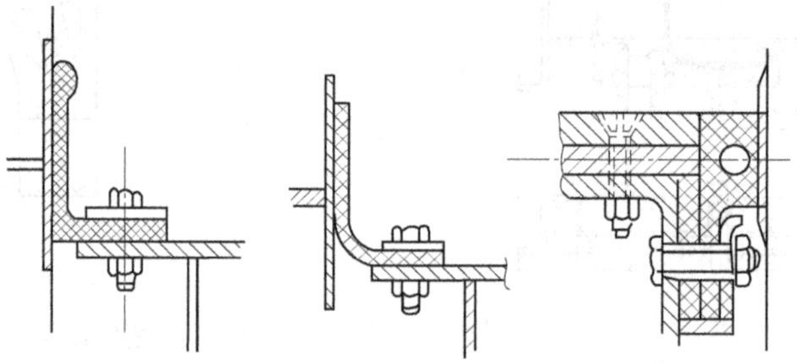

(a)　(b)　(c)

图 5-1-63　弧形闸门侧止水结构

3. 底止水

图5-1-64(a)为露顶式弧形闸门的底止水结构。对潜孔式弧形闸门,尤其是采用双道顶止水的弧形闸门,要考虑闸门在开启过程中,固定在门楣上的顶止水要始终与弧形闸门的面板接触,因此底止水的任何元件均不能突出于面板。图5-1-64(b)是潜孔弧形闸门常用的底止水结构,其前面的面板往往在关闭时与底坎止水座接触,故面板底部加工成斜面,止水橡皮与面板用沉头螺栓连接。

4. 特种止水装置

在高水头的弧形闸门或平面闸门上,由于对止水提出了较高的要求,因此往往采用一些特殊的止水形式,主要有以下几种。

(1)变形止水装置。这种装置是将特制的止水橡皮整体地安装在埋件上或门叶上,同时在弧形闸门的支铰上采用一种偏心轴机构,靠偏心轴机构的回转迫使闸门做径向移

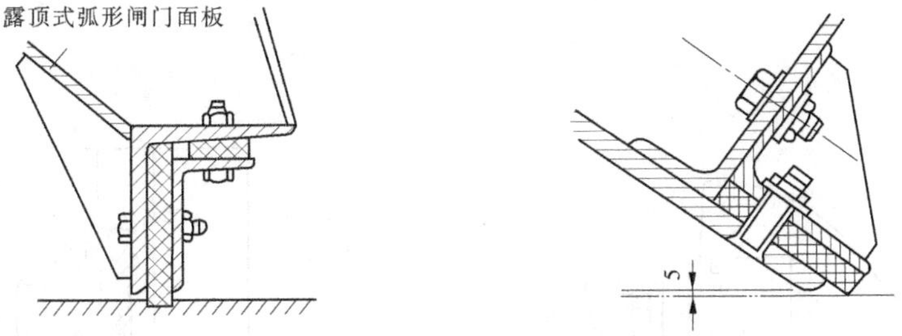

(a)露顶式弧形闸门的底止水结构　　(b)潜孔式弧形闸门常用的底止水结构

图 5-1-64　弧形闸门底止水结构

动,压紧或脱离止水。

图 5-1-65 是止水橡皮安装在埋件上的止水装置,这种止水是利用压板将特制的凸形橡塑止水元件压紧并固定在门楣的凹槽内;图 5-1-66 是止水橡皮安装在门叶上的止水装置,这种止水也是利用压板将凸形橡皮止水压紧在门叶面板上。

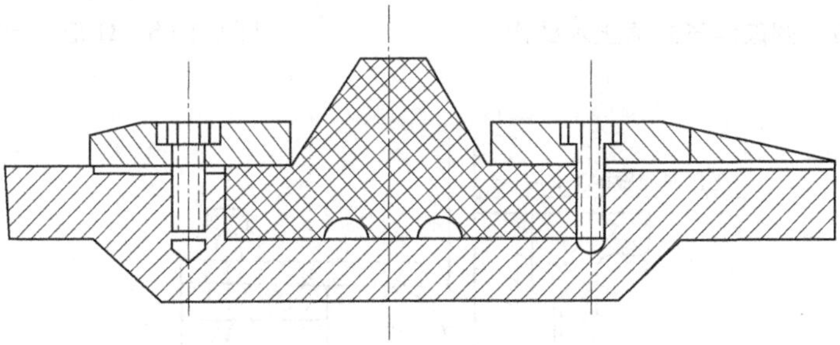

图 5-1-65　固定在门楣上的止水结构

(2)充压型止水。图 5-1-67 是圆滚浮子式顶止水结构,圆滚浮子式止水橡皮设在门楣的凹槽内,利用上游水压力将其压紧于门叶上,此种形式过去应用较普遍,但其安装精度要求较高,另外孔口较宽时,在闸门启闭过程中橡皮易发生扭曲变形,以至撕断损坏。

图 5-1-68 是 Ω 形充压式顶止水,当工作压力室达到一定的压力时,橡皮凸出,起到止水的作用。当闸门需开启时,为了减小摩擦力和防止磨损橡皮,可将工作压力室的压力水泄出,橡皮就与门叶脱离接触。

图 5-1-69 为 T 形空腔式充压顶止水,设在闸门上,在启闭机室设水箱,用管道与止水空腔相联,关门时,打开水箱放水阀,往止水空腔注水;启

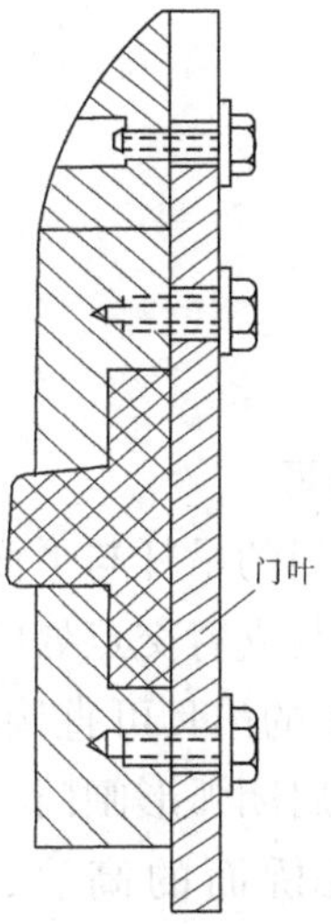

图 5-1-66　固定在门叶上的止水结构

门时，关闭放水阀，电磁阀通电动作，泄放止水空腔中的水，使止水与埋件脱离接触，然后再启门。

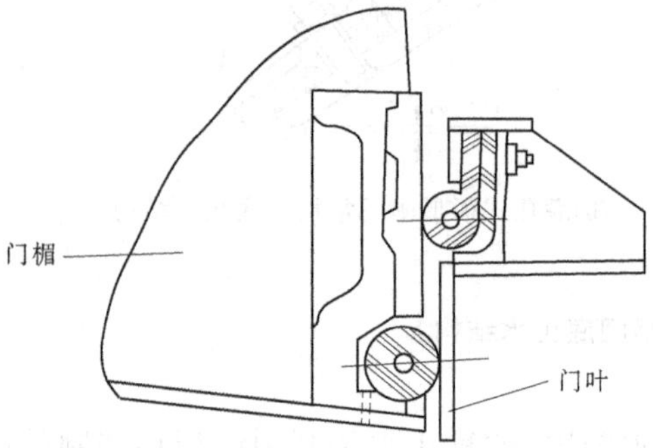

图 5-1-67　圆滚浮子式顶止水结构

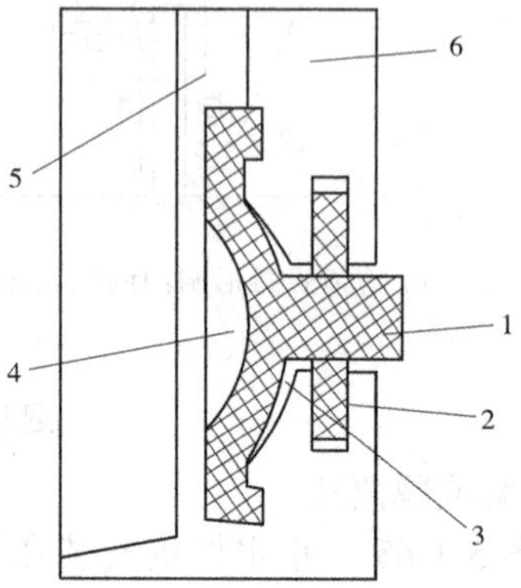

1—止水橡皮；2—密封圈；3—压回压力室；4—工作压力室；5—垫板；6—压板。

图 5-1-68　Ω 形充压式顶止水

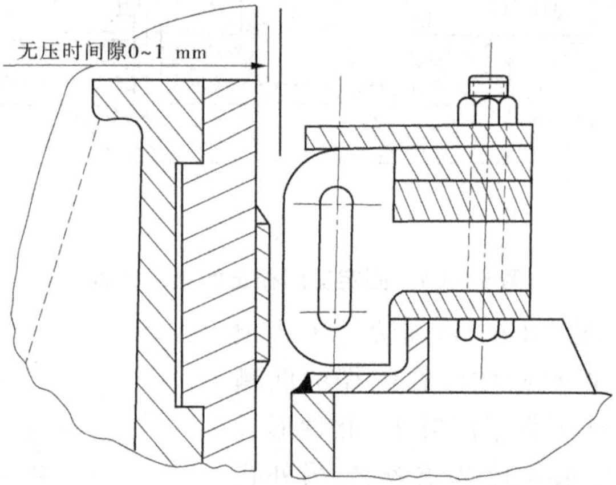

图 5-1-69　T 形空腔式充压顶止水

（四）吊耳

弧形闸门的吊耳与平面闸门的吊耳构造大体相同，露顶式弧形闸门的吊耳大多设在闸门下主梁与支臂交点处的面板前面［见图 5-1-70(a)］。当采用卷扬式弧形闸门启闭机时，启闭机上的吊具可直接与吊耳连接，但有时为了降低启闭机费用，常选用卷扬式平面闸门启闭机启闭弧形闸门。滑轮不能与吊耳直接连接，而要另外加接一段吊索，这样需要抬高启闭机桥面的高度，因此也可将吊耳放在弧形闸门面板后面主梁两端［见图 5-1-70(b)］。潜孔弧形闸门的吊耳一般设在门顶。

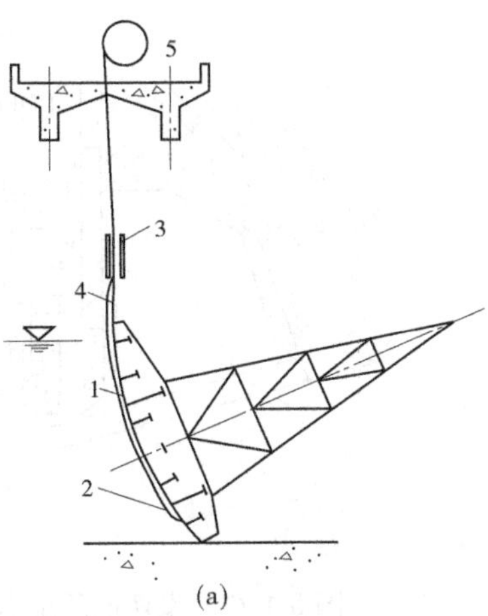

1—门叶;2—吊耳;3—滑轮;4—吊索;5—启闭机。

图 5-1-70　露顶式弧形闸门的吊耳布置

(五)弧形闸门的埋件

1. 侧止水座板及侧轨

弧形闸门的侧止水是沿面板而紧贴于门体两侧的弧形封水装置,相应的侧止水座板也是弧形的。多用型钢或钢板制作,一般其表面与止水橡皮接触处都镶焊不锈钢板。在设有侧导轮的弧形闸门中,还需要设置侧轨,侧轨的形状及构造也是弧形的,一般侧轨和止水座板是连在一起的(见图 5-1-71)。

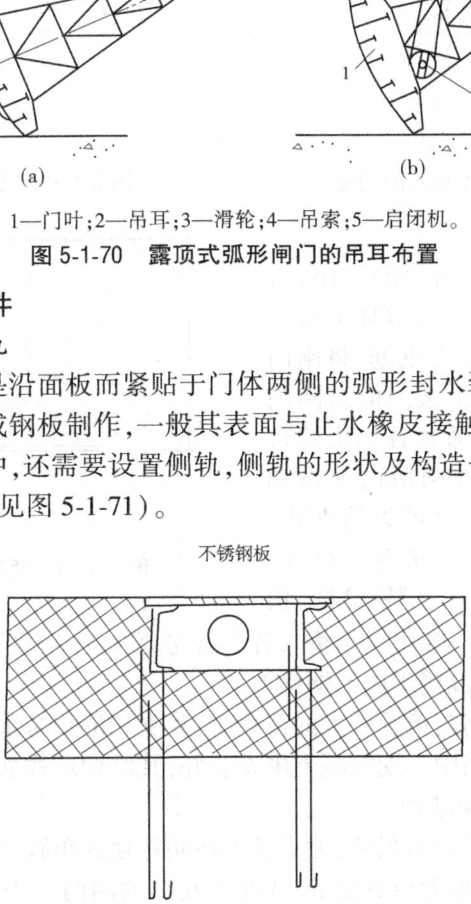

图 5-1-71　弧形闸门止水座与侧轨

2. 底槛

弧形闸门的底槛与平面闸门相同,一般用型钢制成,也有用钢板焊接制成的。

3. 门楣

潜孔弧形闸门的门结构形式很多,大多为钢板焊接结构。下面为常见的几种结构形式:

(1)图 5-1-72 是在门框上设一道止水的门楣结构。

(2)图 5-1-73 是在门叶上和门楣上各设一道止水的门楣结构。

(3)图5-1-74是活动铰式顶止水的门楣结构,这种结构是将顶止水连同止水支铰一起固定在门楣框架上,门上不设止水。

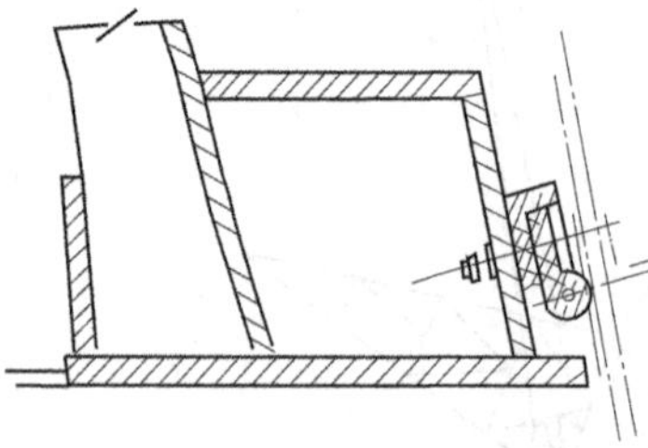

图5-1-72　设一道顶止水的门楣

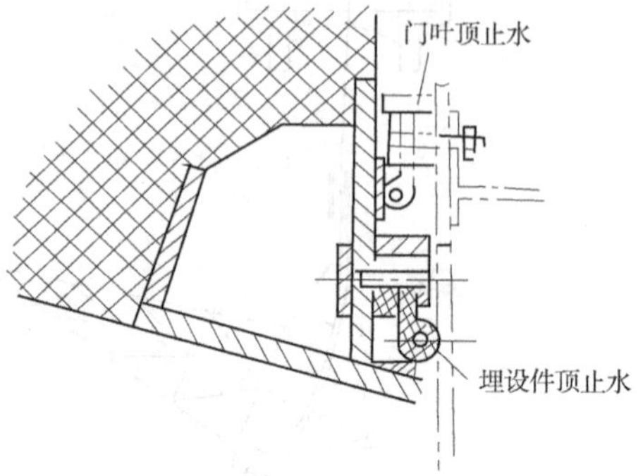

图5-1-73　设两道顶止水的门楣

4. 支铰座的埋件

中、小型露顶式弧形闸门的铰座,大都直接布置在混凝土支座上(俗称牛腿),在混凝土支座内设置有受力钢筋,将闸门上的作用力传递到闸墩上去。但当闸门受力较大时,采用这种布置往往给土建带来许多困难,这时一般在闸墩内埋设钢梁。钢梁可做成悬臂式,也可为简支式,其形式见图5-1-75。钢梁一般为组合式,拉锚可以是普通钢筋、锚栓、型钢拉杆、预应力锚筋等,根据受力大小和土建结构布置综合考虑选定。深孔式弧形闸门一般为直支臂式,铰座支承在埋设于混凝土内的钢梁上。

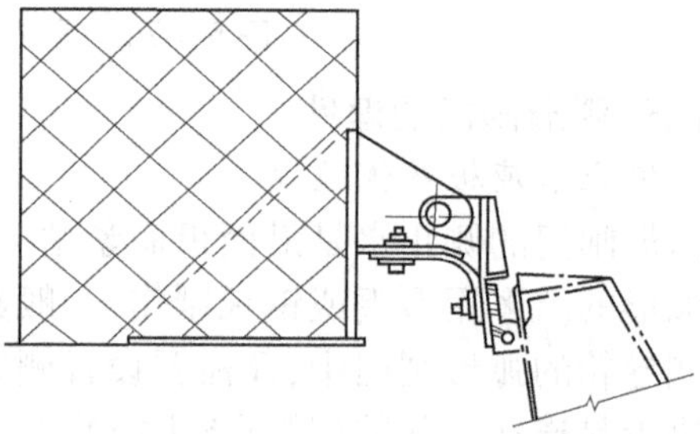

图5-1-74　活动铰式顶止水门楣

当斜支臂式的弧形闸门承受较大的荷载时,其支铰形式常采用锥形铰,锥形铰的连接环和支承环一般预先在闸墩一期混凝土中安装好,其结构形式如图5-1-76所示。

(六)弧形闸门的特种结构

随着大型水利水电工程的兴建,为了满足在峡谷地区布置水利枢纽的需要,并获得较好的经济效益,往往采用增大单宽流量,选择大孔口的闸门。为适应这种要求,近年来国内外的弧形闸门也采用了一些特殊的结构形式,归纳起来有以下几种:

(1)多组支臂的弧形闸门。它在孔口宽度很大时使用,是在闸门宽度方向设置四组或多组支臂,每组支臂与面板、梁系组成一独立的承重结构,每组支臂设一套支铰,并通过支铰将荷载传至承重大梁。支铰轴有的为通轴式,即四个支铰用一根轴贯通;有的则为多轴式,即一个支铰单独采用一根轴。

(2)多支柱式弧形闸门。它在孔口高度很大时采用。一般为双组支臂,但每组支臂是由多个支柱组成,在立面上呈扇形布置,为了增强支臂的整体刚度,支柱间用联结系连接。

(3)中间支墩式弧形闸门。当孔口宽度和高度都很大时,采用中间支墩来代替承重钢梁。

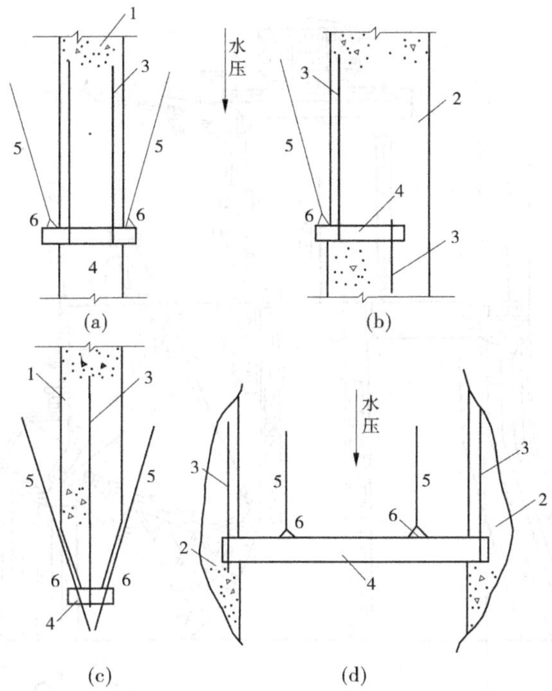

1—闸墩；2—边墩；3—拉锚；4—钢梁；5—闸门支臂；6—支铰。

图 5-1-75 弧形闸门的支承梁

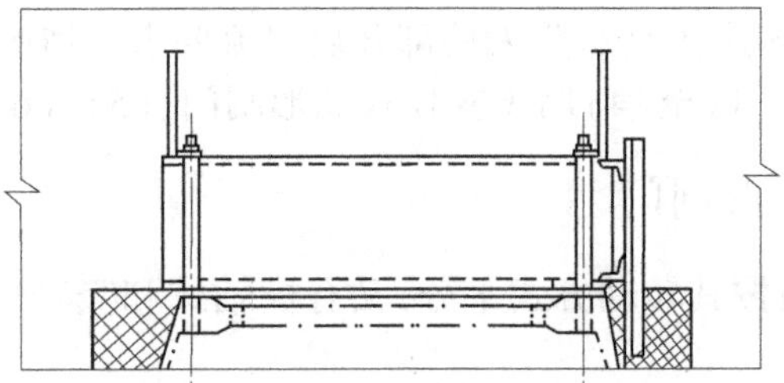

图 5-1-76 锥形铰预埋支承环的结构形式

(4)组合式闸门。在我国有些低水头、大孔口的闸门，为了控制下泄流量，适应流量变幅大的需要，采用了上平下弧的两种门形组合式闸门。当下泄流量小时，全开或局部开启弧形闸门以调节测量，此时上部的平面闸门相当于一个活动的胸墙；当下泄流量大时，两门可全部开启，形成开敞式孔口。图 5-1-77 为长江葛洲坝二江泄水闸的组合式闸门。

(5)偏心铰弧形闸门。它的支铰是偏心轴，采用压紧式变形止水、突扩式门槽。当闸门关闭时，由于偏心轴的作用，闸门向上游径向移动，压紧止水；当闸门开启时，门体向下游移动，脱离止水，可以减小与止水元件的摩擦力。

(6)圆柱铰弧形闸门。它的梁系结构与支臂合为一体，其支臂与支臂的连接、支臂与支铰的连接均采用圆弧形的法兰连接，保证了面板曲率中心与闸门旋转中心的同心度。这种闸门的铰轴为双悬臂式，结构简单、安装方便。止水采用液压伸缩式，门槽也是突扩

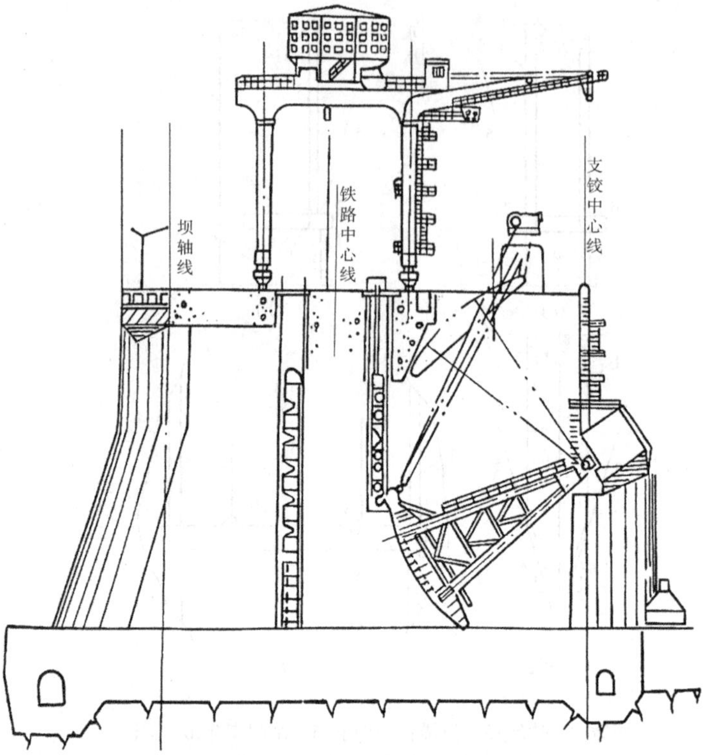

图 5-1-77　葛洲坝工程二江泄水闸闸门及启闭机简图

式的。这种形式的闸门多用于高水头无局部开启泄流要求的情况。

上述几种特种结构,(1)至(4)用于露顶式弧形闸门,(5)、(6)用于潜孔式弧形闸门。

三、其他类型的弧形闸门

如前所述,弧形闸门按其转动方式来分,又有横轴式和竖轴式,下面介绍几种其他形式的弧形闸门。

(1)反向弧形闸门。通常在通航船闸输水廊道中作为工作闸门(见图 5-1-78)。它的构造形式与弧形闸门相似,也属横轴式弧形闸门,不同之处是它以凹形弧面挡水,支铰主要承受径向拉力,闸门全部浸在水中。这种闸门为了适应在潜水情况下泄流,闸门的梁系结构均用顺流板全部或部分封闭,支臂结构也用流线形板全部或部分封闭,这样在闸门输水时可减小、避免渗气,可使输入闸室的水流流态稳定,减小门井水面的波动。这种闸门一般采用油压或螺杆式启闭机。

反向弧形闸门的缺点是其门体和支铰长期浸在水中,检修维护不方便,且造价较高。

(2)下沉式弧形闸门。通常用于漂木道控制开敞式孔口(见图 5-1-79)。这种弧形闸门的结构形式基本与普通弧形闸门相同,但它是绕水平支铰轴向水面以下旋转,门叶下沉至与底槛齐平。其门叶背面及支臂的内侧面一般都用顺流板封堵,以利水流顺畅流过。这种闸门的优点是启闭力较小,放木效果尚可。缺点是门叶背部结构复杂,止水装置不易检修,水流条件不够好。

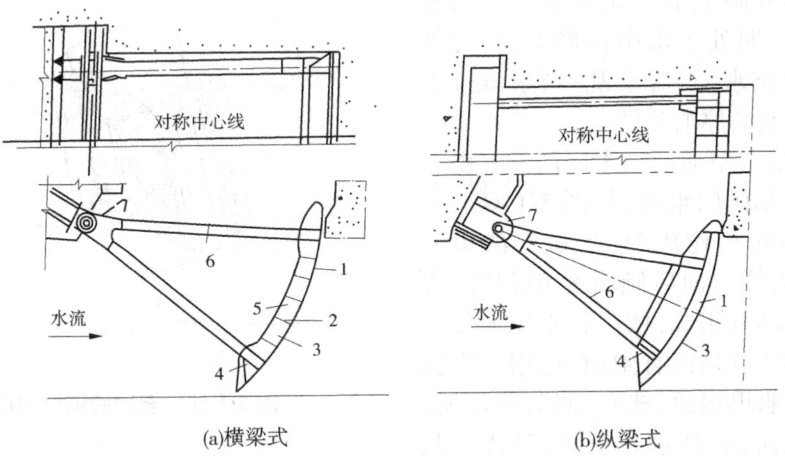

1—面板;2—小横梁;3—纵梁;4—主横梁;5—曲面板;6—支臂;7—支铰。

图 5-1-78　反向弧形闸门

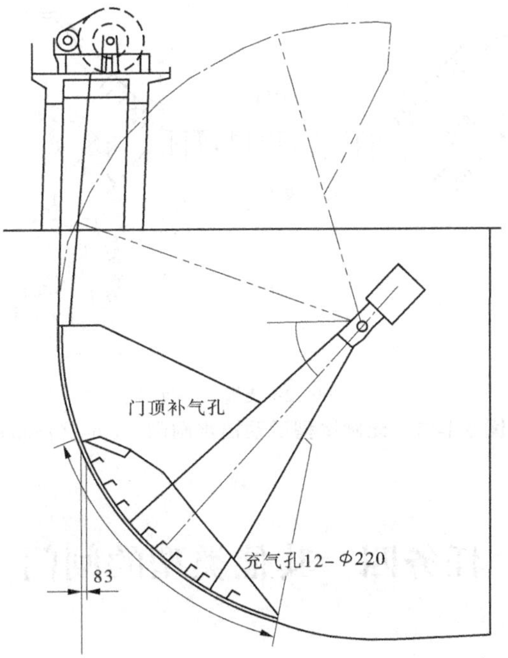

图 5-1-79　下沉式弧形闸门　(单位:mm)

(3)竖轴式弧形闸门。它是绕竖轴旋转的竖向弧形闸门(见图 5-1-80)。当面板做成平面形式时,也称其为三角闸门。这种闸门一般用在中小型船闸上作为工作闸门。由于它承受的水压力合力通过旋转中心,启闭力较小,当输水水头差不超过 6 m,一般在 3~4 m 时,可以利用稍开门缝的办法充水,故可以在动水情况下操作运行。因此,它往往兼作输水闸门,可省去一整套输水设施。

竖轴式弧形闸门的优点是可承受双向水压,启闭力小,门叶刚度大,可兼作输水设备,通航净空不受限制等。缺点是要占用较大的门库;长期处于水中检修不便,另外它利用门缝充水,水流紊乱,当水流过大时将影响船舶的停泊条件。

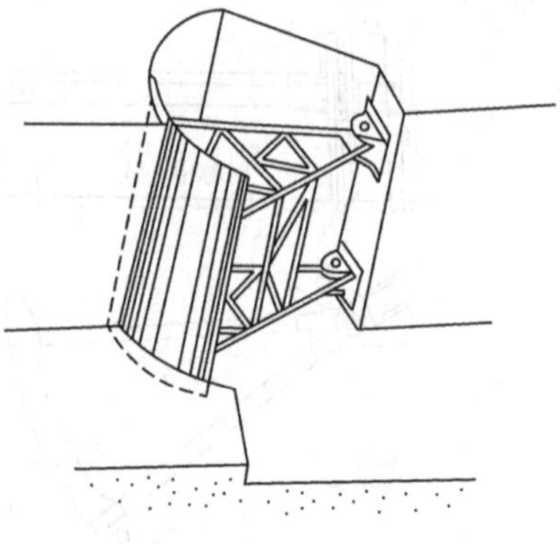

图 5-1-80　竖轴式弧形闸门

(4)无闸墩型活动挡水闸门。它由一组独立的π形闸门组成(见图 5-1-81),每扇闸门连同底板构成独立、稳定的单元体,上部挡水体由向后倾斜 8°的门叶、支臂和支铰三部分组成,依次将水压力传至底板。它的特点是没有闸墩,适用于沿江河城镇区的船坞滑道、栈台、码头等场所,作为季节性防洪、挡水建筑物;其优点是省掉了闸墩,节省了工程投资,安全可靠,使用较方便。

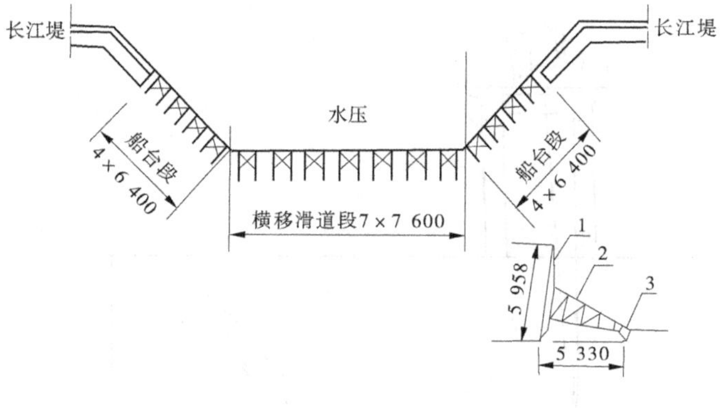

1—门叶;2—支臂;3—支铰。

图 5-1-81　无闸墩型活动挡水闸门　(单位:mm)

任务四　其他类型的闸门

除平面闸门和弧形闸门外,现将其他一些常见的闸门作一简单介绍。

一、扇形闸门

扇形闸门主承重结构的断面呈一扇形,闸门可绕固定在溢流坝面下游的水平铰轴旋转,铰轴的上游坝体内设有与门体形状相似的凹槽,称为压力室,利用向压力室内进行充水或泄水,可操作闸门上升或下降。这种闸门的结构特点是:门叶绕下游的水平铰轴旋转,其上游弧面和顶面均分别设有起挡水和溢流作用的面板。门叶在自重和泄放压力室水体的作用下,能平稳地全部落在压力室内,顶面可成为溢流坝面的组成部分。当向压力室内充水加压时,闸门即可自动升起挡水。门叶与压力室间设有可靠的止水装置,以保证门叶升降过程中止水严密和压力室的封闭(见图 5-1-82)。

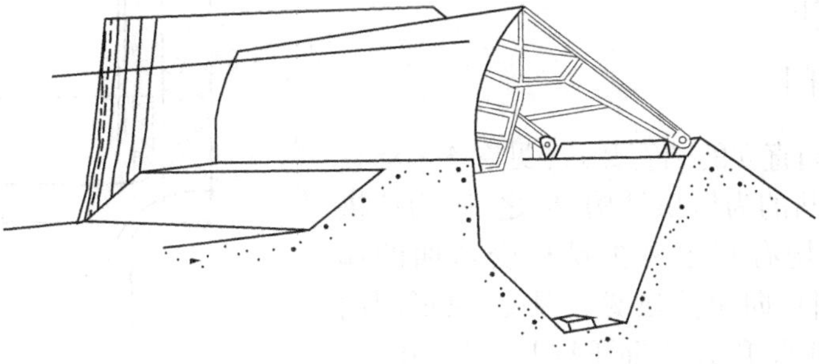

图 5-1-82　扇形闸门

扇形闸门能遮盖的孔口很宽,如安徽省定远县洛河坝的扇形闸门高 2.4 m、宽 80 m。这种闸门适用于大跨度孔口,并需要精确调节水位和流量的水利工程上,大都用在混凝土重力坝的溢流段上作为工作闸门。它可用水力操作,不需设置启闭机机架桥,但需较大的压力室,制造安装复杂;检修维护困难,且存在泥沙淤积及门叶表面的冲蚀问题。

若将铰轴设在上游侧,再将扇形门的下面加上面板,此时称作鼓形闸门。

二、屋顶式闸门

屋顶式闸门是一种古老的门型,过去在国外盛行一时,以后很少使用。我国河南省曾对它作了一些改进,采用了混凝土结构,应用在河道拦水建筑物上,与土建部分总称为浮体闸(见图 5-1-83)。

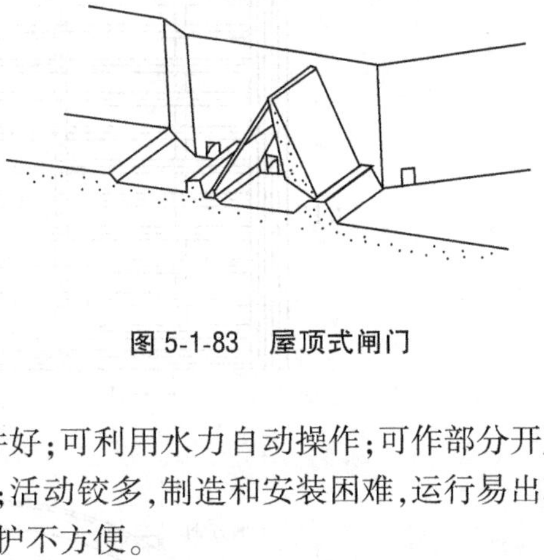

图 5-1-83　屋顶式闸门

屋顶式闸门的优点是:门叶支承在底板上,可不需中墩,闸孔跨度不受限制,有利于河道的排水要求,过闸水流稳定、消能条件好;可利用水力自动操作;可作部分开启运行,调节流量。缺点是:门叶接缝多,容易漏水;活动铰多,制造和安装困难,运行易出现故障;有泥沙淤积及门叶表面冲蚀问题;检修、维护不方便。

屋顶式闸门的布置特点是闸门由一块主门叶和两块副门叶铰接组成一个空腔(压力室)。当排除空腔内的积水时,门叶下落在底板上而开放孔口。空腔的充、排水由充水阀和排水阀来控制,调整它们的开度,就可控制屋顶闸门的开度。

三、圆筒形闸门

圆筒形闸门的外形如同直立的圆管,它适用于封闭周围进水的塔式竖井(见图 5-1-84)。进水口可在塔的任一高度上设置,也可设在塔式竖井的底部或顶部(也称为环流闸门)。圆筒形闸门的门叶由圆筒面板、水平梁和竖直梁、竖向隔板等组成,并可分为 n 个相等的圆弧段,再用螺栓连接成整体。门叶的顶、底周边上设置止水,闸门与竖井间各设导向支承及轨道。闸门上的导向支承可做成导轮或弧形环,并套扣在轨道上。闸门启闭采用 3 根刚性吊杆和 3 台电动螺杆启闭机同步操作。圆筒形闸门受力均衡;启闭力小;门叶结构简单,刚度大,但制造安装要求高,启闭机需同步操作。

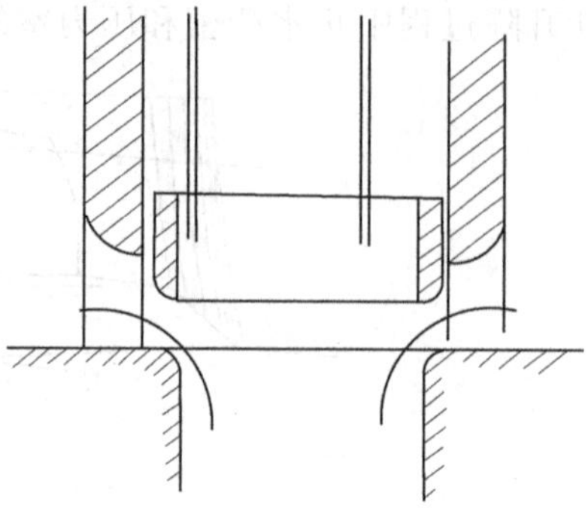
图 5-1-84 圆筒形闸门

四、拱形闸门

拱形闸门形同直立的圆管瓦片(见图 5-1-85),瓦片向水压方向凸的为压拱结构;反之,则为拉拱结构。这两种结构有利于减少结构受弯曲的作用,充分发挥材料单向压拉强度。因此,拱形闸门的耗钢量比一般直升式平面闸门节省 10%~15%。拱形闸门一般作检修闸门。

闸门拱座的支承多采用钢滑块支承中心线与拱轴线重合,使拱的压力通过支承装置传递至门槽埋件。拱形闸门的侧、反向导向装置与平面闸门相似,闸门止水一般为 P 形橡皮止水。

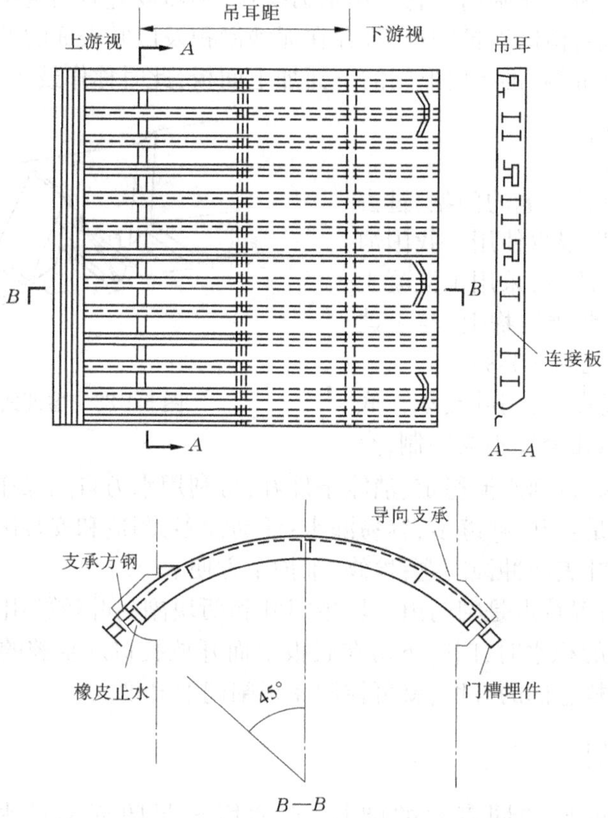

图 5-1-85 拱形闸门

拱形闸门结构简单,可节省钢材,但运输、安装过程中刚度较小。

任务五　闸门的维护

由于闸门多安装于露天场所，长期或间歇地浸于水中，承受较大的水压力或水流、泥沙及污物的冲击磨损和周围介质的腐蚀作用。一般情况下，闸门的寿命总是小于建筑物的寿命，只有良好的维护工作，才能保证闸门安全正常地运行，延长闸门的使用年限，以充分发挥工程的效益。

一、一般性的维护

（一）清理检查

正常工作的闸门必须保持清洁完好，启、闭运行灵活。但随着水流的运动，水中的漂浮物、推移质等总是向闸门集中，贴附于门体或卡阻于门槽内，影响闸门的正常运行，或造成漏水，或加快闸门的腐蚀，所以必须随时进行检查清理。

（1）闸门门体上不得有油污、积水和附着水生物等污物。启闭机检修时，应避免废油落于门体上，卷筒和钢丝绳上多余的润滑脂应刮除干净，防止夏季融化滴落到闸门上。门体结构上的落水孔应畅通。严禁向闸门上倾倒污水垃圾等污物。

（2）闸门槽、门库和门枢等部位，常会被树木、钢丝、块石或其他杂物卡阻，影响闸门正常运行，甚至酿成事故，应及时进行检查清理。对浅水中的建筑物，可经常用竹篙、木杆进行探摸，利用人工或借助水力进行清除；对深水中较大的建筑物，应定期进行潜水检查和清理。

为了防止石块、杂物卡阻，除加强管理和检查清理外，应结合具体情况，采用防护措施。有条件的，可在门槽、门库上部设置简易启闭机房或防护盖。转动闸门门盖座的上方可设置混凝土挡坎拦截砂石和杂物。

（二）观测调整

（1）闸门运行时，应注意观察闸门是否平衡，有无倾斜跑偏现象。闸门严重倾斜，可能撕裂止水橡皮，拉断钢线绳或使闸门变形损坏，必须配合启闭机进行调整。对双吊点闸门，两侧钢丝绳长度应调整一致，侧轮与两侧轨道间隙大体相同。

（2）止水橡皮应紧密贴合于止水座上，止水不严密或有缝隙，必然造成漏水。但预压过紧，则增加摩擦力，加快止水磨损或挤压变形，最后失去止水作用。因此，应视各种不同的止水形式进行适当调整。对于没有润滑装置的闸门，启闭前应对干燥的橡皮注水润滑。

（三）清淤

多泥沙河流上的闸门，闸前往往有大量泥沙淤积，而在沿海挡潮闸的闸下也会有大量泥沙沉积。闸门在泥沙压力作用下，负荷加重，运行困难，或因泥沙淤堵，闸门落不到底，孔口封闭不严造成漏水。为此，除采取其他清沙措施外，应定期输水排沙，或利用高压水枪在闸室范围内进行局部清淤。

（四）拦污栅清污

在水草和漂浮物多的河流上，应注意检查，定期进行拦污栅清污。

(五)防冰凌

北方寒冷地区的闸坝,因水面结冰,对闸门产生冰压力,加大闸门的荷载。对冬季有运行要求的闸门,门槽冻结将影响闸门的正常运行。为此,需要采取防冰冻措施。为防冰压力影响,一般在闸门前用压缩空气或压力水形成一条不冻的水域,与河流冰盖隔开;为防止冰冻对闸门正常启闭的影响,除用压缩空气、压力水法外,也可采用加热的方法,为门槽加热,使之不致结冰。

(六)防风浪

位于沿海、湖泊或开阔河面的水闸,由于吹程长,风浪对闸门的撞击力很大。有时风浪进入潜孔闸门前喇叭口段,水体扩散不畅,对闸门形成不完整水锤作用,对闸门安全有相当大的威胁。一般采用设置防浪板或在胸墙底梁开扩散孔的办法加以解决。在强风暴地区,可根据气象预报,在大风到来之前,适当降低闸前水位。

二、钢闸门的维护

(一)门叶部分的维护

钢闸门通常用于大孔口,承受高水头的场合,受到门前横向水流、旋涡以及门后淹没出流和回流等的作用,可能产生闸门振动、门槽气蚀或其他故障。因此,在闸门维护中,除应做好防腐蚀和防漏水等工作外,还必须注意防止钢闸门的振动和气蚀工作。

1. 防止振动

闸门本身具有一定的自振频率。在闸门泄流时,如果水流的脉动频率接近或等于闸门的自振频率,便会出现共振现象,振幅增大,使闸门整体或局部发生强烈的振动。剧烈的振动有可能引起金属构件的疲劳变形、焊缝开裂或紧固件松动,以致整体结构遭到破坏。

由于闸门振动的现象比较复杂,必须弄清引起振动的原因,以便采取有效的措施予以治理。一般有以下几种情况:

(1)由于波浪冲击闸门引起的振动,应在闸门上游加设防浪栅、防浪排,以削弱波浪对闸门的冲击。

(2)因止水、漏水而引起的闸门振动,多因止水座板安装不平直,或止水选型不合适,柔性不够,使止水与止水座板之间呈不连续接触,在上游静水压力作用下,不能完全密封,于是有水流从止水与座板间隙中射出。这种作用于止水上的脉动压力使止水发生振动,从而导致了闸门的振动。这时应调整止水位置或更换止水材料尺寸,使止水与止水座板紧密接触,漏水停止,闸门就不再振动。

(3)闸门在一定开度下泄流时,下游淹没水跃产生对闸门周期性的冲击,也是引起闸门振动原因之一。若改变一下运用条件,振动可能就不再发生。

2. 防止气蚀

在高速水流情况下,由于建筑物过水断面发生突变,或过水结构面不平整,泄水建筑物补气不足等原因,常使闸门槽及其预埋件发生气蚀。

防止气蚀的措施有:对已遭气蚀损坏的部位用耐气蚀材料补强。如用不锈钢焊补或用环氧砂浆修补,尽量使过水表面平整光滑,必要时增设补气设施。对闸门门槽形式不合理的，应通过试验选型，进行改建。

（二）闸门行走支承装置及导向装置的维护

行走支承装置是闸门的运行和承力部件，是门体和闸墩之间的过渡部分。如平面闸门的主轮和弧形闸门的支铰，一方面起着传递水压荷载的作用，必须具有足够的强度；另一方面又起着使闸门沿轨道行走或旋转的作用，要求摩擦力小，以减少闸门的启闭力。

1. 常见故障与原因

主轮或台车机构润滑不良，转动不灵。多因没有进行定期维护，润滑油流失或老化变质，致使轮轴生锈与轴套抱死。有的轮轴与轴套间隙偏大，水中泥沙细粒沉积硬化，造成卡阻。胶木轴套浸水后膨胀，过小的间隙也容易将轴抱死。弧形闸门支承铰链，由于闸门旋转弧度小、支承力大，润滑油不易保持，也常是锈蚀的原因。锈蚀较轻的，运转时发出刺耳的噪声；严重的能剪断止轴板螺丝，使固定轴变为转动轴，造成轴和支铰座的过量磨损。胶木滑块由于轨道面不平直或粗糙度达不到要求，易受磨损变形或劈裂变形，摩擦系数增大，造成启闭困难。

2. 维护方法

（1）定时向闸门主轮、弧形闸门支铰、人字闸门门枢及闸门吊耳轴销等部位注油。一般采用油杯或用油枪配油嘴注油，注油时应使轮子转动几圈，在转动时不停地加注，尽量使旧油全部排出，新油完全注满。由于闸门经常处于水下或潮湿场所，其润滑应采用钙基或钙钠基润滑脂。

对于没有注油孔道的转动机构，可定期拆下清洗，然后涂油组装。

（2）对于闸门滚轮经常处于门槽内或闸门提不出门槽时，人工加油润滑很不方便，可采用集中润滑的方法。集中润滑有油箱自流润滑和压力注油润滑两种形式。

自流润滑由启闭机室油箱通过软管向每个滚轮轴端的油孔自流供油。在闸门启闭前或启闭时，打开油箱总阀，启闭结束时关闭总阀。这种加油方法只能使用黏度不太大的润滑油（见图 5-1-86）。

压力注油润滑采用加油器进行。加油器类似大型黄油杯，安装于闸门顶上，用钢管或铜管将加油器和各滚轮油孔相连。当旋转加油器筒盖时，筒盖下压，黄油通过油管送至各滚轮。

（三）闸门止水装置的维护

止水装置效果不好，不仅会严重漏水，还可能引起闸的振动，引起气蚀等。船闸漏水还会使船只过闸时间延长，给闸门运行和维修工作带来不便。

对于不同材料的新更换的止水，在闸门完全关闭状态，其漏水量不应超过下列数值：

木止水	1.0 L/(s·m)
木加橡皮止水	0.3 L/(s·m)
橡皮止水	0.1 L/(s·m)
金属止水	0.8~0.1 L/(s·m)

经长期运行，材料老化，止水效果降低，数值适当放宽，对于橡皮止水漏水量可放宽到 0.2 L/(s·m)，超过此值应当更换。

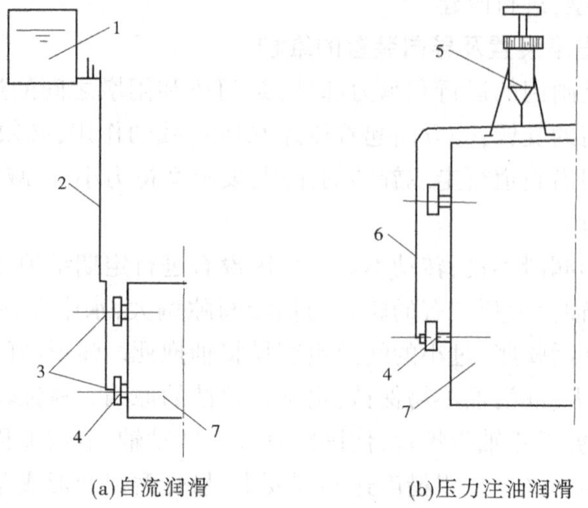

1—油箱;2—软管;3—油嘴;4—滚轮;5—加油器;6—油管;7—闸门。

图 5-1-86 滚轮润滑示意图

止水的维护工作主要有:

(1)定期检查闸门止水的整体性,不得有断裂或撕损,止水与止水座板的接合是否紧密,止水座板有无变形,固定螺栓有无松动或锈蚀脱落,若发现问题应及时处理。

(2)闸门运行中检查止水是否有严重磨损,若发现橡皮止水压缩过紧或止水座板表面过于粗糙,应适当调整橡皮的预压量。对止水座板粗糙表面,可用平面砂轮打磨,然后涂刷一层环氧树脂,使其平整光滑。当发现因止水橡皮磨损造成与止水座间隙过大而漏水时,可采用加垫橡皮条的办法来调整止水间隙。

(3)为防止止水橡皮老化,可在橡皮非摩擦面涂刷防老化涂料,同时,尽量避免使止水橡皮受烈日暴晒。若发现橡皮已老化失效,应及时更换。

(4)木止水必须做好防腐、防虫蛀、防挤压劈裂及扭曲变形等。经常清理附着在止水木上的泥垢和水生物,若发现局部腐烂劈裂,应及时修复,并热涂沥青防腐。

(5)金属止水应做好防锈蚀、防气蚀工作,避免局部破坏。发现金属止水构件翘曲变形,应及时矫正,以免扩大为整体破坏。

(四)闸门预埋件的维护

闸门预埋件由于更换困难,尤应注意防锈蚀、防气蚀。各种金属埋件除轨道水上部位摩擦面可涂油脂保护外,其余部位,凡有条件的均宜涂坚硬耐磨的防锈涂料。当发现锈蚀或磨损严重时,可采用环氧树脂或不锈钢材料进行修复。

门槽内的淤积物应定期清理,以免造成闸门止水或构件的破坏。

(五)闸门吊耳与吊杆的维护

吊耳与吊杆应动作灵活,坚固可靠。转动销轴应经常注油保证润滑,其他金属表面应喷涂防锈材料。并应经常用小锤敲击检查,零件有无裂纹或焊缝开焊、螺栓松动等,止轴板不得有丢失、销轴窜出现象。吊杆在不用时,应摆放整齐,不要乱放。

三、钢丝网水泥混凝土闸门的维护

钢丝网水泥混凝土闸门及钢筋混凝土闸门，结构刚度大，抗震能力强，在海水或碱性污水中工作，比钢闸门更耐腐蚀，维护工作量少。但也应注意闸门的维护工作。

(1)经常清理附着在闸门表面的泥污、苔藓及水生物，检查面板与梁系结构是否完好，有无保护层剥落、脱壳、露筋、露网，有无裂缝及渗水现象。若发现问题要及时处理。

(2)运行中要注意观察、排除漂浮物，以免其撞击闸门。启闭机制动器应十分可靠，防止闸门自动坠落，摔坏闸门。对用于船闸的钢丝网水泥混凝土闸门还应防止船只的铁件和篙尖对闸门的撞击。

(3)闸门上的预埋铁件，一旦锈蚀损坏，难以更换，可能造成整个闸门报废，应做好防锈蚀处理。

(4)对钢丝网水泥混凝土闸门面板，可定期涂刷环氧砂浆或其他防腐材料保护，以防混凝土碳化和裂缝渗水。

四、木闸门的维护

木闸门多用在中小渠系水闸中，有平面木闸门和叠梁木闸门等。由于木闸门易被菌体腐蚀或出现虫蛀，还会因木材翘曲、开裂，造成结构变形，甚至整个闸门解体或损坏。为了延长木闸门的使用年限，保证其安全运用，必须做好木闸门的维护工作。

(1)经常清理闸门表面的泥污、苔藓及水生物，检查螺栓、型钢等连接件有无锈蚀、松动现象。门体有无腐蚀、虫蛀、翘曲、开裂；接缝有无开裂、漏水；捻缝油灰有无脱落损坏等。

(2)定期防腐。常用的涂料有油性调和漆、生桐油、沥青和水罗松等。涂刷时间一般选在干燥暖和的季节，便于木材干燥。

(3)在运用中发现木闸门局部腐蚀，应区别情况予以修理或更换，一般腐蚀部分占断面面积不到20%时，可将腐蚀部分凿除，以新材修补。修补时新材四周与旧材接合部要用油灰接缝，以保证接合严密。最后修理、锉平、捻缝，再涂上防腐剂。

五、阀门的维护

阀门的形式种类较多，在水利工程中，目前较常用的仅有锥形阀。

锥形阀的维护工作应注意以下几个方面：

(1)活动阀套在阀体上的移动，主要靠导向构件的作用。因此，使用时应注意导向构件各部位的间隙，当发现阀体与活动阀套不同心时，应予以调整，以免增大阀体与活动阀套之间的阻力，加大启闭力。

(2)锥形阀出口水流速度高，若水中含有较多杂质，容易磨损活动阀套及阀体，引起锈蚀，应及时清除并涂上防护涂料保护。另外，还应检查各焊缝有无裂纹及其他缺陷。

(3)尽量避免锥形阀在半淹没状态下泄水，以防水波冲击阀体发生振动。

(4)止水装置的维护与闸门相同。

六、橡胶坝的维护

橡胶坝是用高分子材料和纤维织物制作的一种薄壁柔性水工建筑物。由于它坚固性较差,易老化,易受机械损伤,故要求在管理运用中,必须注意检查,加强维护。

(一)橡胶坝的检查

橡胶坝的检查,主要为预防性的全面检查,当运用中发生事故时,应进行专门的事故检查。不论是预防性检查或是事故检查都应将发现的问题进行详细记录,并在坝袋上做好标记,以利修补。

1. 坝袋表面检查

(1)检查坝袋表面有无被漂浮物或人为地划伤、刺破。

(2)检查有无气泡、脱胶或脱层现象。这种情况多产生于封口条与外胶层之间。

(3)检查经向(平行水流方向,也称环向)及纬向(垂直水流方向)的残余变形(也称永久变形)。

(4)检查坝袋有无老化、裂纹现象。应着重检查在阳光直射、氧气补给充分、经常受力和浸水等多种不利条件下工作的部位,如水位波动范围内的坝体和坝脚皱褶处等。

(5)检查坝袋下表面有无磨损情况。

(6)检查有无生物蛀蚀。

(7)若有现场试验的其他内容,应在坝袋检查的同时进行检测。

2. 坝袋内部的检查

检查袋内有无磨损情况,有无气泡、脱胶或脱层现象。充泄水法兰是否完好。

3. 坝袋安全装置的检查

检查充水坝袋的排气孔是否堵塞;孔周围胶布是否拉裂磨损;超压溢流管、虹吸管、浮球阀自动补水装置,以及充气坝袋安全阀、水封管或U形管装置等是否完好;表针指示是否正确。

4. 底板表面检查

检查底板与坝袋接触表面是否光滑,有无危害坝袋的锐器、麻坑及砂石等杂物进入袋底。

5. 锚固件的检查

(1)检查铁件有无变形、锈蚀。

(2)检查木压板有无翘曲、劈裂或生物蛀蚀。

(3)检查各部锚固是否松脱。

(二)橡胶坝的维护

1. 坝袋的维护

(1)防止坝袋漂动、拍打。坝袋在运用中常出现漂动、拍打现象,特别是采用单向锚固的坝袋,在溢流时更容易发生。坝袋漂动、拍打的原因,主要是水流因素造成的。这些现象一方面恶化了坝袋的受力情况,另一方面使坝袋与侧墙及底板频繁摩擦而引起严重磨损,甚至会造成坝袋的破坏。

强烈的漂动、拍打，一般发生在上下游水位差不大，而单宽流量较大的情况下。坝袋处于摊平状态时，其尾部（褶叠线处）也容易发生漂动、拍打现象。运用时应摸索其规律性，找出产生漂动、拍打的条件，尽量避免在这些条件下运用，调整坝高是避免坝袋严重漂动和拍打的常用方法。有些坝袋的漂动、拍打与袋内的充水不能排净有关，其处理方法一般是：改变坝袋泄水孔位置或形式；在坝袋下游端（褶叠线附近）装上适当数量的排水胶管。

（2）防止坝袋的磨损。引起坝袋磨损的主要原因是坝袋的漂动、拍打，使坝袋与底板混凝土面产生摩擦、冲击；其次是充水设备如水帽、充泄水管道（在泄水过程中），对坝袋内壁的磨损。因此，除在运用中防止漂动、拍打外，还必须对底板混凝土表面（与坝袋接触部分）、坝袋底部和充泄水设备进行妥善处理。

①将坝袋下混凝土表面的锐角、麻坑等缺陷处理后，用环氧树脂抹面，使其光洁平整。

②在坝袋与混凝土底板接触部位，粘上一层耐磨的胶片，或在坝袋易磨部位涂敷耐磨防老化涂层，以增加抗磨性能。

③坝袋内充泄水设备的处理措施是：改善水帽顶部的结构，将水帽顶面处理平滑。在水帽与坝袋接触部位设置带有胶护面的水帽圈，以减少坍坝时水帽对坝袋的磨损；当有硬质骨架的充泄水管（如钢丝胶管）引起坝袋内部磨损时，可将充泄水管改用软质胶管。必要时还可以增加坝袋内充泄水管道的数量，以缩短坝袋立坝和坍坝的时间，较快地越过剧烈振动的位置，也能达到减少磨损的目的。

（3）坝袋的防老化。老化是高分子合成材料在光、热、氧和水分作用下，内部发生降解或交联的过程。橡胶及锦纶、维纶等材料的老化，使其物理机械性能大大降低，甚至失去工作能力。

坝袋防老化除在制造中合理掺加防老化剂外，在运行维修方面，应当进行以下工作：

①在高温季节，坝面应采取有效措施，避免阳光直晒，降低坝面温度。若有条件，在全坝上保持一定水深溢流，对坝角部位和较小坝袋，可用其他物品加以遮盖或经常淋水降温。

②坝袋表面涂敷防老化涂料。目前常用的防老化涂料有氯磺化聚乙烯、聚氨脂防老化涂料和通用型（GNA 型）氯丁橡胶为主的混炼胶自流胶浆三种。

③坝袋的防腐蚀。充水的橡胶坝，应对水源作含沙量和水质监测（特别是利用天然水头充水入坝袋的），以防止坝袋内表面受到泥沙磨损和化学腐蚀。

2. 锚固件的维护

（1）应经常检查坝袋各锚固件（包括压板、螺栓、螺帽等），如有松动、脱落，必须按要求旋紧、补齐，锈蚀严重的应予以更换，防止锚固件压不紧胶布，充水后局部坝袋从压板下拉出造成撕破事故。

（2）木质锚固件应采取有效的防生物蛀蚀措施。

（3）钢铁锚固件应采取有效的防锈蚀措施。

（4）锚固件部位若有淤积物，应及时清除。

3. 附属设备的维护

橡胶坝附属设备，如电动机（或柴油机、汽油机）、水泵（或气泵）、阀门、管道及接头等部件,必须严格执行有关操作规定和养护维修制度。坝袋检修时,必须用排水系统排水,严禁随意拆开固定压板放水,以免撕裂坝袋。手动操作的各种阀门开关应明确标示旋转方向。水泵、电动机若长时间不用,应定期进行试启动。

任务六　闸门的检修

闸(阀)门经过长期运行,或运用中由于设计考虑不周,制造和安装质量不佳以及运用管理不善等方面的原因,常会出现某些缺陷或故障,严重的会影响闸门的安全运行。因此,在运行管理中不但要注意其工作状态,及时进行保养维护,还应定期进行闸门的检修。

闸门检修分为小修、大修和抢修。

小修指对闸门有计划的全面的养护性维护,并对定期检查工作中发现的问题进行统一处理。小修也称岁修,每年进行一次。

大修是指对闸门功能恢复性的维修。大修应对闸门门体结构变形和腐蚀情况、行走支承装置的运行状态和止水装置的工作效果等,进行全面的技术检测和鉴定,并据此定出大修项目内容和技术措施,一般金属结构闸门大修每6~10年进行一次。

闸门抢修一般是针对发生不可预见的故障或事故所采取的紧急处理。

一、闸门门体缺陷的处理

(一)门体变位的处理

门体变位是指闸门偏离了正常工作位置,如发生上下游或左右方向的倾斜等,均严重地妨碍了闸门的正常运行,其处理措施如下。

1.单吊点闸门变位的处理

单吊点平面闸门的吊点垂线与门体重心不重合时,门体在门槽中会发生倾斜,增加门体与门槽间的摩擦力,甚至卡阻。高压闸门由于偏斜,可能因漏水引起闸门振动和气蚀,严重的会造成闸门和土建工程的损坏。解决这个问题一般有以下几种方法:

(1)调整吊点位置。当吊耳中心垂线与门体重心偏差值较大,超过2 mm,或门叶及拉杆同一轴销的内孔不同心时,都必须拆下重新调整安装。

(2)配重调整。当吊耳位置偏差小于2 mm,门叶及拉杆销孔基本同心,门体仅有轻微倾斜时,可在门体上配置重块,使门体端正。配置重块可采用铸铁块或混凝土块,固定在门体的梁格上。此法简单易行,效果良好。

(3)增设人字拉条。对左右向倾斜不太严重的轻型闸门,当用螺杆式启闭机操纵,而启闭机平台又比较高时,可在门顶与螺杆之间装设带有调整螺栓的人字拉条进行调整。但应注意,螺杆上抱箍的位置上(两拉条相交的连接部位)应以不影响闸门全开为准。

另外,若因螺杆弯曲而造成闸门倾斜的,应将螺杆进行调直,以保证闸门位置端正。

直升式平面闸门的门体倾斜调整完毕,应做静平衡试验。即将闸门起吊到适当位置,测量左右方向倾斜,其倾斜值不得超过门高的1‰,且不大于5 mm。

2. 双吊点闸门变位的处理

双吊点闸门门体不正是常见故障之一,引起的原因有多种,必须查明原因,根据具体情况进行处理。

(1)双吊点卷扬式启闭机的两个卷筒绳槽底直径的相对误差,不应超过六级精度的要求。当因启闭机制造质量差,使卷筒底径误差超过上述要求,从而造成闸门运行中左右倾斜时,可用环氧树脂与玻璃丝布混合粘贴的方法补救直径较小的卷筒,使其直径达到一致。有时也可使用两根不同直径的钢丝绳来调整。当一个卷筒直径小2 mm,又是单层缠绕时,可选用直径加大2 mm的钢丝绳。但采用这种处理措施,决不容许用减小钢丝绳的设计直径来调整。对椭圆度与锥度等超过设计要求的卷筒,必须更换。

(2)当因钢丝绳松紧不一而引起闸门左右向倾斜时,可重绕钢丝绳或在闸门吊耳上加置调节螺栓与钢丝绳连接,以调正闸门。

(3)升卧式平面闸门运行时容易发生跑偏现象。首先应检查两吊点钢丝绳松紧是否一致,再检查是否有单侧主轮不转或闸门卡阻现象。若仍然跑偏,则应检查闸门两侧主轮直径是否一致,主轮平面与轨道方向偏角是否过大,两侧轨道是否倾斜或高差是否超出允许范围。应针对具体情况加以处理。

3. 人字闸门接合柱下垂的调整

人字闸门在运行中往往出现门体接合柱下垂的现象,严重时可影响人字闸门的止水和正常运行。应检查分析引起下垂的原因,进行适当的调整。

(1)由于门体剪切应变引起下垂的,应设法加强门体抗剪强度,或调整门体斜拉杆的调整螺栓调正闸门。

(2)由于门体转轴垂直度变化而引起的,可通过调整顶枢拉杆来解决。调整时应用仪器配合进行测量检查。调整后应使两门体的接合柱尽可能恢复原有的良好接触状态。

(二)门叶变形与局部损坏的处理

1. 门叶构件和面板锈蚀的修理

门叶构件承受静水或动力压力,承受和传递启门力,必须具有足够的强度和刚度。门叶构件锈蚀严重的,应进行补强或更新。如面板锈蚀减薄后,可补焊新钢板加强,新钢板焊缝应布置在梁格部位,先将钢板四周点焊固定,再对称分段焊满。也可试用环氧树脂粘合剂粘贴钢板补强。

2. 外力造成局部变形或损坏的修理

当闸门在使用中受到剧烈的振动和外力作用(如强烈风浪的冲击、闸门在门槽中冻结或受到漂浮物卡阻等),造成的局部变形或损坏,可采用如下方法修理:

(1)钢板或型钢焊缝局部损坏或开裂时,可将原焊缝铲掉进行补焊或更换新钢材。注意所使用的钢材和焊条必须符合原设计的要求。

(2)门叶变形的,应先将变形部位矫正,然后进行必要的加工。在常温情况下,一般应用机械进行矫正,复杂的结构可先将组合的元件割开,分别矫正后再焊接成整体。对于变形不大的或不重要的构件,可用人工锤击矫正。锤击时应在变形构件表面垫以垫锤或垫板,锤击凹坑深度不得超过 0.5 mm。当环境温度低于-15 ℃时,不得进行冷加工校正。采用热矫正时,可用乙炔火焰将构件局部温度加热到 600~700 ℃,利用冷却收缩变形来矫正。矫正后应先做保温处理,然后放置在不低于 0 ℃的气温下冷却。

3. 气蚀引起局部剥蚀的修理

剥蚀程度较轻时可进行喷镀或堆焊补强,严重的应将局部损坏的钢材加以更换。无论补强或更换都应使用抗蚀能力较强的材料。

4. 螺栓缺损的修理

闸门上的各种连接螺栓,不得有松动或缺损。由于锈蚀、振动、气蚀或其他原因造成松动、脱落或钉孔漏水等缺陷时,可采用下述方法处理:

(1)对松动或脱落的螺栓应进行更换。若螺孔锈蚀严重,可进行铰孔,选用直径大一级的螺栓代替。

(2)对局部铆接部件(如主轮轴浮动板)铆钉松动或需调整(浮动板的)位置时,可将原铆钉铲掉,调整处理后点焊定位,再将原钉孔补焊或铆钉,必要时浮动板周边也进行焊接。

(3)螺栓孔有漏水的,视其连接件的受力情况,可在钉孔处加橡皮垫,或涂环氧树脂涂料封闭。

5. 弧形闸门支臂或人字闸门转轴柱的修理

当发现弧形支臂有较大的挠度或人字闸门门叶倾斜造成漏水时,可能是支臂或转轴柱刚度不够而引起的。这时应先矫正变形部件,然后对支臂或转轴柱进行加固,以增强其刚度。加固的原则一是增设隔板以减小杆件的计算长度,二是增加断面,补加的材料应尽量远离杆件的几何中心。

6. 检验

检修工作完成后,根据原设计资料和《水电工程钢闸门制造安装及验收规范》(NB/T 35045—2014)进行检验,检验修理工作是否达到恢复原设计的标准。

(1)门叶结构经过焊接修理后,对于焊缝质量必须进行检查,检查的内容有以下三个方面:

①焊缝外观。所有焊缝经直观检查,不允许表面有裂纹、夹渣,对一、二类焊缝不允许有咬边和气孔等。

②焊缝表面裂纹。选用渗透或磁粉探伤的方法检查。

③焊缝内部缺陷。可选用射线或超声波探伤的方法检查。

(2)平面闸门门叶在修理后,其各种几何尺寸的允许公差与偏差值,要符合表 5-1-2 中的规定。

表 5-1-2　门叶几何尺寸允许的公差与偏差　　单位：mm

简图

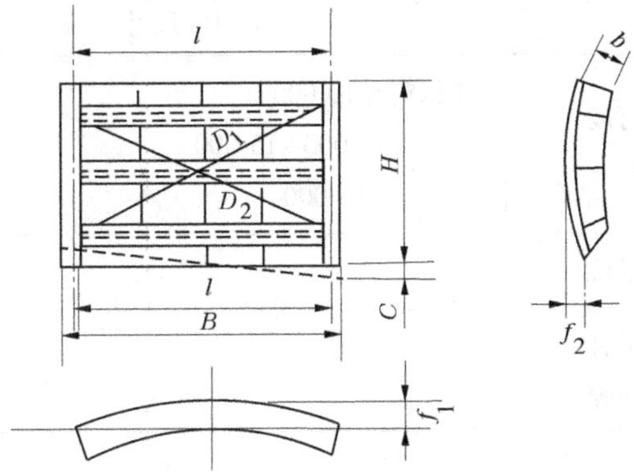

序号	项目	门叶尺寸	公差与偏差
1	门叶厚度 b	门厚：≤500 500～1 000 >1 000	±3.0 ±4.0 ±5.0
2	门叶外形高度 H、门叶外形宽度 B	门高或门宽：≤5 000 5 000～10 000 10 000～15 000 >15 000	±5.0 ±8.0 ±10.0 ±12.0
3	对角线相对差 D_1-D_2	取门高或门宽中尺寸较大者： ≤5 000 5 000～10 000 10 000～15 000 >15 000	 3.0 4.0 5.0 6.0
4	扭曲	门宽：≤10 000 >10 000	3.0 4.0
5	门叶横向直线度 f_1		B/1 500，且不大于 6.0
6	门叶竖向直线度 f_2		H/1 500，且不大于 4.0
7	两边梁中心距	门宽：≤10 000 10 000～15 000 >15 000	±3.0 ±4.0 ±5.0

续表 5-1-2

序号	项目	门叶尺寸	公差与偏差
8	两边梁平行度 12′-21	门宽:≤10 000 10 000~15 000 >15 000	3.0 4.0 5.0
9	纵向隔板错位		2.0
10	面板与梁组合面的局部间隙		1.0
11	面板局部平面度	面板厚度:≤10 10~16 ≥16	每米范围不大于 5.0 4.0 3.0
12	门叶底缘直线度		2.0
13	门叶底缘倾斜度 2*C*		3.0
14	两边梁底缘平面(或承压板)平面度		2.0
15	止水座面平面度		2.0
16	止水座板至支承座面的距离		±1.0
17	侧止水螺孔中心至门叶中心距离		±1.5
18	顶止水螺孔中心至门叶底缘距离		±3
19	自动挂钩定位孔(或销)中心距		±2

注:1. 门叶横向直线度通过各横梁中心线测量,竖向直线度通过两边梁中心线测量。门叶整体弯曲应力求凸向迎水面;当出现凸向背水面时,其直线度公差应不大于 3.0 mm;但图样有规定时,应符合图样规定。
2. 门叶宽度 *B* 和高度 *H* 的对应边之差应不大于相应尺寸公差的一半(本规定适用于其他形式的闸门)。

(3)弧形闸门修理以后,支臂中心与支铰中心的不吻合值应不大于 2 mm,支铰轴孔中心至面板外缘的半径:露顶式弧形闸门允许偏差±7 mm,两侧相对差应不大于 5 mm;潜孔式弧形闸门允许偏差±3 mm,两侧相对差应不大于 3 mm。

二、行走支承机构的修理

(一)滚轮锈蚀卡阻的处理

闸门的滚轮经常处于水下或阴暗潮湿的环境,轴与轴承间极易发生锈蚀,加之细小的沙粒沉积在滚轮轴与轴套之间,增大滚轮的摩阻力,严重的甚至使滚轮锈死不转。此时滚轮与轨道间的滚动摩擦变为滑动摩擦,大大增加了闸门的启闭力,若强行启闭,可能给闸门、启闭机及门槽带来不利影响,甚至引起门体扭曲或启闭机损坏事故。

1. 滚轮检修的一般方法

(1)拆下锈死的滚轮,当轴承没有严重磨损和损伤时,可将轴与轴套清洗除垢,应注意将油道内的污油清洗干净,涂上新的润滑油脂。没有注油设施的,应在轴上加钻油孔,在轴或套上开设油槽,用油杯或黄油枪加注油脂润滑。油脂注满后油孔应用丝堵封闭。

(2)轴承间隙一般不应超过设计最大间隙的一倍,若因磨损过大超过允许范围,应更换轴套。20 世纪六七十年代或更早的闸门多采用青铜或胶木轴套,修复时建议采用复合材料轴套。

(3)轮轴磨损或锈蚀,应将轴磨光,采用硬镀铬工艺进行修复,镀层厚度一般可取 100~200 μm。镀后粗糙度可达 1.6,经久耐蚀。当轮轴严重磨损或锈蚀,轴径损失 1%以上时,可用同材质焊条对轴进行补焊,然后再按设计尺寸磨光电镀。

2. 滚轮检修后的安装

滚轮检修后的安装标准必须达到表 5-1-3 中的要求。

表 5-1-3 滚轮安装允许公差与偏差 单位:mm

偏差名称	跨度	允许公差与偏差
平面定轮闸门四个滚轮中,其中一个与其余三个所在平面的公差	≤10 000 >10 000	+2 +3
滚轮对平行水流方向的竖直面和水平面的倾斜度		<2‰轮径
滚轮跨距偏差	<5 000 5 000~10 000 >10 000	±2 ±3 ±4
同侧滚轮中心偏差		±2

(二)弧形闸门支铰转动不良的处理

弧形闸门支铰是闸门转动中枢。如支铰制作安装达不到规范的精度要求,或常年失修,铰轴与轴套之间缺少润滑油脂,运行时支铰会发出嘎嘎声响,还会使门体有轻微的抖动,严重的可能将支铰座上的止轴板螺栓剪断,固定轴成为转动轴,从而加速了支铰轴与支铰座的磨损。

1. 支铰故障的原因

(1)由于支铰座位置较低,泥沙容易进入轴承间隙中,日久结成硬块,增加摩阻力。

(2)支铰轴注油不便润滑困难,尤其因支臂转角小,承力面难以保留油膜,日久锈蚀,容易发生卡阻故障。

(3)两支铰轴线不在同一轴线上,属制造或安装误差过大所致。

2. 支铰检修

(1)先卸掉外部荷载,把门叶适当垫高,使支铰轴受力降低到最低限度,然后加以支撑固定,以利拔取支铰轴。拔轴可根据实际情况采用重锤冲击或用千斤顶施压的方法,或用两种方法结合进行。

(2)视支铰轴磨损和锈蚀情况,进行磨削加工,并镀铬防锈。加工时应选配好轴承间隙;对复合材料轴套,以采用H8/e7配合为宜。

(3)对于支铰轴不在同一轴线上的,应卸开支铰座,用钢垫片调整固定支座或移动支座的位置,使其达到规范的精度要求。

(4)清洗注油,安装复位。油槽与轴隙应注满油脂,并用油堵将油孔封闭。

(三)压合胶木变形及裂纹的处理

滑动闸门的胶木滑道发生变形或微裂,摩擦系数增大,将影响闸门正常运行,必须根据损坏情况,分别采用以下修理措施。

1. 轻微开裂的修理

当裂纹宽度不超过0.2 mm、深度不超过5 mm时,可将裂缝刨去,由于压合胶木减薄,应在滑道夹槽底面加垫相应厚度的钢板来调整滑道的高度。

2. 压合胶木的更换

压合胶木严重磨损或失效时,应予更换。更换方法为:

(1)压合胶木块加工前应在75~66 ℃石蜡溶液中干燥80 h左右,使其含水量降低到4%以下,干燥后其挠度不得超过其长度的1/200,端部裂缝深度不得大于0.2 mm。

(2)压合胶木的侧面、底面及端面加工以后,粗糙度应达到6.3,单块胶木宽度尺寸的偏差应在0~0.1 mm。

(3)胶木压入夹槽内,应使胶木主要纤维的端部承受压力,即主要木纹方向与受力方向一致。

(4)压入前,压合胶木与夹槽表面要涂一层酚醛树脂。

(5)压合胶木压入夹槽后与槽底应严密而无间隙,用塞尺检查胶木端部,深30 mm、宽20 mm的局部间隙不应超过0.2 mm。

(6)压合胶木与轨道接触的工作表面最后加工,其粗糙度应达到1.6。加工后涂上黄油并盖上油纸,不得暴晒及碰伤。

3. 压合胶木滑道组装标准和要求

(1)任一滑道对其他滑道所形成的平面,其偏差值,当跨度小于或等于10 m时,不得超过±2 mm;当跨度大于 10 m 时,不得超过±3 mm。测量时每段滑道至少应测两个端点。

(2)压合胶木滑道夹槽底面与闸门表面的间隙应符合表 5-1-4 规定。

表 5-1-4　滑道支承夹槽底面与门叶表面的间隙　单位:mm

间隙性质	允许偏差	
	接触表面未经加工	接触表面经过加工
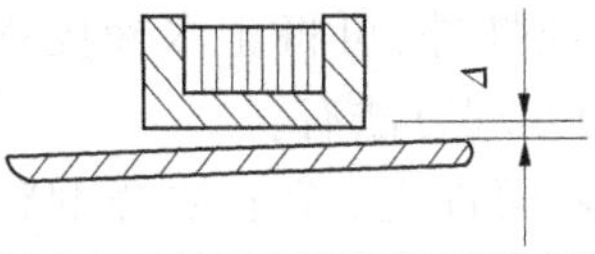	Δ 应不大于 1.0,每段长度不超过 200,累计长度不大于滑道全长的 20%	Δ 应不大于 0.3,每段长度不超过 100,累计长度不大于滑道全长的 15%
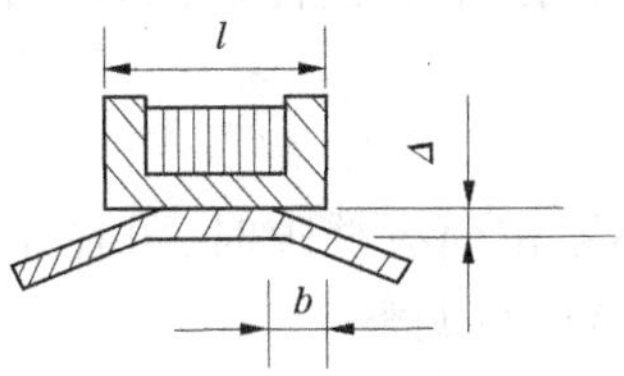	$\Delta \leq 0.5$,$b \leq l/10$,累计长度不大于滑道全长的 50%	$\Delta \leq 0.3$,$b \leq l/10$,累计长度不大于滑道全长的 25%

(3)滑道支承跨度的偏差,不得超过±2 mm(与跨度大小无关)。同一侧的滑块中心偏差不得超过±2 mm。

(4)胶木滑道的夹槽通常为整体铸钢体,也有型钢装配而成的。整体式滑道,胶木所受侧向挤压是靠胶木相对夹槽宽度的过盈量来保证的,常用的过盈量为宽度的 1.5%~2.5%;装配滑道,胶木的侧向挤压力是靠旋紧螺栓来保证的。不论哪种形式,都要保证侧向挤压力不小于 19.6 MPa。

(5)当更换压合胶木仍使用旧夹槽时,应保证原设计的粗糙度。若夹槽内锈蚀严重,应进行除锈处理,但不得用切削加工办法,以免削弱夹槽设计断面。

(四)人字闸门顶枢、底枢严重磨损的处理

人字闸门底枢蘑菇头和轴衬或顶枢轴与轴衬严重磨损后,门枢中心偏离设计中心位置大于 2 mm,或顶枢中心与底枢中心不在同一门轴线上,偏差超过 2 mm,或门叶转轴和门体经调正后,底横梁在接合柱一端下垂度仍大于 5 mm 时,应进行修理。一般情况下是更换轴衬,但当蘑菇头严重磨损时,可用堆焊方法修补,然后精心磨光,与顶盖轴衬接触面(指压力角 120°的范围内)的接触点数,每 25 mm×25 mm 的面积内应有 1~2 点。

修复安装调整后,门枢中心位置偏差不得超过 2 mm,高程允许偏差±3 mm 左右,两蘑菇头标高相对高差不超过 2 mm。底枢轴座(也称承轴台)的水平偏差不大于 1‰。

三、止水装置的修理

如前所述,闸(阀门)止水装置,按止水材料划分有橡皮、金属及木材等。而目前采用最多的是各种定型的橡皮止水。

(一)橡皮止水的修理

1. 更换新件

橡皮止水使用日久老化,失去弹性或严重磨损、变形而失去止水作用,应更换新件。安装新止水时,应用原止水压板的孔位在新止水橡皮上划线冲孔,孔径应比螺栓直径小1 mm,严禁烫孔。

2. 局部修理

由于止水预埋件安装不良,而使橡皮局部撕裂,除应修缮埋件外,可将止水橡皮损坏部分割除,换上相同规格尺寸的新止水。新旧止水橡皮接头的处理方法有:

(1)将接头切割成斜面(可与止水柱面成45°),并将其表面锉毛,涂上粘合剂粘合压紧。

(2)采用生胶热压法胶合,胶合面应平整并锉毛,用胎模压紧,借胎模传热,加热温度为200 ℃左右。胶合及接头处不得有错位及凹凸不平现象。

3. 离缝加垫

闸门顶止水和侧止水的止水橡皮与门槽止水座板接触不紧密而有缝隙时,可在止水橡皮固定部位的底部,加垫适当厚度的垫板(橡皮板或扁铁条)进行调整。

4. 止水橡皮更新或修理后的标准

(1)止水表面平面度不超过2 mm。

(2)止水橡皮的压缩量应保持2~4 mm。

(二)金属止水的修理

金属止水有棒式和片式两种,除闸门上有用棒式者外,阀门上多用片式。下面着重介绍片式金属止水的修理。

(1)在拆除金属止水片(或环)时,若固定螺栓由于锈蚀而折断在螺孔内,可用比螺栓螺纹内径稍小的钻头钻掉螺栓的残余部分,再用与螺栓同规格的丝攻将螺孔清除干净,但应注意不要损坏原有螺孔的螺纹。

(2)对由于气蚀及锈蚀原因引起的麻点、斑孔,可用焊补。青铜止水可用气焊法修补,并加热处理;用喷涂或堆焊不锈钢止水,应采用与原设计相同的材料进行修补。焊补时要注意均匀对称,以防水封环变形过大,安装困难。若发生翘曲,应予以矫正。

(3)焊补后应磨平达到原有的粗糙度,并注意与止水板座间的间隙。

(4)安装金属止水时,应先把金属止水及座环清洗干净并使之干燥,再在止水板座(环)上涂保护油漆,然后装上金属止水片(或环),并旋紧固定螺栓。

(5)固定金属止水板(环)的螺栓(一般为沉头螺钉)旋紧后,应在钉头顶部再焊上合金锡或涂上环氧树脂粘合剂密封,以保护螺钉不致松脱或生锈。

(三)木止水的修理

木止水由于使用日久易腐烂失效,或磨损劈裂。处理方法主要是更换新止水。木料应采用无节、无裂纹的木材,湿度不超过15%。加工后的木止水应浸以沥青,连接螺栓必须埋入止水表面6~10 mm,螺帽必须加设垫圈,并用油灰等封闭。

除上述三种止水修理方法外,若由于止水材料、形式选择不当,影响封水效果的,可考虑改变其材料或形式来处理。

四、埋件的检修

闸(阀)门埋件有一些经常处于水下和受高速水流冲刷及其他外力作用,很容易出现一些缺陷,如锈蚀、变形、气蚀和磨损等。当发现埋件有缺陷时,必须按下列情况分别进行检修。

(1)支承胶木滑道主轨表面的不锈钢脱落或磨损时,应拆下进行处理。当整个轨道需喷镀处理时,应将原有的镀层清除干净再喷镀;当采用局部堆焊处理时,要用与原堆焊材料成分相同的焊条施焊。喷镀或堆焊完毕后,应先根据需要用砂轮、零号砂布打磨后,再以油石蘸油研磨表面,以达到设计要求的粗糙度。

(2)支承工作轮的轨道,若有气蚀、锈蚀、磨损等造成的缺陷,应做补强处理;当损坏变形较大时,宜更换新的。焊接前,埋件表面应彻底清理、铲平、磨光,贴补金属与原埋件之间不规则的缝隙,可采用环氧树脂灌浆充填。工作面上的接口焊缝或堆补焊缝应用砂轮或油石磨光。

(3)止水座板及底坎等,由于安装不牢受水流冲刷、泥沙磨损或锈蚀等原因发生松动、脱落时,应予整修并补焊牢固。对原来用螺栓固定的止水座板,应按原设计要求重新处理。轴承合金垫板有磨损的,可用灌注法进行修补。

(4)胸墙檐板和侧止水座板发生锈蚀时,一般可采用涂刷油漆涂料或环氧树脂涂料护面,有条件的,也可采用喷镀不锈钢或有色金属材料护面。

(5)各种钢材制造的阀门座发生裂缝时,应按金属结构焊补方法进行焊补,不能焊补的应更换新件。

五、钢丝网水泥闸门的修理

钢丝网水泥闸门,一般容易发生裂缝、露网、印网、印筋(网筋锈蚀外露)和局部破损等缺陷,应分别进行修补处理。

(一)裂缝的修补

裂缝可分表面龟裂和深层裂缝两种。裂缝宽度大于 0.05 mm 时,不仅影响结构的强度和抗渗性能,而且会引起钢筋网锈蚀,体积膨胀,致使裂缝扩大或保护层脱落,必须及时处理。

(1)对表面龟裂裂缝,一般应结合结构的耐久性和抗渗性能,在其表面涂刷保护涂料。

(2)对于较严重的深层裂缝(缝宽大于 0.05 mm),则必须凿槽嵌补。可先用红墨水渗入裂缝,然后沿缝开凿出 V 形槽,深度达到见不到墨迹为止(如裂缝已贯穿,则两面凿通),然后用 400 号以上的膨胀水泥砂浆嵌补。

(二)露网、印网、印筋的修补

首先是将钢丝网水泥闸门表面用尖凿打毛,清除钢筋和钢丝网锈迹,然后用清水洗净,经充分湿润后,先用水泥浆刷一层底浆,再用400号以上砂浆进行修补,新老砂浆结合部位,应特别注意压抹质量,其表面应平整光滑。

（三）局部破损的修补

对于破坏严重部位，如筋网已有锈蚀或筋网断裂形成孔洞之处，修补时应先将损坏处周围的砂浆凿去，凿除范围比原孔洞增大5～6 cm，开口形状最好成一斜面，使新老砂浆接触面大一些，并把锈蚀严重的筋网割掉（但要留一小段，以便接上新筋网），将断裂钢筋用新钢筋搭接或焊好，并适当加密钢筋，另用新网覆盖绑扎牢固，并对旧砂浆面喷水湿润，再用1:1砂浆进行填补。当砂浆初凝后，要求反复压平抹光，使新老砂浆黏结好，防止结合处发生干缩裂缝。经精心养护，待强度达70%以上时，即可使用。

对钢丝网水泥面板局部破损面的修补，必须保证质量。修补时对水泥砂浆的有关要求为：

（1）新砂浆必须比原结构的砂浆有较高的强度（一般采用400号以上标号），所用水泥的品种应与原结构的相同（一般采用500号以上的硅酸盐普通水泥）。

（2）冬季修补时，不得使用氯化物做促凝剂，以免钢筋锈蚀。

（四）沿海使用的钢丝网水泥闸门的修理

沿海使用的钢丝网水泥闸门常处于侵蚀性介质环境中工作，当门体有局部损坏时，无论是钢丝网水泥面板或是钢筋混凝土构件，均可采用环氧砂浆、环氧基液进行修补，构件损坏处筋网的处理方法同上所述。

六、橡胶坝的修理

橡胶坝的坝袋在运用中常见的缺陷和损坏现象有脱层或开胶脱落、磨损、撕裂以及戳伤或刮破等，其修理方法为：

（1）轻度磨损或戳伤刮破而未伤及帆布的，可贴补胶片处理。

（2）凡戳伤、刮破帆布的，应在坝袋外表面贴补原胶布（胶布材料及其经纬向须与坝袋一致），在坝袋内表面贴补胶片。

（3）对较大面积的脱层起泡和磨穿的，应将损坏部位挖掉，再用与坝袋材料相同的胶布填补齐平，并在内外表面分别贴补胶片和胶布。

（4）当撕破面积较大时，可采用挖补、贴补或整幅换掉。

坝袋修理与安装过程中，安装人员不得穿钉鞋，非必要时，不得在坝袋上行走。安装现场严禁烟火。

七、闸门的防腐蚀

闸门钢结构在使用过程中，不断地发生腐蚀，在一般涂料的保护下，使用10年后，10 mm厚的闸门面板，腐蚀深度可达2～3 mm，最坏情况可达穿孔程度。因此，做好闸门的防腐工作具有十分重要的意义。

（一）钢铁腐蚀分类、原理及影响腐蚀的因素

1. 分类

钢铁的腐蚀一般分为化学腐蚀和电化学腐蚀两类。化学腐蚀是钢铁与外部介质直接进行化学反应。电化学腐蚀是钢铁与外部介质发生电化学反应，即在腐蚀过程中，不仅有化学反应，而且还伴随有电流产生。水工钢闸门的腐蚀多属于电化学腐蚀。

此外，根据腐蚀破坏的分布特征，还可分为均匀腐蚀和不均匀腐蚀。

均匀腐蚀(也称全面腐蚀)，即金属在介质作用下，整个表面腐蚀的分布、深度和速度都比较均匀。大气中的钢结构物，基本上都是均匀腐蚀，这类腐蚀危害较小。

不均匀腐蚀(也称局部腐蚀)，即金属表面各部位受到的腐蚀程度不同，这类腐蚀危害性较大，往往在整体结构尚好的情况下，由于局部穿孔而引起严重事故或灾害。

常见的不均匀腐蚀有两种：一是溃疡腐蚀(也称脓疮腐蚀)，在有限的面积上，集中了较深、较大的损坏部分。在发生冲击腐蚀与海洋附着生物的污损时，常会出现这种腐蚀。二是点腐蚀(也称小孔腐蚀)，腐蚀集中于金属表面的一些个别点上，并向深处发展，产生一些小而深的圆孔，甚至穿孔。这是一种比较普通而又危险的腐蚀形式，通常钢闸门在海水中会发生这类腐蚀。

2. 原理

由于钢铁材料在冶炼中不可避免地含有硫、磷、碳、锰、硅等金属或非金属导电杂质，在电解质溶液中，钢铁与这些杂质的电位不同，钢铁电位较低呈阳极，杂质电位较高而呈阴极，形成许许多多腐蚀微电池。在这个过程中，阳极区铁离子不断被溶解脱离基体，就是钢铁的腐蚀。而阴极区并未遭到腐蚀。

对于常处水位以上的钢闸门结构，由于阴暗潮湿的环境也能使结构表面形成一薄层导电水膜，从而具备发生电化学腐蚀的条件，容易遭受腐蚀。

3. 影响腐蚀的因素

钢铁的腐蚀除本身材质的影响外，外界环境因素，如氯化物的浓度、溶解氧的浓度、水温、pH 值、水质污染、水电阻率、流速、钢铁在水中的不同位置、生物附着情况以及钢铁表面防腐涂层状况等，对钢铁的腐蚀影响也很大。

在诸多因素中，与“闸门运行工”有直接关系的是最后两点。附着在钢结构表面的生物，常见的有海蛎子、贝类、藻类等，它们的新陈代谢及其分泌物，对结构物起着化学腐蚀和电化学腐蚀的作用，还会引起涂料保护层早期破坏，加速结构腐蚀。

钢铁表面防腐涂层的状况，直接影响到钢铁的腐蚀速度。这也就是为什么闸门维护工作中要求及时清除闸门表面上的附着水生物，及时修补损坏的防腐涂层，确保其良好状态的原因所在。

(二)常用防腐蚀的方法

金属防腐蚀的方法很多，对水工钢闸门来说，目前最常采用的有以下三种方法：

(1)涂料防腐法。涂料防腐蚀是用油漆、高分子聚合物、润滑油脂等涂敷在钢件表面，使钢件表面与水或其他引起腐蚀的介质隔离，截断电化学反应的通道，使之达到防腐蚀的目的。这种方法应用最广，其优点是工艺简单，施工费用低廉；缺点是保护周期较短。

(2)喷镀锌、铝防腐法。采用熔点较低的锌(419 ℃)、铝(667 ℃)金属为原料，通过可调温度的火焰和压缩空气的喷射，使其在钢结构件表面生成一层金属镀膜，它不但具有涂料的覆盖隔水作用，并且有阴极保护作用，从而达到防腐蚀的目的。喷镀金属附着力强，在一般水流、风浪、冰凌作用下不易脱落，但工艺比较复杂，消耗贵重金属，成本比涂料保护提高 60%～80%。

(3)阴极保护与涂料联合防腐蚀法，在后面介绍。

（三）涂料保护

1. 涂料的概念、作用及选用

涂料保护是借涂料涂在结构表面而形成保护层。涂料俗称油漆，主要由漆料及颜料组成。漆料是用植物油或各种合成松脂加工制成的。颜料主要起调色、防锈以及增强漆脂强度、韧性、耐磨及抗紫外线照射等作用。另外，还可加入适量的稀释剂、防沉剂、催干剂、防老化剂与填料等。在涂料保护中，为了保证保护效果，涂料要有一定的厚度，一般都要涂刷三四层。在几层漆膜中，底层漆直接与结构表面接触，表面层则暴露于空气或水中，由于它们的工作条件及所处介质不同，对底漆和面漆应有不同的要求：

（1）底漆：①应与结构表面有良好的附着力和机械强度，能适应结构的热胀冷缩、受力变形及振动等作用，而不发生脆裂、脱落等破坏；②漆膜封闭性强，对水和氧气的渗透性很小；③颜料必须有较强的防锈作用。

（2）面漆：①耐日光照射，不易失光、失色、粉化、开裂；②对水和各种气体渗透性小；③耐酸、碱、盐等化学介质的腐蚀；④有良好的机械强度，如硬度、耐磨、韧性等；⑤美观，起一定的装饰作用。

为了更好地发挥涂料的效果，底漆和面漆必须合理配套，使其具有良好的结合力和适应性。

2. 施工工艺与质量要求

（1）刷涂。刷涂工具一般为漆刷。刷涂过程中，当在较平滑的表面上，涂料黏度较小时，可先竖直刷，后水平拉匀，最后竖直涂刷平顺；对粗糙、锈坑较多的表面，涂料黏度较大时，对锈坑应增加旋转搓揉，使涂层与锈坑表面牢固结合。涂刷完成后，应检查一遍补涂遗漏处，以防漆膜在锈坑处由于表面张力作用破裂露底。

（2）喷涂。喷涂是利用压缩空气将涂料通过喷枪喷成雾状而覆盖于金属表面，形成涂层。喷涂工艺的优点是工效高、漆膜比较均匀、光滑平整、施工方便，但需专用设备，如喷枪、贮漆罐、空压机等。

喷涂施工应注意：喷束应尽量与工作面垂直，两相邻喷束带必须重叠 1/3，以保证漆膜均匀，油漆黏度须经过试验确定，为保证有足够的遮盖力，黏度不要太小。

（3）质量要求：①漆膜均匀、无气孔，无流挂，无皱纹鼓包；②漆膜附着牢固，每层涂层厚薄均匀，无漏涂；③漆膜美观，刷纹顺直，无刷片、砂粒及灰尘粘附；④涂层干膜总厚度：淡水介质中不少于 200 μm，海水介质中不少于 300 μm，涂装不少于四道。厚度也可用单位面积耗漆量控制。一般红丹底漆为 0.20～0.25 kg/（道·m^2），铝粒沥青漆为 0.11～0.14 kg/（道·m^2）。

（4）安全防护。涂料施工应注意安全生产，进行高空、水上交叉作业时，应遵守有关规程，施工现场应注意防火，严禁吸烟，清洗用的棉纱、破布等物品用后应集中存放，各种电气设备如照明灯、电动机、电气开关等都应用防火防爆型装置。

（四）喷镀金属

1. 选用原则

金属喷镀按熔化金属的方法，一般可分为气喷镀与电喷镀两种。水工钢闸门结构庞大笨重，受到施工条件限制，多采用气喷镀的方法。喷镀金属材料多采用锌和铝。一般情况,淡水环境或 pH 值小于 7 时,以采用喷涂锌为宜,海水环境或 pH 值大于或等于 7 时,采用喷涂铝或锌铝合金、铝基合金为宜。由于锌的熔点比铝为低,施工工艺和质量容易掌握,目前采用气喷镀锌比较普遍,但喷铝价格比较便宜,也可达到良好的防护效果。

2. 施工工艺流程和质量要求

气喷镀的工艺流程为:结构表面处理—喷镀—检查—封闭。

喷镀过程中的注意事项包括以下几方面:

(1)喷镀镀层厚度,在淡水中不少于 200 μm、海水中不少于 300 μm。为防止镀层与金属母体不均匀收缩而脱落,可分两遍进行喷镀,第一层一般喷总镀厚度的 70%~80%。

(2)为防止金属过多氧化而影响镀层的阴极保护作用,火焰宜控制为中性或中性偏炭化焰。

(3)严格控制喷射颗粒的大小,太粗会影响镀层的附着力,并加大孔隙,若有成片金属被喷上,必须彻底清理后重喷。

(4)喷枪移动必须平稳规则,不得乱喷。喷束带应适量重叠,避免漏喷或重喷。

3. 镀层质量检查

(1)表面缺陷。用目测和放大镜观察颗粒的粗细和均匀程度,若发现有较大的金属球,必须铲掉重喷。

(2)附着力检查。用小刀或铁件加力剔刮,镀层应仅露出银白色的光泽划痕,不得有成片脱落。

(3)孔隙检查。清除镀层表面灰尘后,将浸有 10 g/L 的铁氰化钾溶液和 20 g/L 氯化钠溶液的混合溶液的滤纸覆盖在镀层上,5~10 min 后,滤纸上若有蓝色斑点出现,说明此处镀层有孔隙,一般以蓝色斑点不多于 3 点/cm^2 为合格。

(4)检测镀层厚度应满足要求。采用无损检测,抽测面积一般为总面积的 10%,抽测面积中每平方米测点不少于四点。测点厚度不应小于设计厚度的 75%,小于设计厚度的测点数不得超过测点数的 1/4,否则应进行补喷或重喷。

(五)阴极保护与联合防腐

1. 基本原理

根据金属的电化学腐蚀原理可知,金属在电解质溶液里,由于表面存在着电化学的不均匀性,形成无数腐蚀电池,其阳极部分不断遭到腐蚀,阴极部分得到了保护。如果在溶液设置一辅助电极,并使被保护的金属结构与辅助电极之间产生一直流电压,使金属结构成为阴极。当钢铁结构在水中的表面电位(相对于饱和硫酸铜电极)达到-850 mV 左右,钢结构就基本上不再受到腐蚀,起到了阴极保护作用。

2. 分类与基本组成

阴极保护按提供电流的方法分为外加电流法和牺牲阳极法。

外加电流阴极保护是外加一直流电源,负极与被保护结构相连,正极与辅助阳极相连,在电解质溶液中形成外加电流阴极保护回路,其基本组成如图 5-1-87 所示。

牺牲阳极阴极保护法的原理是将具有强负电性的金属连接在被保护的金属结构上,在电解质溶液中由于它们之间存在电位差,金属结构物为阴极,依靠强负电性的金属(阳极)不断腐蚀溶解所产生的电流来保护金属结构物,这种被腐蚀的金属,称为牺牲阳极。

其基本组成如图 5-1-88 所示。

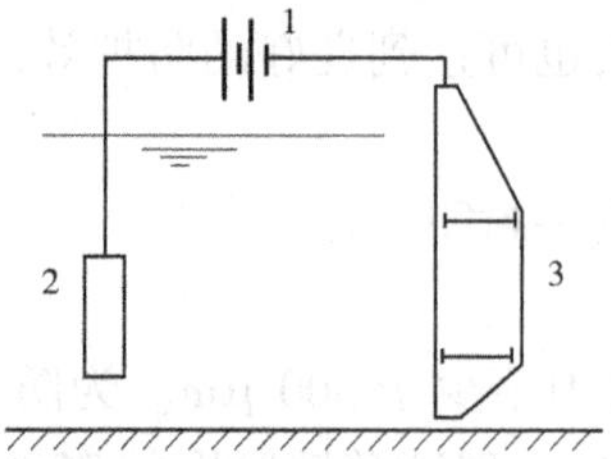

1—直流电源;2—辅助阳极;3—闸门(阴极)。

图 5-1-87 闸门外加电流阴极保护示意图

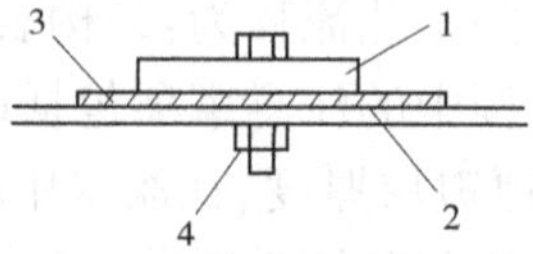

1—阳极;2—金属结构;3—绝缘垫;4—连接螺栓。

图 5-1-88 牺牲阳极阴极保护示意图

3. 阴极保护的优缺点

阴极保护是建立在电化学理论基础上的一种先进的保护措施,保护效率较高,可以达到使被保护结构基本不锈的目的。但其使用条件受到一定限制,被保护结构一定要长期处在电解质溶液中,对于经常处于水上大气中的金属结构不能采用阴极保护措施,对处于干湿交替环境中的结构,保护效果也比较差。

外加电流法的优缺点是:电压电流可调性好,可随外界条件不同实现自动控制,保护周期长,辅助阳极排流量大,而安装数量较小。但是应具有电源及其设备,一次性投资大,需要长期维护与检修。

牺牲阳极法的优缺点是:不需外部供电、安装简单、使用可靠,几乎不需要维护、检修。但是保护周期较短,需要定期更换,阳极发生电流量小,安装块数较多。鉴于管理上的方便,闸门管理单位常用牺牲阳极法。

4. 阴极保护的基本参数

当钢铁结构在水中的表面电位达到-850 mV 时,金属电化学腐蚀过程停止,这个值称为最小保护电位,电位的大小与金属种类、表面状况、电解质的成分等因素有关,可按具体情况通过保护电位-保护效率试验确定。

阳极保护电位越负,保护效率越高,但电位负到一定程度达到析出氢气的电位时,使钢铁表面或涂层同时生成气泡隆起膨胀,导致涂层脱落,对阴极保护加涂层联合防腐不利。因此,为了防止结构表面析氢,需要控制结构表面的上限保护电位。一般情况下,钢结构的保护电位可选用-1 000~-800 mV。

5. 阴极保护与涂料保护联合防腐法

所谓阴极保护就是向被保护金属通以一定的直流电,使被保护金属变成阴极而得到保护。

由于金属表面单独采用涂料保护,保护周期较短,而单独采用阴极保护时,所需要的保护电流大,且分布不均匀,保护效果亦不理想。

如果在金属表面先施涂料保护,再加上阴极保护,那么接受保护电流的仅仅是涂层局部损坏处或具有孔隙和缺陷处。因此,可以大大减少所需要的保护电流,且分布均匀,大大提高阴极保护的效果,并获得较好的经济效益。因此,阴极保护与涂料保护联合防腐是很有必要的。

联合防腐要求，涂料不仅应具有良好的封闭性能，还应具有较好的绝缘性、良好的耐碱性及良好的耐通电性能。

（六）表面处理工艺

1. 表面处理的重要性

表面处理是金属结构防腐工艺中的关键环节。未经处理的钢铁构件表面常有氧化皮、铁锈、油污、水垢及各种杂质的污染。它们的存在严重地影响各种涂料或金属喷镀层的附着能力，常使保护层过早失效，达不到预期效果。良好的表面处理，可以使相同的保护措施，在相同的运用条件下，大大延长保护周期。

2. 表面处理的要求、方法、质量标准

（1）表面处理的要求。钢结构的表面处理应与所采用的防护措施相适应。根据水工钢闸门防腐蚀的具体情况，可将表面处理要求分为两级：一级属较高的要求，表面处理比较彻底，常用于喷镀锌及对防腐有较高要求的重要结构；二级属一般要求，用于要求不太高的保护措施和一般的结构。

一级表面处理的要求为：表面必须全部露出灰白色的金属本色；表面无疏松的锈蚀物及其他氧化物；表面无油污、灰尘和细微的砂粒；表面干燥；表面无旧漆与酸、碱、盐的残余物；表面具有一定的粗糙度。

二级标准对以上要求放宽一些。表面处理等级标准及不同涂料表面处理的最低等级见表 5-1-5 和表 5-1-6。

表 5-1-5　金属表面处理等级标准

表面处理等级划分		表面处理标准
喷射或抛射除锈	Sa1	轻度的喷射除锈。钢材表面应无可见的油脂和污垢，没有附着不牢的氧化皮、锈和油漆涂层等附着物
	Sa2	一般的喷射、抛射除锈。钢材表面应无可见的油脂和污垢，氧化皮、锈和油漆涂层等附着物已基本清除，其残留物应是牢固附着的
	Sa2 $\frac{1}{2}$	较彻底的喷射、抛射除锈。钢材表面应无可见的油脂和污垢、氧化皮、锈和油漆涂层等附着物，任何残留的痕迹应仅是点状或条纹状的轻微色斑
	Sa3	彻底的喷射、抛射除锈。钢材表面应无可见的油脂和污垢、氧化皮、锈和油漆涂层等附着物，表面应呈现均匀的金属光泽
手工和动力工具除锈	St2	一般的手工和动力工具除锈。钢材表面应无可见的油脂和污垢，没有附着不牢的氧化皮、锈和油漆涂层等附着物
	St3	彻底的手工和动力工具除锈。钢材表面应无可见的油脂和污垢，没有附着不牢的氧化皮、锈和油漆涂层等附着物，除锈比 St2 彻底，底材显露部分的表面应具有金属光泽

表 5-1-6 不同涂料金属表面处理的最低等级

涂料品种		表面处理最低等级	
		喷射或抛射除锈	手工和动力工具除锈
非油性漆	无机富锌漆	Sa2 $\frac{1}{2}$	不允许
	醇醛树脂漆,环氧沥青漆	Sa2	St3
	醇酸树脂漆	Sa2	St2
	其他漆类	Sa2	不允许
油性漆		Sa2	St2

表面处理工艺完成后,应按工艺要求尽快进行保护处理,以免结构表面二次生锈或遭到污染。

(2)表面处理的方法。一般有人工、机械和化学三类处理方法,可根据情况进行合理选用。

①人工敲铲。靠手工打磨敲铲、剔刮扫刷以除去锈垢、旧漆、尘土等污物,并使表面粗糙。

②机械动力工具处理。一般是用风动、电动砂轮、刷轮等机械工具进行表面处理。

③喷砂处理。以压缩空气为动力,使砂粒高速喷射冲击结构表面除锈除漆。

④化学法处理。用化学制剂与结构表面锈蚀物发生化学反应,以清除锈斑和清理氧化表皮。

此外,还有火焰处理、磷化处理等表面处理措施。

(3)表面处理的质量标准。根据表面喷砂处理的程度可分为三级标准:一级标准为表面锈蚀和任何污染全部清除,钢铁表面颜色灰白一致;二级标准为表面锈蚀产物与松弛的氧化皮均被清除,但允许有少量的紧密附着的灰褐色氧化皮存在;三级标准为清除疏松的锈蚀产物,允许紧密的氧化皮和有效的旧漆存在。

对于金属喷镀保护,表面处理应达到一级标准;涂料保护,一般可要求达到二级标准;对于防腐要求不高的次要结构的表面处理,允许达到三级标准。

模块二 启闭机

任务一 概 述

一、启闭机的特点与分类

(一)启闭机的特点

起重机械是用来对物体启吊、搬运、装卸和安装作业的机械设备,它广泛地应用于各生产部门。随着生产规模的日益扩大和专业化、现代化的需要,各种专门用途的起重机相继产生。启闭机即是其中之一。在水利工程上专门用来启闭闸门的起重机械,称为闸门启闭机,简称启闭机。它有以下特点:

(1)高度可靠性。闸门是水库、大坝等水工建筑物的关键组成部分,它和水工建筑物共同起着拦蓄洪水、泄放洪水的作用。这就决定了闸门启闭机必须安全、可靠的运行,以确保下游人民生命和财产的安全。因此,对闸门启闭机的运行要求具有高度可靠性,这是启闭机区别于其他起重机械的最大特点。

(2)荷载变化大。启闭机启吊的多是沿导向门槽上下移动或是绕着支铰点做旋转运动的闸门。因此,作用于启闭机上的荷载不仅取决于闸门活动部分的重量,还在很大程度上取决于运动阻力的大小。这些阻力是相当不稳定的,因为它与止水和行走支承结构摩擦表面状况密切相关。泥沙淤积、建筑垃圾和各种漂浮物落入门槽,以及埋件结冰等都会使运行阻力大大增加。此外,在动水中操作的启闭机,它的荷载大小还与随闸门开度而变化的动水压力和水柱压力有关。

因此,启闭机在工作周期内荷载是变化的。极限荷载有可能大大偏离额定荷载。

(3)运行频率低。由于闸门启闭机的作用是拦蓄、泄放洪水,调节水位,所以它的运行频率很低,甚至有的全年无须运行,大部分时间处于停机挡水状态。然而由于它的重要作用,要求它必须长期保持安全可靠,随时能灵活启闭的良好状态。这对运行管理来说,与其他起重机械相比提出了更高的要求。

另外,启闭机的结构尺寸、启闭力一般都比较大,运行速度很低,它们所处的环境也较差等。这些都是区别于其他起重机械之处。

(二)分类

启闭机的种类很多。按传动方式可分为机械式和液压式两种。机械式启闭机是通过机械传动来实现闸门启闭。这是应用最为广泛的启闭机。液压式启闭机是利用液压传动来实现闸门启闭。它属于后发展起来的一种启闭设备。

按布置形式启闭机可分为固定式和移动式。固定式是固定不动,一机一门;移动式可行走,是一机多门。

启闭机的分类如下:

- 启闭机
  - 机械式
    - 固定式
      - 卷扬式启闭机(见图5-2-1)
      - 螺杆式启闭机(见图5-2-3)
      - 其他启闭机(见图5-2-2)
    - 移动式
      - 门式启闭机(见图5-2-7)
      - 台车式启闭机(见图5-2-8)
      - 桥式启闭机(见图5-2-33)
  - 液压式
    - 单作用液压启闭机(见图5-2-4)
    - 双作用液压启闭机(见图5-2-5)
    - 人字闸门液压启闭机(见图5-2-6)

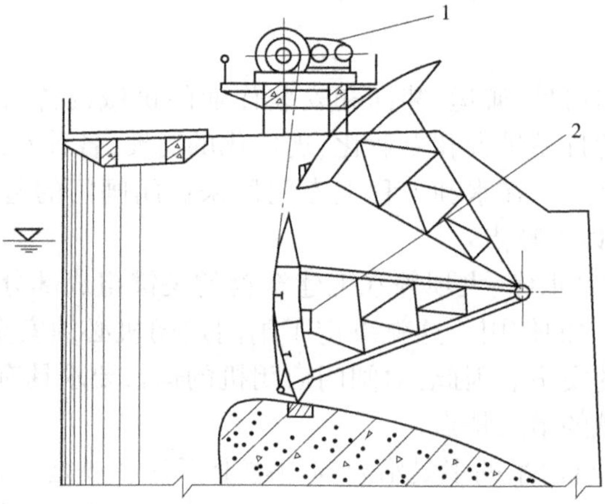

1—固定卷扬式启闭机;2—弧形闸门。

图 5-2-1　固定卷扬式启闭机

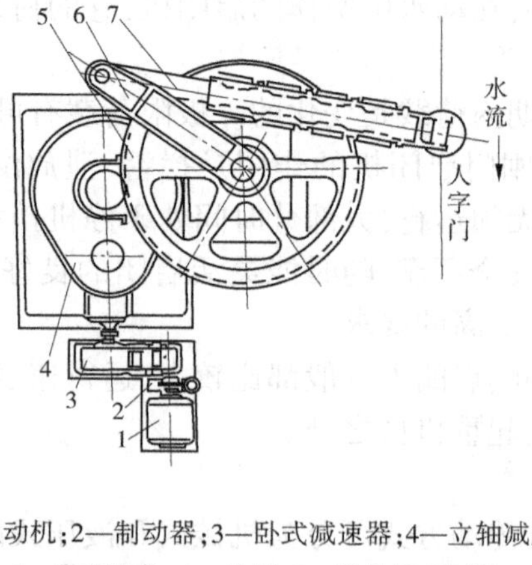

1—电动机;2—制动器;3—卧式减速器;4—立轴减速器;
5—扇形齿轮;6—曲柄;7—推拉杆(连杆)。

图 5-2-2　四连杆式人字闸门启闭机(扇齿轮曲柄)

二、启闭机的基本参数及工作类型

(一)基本参数

启闭机的基本参数是用来说明启闭机性能和规格的一些数据。

(1)额定起重量(kN)。额定起重量是指启闭机安全工作的最大启闭荷载(包括吊具)。有的直接标出启门力和闭门力。

(2)起升高度或扬程(m)。吊具最低位置与最高位置之间的垂直距离称为起升高度或扬程,对于油压启闭机此参数值即活塞行程。

(3)工作速度(m/min)。它包括起升速度、闭门速度和运行速度。

①起升速度:起升机构电动机在额定转速下或油泵在额定排量下吊具的上升速度。

②闭门速度:快速闸门启闭机在起升机构电动机关闭时或液压回路节流阀在最大开度时,闸门靠自重下落的速度。

③运行速度:移动式启闭机行走机构的电动机在额定转速下,大小车行走的速度。

(4)吊距(m)。双吊点启闭机两吊点中心距离。

(5)跨度(m)。指移动式启闭机大小车行走轨道中心线之间的距离。

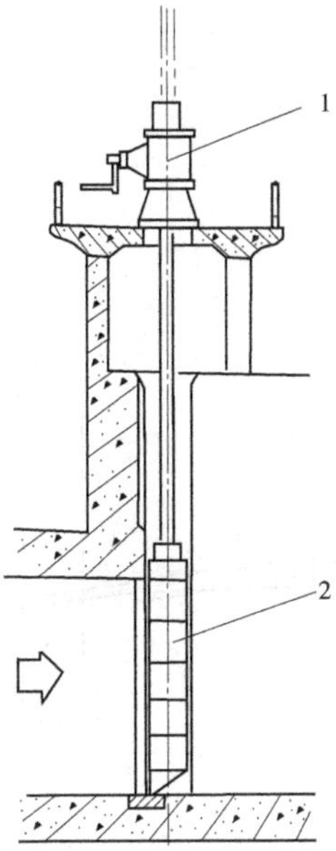

1—启闭机;2—闸门。

图 5-2-3　螺杆式启闭机

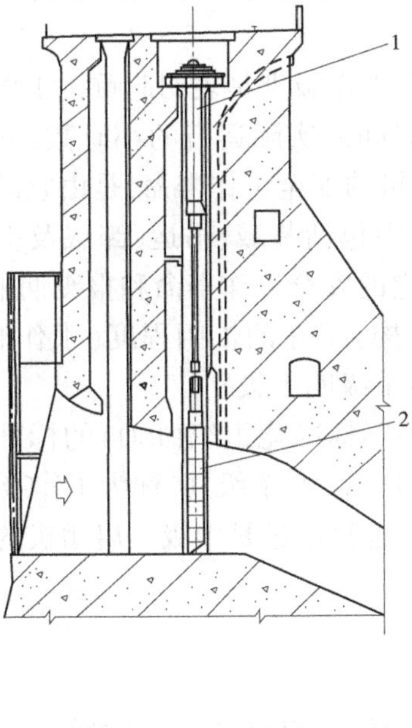

1—液压启闭机;2—工作闸门或事故闸门。

图 5-2-4　单作用液压启闭机

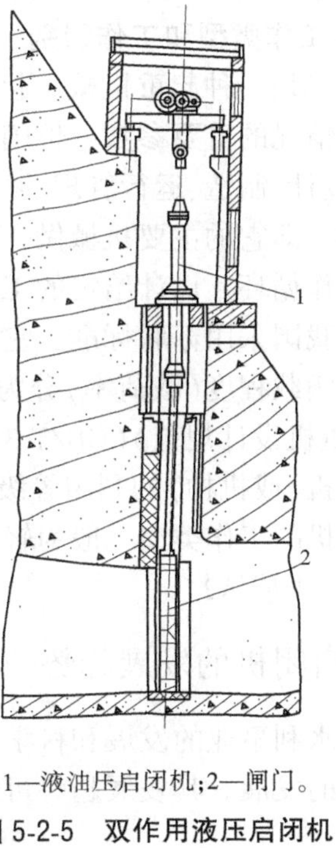

1—液油压启闭机;2—闸门。

图 5-2-5　双作用液压启闭机

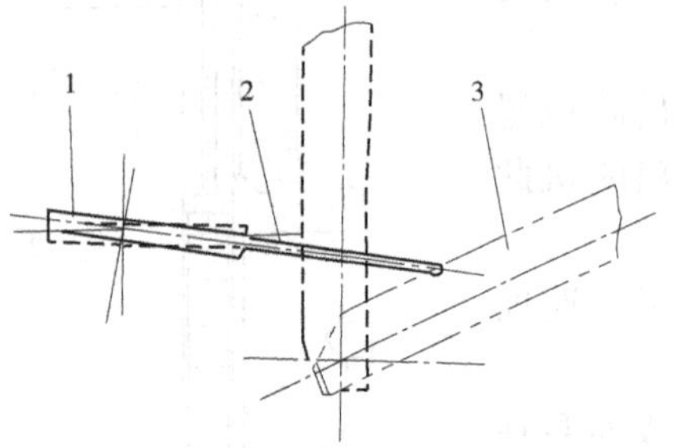

1—启闭摆动液压缸；2—活塞杆；3—人字闸门。

图 5-2-6　摆动卧缸液压人字闸门启闭机

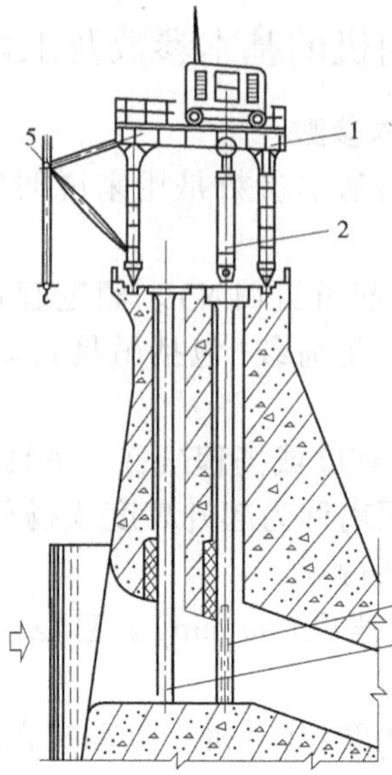

1—双向门式启闭机；2—压重箱；
3—工作闸门；4—检修闸门槽；5—回转吊车。

图 5-2-7　双向门式启闭机

（6）幅度（m）。指门式启闭机增设的回转吊车，回转轴中心至吊钩中心的距离。

（7）液压（MPa）。液压启闭机在启闭闸门时工作油液的最高压力。

（8）流量（L/min）。液压启闭机液压系统的油泵电机在额定转速下油泵的排油量。

（二）工作类型和工作级别

启闭机是一种起重机械。起重机械的工作类型和工作级别是表明起重机工作忙闲程度和荷载情况的重要参数。忙闲程度指其一年的总时间内实际运行的小时数，它是起重机选型、设计、制造、运行管理的重要依据。所谓起重机的安全工作寿命，是由它的工作循环决定的。即它的主要机械做一次正向反向运动，其中包括装载、吊运、卸载及空钩回位为一个工作循环。设计给定的工作循环次数 N 就是它的安全工作寿命和报废期限。

过去我国采用苏联标准。它是根据起重机（或机构）工作的忙闲程度（工作时间率）和吊重的满载程度（载荷率）分为轻级、中级、重级、特重级四个级别。

《起重机设计规范》（GB/T 3811—2008）是采用国际标准化组织（ISO）的标准。它是根据起重机（或机构）的利用等级和荷载状态，分为 A1～A8 八个级别，称为工作级别。

启闭机的工作类型一般为轻级，船闸运用繁忙时，也只不过是中级。启闭机的工作级别一般为 A1 或 A2。

三、启闭机的发展趋势

随着水利事业的发展和科学技术的进步，对闸门启闭机提出了更多更高的要求，促进了启闭机的发展。其发展趋势可归纳为以下几点：

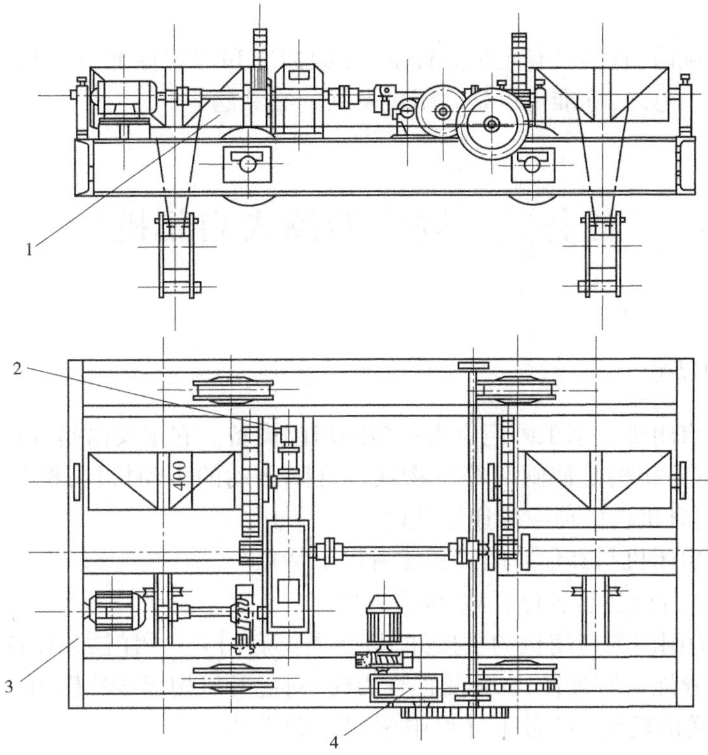

1—起升机构;2—高度指示装置;3—台车架;4—行走机构。

图 5-2-8　2×7.5 kN 台车式启闭机

(1)大型化。启闭机大型化的发展,是水利工程大型化发展的必然结果。就启闭容量和扬程而言,目前国内最大的固定卷扬启闭机容量已达 2×4 000 kN,扬程达 120 m;液压启闭机容量已达 9 000 kN,活塞行程达 16.8 m;门式启闭机容量可达 5 000 kN,最大扬程 140 m。

(2)广泛采用液压技术。由于液压传动有其突出的优点,近几年来,国内外各种类型的起重机已广泛应用。在启闭机领域内不但有各种类型的油压启闭机,还有油缸驱动的卷扬式启闭机和液压抓梁等。

(3)向自动化发展。随着现代科学技术的发展,特别是由于电子技术的发展,在闸门启闭机上已经应用了电子装置与控制系统。例如,用来监测启闭机的电子秤,用来监视闸门开度的电子深度指示器,以及集中自动控制系统等。随着电子计算机技术的普及与应用,自动化是启闭机发展的必然趋势。

(4)启闭机的标准化。标准化工作是发展国民经济的一项基础工作,它能带来很大的经济效益。所谓标准化是指制定统一的规范和标准,作为设计、制造、造型、订货以及运行管理等共同遵守的原则。它主要包括以下几个方面:①设备检查,维护保养及修理的规程规范;②设备完好等级标准;③设备鉴定更新报废标准;④零部件的标准化、通用化及启闭机的系列化;⑤验收方法的标准化;⑥制造、安装及验收的技术条件;⑦设计规范;⑧名词术语标准化等。

在启闭机领域内,有的已有企事业标准、部颁标准和国家标准,有的需要统一制定和与国际标准接轨。总之,标准化也是启闭机发展的必然趋势。

任务二　固定卷扬式启闭机

一、结构和特点

固定卷扬式启闭机是水工闸门应用最多的启闭设备。它主要由起升机构和机架组成(见图5-2-9)。起升机构是使闸门等重物获得升降运动的传动机构,机架用来安装固定起升机构,并将起升机构的荷载传递给基础。

固定卷扬式启闭机与其他启闭机相比有以下特点:

(1)结构简单,自重轻,运行可靠,维修方便。

(2)钢丝绳为闸门与启闭机的联接件,只能提供启门力。闭门靠闸门自重,不能提供闭门力。然而钢丝绳富有弹性,在承受惯性力时,对起升机构起缓冲作用。

(3)采用双联滑轮组,在启闭过程中闸门不会左右晃动。

(4)启闭机的起重容量范围大,可适应各种启闭力的需要。

(5)它的主要缺点是:启闭机占地面积较大,钢丝绳易磨损,在水中抗腐蚀能力差,寿命较短。

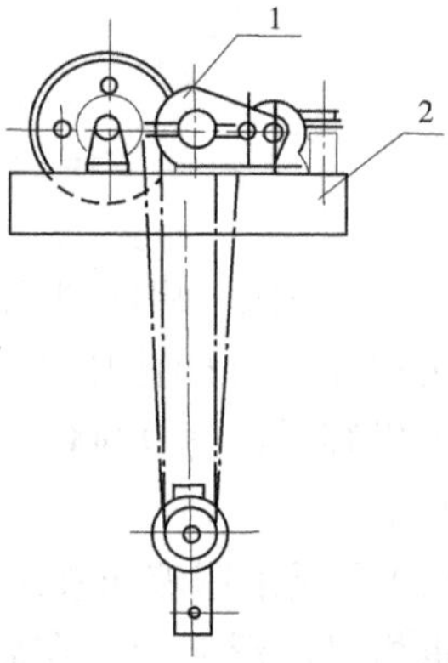

1—起升机构;2—机架。

图5-2-9　固定卷扬式启闭机

二、起升机构的主要零部件

起升机构主要由钢丝绳、卷筒组、滑轮组、制动器、联轴器和驱动传动机构等组成。此外大多数还装有负荷控制器、行程指示等安全装置(见图5-2-10)。

(一)钢丝绳

1. 钢丝绳的作用及优点

钢丝绳是柔性联接件,它的作用是把启闭力由卷筒传至闸门。与其他闸门联接件相比它有以下优点:

(1)强度高、承载能力大、过载能力强、弹性好、耐冲击、自重轻。

(2)挠性好,运行平稳、无噪音,可高速工作。

(3)工作可靠,不会突然断裂;在破断前外层钢丝先断开,后松散,易被发现。

2. 钢丝绳的受力

在实际工作中,钢丝绳主要承受以下三种力:由闸门自重、配重、水柱压力和摩擦阻力等引起的拉伸力;钢丝绳在绕过卷筒滑轮时所受的弯曲力;钢丝绳与卷筒、滑轮接触时受到的挤压力。

3. 启闭机常用的钢丝绳

钢丝绳的种类很多，在卷扬式启闭机中，D型钢丝绳应用最多，因此亦称它为标准型或普通型。

D型钢丝绳的特点是组成钢丝绳的所有钢丝直径相等。因此，股内相邻各层钢丝的节距不等，相互交叉，在交叉点上接触。因此，它属于点接触钢丝绳。这种钢丝绳的股内钢丝排列规律为：中心一根钢丝，第一层包六根钢丝，以后每层比里层多六根。目前我国生产的D型钢丝绳均为六股。如绳6×19，股(1+6+12)；绳6×37，股(1+6+12+18)等。这种钢丝绳柔性好，制造工艺简单，价格低，因此在启闭机上广泛应用。然而由于点接触，接触应力较高，在反复弯曲工作过程中绳内钢丝易磨损折断，使钢丝绳寿命降低。因此，有被线接触钢丝绳代替的趋势。

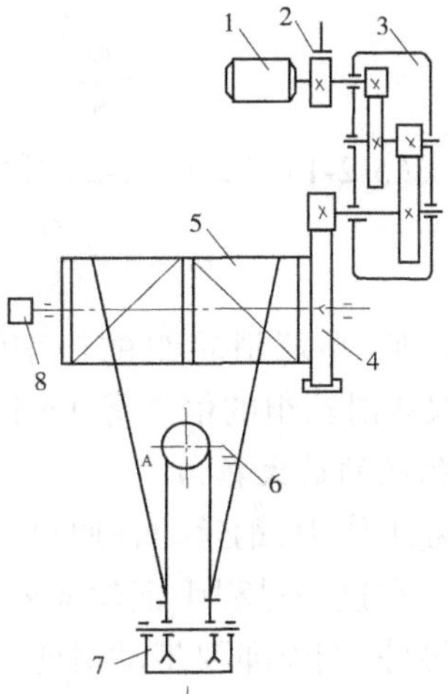

1—电机；2—制动器；3—减速器；4—开式齿轮；
5—卷筒；6—平衡轮；7—动滑轮组；8—主令控制器。

图5-2-10　单吊固定卷扬式启闭机起升机构

(二)滑轮组

1. 组成及其作用

滑轮组是起升机构的重要组成部分。它由定滑轮、动滑轮、平衡及其支架组成。平衡轮使固定在卷筒上的两个绳端受力均匀，这是双联滑轮组所必需的。

滑轮组的作用是悬挂支承钢丝绳，并与钢丝绳一起组成一个机构，起减速省力的作用。

2. 滑轮组的倍率

倍率是滑轮组的主要特性参数，它反映出滑轮组所起作用的大小。当起升荷载一定时，与不用滑轮组相比，钢丝绳拉力要减小，吊物的起升速度变慢，相应地钢丝绳的长度增加。这个变化的比率，就是滑轮组的倍率。因此，滑轮组的倍率m可用下式表示：

$$m=\frac{Q}{S}=\frac{v_{绳}}{v_{物}}=\frac{L}{H} \tag{5-2-1}$$

式中　Q——起升荷载；

S——钢丝绳理论提升力；

$v_{绳}$——钢丝绳的卷绕速度；

$v_{物}$——吊物提升速度；

L——钢丝绳卷扬长度；

H——吊物提升高度。

如图5-2-11所示，为单联滑轮组。如果忽略钢丝绳绕过滑轮的阻力，以及滑轮的转动摩擦阻力，则每一分支钢丝绳的拉力都等于理论提升力S，根据平衡条件可知

$$S=\frac{Q}{i}$$

或

$$i=\frac{Q}{S} \tag{5-2-2}$$

比较式(5-2-1)与式(5-2-2)可得

$$m=i=\frac{Q}{S}$$

由此可见,单联滑轮组的倍率等于钢丝绳的分支数 i。同理,双联滑轮组的倍率等于钢丝绳分支数的一半。

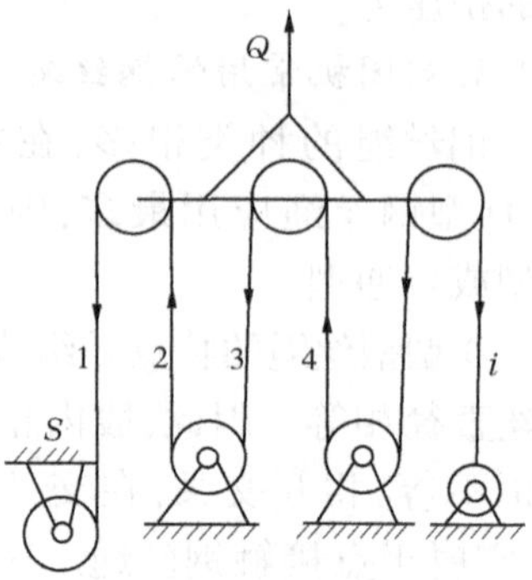

图 5-2-11 滑轮组展开图

3. 钢丝绳的最大拉力

在实际工作中,钢丝绳在通过滑轮时先由直变弯,再由弯变直。在这一过程中钢丝绳要克服自身的僵硬性。对钢丝绳受力而言,则增加了僵硬阻力。另外,钢丝绳要带动滑轮旋转,而滑轮与轴之间有摩擦阻力,这又增加了钢丝绳的受力。由于这两个阻力的存在,滑轮绕出端钢丝绳分支拉力要大于绕入端,而且使滑轮组各分支钢丝绳的受力也不相同。在计算中,这两个阻力是通过滑轮组的效率来表示的。这样,滑轮组中钢丝绳的最大拉力 S_{max} 值可由下式确定:

$$S_{max}=\frac{Q}{Km\eta_n} \tag{5-2-3}$$

式中 S_{max}——钢丝绳最大静拉力,kN;

Q——起重量(含吊具),kN;

K——滑轮组形式系数(单联 $K=1$,双联 $K=2$);

m——滑轮组倍率;

η_n——滑轮组效率(见表 5-2-1)。

表 5-2-1 滑轮组效率

轴承种类	滑轮组倍率 m						
	2	3	4	5	6	8	10
滑动轴承	0.975	0.95	0.925	0.90	0.88	0.84	0.80
滚动轴承	0.99	0.985	0.975	0.97	0.96	0.945	0.915

【例 5-2-1】 某启闭机的额定起重量为 2 800 kN,采用双联滑轮组。其倍率为 6,效率为 0.88,试计算钢丝绳的最大拉力。

解:由式(5-2-3)得

$$S_{max}=\frac{2\ 800}{2\times 6\times 0.88}\approx 265.15(\text{kN})$$

(三)卷筒组

卷筒组是卷扬式启闭机的重要组成部分,它的作用是把卷筒的回转运动变成钢丝绳的直线运动,并把卷筒的转动力矩转变成钢丝绳的牵引力。启闭机中常用的卷筒组由卷筒、齿轮或齿轮联轴器、卷筒轴、轴承和轴承座等组成(见图 5-2-12)。

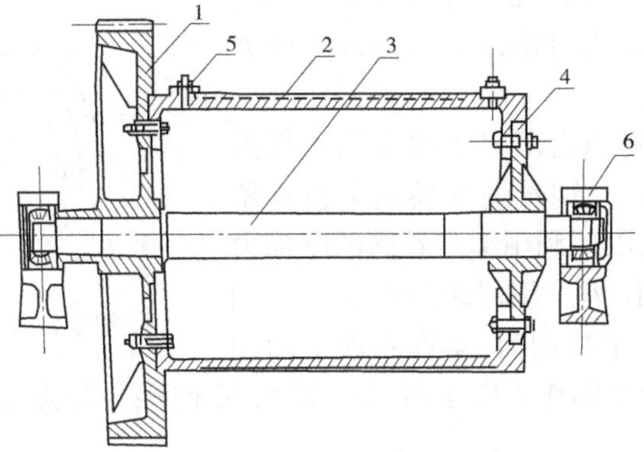

1—大齿轮；2—卷筒；3—卷筒轴；4—法兰盘；5—抗剪套；6—轴承座。

图 5-2-12　卷筒组

1. 卷筒

卷筒的作用是卷绕收放钢丝绳。其结构通常为中空圆柱形，两端有幅板支承（见图 5-2-13）。

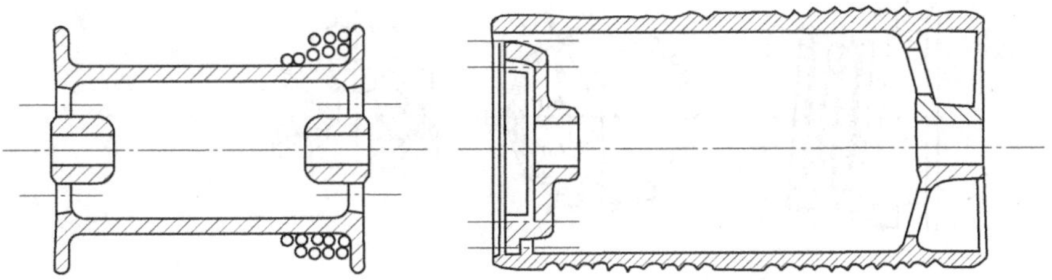

(a)光面卷筒　　(b)螺旋槽卷筒

图 5-2-13　卷筒

（1）卷筒的分类。按钢丝绳在卷筒上的卷绕层数，可分为单层绕卷筒和多层绕卷筒。闸门启闭机一般分为单层和双层。按卷筒表面分，有光面和带螺旋槽两种。螺旋槽可使绳在卷筒上排列整齐，一般启闭机卷筒都有螺旋槽。按卷筒的制作方法可分为铸造卷筒、焊接卷筒和电渣焊卷筒。铸造卷筒多用于中小型启闭机，所用材料有 HT20-40 灰铸铁、QT45-5 球墨铸铁和 XG25II、ZG35II 铸钢。焊接卷筒常用 A3 或 16Mn 钢板卷筒焊接而成。对于大型启闭机，卷筒尺寸和自重很大，单靠铸造和焊接都有困难，则采用分段铸造，然后通过电渣焊焊接成整体。

（2）卷筒的尺寸及受力。卷筒的基本尺寸是直径 D、长度 L 和壁厚 δ。D 是以绳槽底部计算的最小直径。

卷筒在钢丝绳拉力的作用下产生弯曲、扭转和压应力。其中，压应力最大，它是由钢丝绳缠绕箍紧所产生的（图 5-2-14）。

（3）钢丝绳在卷筒上的固定。

钢丝绳在卷筒上的固定,必须十分牢固、安全、可靠,否则会造成机械、人身事故。目前采用的方法有以下三种:

①压板固定。对闸门启闭机来说多用压板固定法[见图 5-2-15(a)]。钢丝绳在卷筒上应预留有数圈长度的安全圈,以便利用绳与卷筒的摩擦力减小钢丝绳固定处的拉力。预留缠绕在卷筒上钢丝绳的长度,当吊点在下极限时,留在卷筒上的圈数可不少于 4 圈,其中 2 圈作为固定用,另 2 圈为安全圈;当吊点在上限时,钢丝绳不得缠绕到卷筒槽外部分。

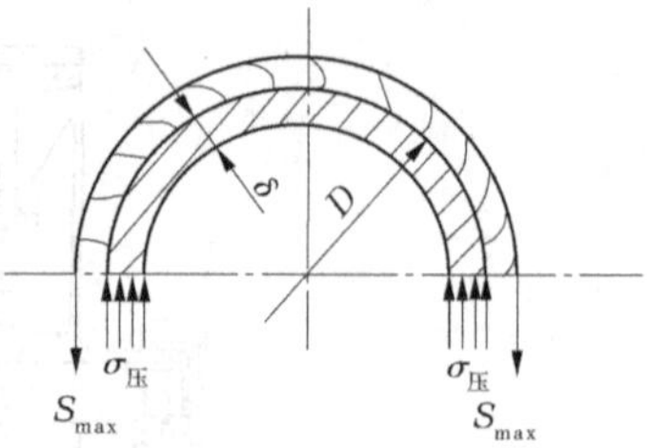

图 5-2-14　卷筒压应力简图

②长板条固定。如图 5-2-15(b)所示,在铸造卷筒上留有固定绳头的孔。绳头放入后装入板条,然后用螺栓压紧。

③楔子固定。如图 5-2-15(c)所示,钢丝绳绕在楔子上并与楔子一起装入卷筒的楔孔内,在拉力作用下钢丝绳被楔紧。

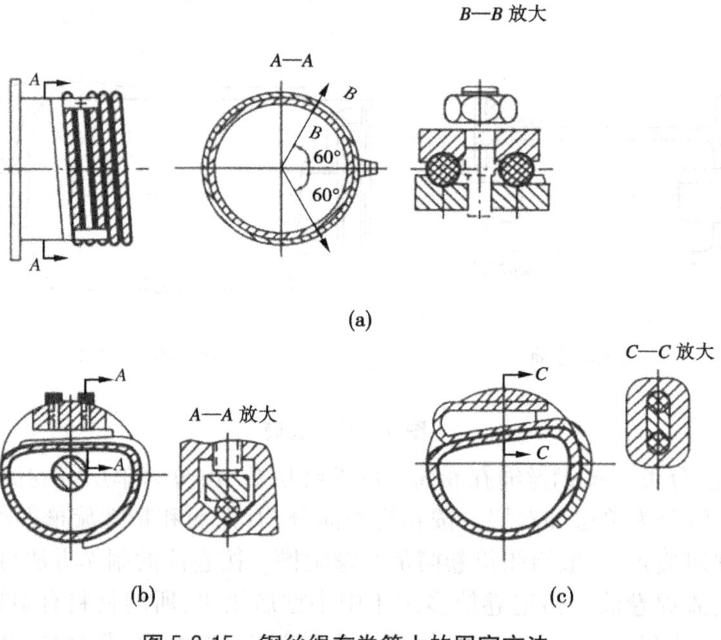

图 5-2-15　钢丝绳在卷筒上的固定方法

(四)驱动传动机构

驱动传动机构是固定卷扬式启闭机的重要组成部分。它又分为驱动装置和传动机构(见图 5-2-16)。

1. 驱动装置

驱动装置的作用是提供驱动力。一般可分为两大类:人力驱动和电力驱动。人力驱动只用于小型卷扬式启闭机,其容量不超过 10 kN,用于没有电力供应的偏远山区。通常同时装有人力驱动和电力驱动装置,以便在停电时用人力启闭闸门。

(1)人力驱动装置。人力驱动装置主要为手摇柄,可装在开式齿轮输入轴上(见

图 5-2-17)，也可通过链轮驱动减速器。

(2)电力驱动装置。由电动机和控制设备组成，是启闭机的主要驱动方式。电力驱动与其他驱动方式相比有以下优点：能源方便经济；便于实现单独驱动，使传动装置简化；启动、调速、过载、正反转性能良好，控制方便；易于实现安全保护与联锁；维护简单。缺点是必须依赖电源。

启闭机主要采用绕线式异步电动机。因为它的启动控制性能好，启动和调速过程的发热大部分转移到启动电阻中，电动机不易过热。鼠笼式电动机启动电流大，启动猛，但它的优点是构造简单、尺寸小、重量轻、价廉，因此常用在中小型启闭机上。

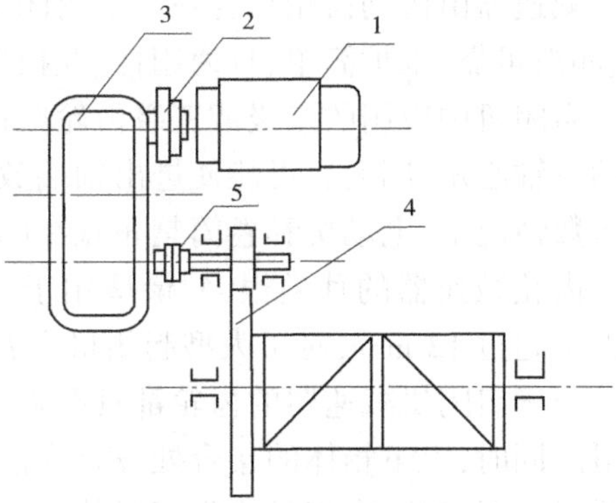

1—电机；2—制动器；3—减速器；4—开式齿轮；5—联轴器。

图 5-2-16　驱动传动简图

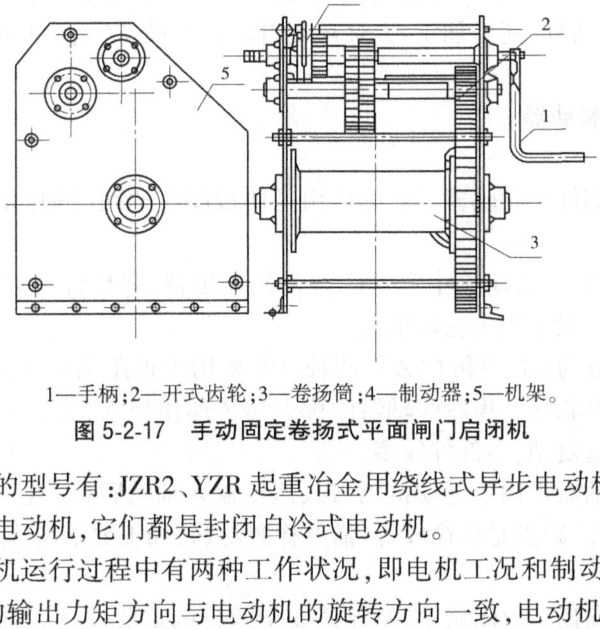

1—手柄；2—开式齿轮；3—卷扬筒；4—制动器；5—机架。

图 5-2-17　手动固定卷扬式平面闸门启闭机

启闭机电动机的型号有：JZR2、YZR 起重冶金用绕线式异步电动机和 JZ2、YZ 型起重冶金用深槽鼠笼式电动机，它们都是封闭自冷式电动机。

电动机在启闭机运行过程中有两种工作状况，即电机工况和制动工况。按电动机工况运行时，电动机的输出力矩方向与电动机的旋转方向一致，电动机的转速低于同步转速；而按制动工况运行时，电动机的输出力矩方向与转速相反，电动机的转速略高于同步转速。当启闭机在启门时，电动机按电动机工况运行。这时电动机输出力矩用以克服闸门自重及各种摩擦阻力。当闭门时，如果闸门自重不足以克服传动系统的摩擦阻力，则为电动机工况。电动机输出力矩只用来克服传动系统的摩擦阻力；若闸门自重能克服各种阻力，则电动机为制动工况，此时电动机的输出反力矩用来限制闸门下落速度。

2. 传动装置

传动装置即齿轮减速器或齿轮减速器加开式齿轮。它的作用是传递运动，降低转速，增加扭矩。

减速器由传动齿轮组合在一个封闭的箱体内而形成。它结构紧凑、传递准确且效率高、润滑可靠、维护简单，且通用性、互换性能好。

启闭机中应用的二级或三级齿轮减速器都制成三轴式或四轴展开式，以便获得足够大的总轴心矩，因而有可能使进出轴端放置在同一侧。这对起升机构特别有利。因为在大多数情况下，电动机和卷筒是布置在同一侧的。

齿轮减速器的种类很多，最适用于启闭机的有国产 JZQ 型圆柱齿轮减速器，其圆周速度不超过 12 m/s，对于大型起闭机也有采用 ZS 型三级圆柱齿轮减速器的。

由于启闭机减速器的齿轮都具有较大的圆周速度，因此点面均采用密闭式油浸飞溅润滑。同时，上下箱体的接合处设有集油槽，以便润滑轴承。为了减少齿轮的旋转阻力，降低减速器发热，在满足飞溅润滑的前提下，浸入油面以下的齿轮深度越小越好，一般大齿轮当漫入油面以下一个齿高为宜。

减速器所用的润滑油，通常按圆周速度、环境温度以及齿面压力来选取。压力大，速度低，温度高者，采用黏度较大的润滑油，反之亦然。当环境温度在 20 ℃左右时，对标准齿轮减速器可选用齿轮油，环境温度过低时改用机械油或汽轮机油。

对于大起重量（Q>800 kN）卷扬式启闭机，为了实现低速度和增大卷筒与电动机之间的距离，除采用减速器外，还增加 1～2 对开式齿轮传动减速。它们都是大模数直齿圆柱齿轮。

（五）联轴器和制动器

1. 联轴器

联接两根轴的部件叫联轴器。它的作用是使被联接的两根轴同时旋转，传递运动和扭矩。

联轴器的种类很多，启闭机中常用的有齿轮联轴器、弹性柱销联轴器和棒销联轴器等。大中型启闭机一般采用齿轮联轴器。

齿轮联轴器又分为 CL 型和 CLZ 型两种，CL 型用于近距离联接，而 CLZ 型主要用于带浮动轴的较远距离联接。齿轮联轴器的优点是传递扭矩大，便于安装维修，寿命长，安全可靠。缺点是制造复杂，零部件较多。

弹性柱销锁联轴器常用于电动机轴与减速器输入轴的联接。它的优点是弹性好，能缓冲减振，不需润滑。缺点是寿命较低，需要橡胶材料，加工要求高。

2. 制动器

制动器在固定卷扬式启闭机中，是保证安全运行的重要部件。它的作用是调节重物的下降速度，制动和持住重物，使其可靠地静悬于空中。

制动器主要由压紧系统和松闸器两部分组成。压紧系统在机构需要制动时，利用弹簧产生的压紧力，使闸瓦压紧在制动轮上，而停止机构的运转。松闸器则在机构需要运转时，利用电磁力或液体压力使制动器的闸瓦离开制动轮。

制动器的种类很多，启闭机中常用的是电磁铁瓦块式制动器、液压电磁铁制动器和液压推杆制动器。

（1）电磁铁瓦块式制动器。可分成短行程与长行程两类。

①短行程电磁铁瓦块式制动器。如图 5-2-18 所示，它的压紧系统是主副弹簧系统。

由制动瓦块 9、10，拉杆 3、4，丝杠 8，主弹簧 6，副弹簧 7 和框架 11 等组成。松闸器是短行程电磁铁。

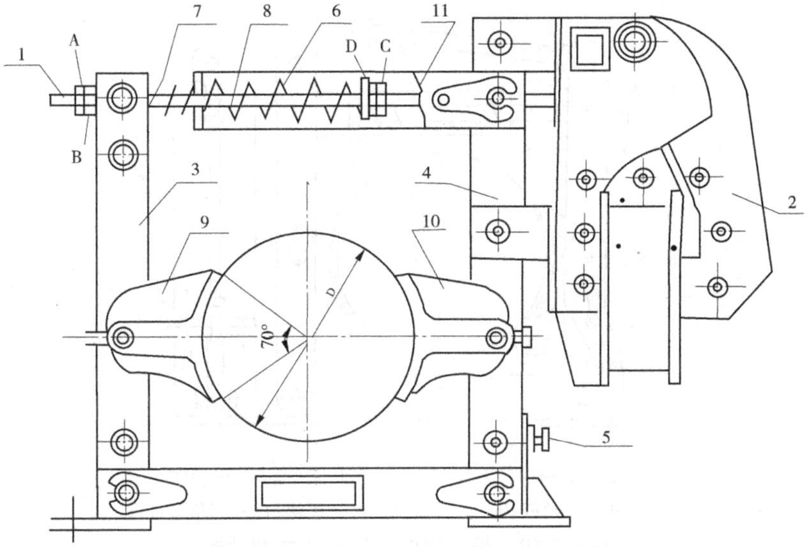

1—丝杠尾部的方头；2—衔铁；3、4—拉杆；5—限位螺钉；
6—主弹簧；7—副弹簧；8—丝杠；9、10—制动瓦块；11—框架。

图 5-2-18　短行程电磁铁瓦块式制动器

当机构运转时，机构工作电动机与电磁铁线圈同时通电，衔铁 2 在电磁吸力的作用下，绕其铰点顺时针方向旋转吸合，推动丝杠 8 左移，压缩主弹簧 6。当主弹簧张力与电磁力相平衡时，在副弹簧 7 和电磁铁自重偏心的作用下，拉杆 3、4 同时被推开，制动器松闸。当机构停止工作或发生意外事故时，机构工作电动机与电磁铁同时断电，电磁吸力消失，衔铁被释放。此时，主弹簧左推框架 11 右推螺母 D，迫使左右拉杆将瓦块压紧在制动轮上，制动器合闸。调整螺母 D、C，即可调整制动力矩的大小。

这种制动器的特点是压紧系统中杠杆结构简单，同时电磁铁就装在拉杆上，因此衔铁的行程较短，通常行程小于 5 mm。这样就使得制动器的松闸和合闸非常迅速，并使结构简化紧凑，减小了制动器的尺寸和重量。但其冲击大、响声大，松闸时所需的电磁力也很大。随着制动力矩的增加，当制动轮直径超过 300 mm 时，电磁铁的尺寸、重量和电能消耗都急剧地增加，因此这种制动器只能用于制动轮直径小于 300 mm 的场合。

短行程电磁铁制动器有 JWZ、ZWZ、TJ2、TZ2 四种型号。前两种与后两种的区别只是拉杆的材质不同，前两种的拉杆由 ZG35 制造，而后两种的拉杆是由型钢制造。这种制动器的标记为：JWZ-200/100，表示短行程电磁铁的制动器，其制动直径为 200 mm，配用的是 100 号交流电磁铁。

②长行程电磁铁制动器。如图 5-2-19 所示，它的压紧系统是弹簧杠杆系统，由瓦块 10、11，拉杆 6、7，丝杠 8，主弹簧 9，螺杆 4，三角形杠杆 12 和顶杆 5 等组成。松闸器采用长行程电磁铁。

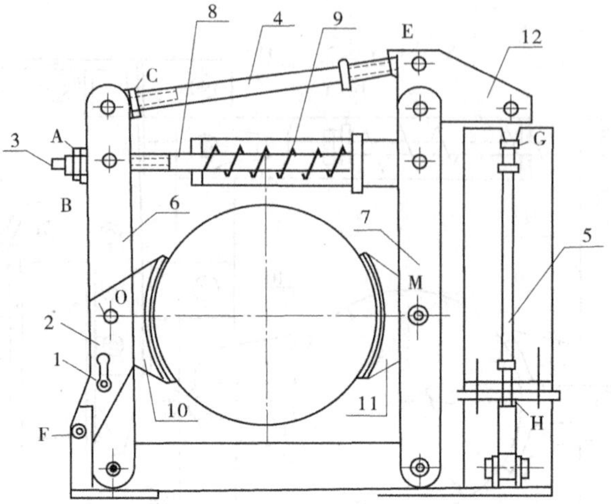

1—滚子;2—杠杆;3—丝杠尾部方头;4—螺杆;5—顶杆;
6、7—拉杆;8—丝杠;9—主弹簧;10、11—瓦块;12—三角形杠杆。

图 5-2-19 长行程电磁铁瓦块式制动器

它的工作原理与短行程电磁铁制动器基本相同。所不同的是:由螺杆 4、三角形杠杆 12 和顶杆 5 所组成的杠杆系统,在制动器松闸时,电磁铁吸合,带动顶杆 5 上移,推动三角形杠杆逆时针方向转动,通过螺杆 4 迫使左右拉杆带动瓦块同时离开制动轮;合闸时,铁芯被释放,在自重的作用下落下,并带动杠杆系统的协助主弹簧使闸瓦压紧制动轮。由于杠杆系统的传动比较大,较小的电磁铁吸力也可以产生较大的制动力矩,因此这种制动器在制动轮直径大于 300 mm 时,仍可以满足需要。但是,由于杠杆系统中有较多的杠杆和铰链,它们变形和磨损形成的间隙,使制动器在松、合闸时,有一段无效行程而延长了制动时间;同时杠杆系统惯性亦较大,使得这种制动器不如短行程电磁铁制动器的动作迅速。

长行程电磁铁制动器的标记方法为:JCZ-400/45,表示长行程电磁铁制动器,制动轮直径 400 mm,电磁铁吸力 45×10 N。

(2)液压推杆式制动器。如图 5-2-20 所示,这种制动器的压紧系统与长行程电磁铁制动器完全相同,但松闸器采用液压推杆。液压推杆的操作油压由油泵来建立。比较常用的是叶轮式液压推杆松闸器,它由电动机、油缸、活塞、叶轮泵等组成。

这种制动器一般只能用在运行机构上,用在起升机构则可能出现钓溜现象。

这种制动器的型号表示方法是:YWZ-200/25,表示为液压推杆制动器,制动轮直径为 200 mm,液压推动力为 25×10 N。

(3)液压电磁铁制动器。将液压推杆制动器中的松闸器液压推杆取下,装上新型的液压电磁铁松闸器,即成为液压电磁铁制动器。

液压电磁铁的突出特点是能够实现退距的自动补偿,从而使这种制动器的性能优于其他制动器。

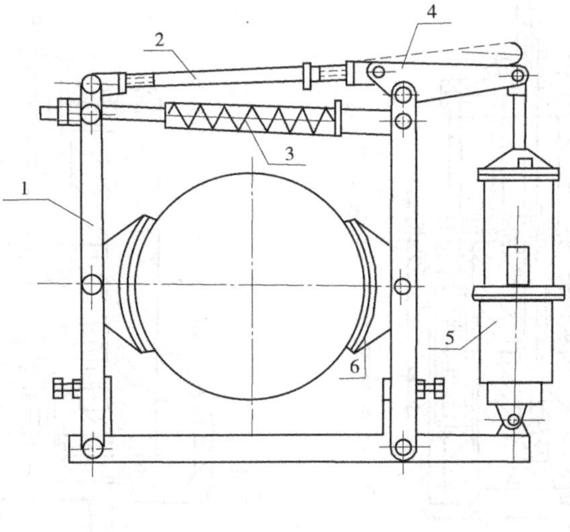

1—杠杆;2—双头螺杆; 3—主弹簧;4—三角形杠杆;5—限位推杆 ;6—瓦块。

图 5-2-20　液压推杆式制动器

液压电磁铁的结构如图 5-2-21 所示,动铁芯 3 和固定铁芯 9 之间具有工作间隙 6,其间充满油液。油是从储油缸经通道 17、齿形阀片 16 进入工作间隙。齿形阀片是一个单向阀。

当线圈 4 通电时,动铁芯 3 上升,工作间隙 6 缩小,油压增高,阀片 16 关闭通道 17,于是压力油经轴承 11 上的孔推动活塞 12,带动推杆 5 上升,压缩制动器主弹簧,使制动器松闸。整个松闸过程约 0.4 s。

当线圈 4 断电后,动铁芯下降,活塞下部油压减小,制动器主弹簧迫使推杆连同活塞一起下降,制动器合闸。同时,齿形阀片 16 打开,油从储油缸进入工作间隙,以补充在吸合过程中的泄漏损失。整个合闸时间约 0.2 s。

在工作过一段时间后,制动带和铰链必然磨损,使制动臂(拉杆)的位置逐渐靠向制动轮,所以推杆的最低位置也必须逐渐下移。在吸合过程中,如内腔(指通道 17 被关闭后,与工作间隙连通的整个充油空腔)中没有泄漏,则随着推杆下移,须从内腔中排出体积与推杆下移量相当的油量 ΔQ,否则推杆无法下移。液压电磁铁的结构保证了此油量的顺利排出,即当推杆下降到上一次制动时的位置,并因制动带和铰链有磨损而继续下移 Δh 时,内腔油压就增大,迫使动铁芯向其正常静止位置以下移动,但底座 2 上的小柱顶住下阀片 24,随着动铁芯的下移,一方面弹簧被压缩,另一方面密封圈 25 离开下阀片 24,于是阀门被打开,油经此而排至外腔。当推杆下移 Δh 至其最新的终点位置时,油量 ΔQ 全部排出到外腔,内腔油压降低,弹簧 22 克服动铁芯重量使其上升到原来的正常位置,下阀片 24 重新关闭。由于动铁芯行程不变,所以电磁铁推杆的额定行程不会因制动带和铰链的磨损而改变,由此实现了制动瓦块退距的自动补偿。

这种制动器的优点是:动作迅速平稳,无噪声;工作可靠,事故少;寿命较长,为电磁铁寿命的 3~4 倍;可频繁操作;能实现退距的自动补偿,无需经常调整。其缺点是整流器部

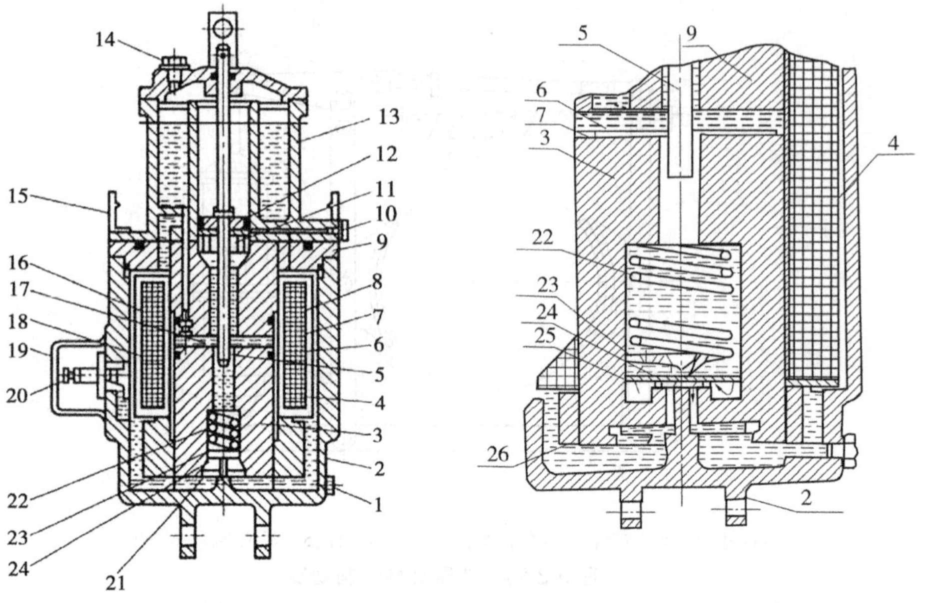

1—放油螺塞;2—底座;3—动铁芯;4—线圈;5—推杆;6—工作间隙;7—垫圈;8、18—密封圈;9—固定铁芯;10—放气螺塞;11—轴承;12—活塞;13—储油缸;14—注油螺塞;15—吊襻;16—齿形阀片;17—通道;19—接线盒;20—接线柱;21—活塞;22—弹簧;23—带孔弹簧座;24—下阀片;25—密封圈;26—卡环。

图 5-2-21 液压电磁铁

分的硅整流管、时间继电器等部件易发生故障,同时价格也较贵。

液压电磁铁制动器的型号标记方法是:YDWZ-600/100,表示液压电磁铁制动器,制动轮直径为 600 mm,电磁铁吸力为 100×10 N。

(六)安全行程装置

1. 过负荷切断装置

过负荷切断装置也叫起重量限制器,它的作用是当启闭机工作负荷超过额定负荷时能自动切断电源,使启闭机停止运行,以避免启闭机零部件及钢结构的损坏而造成事故。一般把超载值($\Delta\varphi$)限制在额定荷载的 10%范围内。

常用过负荷切断装置有杠杆式和偏心式两种。

(1)杠杆式过负荷切断装置。如图 5-2-22 所示,杠杆的一端(支点端)装在定滑轮轴上,或用轴装在定滑轮组的支架上,另一端由装在机架上的弹簧支承。平衡滑轮固定在靠近杠杆支点的一侧。当平衡滑轮上的钢丝绳拉力为 P_a时,压缩弹簧的反作用力 R_i,由下式确定:

$$R_i = \frac{2P_a b}{L} \tag{5-2-4}$$

当钢丝绳拉力 P_a在额定范围内工作时,支承弹簧虽然受压缩,但不切断电源;当钢丝绳拉力超过限定范围时,弹簧进一步压缩变形,使固定在杠杆上的撞杆下降碰撞行程开关,将电路切断。

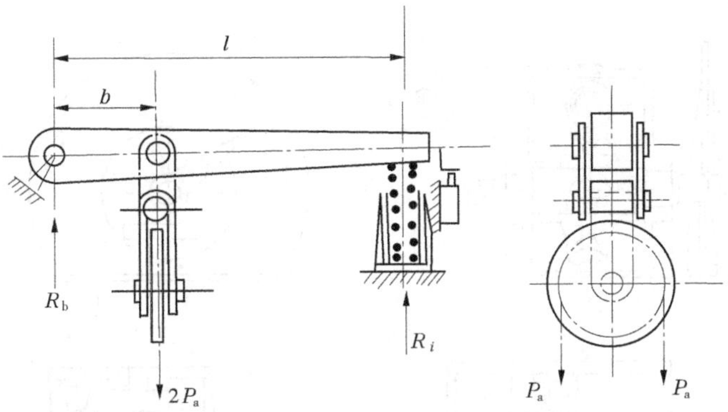

图 5-2-22 杠杆式过负荷切断装置

(2)偏心式过负荷切断装置。如图 5-2-23 所示,它是利用偏心转动原理制成的,工作过程与杠杆式基本相同。

这两种限制器结构简单、安全可靠,但对弹簧的质量要求较高,需要经常检查调整和定期检验。

2. 行程指示器

行程指示器也称深度指示器,它用来指示闸门的升降位置,并通过行程开关使闸门不超越上下极限位置。

常用的行程指示器是用机械传动方式由指针在刻度盘上指示闸门位置(见图 5-2-24)。

行程指示器由卷筒轴或减速器轴端取得运动信号,再经齿轮、链轮等传动,带动指针转动或移动,指示闸门位置。

这种方式只适于机房操作。如果操作控制台离启闭机较远,那么可在传动的终端装一个自整角发送机,通过它把转动的机械信号转为电信号,把该信号送到位于操作盘上的自整角接收机上,接收机便与发送机同步转动,这样由接收机带动指针转动,从而实现远距离指示。以上这些行程指示器虽然结构简单,但指示精度大都较差,特别是高扬程多层卷绕的启闭机,指示精度更差。目前已有电子数字显示的行程指示器。这种指示器虽然结构复杂、造价高,但它指示精度高、安全可靠,是今后自动化发展的必然之路。

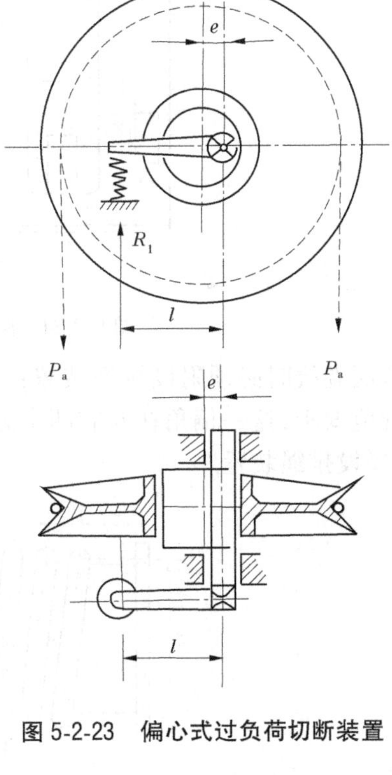

图 5-2-23 偏心式过负荷切断装置

(七)排绳装置

排绳装置是固定卷扬式启闭机的附属机构。它在以下两种情况下采用:一是当启闭容量和起升高度都比较大时,为使起升机构布置紧凑,减轻机器重量,采用大倍率滑轮组

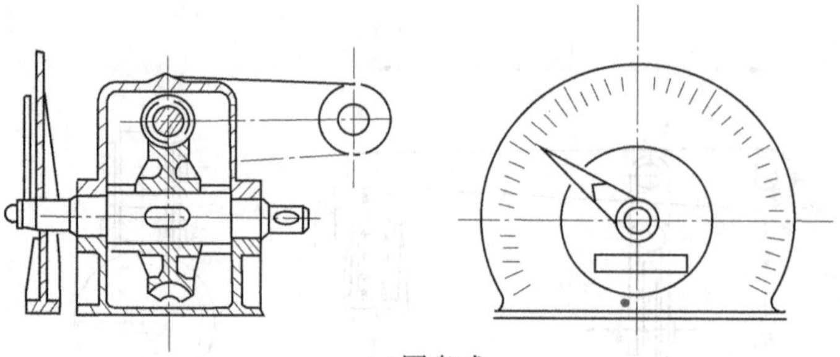

(a)圆盘式

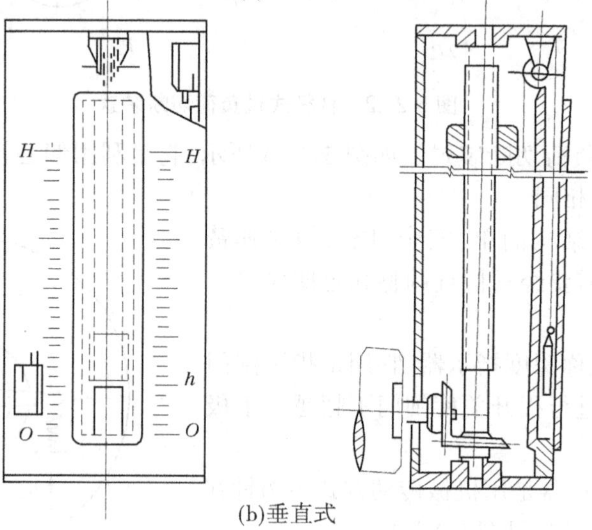

(b)垂直式

图 5-2-24　圆盘式及垂直式行程指示器示意图

和多层卷绕时必须附设排绳装置；二是钢丝绳进出卷筒有一个允许偏角（见图 5-2-25）。按规范要求，这一偏角在左右两个方向上都不得大于 3.5°。当启闭机不能满足这一要求时，要设排绳装置。

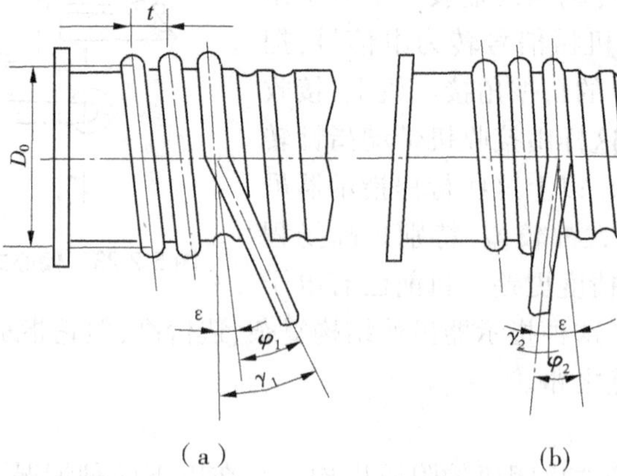

图 5-2-25　钢丝绳在卷筒上的偏斜

启闭机常用的丝杠排绳装置如图 5-2-26 所示。

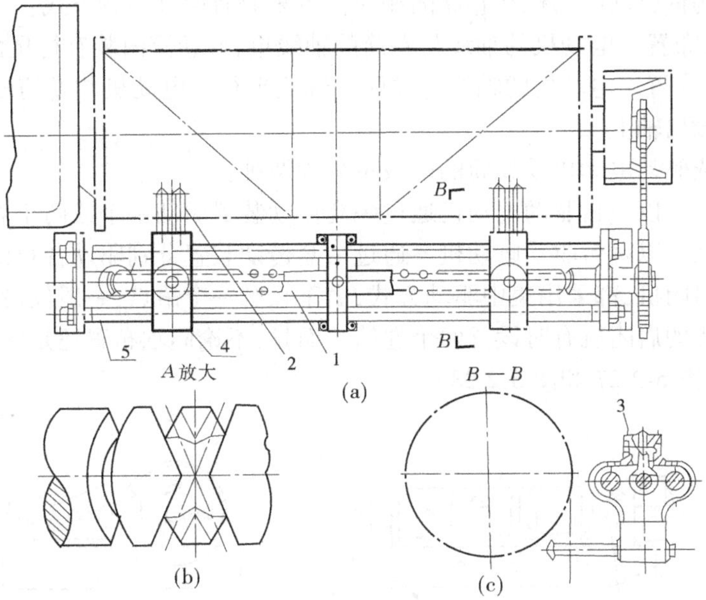

1—双向螺杆；2—导向滚轮；3—月牙板；4—滑动架；5—光杠。

图 5-2-26　双向丝杠的排绳装置

排绳装置的动力是通过固定在卷筒轴端的齿轮或链轮传递的。进出卷筒的钢丝绳由两个小滚轮 2 夹着导向。小滚轮安装在滑动架 4 上，滑动架套装在两根光杠 5 上。在滑架的中间装有一个带圆轴的月牙板 3，月牙部分骑在丝杠的螺旋槽内，而月牙板又可在滑架的圆柱孔内转动。这样当链轮驱动丝杠旋转时，月牙板则带动滑架沿光杠左右滑动。

丝杠有左右双向螺纹槽。左右螺纹槽在螺杆两头互相衔接平滑过渡，成为一条封闭螺旋槽线。这样月牙板沿一条螺纹槽滑动，到终点时，自然转动一定角度后进入相反的另一条螺纹槽线，从而实现反向排绳。

为了便于调整钢丝绳的排列，可不依靠拆卸月牙板来移动钢丝绳，在图 5-2-26 的排绳装置上，可增设一套手动调节机构，用以经常调节钢丝绳的位置。这个调整是非常重要的。因为如果钢丝绳调整不当，钢丝绳在进出卷筒过程中会互相挤压剪切，这将极大地加快钢丝绳的磨损而降低寿命。

这种排绳装置的优点是结构简单、安全可靠；缺点是月牙板和丝杠磨损较快。

三、固定卷扬式启闭机的布置与应用

(一) 布置

固定卷扬式启闭机由起升机构和机架组成。起升机构安装在由金属材料焊接而成的机架上。机架以基础螺栓固定在混凝土基础上，并将启闭机的荷载传递给基础。固定卷扬式启闭机的布置实质上就是起升机构的布置。

根据起升机构的布置形式和驱动方式，机架的布置方式可分为整体式、二体式和三体式。

按起升机构依驱动电动机和卷筒的相对位置来分有两种布置方式：

(1)同轴线布置。电动机的轴线与卷筒的轴线重合,卷筒内装有行星齿轮减速器。

(2)展开式布置。电动机的轴线与卷筒的轴线平行。电动机与卷筒轴分别联接在减速器的输入与输出轴上。

驱动方式依驱动电动机及卷筒的个数可分为两种：

①集中驱动。以一台驱动电动机通过一套传动装置驱动一个或两个卷筒。

②单独驱动。以两台驱动电动机各通过一套传动装置分别驱动各自的卷筒。

单吊点的启闭机,都采用集中驱动方式,由于只有一个吊点,一般仅设置一个卷筒,但是大容量高扬程的启闭机有时设置两个卷筒。而且,不论同轴布置还是展开式布置,都用整体式机架(见图 5-2-27 和图 5-2-28)。

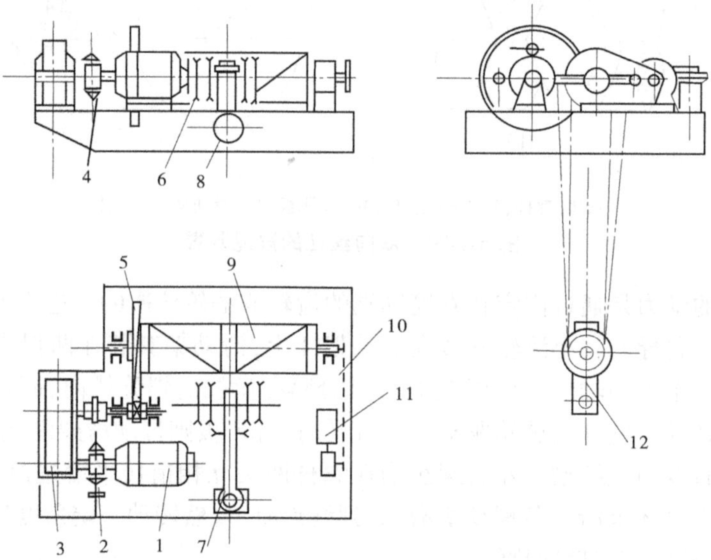

1—电动机;2—制动器;3—减速器;4—联轴器;5—开式齿轮;6—定滑轮组;
7—平衡杠杆;8—平衡轮;9—滚筒;10—链轮;11—行程指示器;12—吊板。

图 5-2-27 单吊点启闭机布量

双吊点启闭机,都采用展开式布置。其驱动方式可以是集中驱动,也可以是单独驱动。机架的布置依驱动方式而定:当采用集中驱动,电动机与传动装置居中布置时,用三体式机架[见图 5-2-29(a)];若电动机与传动装置布置在卷筒的一侧时,用二体式机架[见图 5-2-29(b)],这种驱动方式可以较好地保证两吊点的同步移动;当采用单独驱动时,一般是用二体式机架。为了保证两个吊点同步移动,用浮动轴将两侧的传动装置刚性联接起来,强迫两个卷筒同步转动[见图 5-2-29(c)];如果采用整体机架,则两吊点的同步,由两个卷筒的开式齿轮啮合来保证[如图 5-2-29(d)]所示。

(二)应用

固定卷扬式启闭机主要应用于启闭平面闸门、弧形闸门和人字闸门。

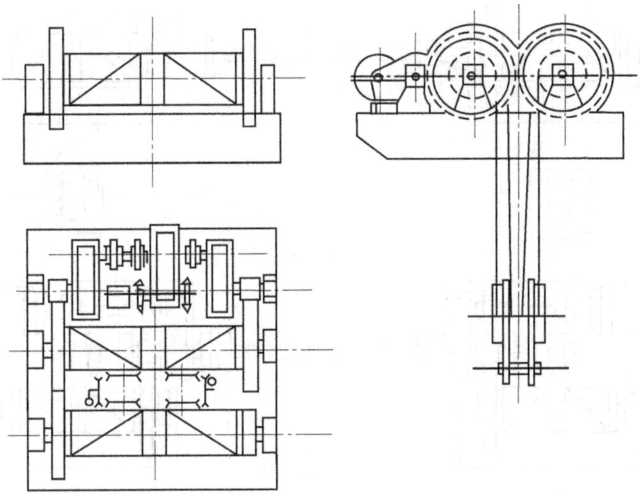

图 5-2-28　高扬程、大容量单吊点启闭机布置

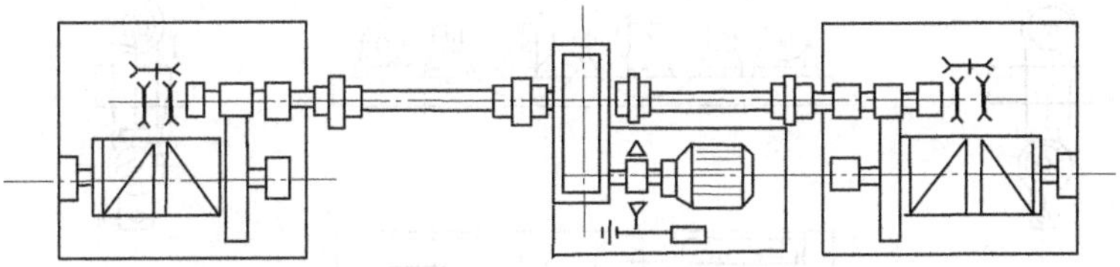

(a)三体式机架

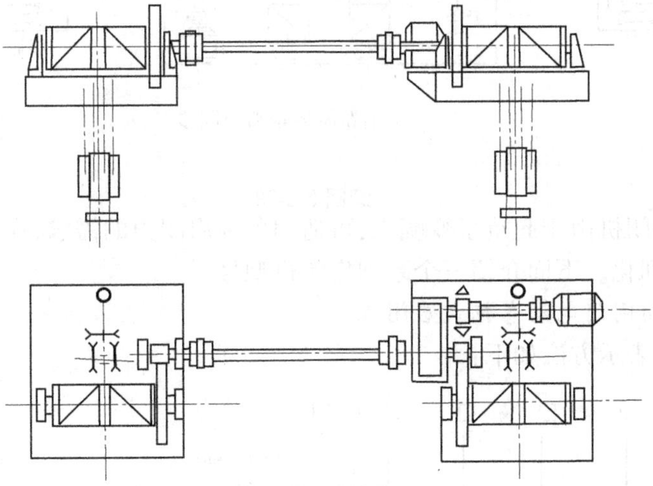

(b)单侧驱动

图 5-2-29　双吊点启闭机布置

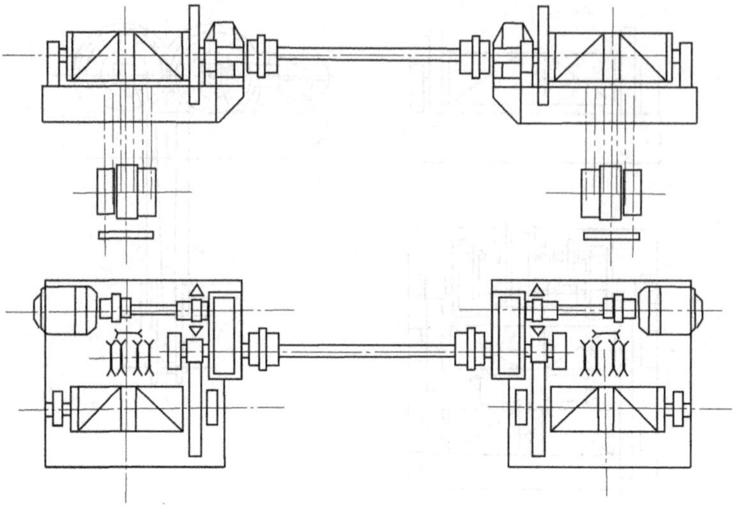

(c)分别驱动

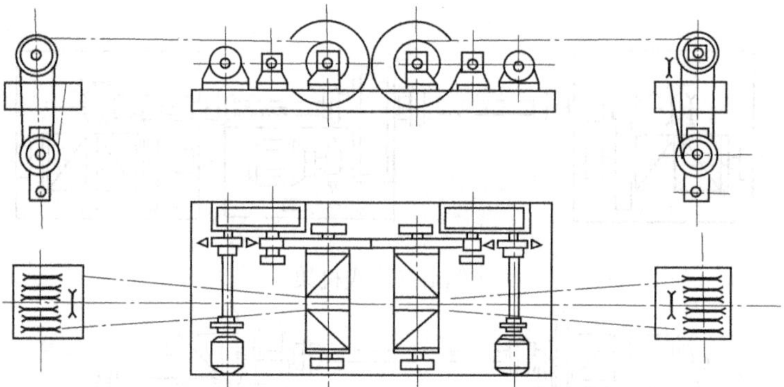

(d)卷筒齿轮啮合同步

续图 5-2-29

平面闸门启闭机由于起重量变幅大,可适用各种启闭力的需求,在水利工程中获得广泛应用,并已系列化。下面介绍三个系列启闭机型号。

1. QP 型平面闸门电动卷扬式启闭机

启闭机型号表示方法如下：

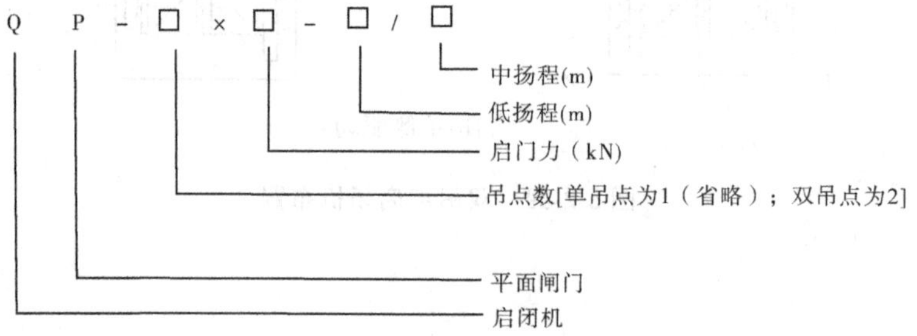

示例：

单吊点启门力 1 000 kN、低扬程 11 m、中扬程 20 m 的启闭机型号为：QP-1 000-11/20。

双吊点启门力 2×1 000 kN、低扬程 11 m、中扬程 20 m 的启闭机型号为：QP-2×1 000-11/20。

2. QPG 型潜孔式平面闸门电动卷扬式启闭机

启闭机型表示方法如下：

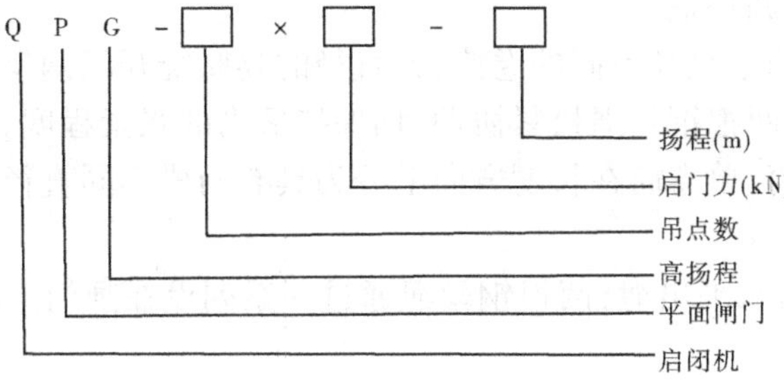

示例：

双吊点：每个吊点的启门力为 3 200 kN，扬程 80 m 的高扬程平面闸门启闭机标记为：QPG-2×3 200-80。

单吊点：每个吊点的启门力为 3 200 kN，扬程 40 m 的高扬程平面闸门启闭机标记为：QPG-3200-40。

3. QPK 型快速闸门电动卷扬式启闭机

启闭机型号表示方法如下：

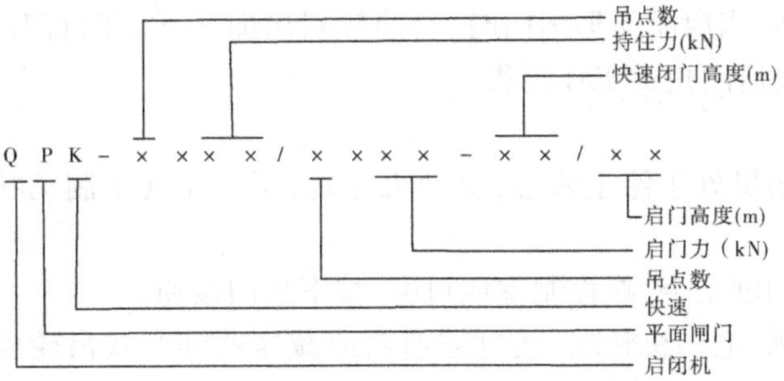

示例：

双吊点：持住力 2×1 000 kN，启门力为 2×500 kN，启门高度 11 m，快速闭门高度 9 m。启闭机的型号为：QPK-2×1 000/2×500-9/11。

固定卷扬式弧形闸门启闭机与平面闸门启闭机，在结构及布置等方面都基本一致，所不同的有以下两点：

(1)弧形闸门是斜向启闭，卷筒支座受斜向力。

(2)当弧形闸门的吊点设在面板底部时,钢丝绳末端用锥形套等固接后与闸门吊耳轴联接;当吊点设在面板后面或门顶时,可通过滑轮架吊板下部,用销轴与钢丝绳联接,但此时滑轮组倍率较低,定滑轮也将有一倾角。因此,在相同启闭力的情况下,弧形闸门启闭机的自重和驱动电动机的功率都比用于直升式平面闸门启闭机大得多。

固定卷扬人字闸门启闭机一般用于中小型船闸上。它与其他固定卷扬启闭机相比有两点不同:

(1)设有两台启闭机,各启闭一扇闸门,两台启闭机采用并联操作,接线保证同步转动,使两扇闸门动作协调一致。

每台启闭机设有两个直径不同的卷筒,大直径的卷筒绕开门钢丝绳,小直径的卷筒绕关门钢丝绳,如此可使两根钢丝绳松紧协调,均保持适当的张紧程度。

也可以采用单卷筒,单卷筒在长度方向上分为具有两段不同直径部分,与两个卷筒的作用相同。

(2)钢丝绳自卷筒水平出绳,两根钢丝绳通过一系列设在闸门上的定滑轮,端部各固定在闸室墙上或底坎上。

这种启闭机一般是展开式布置,集中驱动,当有两个卷筒时,靠卷筒的开式齿轮啮合保证两者的同步转动。

四、固定卷扬启闭机的工作过程

将固定卷扬启闭机的起升机构与闸门的吊耳联接起来,就成为一套闸门启闭设备,具有启闭闸门的功能。启闭机与闸门的联接,一般是用动滑轮组架吊板下部的孔与吊耳轴联接;对于吊点设在面板底部的弧形闸门而言,可用固结的钢丝绳端与吊耳轴直接联接。

固定卷扬启闭机启闭不同闸门的工作过程基本相同,只是随被启闭的闸门运移方式不同,其卷筒出绳方向会不同。当启闭直升式平面闸门时,卷筒垂直出绳;当启闭人字闸门时,卷筒水平出绳;当启闭弧形闸门时,卷筒倾斜出绳。下面以直升式平面闸门启闭为例,说明固定式卷扬启闭机的工作过程。

(一)启门过程

(1)启门前启闭机处于停止状态,电动机停转,制动器处于制动状态,闸门在某一开度或全关位置。

(2)根据启门调度指令,在控制室或机旁,按下启门按钮。

(3)制动器松闸,电动机转动,通过减速器或减速器和开式齿轮副,将电动机的扭矩传递给卷筒,使之转动,收起钢丝绳,将闸门垂直、匀速拉起。

(4)启门途中,若启闭机超载,则过负荷装置切断电源,制动器投入,电动机停止转动。需进行检查,排除故障。

(5)闸门提到某一开度或至全开度时,由手动操作或主令控制器切断电源,制动器制动,电动机停转,闸门被持住,在空中悬吊着。如果停留时间过长应投入锁定器。

(二)闭门过程

(1)将闸门锁定解除。

(2)在控制室或机旁按下闭门按钮。电动机回路接通,制动器松闸,闸门在自重作用下加速下降。

(3)电动机进入反馈制动工作状态,当电动机的制动力矩与闸门自重在卷筒上产生的下降力矩相等时,闸门开始匀速下降。

(4)当闸门下降到某一开度或全关闭位置时,用手动操作或主令控制器切断电源,制动器制动,电动机停转,闸门持住在某一开度或在全关闭位置。

实际运行中,在启闭闸门前后,均需严格按规程进行检查,做好启闭准备工作后,方可启闭。在启闭过程中仍需按要求注意检查一些事项,以确保闸门灵活、安全、可靠地运行。

任务三　移动式启闭机

水利工程中,有些闸门既不要求局部开启,也不需要同时启闭。对于这类闸门,为了节省投资,方便管理,可设置移动式启闭机,一台启闭机启闭多扇闸门,并可对闸门进行检修、搬运以及完成其他起重作业。

移动式启闭机是把固定卷扬式启闭机的起升机构及附属装置,安放在一个可移动的构架上,再配上行走机构组合而成。

一、分类及其特点

移动式启闭机根据其结构特点的不同,分为门式启闭机和桥式启闭机两大类。

门式启闭机按照行走方式又分为单向门机和双向门机。

单向门机(见图5-2-30)在门架上部固定设置起升机构,下部装有大车行走机构,所以它只能在一条直线上往返启闭闸门。单向门机的跨度较小,一般为3~6 m双向门机(见图5-2-31)的结构是在门架上设置载重小车,小车上安装起升机构。门架和载重小车可在相互垂直的方向上运动。这样吊具可在一个长方形面积内作业。与单向门机相比,它的作业面大、范围广,具有更大的适用性。双向门机的跨度为8~16 m。

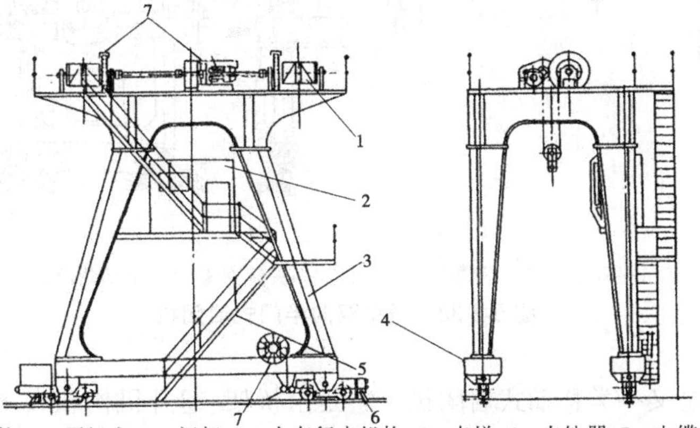

1—起升机构;2—司机室;3—门架;4—大车行走机构;5—走梯;6—夹轨器;7—电缆卷筒装置。

图5-2-30　2×500 kN单向门式启闭机

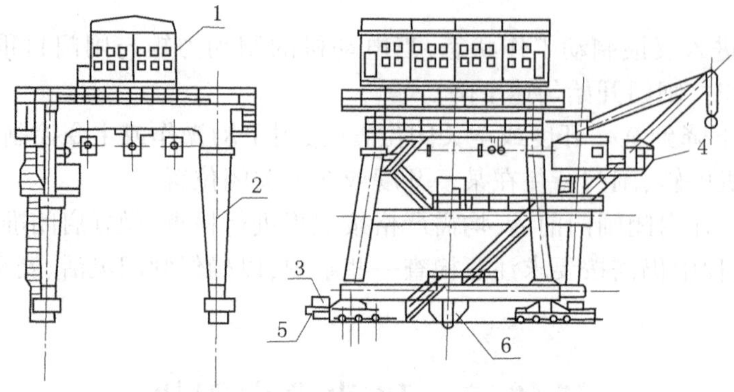

1—起升机构操作室;2—门架门柱;3—运行机构电动机;
4—回转吊;5—运行机构减速器;6—夹轨器。

图 5-2-31 通用双向门式启闭机(带回转吊)

门式启闭机根据完成作业的专业化程度又可分为专用、半通用和通用三种。

专用门机只装一套起升机构,用以启闭或搬运一种形式闸门或拦污栅。这种门机一般多为单向门机,用来启闭水电站尾水闸门和抽水泵站的闸门等。

半通用门机除装一套主起升机构外,还装有一至两套副起升机构。与专用门机相比,它有更广泛的应用范围。半通用门机可做成单向,也可做成双向。

通用门式启闭机除设有主、副起升机构外,还装备有辅助起重设备,如回转吊、悬臂吊等。用以完成拦污栅吊装,安装检修以及其他起重作业。通用门机一般多为双向门机。

此外,有的水工建筑物,由于结构布置和机械设备工作特性的需要,用混凝土代替半边门架,形成半门式启闭机(见图 5-2-32)。

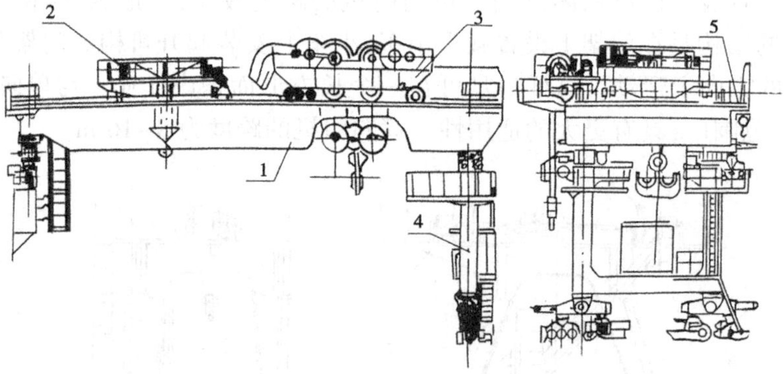

1—双主梁;2—悬臂小车;3—小车;4—铰支座;5—电动葫芦。

图 5-2-32 通用双向半门式启闭机

桥式启闭机是又一类移动式启闭机。它是由桥架、起升机构和大小车行走机构等组成(见图 5-2-33)。

与门式启闭机相比,桥式启闭机除没有门架外,其他基本相同,大车行走机构一般采

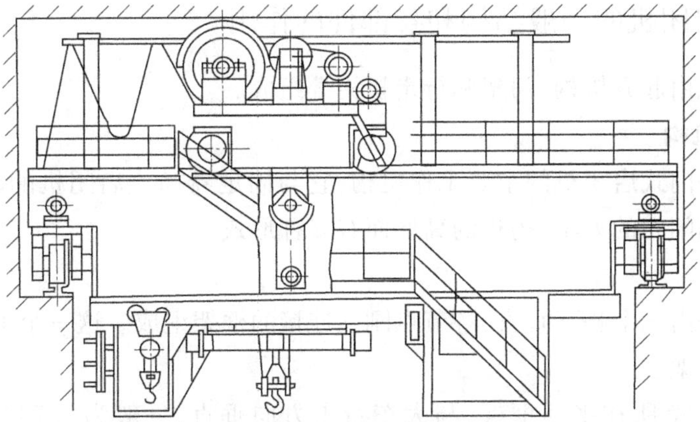

图 5-2-33　桥式启闭机

用单独驱动，小车行走一律采用集中驱动。它的作业范围是一个长方形场地。

桥式启闭机的起重量一般为 50～5 000 kN，其中 100 kN 以上的均有主、副两套起升机构。副起升机构的起重量一般为主起升机构的 15%～20%。

将起升机构直接固定在桥架上的单向桥机，通常又叫作台车式启闭机(见图 5-2-34)。它是由起升机构、台车架和行走机构等组成。

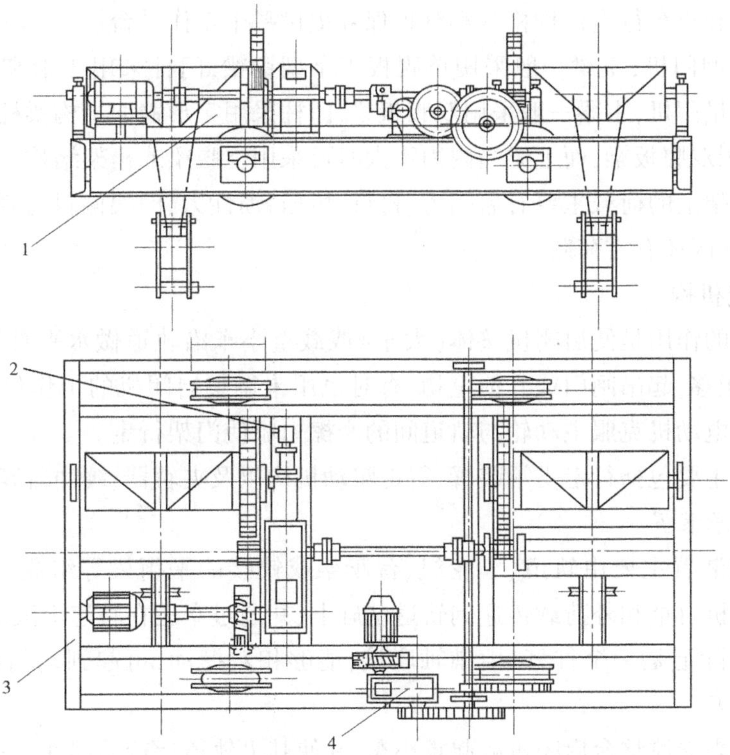

1—起升机构；2—高度指示装置；3—台车架；4—行走机构。

图 5-2-34　台车式启闭机

二、门式启闭机的一般结构和各部件的作用

门式启闭机由起升机构、门架和行走机构等组成。

(一)起升机构

起升机构是门式启闭机的主要工作机构,它与固定卷扬式启闭机的起升机构基本相同。其布置根据闸门的大小、扬程的高低而有多种形式。

(二)门架

门架大多是由三个相互垂直,各节点刚性连接的框架组成。这三个框架就是主框架、侧框架和平台框架。

主框架是主梁所在平面框架,与大车行走方向垂直,一般为“x”形,主梁承担起重荷载。

侧框架是与大车行走方向平行的竖直框架。侧框架多为等腰梯形,由上、下横梁和门柱组成。门架比较高时还有中横梁。下梁上装有大车行走机构;上游侧的中梁上装有操作室,在上、下梁之间可装双向门机的回转吊车。侧框架的主要作用是把两个主框架连接在一起构成一个稳定的空间门架结构。

平台框架位于门架的顶部,它由主框架的主梁和侧框架的上梁组合而成。它的作用是给起升机构和小车行走机构检修和维护保养提供一个工作平台。

对于中小型门机,主梁一般采用单腹板工字型钢梁,门柱采用T形和工字形断面结构。对于大容量门机,主梁一般采用双腹板梁,门柱采用箱形截面结构梁柱。侧框架的下横梁,一般采用双腹板梁,而上梁当内力不大时可采用空腹梁或桁架结构。

作用在门架上的荷载主要有启闭力、自重、风压、惯性力、门架偏斜的侧向力和人群荷载等,在寒冷地区还有雪荷载。

(三)行走机构

行走机构的作用是使启闭机整体(大车)或载重小车沿轨道做水平直线(或弧线)运动,实现水平运移,起吊闸门或其他重物,有时也用来调整启闭机的工作位置。它的工作原理是靠驱动电动机克服主动轮与轨道间的摩擦力驱使门架行走。

行走机构主要包括行走支承装置、行走驱动机构以及夹轨器、缓冲器等附属装置。

1.行走支承装置

行走支承装置主要由轨道、车轮组、台车架或铰接的平衡梁等组成(见图5-2-35)。其作用是将门机自重和外荷载传递到轨道基础上,并通过车轮在轨道上滚动实现移动。

平衡梁实际上是一个杠杆,由销轴联接,能够相对摆动,可起到均衡各车轮轮压的作用。

车轮是用来支撑整台启闭机或起重小车,并使其沿轨道运行的部件,一般采用ZG551铸钢铸造而成。对于大轮压的车轮,采用合金钢ZG35CrMo、ZG55SiMn等铸造。为了保证车轮的使用寿命,车轮踏面要进行热处理,表面硬度为HB300-350,淬火深度不小于

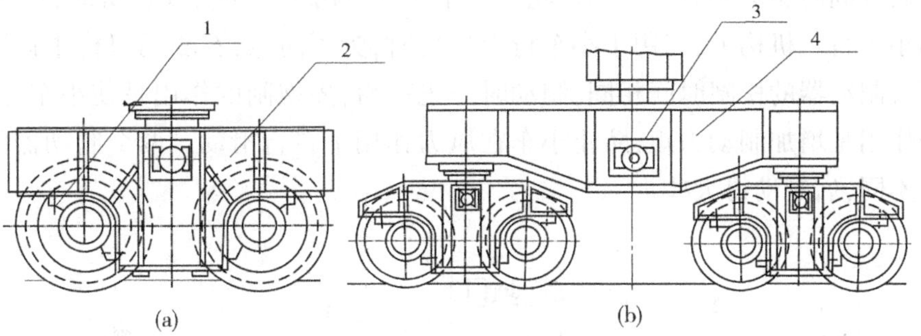

1—车轮；2—台车架；3—铰轴；4—平衡梁。

图 5-2-35　双轮和四轮行走支承装置

15 mm。

车轮有双轮缘、单轮缘和无轮缘三种。轮缘起导向作用，并防止运行时脱轨。一般大车车轮用双轮缘，小车车轮用单轮缘。门式启闭机广泛采用双轮缘车轮。

车轮组由车轮、轴和轴承箱等组成。车轮装在转轴上传递扭矩为主动轮，装在转轴上传递运动为从动轮。

车轮与轴用链联接。轴承装在角形轴承箱中（见图 5-3-36），轴承一般采用自动调心球面滚柱轴承或圆锥滚柱轴承。角形轴承箱用螺栓紧固在台车架上。车轮组可整体拆卸，维修检修方便。

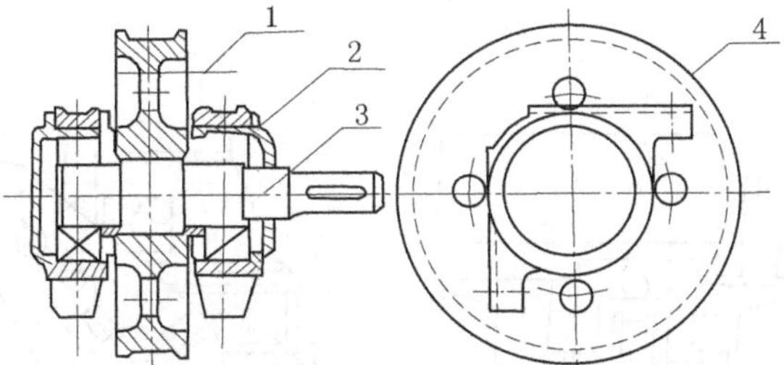

1—车轮；2—轴承；3—轴；4—角形轴承座。

图 5-2-36　角形轴承箱

轨道用来引导车轮运行，并承受由车轮传来的集中荷载。常用的轨道有起重机专用轨、铁路轨和方钢。中小型移动式启闭机的大车和小车通常采用 P 型铁路轨道，也有用方轨的，大型启闭机的大车轨道采用 P 型铁路轨道或 QU 型起重机专用轨。轨道的固定方式分可拆卸与不可拆卸两种，移动式启闭机通常采用可拆卸的固定方式。

2. 行走驱动机构

驱动机构的作用是提供足够的驱动力和合适的驱动速度。它由电动机、联轴器、制动器和传动装置等组成。

驱动机构分为集中驱动和单独驱动两种。集中驱动（见图 5-2-37）是用一台电动机，通过传动装置同时驱动所有的主动车轮。集中驱动只用于小型桥式启闭机的大车和门式启闭机的小车行走机构上，当用于小车行走机构时，为了防风，在驱动机构中设两台制动器。这两台制动器的松闸时间相同，制动时一先一后，先抱闸的作用是使小车停止行走，后抱闸的作用是增加制动力矩，防止小车在风力作用下自行滑动。两个制动器的制动力矩调整也不同，后制动得大些。

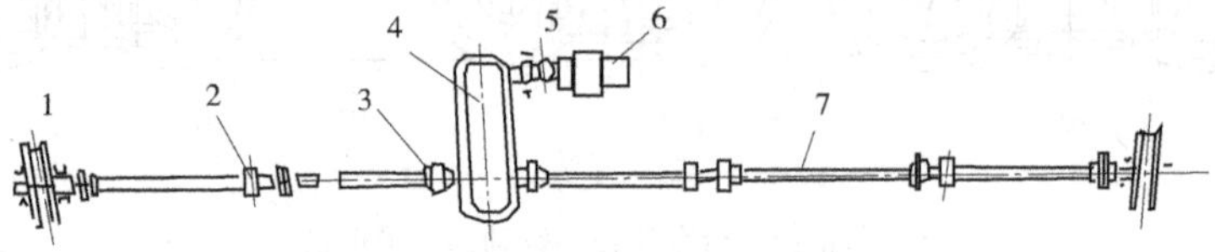

1—车轮；2—轴承座；3—联轴节；4—减速器；
5—制动器；6—电动机；7—传动轴。

图 5-2-37　集中驱动的行走机构

单独驱动方式是一台电动机通过一套传动装置只驱动一个或一组主动轮。其优点是分组性能好，布置、安装、维修都很方便，工作可靠。但单独驱动方式需要注意各主驱动机车轮动作要同步。特别是各制动器调整要一致。否则，金属结构要产生扭摆。

在单独驱动机构中，按照减速器的不同，分为蜗轮蜗杆式和圆柱齿轮箱式。圆柱齿轮箱式按齿轮箱放置的不同又分为平卧式、直立式和斜挂式等。门式启闭机多采用斜挂式（见图 5-2-38）。

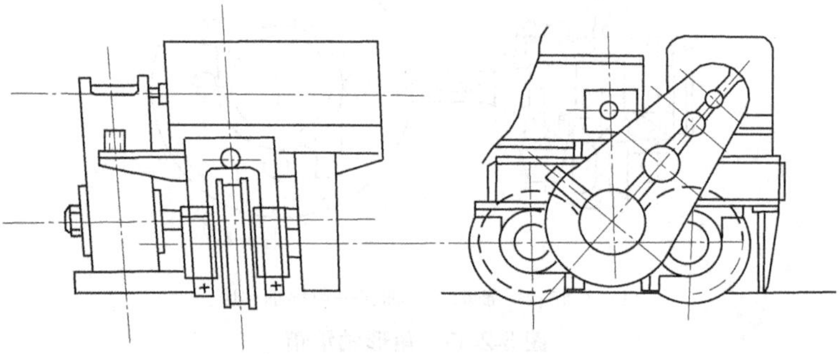

图 5-2-38　斜挂式减速器的驱动装置

行走机构联轴器的种类和作用与起升机构联轴器相同。制动器的种类与起升机构制动器也相同。所不同的是制动器的作用是吸收运动惯性，使其在一定的制动距离内停止行走。

3. 夹轨器和缓冲器

（1）夹轨器。门式启闭机一般是露天作业和停置，为防止被大风吹动、吹倒，必须设置夹轨器。夹轨器是通过夹钳夹紧在钢轨头部而将门机固定。夹轨器应设电气联锁以保安全。中小型门机常采用手动夹轨器（见图 5-2-39）。当门机需要行走时，将夹轨器松开并向上翻起，由能够在槽内上下活动的螺栓 1 支持。当门机需要固定时，先将夹轨器放下，再用手柄摇动螺旋螺杆3，使其夹紧在钢轨头部。同时夹钳2与限位开关4接触，切断行走电机的控制电路。这种夹轨器结构简单、安全可靠，但人工操作不灵便。

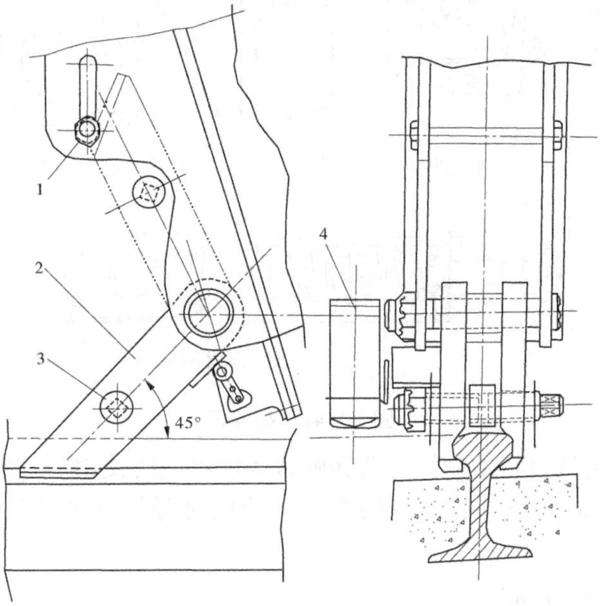

1—螺栓；2—夹钳；3—左右螺旋螺杆；4—限位开关。

图5-2-39 手动夹轨器

大型门式启闭机多采用电动弹簧夹轨器（见图5-2-40）。图中所示为夹紧状态。钳口松开过程为：电动机驱动螺杆8转动，螺母9上移，首先放松主弹簧5，然后带动导板6沿导轨7向上移动，此时钳板因导板滑槽斜面作用而内收，钳口松开。当滑板继续上移使滑滚落在滑槽的底部时，钳口开度最大。滑板再继续上移则把夹钳提起离开轨道顶面。

夹紧过程与松开过程相反。钳口夹紧力的大小决定于弹簧的压缩程度，并由行程开关控制。

（2）缓冲器。它是移动式启闭机和行走小车在制动器或终点限位开关失灵的情况下与轨道终端相碰时的附加吸能装置。缓冲器有木制缓冲器、橡胶缓冲器和弹簧缓冲器三种（见图5-2-41）。其中，弹簧缓冲器最为常用。木制缓冲器和橡胶缓冲器一般只用在低速小容量移动式启闭机上。弹簧缓冲器用于起重容量较大的移动式启闭机上。

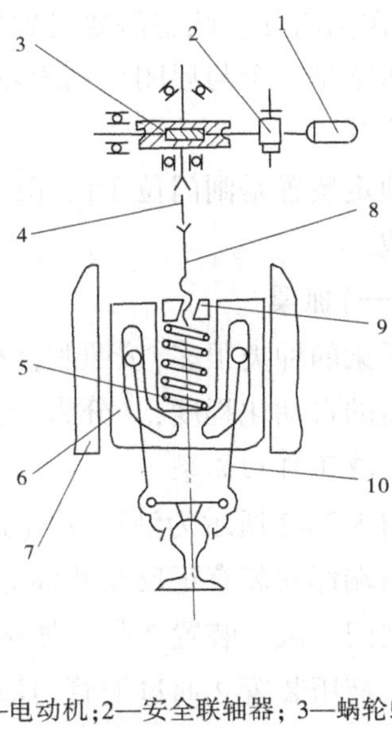

1—电动机；2—安全联轴器；3—蜗轮蜗杆；4—万向节；5—主弹簧；6—上、下导板；7—导轨；8—螺杆；9—螺母；10—夹钳。

图5-2-40 电动弹簧夹轨器示意图

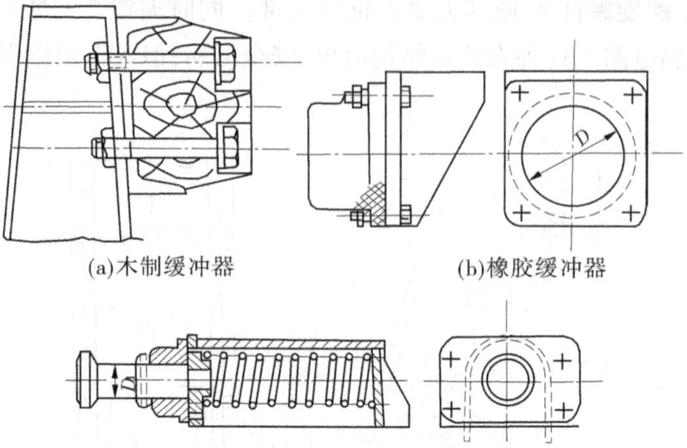

(a)木制缓冲器　　(b)橡胶缓冲器

(c)弹簧缓冲器

图 5-2-41　缓冲器

大型移动式启闭机可将木制缓冲器和弹簧缓冲器同时使用。一般把木制缓冲器固定在轨道的端点,把弹簧缓冲器装设在门机上。冲撞时弹簧缓冲器的撞头撞在木制缓冲器上。

三、抓梁和锁定装置

移动式启闭机的主要优点是一台启闭机可启闭多扇闸门。故其吊具不能像固定式启闭机那样始终和一扇闸门的吊耳联接,而是根据启闭闸门的需要与闸门吊耳挂上或脱开。这就需要一种机构——抓梁。同样道理,移动式启闭机也不能只悬吊一扇闸门停止不动。因此,在闸门开启状态需要设置锁定装置。

抓梁是一个与启闭机动滑轮组联接的吊具。它有脱挂钩装置,通过该装置把闸门抓住或放开。

锁定装置是闸门位于门库或适当开度时,支持锁定闸门,以便抓梁脱开或解除启闭机的荷载。

(一)抓梁

抓梁的种类很多,按照脱挂机构的工作原理分为机械挂钩式和液压穿销式。按照闸门脱挂的自动化程度,又分为半自动和全自动两类。

1. 液压自动抓梁

图 5-2-42 所示为液压穿销全自动抓梁。抓梁头部和中部组成了抓梁的主体,在它的上下两端都安装有正反及侧面导向轮,其作用是使抓梁定位向,顺利进入门槽,并沿门槽接近闸门。液压装置 2 是为抓梁提供液压动力,它是由油箱、油泵、电动机及液压阀件等组成。液压装置 2 通过油管与液压穿销 7 接通。它是一个活塞不动、缸套移动的液压缸。移动的缸套即是连接抓梁和闸门的轴销。定位装置 4 是用来使抓梁准确地落在闸门上,在闸门上与抓梁定位装置的对应位置有定位座。当抓梁接近闸门时,定位装置 4 的尖头先进入定位座内导向。抓梁继续下落,迫使抓梁准确与闸门对中,以便穿销。感应发送器

5 是当抓梁对准后，发出定位信号。感应发送器 8 用来显示穿销插入或退出。

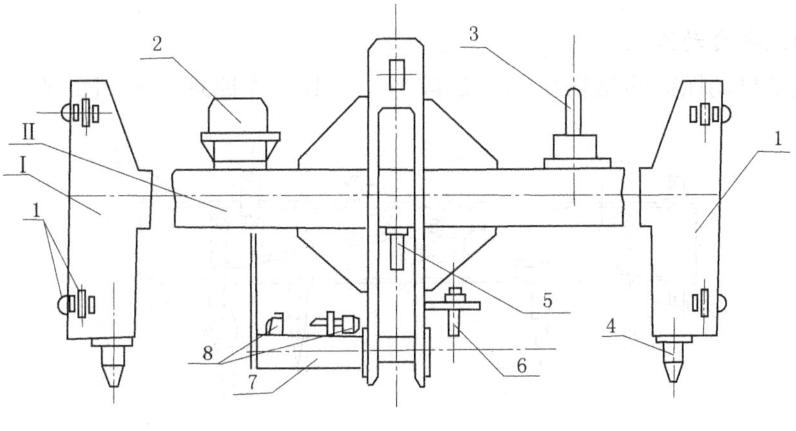

Ⅰ—抓梁头部；Ⅱ—抓梁中部；

1—导向装置；2—液压装置；3—防水插接装置；4—定位装置；

5—感应发送器(2)；6—感应发送器(3)；7—液压穿销；8—感应发送器(1)。

图 5-2-42 单吊点液压自动抓梁

抓梁上有电动机和电器信号装置，由启闭机供给电源。然而抓梁与启闭机吊具有时联接，有时分开。为此在抓梁上设置了防水插接装置(见图 5-2-43)。在一个下口敞开而其他部分密闭的圆筒形防水钟罩内有一个圆柱支架，在支架上装有电插头插座，借此把门机电源和抓梁电路接通和断开。防水钟罩的防水原理是：当钟罩随抓梁平稳地进入水中时，钟罩下部进水；然而由于钟罩上部密不透气，所以钟罩内的空气被水压缩。钟罩进入水中越深，进入钟罩内的水越多，空气体积被压缩得越小。但空气始终集中在钟罩顶部，保护插头插座不被水淹没。

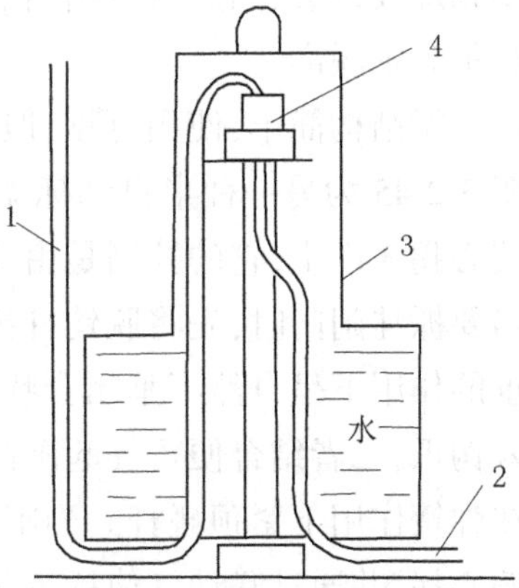

1—门机电缆；2—抓梁电缆；

3—防水钟罩；4—电缆插头插座。

图 5-2-43 防水插接装置

液压抓梁的工作过程：启门时抓梁在导向装置的引导下进入门槽水中，逐渐接近闸门，并在定位装置的引导下准确地落在闸门上的定位座上，同时闸门吊耳推起信号发送器的推杆，向操作人员发出定位信号。然后操作人员开启油泵电动机，并操作电液三位四通阀的开关给油穿销。穿销完毕，感应信号发送器发出信号。此时操作人员关闭电磁阀和油泵电动机，开始启门。当把闸门提升到门库时，放好锁定梁，把闸门落在其上。然后操作人员再开启油泵电动机和电磁阀开关退销。当退销到位，发出信号后，关闭电磁阀和油泵电动机，提起抓梁，启门完毕。

液压自动抓梁，适合抓挂大型闸门，操作简单，但结构比较复杂，信号显示可靠性要求高。

2. 重锤式半自动抓梁

重锤式半自动抓梁的结构如图 5-2-44 所示。其工作原理是利用重锤产生脱挂的转

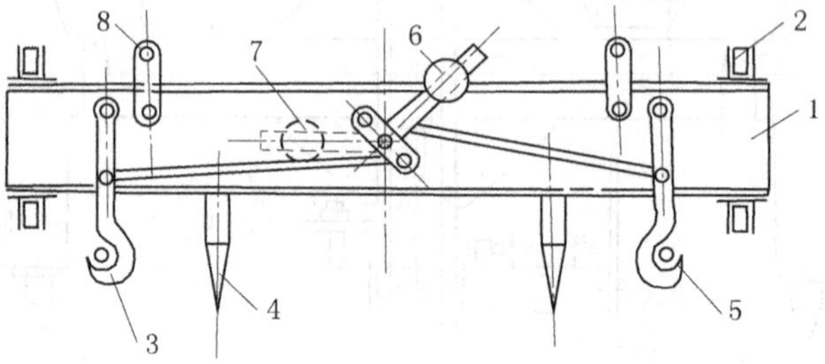

1—梁体；2—导轮；3—吊钩；4—找准器；5—闸门吊耳轴；

6—重锤(挂钩位置)；7—重锤(脱钩位置)；8—起吊环(与启闭机连接)。

图 5-2-44　重锤式半自动抓梁

动力矩，通过杠杆拉动吊钩实现脱挂。图 5-2-44 中所示为抓挂状态，当要闭门时，先把重锤转动到虚线位置，然后落下闸门。当闸门落到底坎以后，吊钩在重锤作用下内收，抓梁与闸门吊耳轴脱离。

该抓梁结构简单，使用可靠，但当起重量在 300 kN 以上时，扳动重锤很费力。

图 5-2-45 为另一种半自动抓梁。它的工作原理与重锤式基本相同。其脱挂转动力矩由偏心拐 3 产生，它的控制是由脱钩杆 7、碰杆 9、弹簧 10 组成的锁定装置来完成。

当要抓挂闸门时，先将脱钩杆拔出，转向固定，使锁定装置解除作用。钩爪在偏心拐和自重的作用下呈自然下垂闭合状态，此时即可下降抓梁。当钩爪与闸门吊耳接触时，吊耳插入钩爪，二者结合便可提起闸门。当要脱开闸门时，先将脱钩杆转回到工作状态，脱钩杆在弹簧作用下紧顶碰杆。当闸门落到底时，抓梁继续下放，碰杆与闸门相撞而缩入，顶起偏心拐，并通过联动杆使钩爪张开，此时脱钩杆在弹簧作用下插入碰撞杆上的销孔，使钩爪保持张开状态。此时已脱开闸门，可提起抓梁。

该抓梁操作简单，安全可靠，可用于较大闸门。

3. 自动抓梁

脱挂自如式抓梁，或叫自动卡体，是自动抓梁的一种(见图 5-2-46)。当挂钩时，自动抓梁下落，钩子碰上挂体，此时钩子张开，钩子滑过挂体头部(其位置可由高度指示器精确控制)，钩子即卡住挂体(卡住后，操作室内的电子秤可反应出来)。脱钩过程正相反。该抓梁结构简单，操作方便，完全自动，但脱挂过程需严格控制抓梁升降尺寸。

4. 抓梁使用注意事项

抓梁工作多数都在水下，如果抓挂不好，则会使闸门坠落或在门槽中卡住，其后果不堪设想。因此，在抓梁使用前必须严格检查。确认各机构灵活、安全可靠；深度指示、信号装置

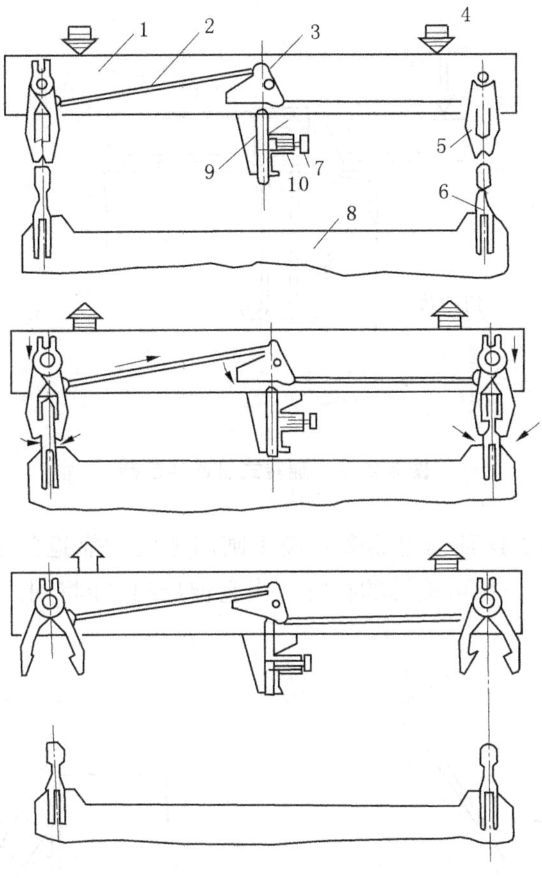

1—梁体;2—联动杆;3—偏心拐;4—起吊环;5—钩爪;6—吊耳;7—脱钩杆;8—门叶;9—碰杆;10—弹簧。

图 5-2-45 半自动抓梁

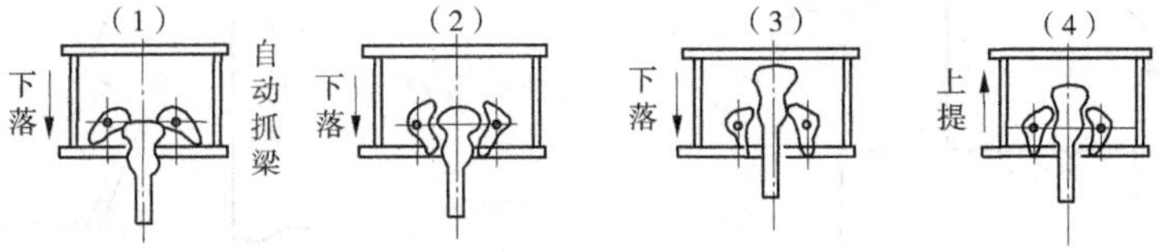

图 5-2-46 脱挂自如式抓梁

工作正常,准确无误后,方可提门。抓梁不用时应妥善保管,不可随便摆放,以免损坏。

(二)锁定装置

锁定装置种类很多,常用的有以下几种:

(1)翻转式悬臂锁定器。这种锁定梁安设于门槽顶部的两侧。当闸门开启到锁定位置时,由操作人员将锁定器翻转到门槽内,通过闸门上的吊杆或支承梁将闸门锁定(见图 5-2-47)。

(2)杠杆式锁定器。安装于门槽顶部两侧,由杠杆构成可伸缩的支架。当闸门开启到锁定位置时,由操作人员将带手柄的杆推出支持闸门(见图 5-2-48)。

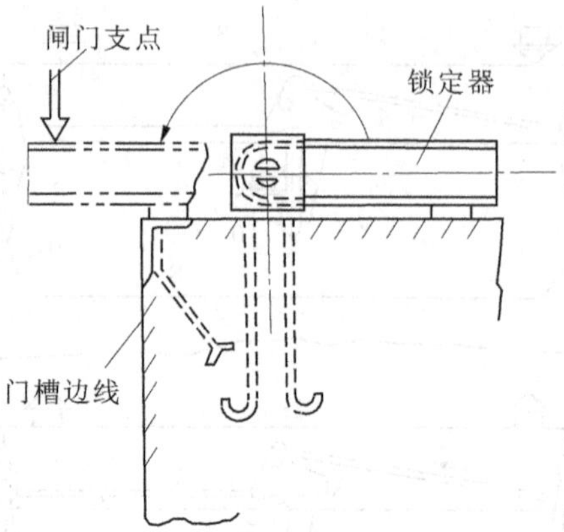

图 5-2-47　翻转式悬臂锁定器

(3)旋转式锁定器。这种锁定器多安设于闸门体两侧靠近门顶的位置,也可安设在门槽侧壁的顶部。它是一种可旋转的拐臂。当它伸出时,能将闸门支承在门槽两侧壁的齿坎上(见图 5-2-49)。

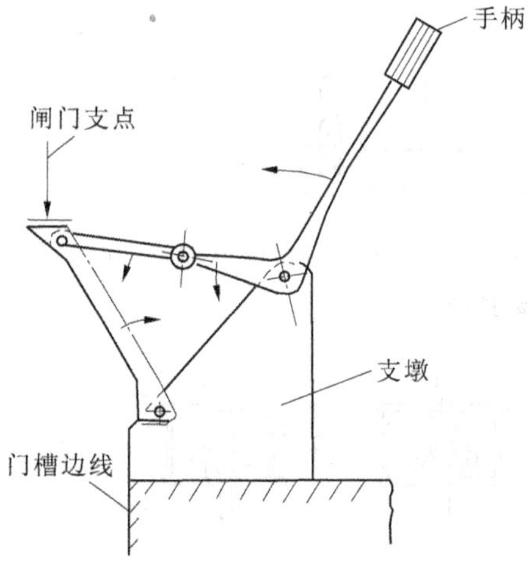

图 5-2-48　杠杆式锁定器

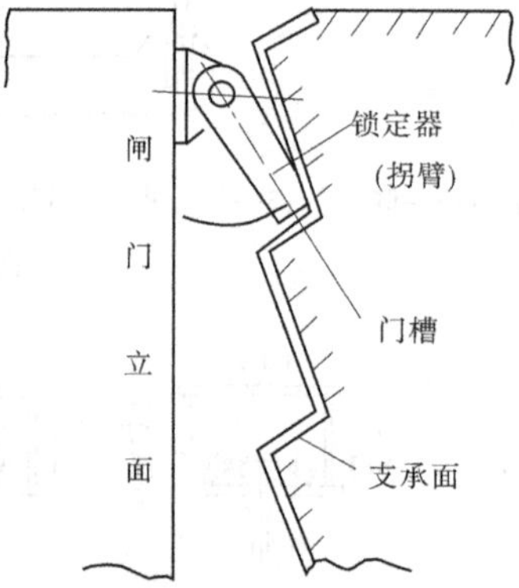

图 5-2-49　旋转式锁定器

(4)自动锁定装置。图 5-2-46 所示的脱挂自如式抓梁,也可安放于门槽顶部,以供闸门锁定之用。操作时可免去人力,自动挂上或脱开闸门。这种锁定装置可视闸门大小设单卡体或双卡体。

(5)锁定梁。以上四种锁定装置多用于中小型闸门。大型闸门常用锁定梁,即用两根可移动的工字钢梁横放在闸门槽上。

任务四　螺杆式启闭机

一、螺杆式启闭机的结构形式及特点

(一)结构形式

螺杆式启闭机由起重螺杆、承重螺母、传动机构、机架及安全保护装置等组成,借承重螺母的旋转,带动螺杆做升降运动,启闭闸门。其结构形式有固定式和固定摆动式两种。图 5-2-50(a)所示为固定式螺杆启闭机,大多用于启闭平面闸门。若在起重螺杆的下端增设在滑槽 2(埋设于闸门井胸墙壁)滑动的滑块 3 及连接闸门吊耳与滑块的连杆 4[见图 5-2-50(b)],则固定式螺杆启闭机也被用来启闭弧形闸门。图 5-2-50(c)为固定摆动式螺杆启闭机。为使启闭机能够摆动,机架由机身和机座两部分组成,机身与机座铰轴联接。这种形式的启闭机多用于操作弧形闸门。启闭机的摆动过程:在启闭闸门过程中,由于螺杆只做轴向运动,而连接在闸门吊耳上的螺杆下端因随弧门旋转,不但有轴向运动,而且有横向运动。这一横向运动使螺杆弯曲,从而产生附加弯矩。当此弯矩增大到足以克服摆动铰轴的摩擦阻力矩时,启闭机摆动一个微角,于是螺杆的弯曲几乎消失。附加弯矩若小于铰轴的摩擦阻力矩,摆动暂时停止。直到螺杆再次弯曲到足够大时,启闭机再摆动。因此,它的摆动是间歇进行的。

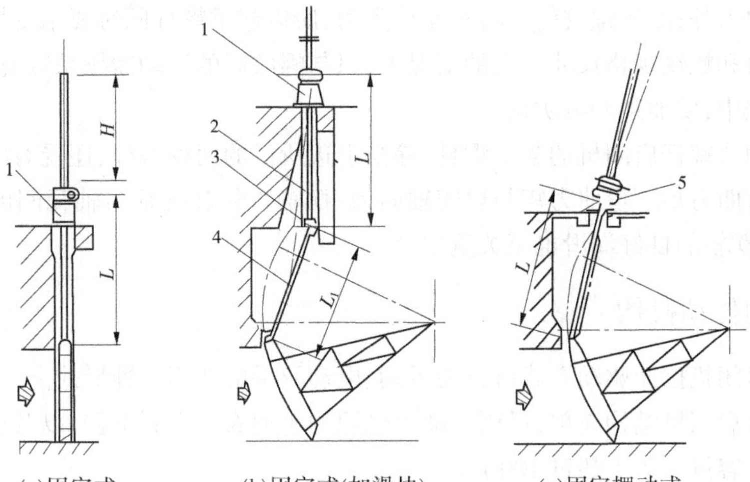

1—固定式螺杆启闭机;2—滑槽;3—滑块;4—连杆;5—摆动式螺杆启闭机。

图 5-2-50　螺杆启闭机的结构形式

为了防止起重螺杆因超载而产生弯曲，手动螺杆启闭机应设安全联轴器，电动螺杆启闭机除设安全联轴器外，还应设行程限位开关。

（二）特点

（1）由于螺杆是刚性构件，它不但能提供启闭力，而且能施加闭门力，并能阻止闸门振动。

（2）启闭容量小，扬程小，传动效率低。启闭机的容量一般为 30~200 kN，最大启门力达 750 kN，闭门力达 400 kN。其扬程通常在 5 m 以内，个别可达 8 m。

（3）螺杆式启闭机结构简单，安全可靠，造价低廉。

（4）螺杆和螺母有自锁作用，可使闸门停留在任何位置而不会自行滑落。

（5）机体体积小，占地面积小。

二、起重螺杆与承重螺母

在螺杆式启闭机中起重螺杆与承载螺母是基本零件。它们是利用螺旋传动原理，把螺母的旋转运动变成螺杆的轴向直线运动，同时把螺母的转矩变成启闭闸门的启闭力。在这一传递过程中虽然有摩擦损失，但却非常省力，其原理就是螺旋副中的斜面工作原理。

起重螺杆和承重螺母的螺纹，现在普遍采用单线梯形螺纹。

起重螺杆常用 35 号或 45 号优质碳素结构钢制造。起重容量小的螺杆可用普通碳素钢 A3 或 As 制造。承重螺母常用青铜制造，当螺杆、螺母间的承载压力和相对滑动速度较小时，可采用球墨铸铁和灰铸铁。

起重螺杆工作时承受轴向力，即启门力或闭门力。启门力使螺杆受拉，闭门力使螺杆受压。除轴向力外，由于螺纹传动时有摩擦阻力，所以起重螺杆同时要承受扭矩。扭矩的大小在启闭力和螺纹规格尺寸一定的情况下，只与螺纹间的滑动摩擦系数有关。因此，在使用管理过程中，要加强润滑防锈。

对于摆动式螺杆启闭机的起重螺杆，除受上边所说的两种力外，还受有因摆动摩擦阻力所造成的弯曲力矩。弯曲力矩与启闭轴向力、摆轴直径和摆轴与轴瓦间的摩擦系数等有关。因此，摆轴的良好润滑也至关重要。

三、驱动传动机构

螺杆式启闭机按照驱动方式可分为手动、电动及手电两用三种形式。

手动螺杆启闭机结构简单，适用于缺少电源的小型农田水利工程，以及启闭操作极少的闸门。起重容量一般不超过 100 kN。

50 kN 以下的手动螺杆启闭机，可不设省力的减速机构，仅用手柄直接转动承重螺母，如同推磨，俗称推磨式。其结构如图 5-2-51 所示。

50 kN 以上的螺杆启闭机，为了减少操作人员，设置省力的减速机构。图 5-2-52 所示为蜗轮蜗杆减速传动的机构简图，图 5-2-53 为伞齿轮减速传动机构简图。手电两用的目

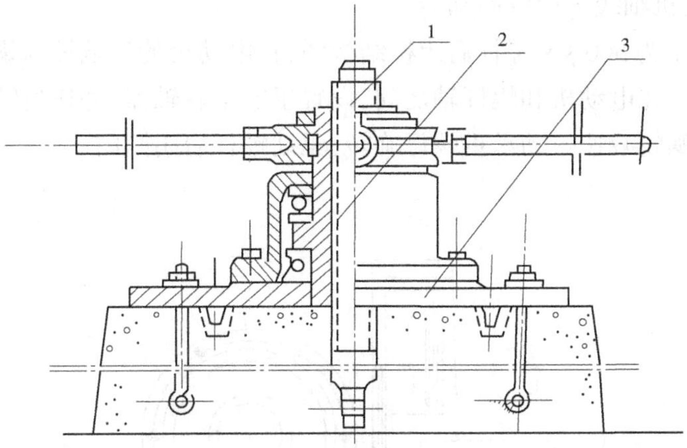

1—起重螺杆；2—承重螺母；3—机架。

图 5-2-51　手动螺杆式启闭机

的主要是当电源中断时，可用手摇操作启闭。

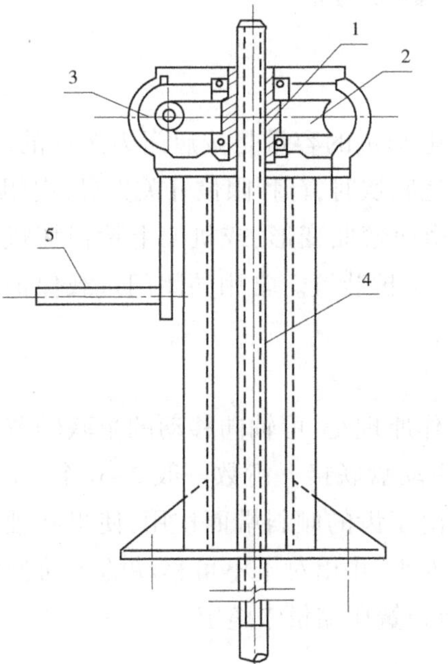

1—承重螺母；2—蜗轮；3—螺杆；
4—螺杆；5—摇把。

图 5-2-52　蜗轮蜗杆式螺杆启闭机

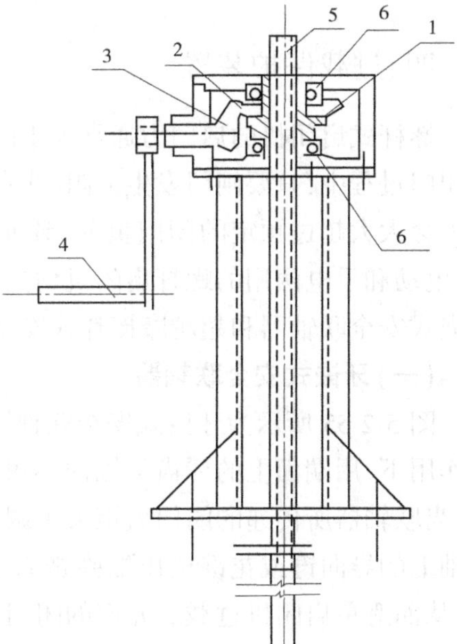

1—承重螺母；2、3—伞齿轮；
4—摇把；5—螺杆；6—轴承。

图 5-2-53　伞齿轮式螺杆启闭机

螺杆式启闭机无论是手摇还是电动，在其传动机构中一般都不设制动器。这由螺纹的升角 $\alpha \leqslant 4^{\circ} \sim 4^{\circ}30'$ 来保证螺杆螺母之间有自锁性能，如果螺杆及蜗母螺纹升角较大，不能保证自锁时,电机轴线上应设制动器。

图 5-2-54 所示为 500 kN 螺杆启闭机结构图,在电动机的后端轴和蜗杆的另一端分别布置两个手摇柄。在电动机和蜗杆轴之间,设置了安全联轴器,并通过链轮带动深度指示器。蜗杆转动经蜗轮减速带动承重螺母旋转,驱动螺杆启闭闸门。

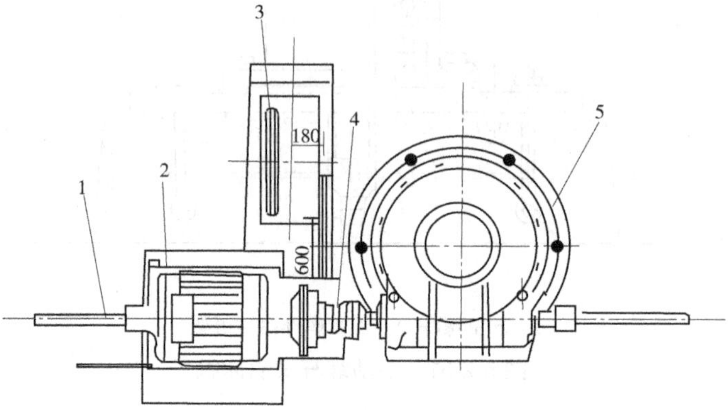

1—手摇柄;2—电动机;3—深度指示器;4—安全联轴器;5—蜗轮箱。

图 5-2-54　500 kN 螺杆启闭机

四、过载保护装置

螺杆式启闭机的启门力通常大于闭门力。电动机的容量是按启门力选择的。因此,在闭门过程中,只要闸门发生卡阻,或在闸门到达底坎时,行程限位开关失灵,启闭机的下压力会大大超过预定的闭门负荷,致使螺杆失稳而弯曲变形,或机架上抬损坏机座。因此,电动和手电两用的螺杆启闭机均应装设过载保护装置。常用的闭门过载保护装置有牙嵌式安全联轴器和超越摩擦片式安全联轴器。

(一)牙嵌式安全联轴器

图 5-2-55 所示为牙嵌式安全联轴器。其工作原理是:可轴向移动的半联轴节在弹簧的作用下,用端面上的牙齿与轴向不可移动的主动盘联接。齿数一般 2~6 个,牙呈锯齿状,当联轴器所传递的闭门力矩大于调整值时,由于齿的倾斜端面作用,使半联轴节将沿着轴上的导向键或花键槽压缩弹簧后退,停止转动,并相对于不可移动的主动盘产生溜滑,从而避免启闭机过载。允许的闭门力由调节弹簧压缩量来整定。

启门时,由于转向相反,则不会打滑。

(二)超越摩擦片式安全联轴器

超越摩擦片式安全联轴器由两部分组成:一部分是超越离合器,也叫定向离合器;另一部分是片式摩擦联轴器。前者是在启门时联接,闭门时自动分开,从而满足了启门要求。闭门时的动力传递,依靠片式摩擦联轴器完成,由于片式摩擦联轴器传递力矩靠的是弹簧压力,力矩过大能自动打滑。因此,它既能满足正常闭门需要,也能在超载时起安全保护作用。

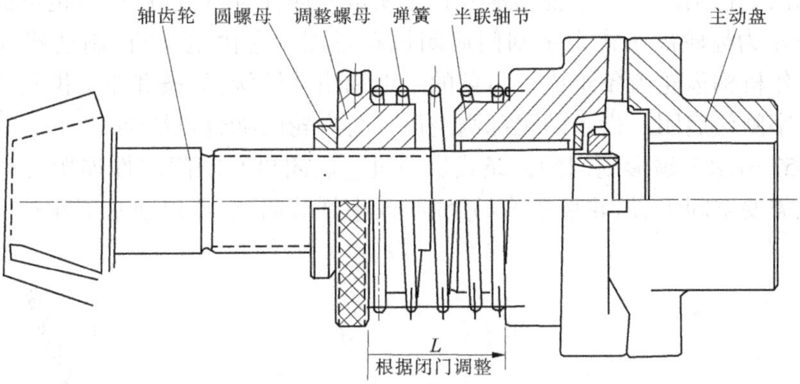

图 5-2-55　牙嵌式安全联轴器

五、螺杆式启闭机机型

螺杆式启闭机按吊点数分单吊点和双吊点；按驱动方式分为手动、手电动和电动。对于中小型水利工程（水闸、堤坝、渠道、涵洞、管道等）中的平面闸门用螺杆式启闭机已系列化，启闭机型号表示方法如下：

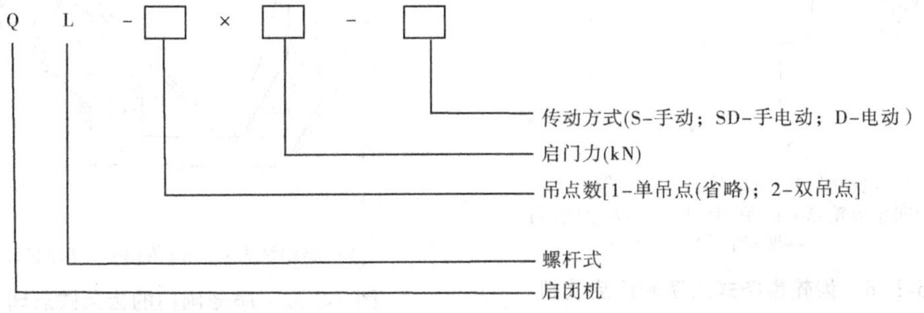

双吊点螺杆启闭机，启门力为 2×250 kN，手电动传动方式。其型号标记为：QL–2×250–SD。

任务五　其他机械传动的启闭机

机械传动的启闭机除前面讲述的固定卷扬式、移动式和螺杆式启闭机外，还有齿轮齿条式、曲柄连杆式和链条式启闭机。

一、齿轮齿条式启闭机

齿轮齿条式启闭机多用于启闭人字闸门，也可用来启闭中小型平面闸门和扇形闸门。它的驱动传动机构与固定卷扬式启闭机基本相同。它的起升机构是通过齿轮带动齿条，齿条的一端铰接在闸门上。它也和螺杆式启闭机一样,既可提供启门力也可提供闭门力。图5-2-56所示为齿轮齿条式人字闸门启闭机布置图。它由电动机、制动器、联轴器等传动机构和工作机构齿轮齿条组成。齿条的一端和门叶铰接,齿条和驱动齿轮啮合,齿轮带动齿条使人字闸门启闭。齿条的尾部则绕齿条与齿轮的啮合点摆动。

图5-2-57所示为扇形闸门的齿条式启闭机。启闭机与闸门刚性连接可产生闭门力。但因启闭机需要空间大、齿轮齿条容易磨损、效率低等弱点,所以在水工建筑中应用很少。

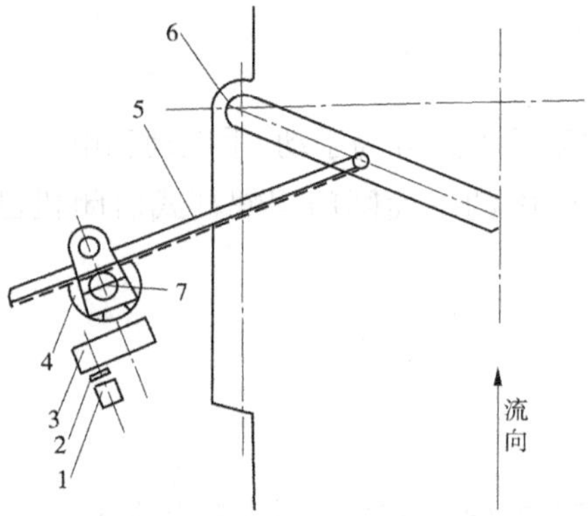

1—电动机;2—制动器;3—减速器;
4—变向伞齿轮;5—齿条推拉杆;6—人字闸门;
7—驱动齿轮。

图5-2-56　齿轮齿条式人字闸门启闭机

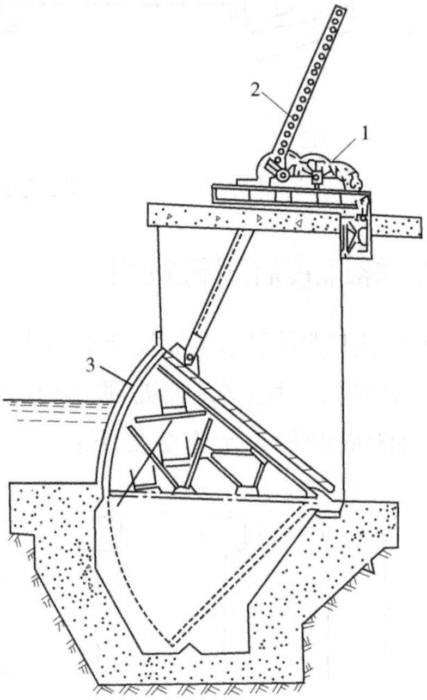

1—驱动装置;2—齿条;3—扇形闸门。

图5-2-57　扇形闸门的齿条式启闭机

二、曲柄连杆式启闭机

曲柄连杆式启闭机用于启闭人字闸门。它是刚性联接的典型结构。它与闸门共同构成了平面四连杆机构,利用平面四连杆原理启闭闸门。为防止启闭机过载和起到缓冲作用,在连杆上加设弹簧保护措施。扇形齿轮由电动机驱动。

三、链条式启闭机

链条式启闭机的最大特点是闸门与启闭机通过片式链条联接(见图5-2-58)。这是除钢丝绳外的一种挠性联接。它的起升机构是由链轮、链条、张紧轮和平衡重等组成。链条一端固定在启闭机座上,另一端与负荷控制器相连。闸门、平衡重均经链轮悬吊起来。

它的传动驱动机构是由电动机、减速器和开式齿轮等组成,另有手摇柄通过链轮链条与齿轮箱的输入轴联接,可实现手动。

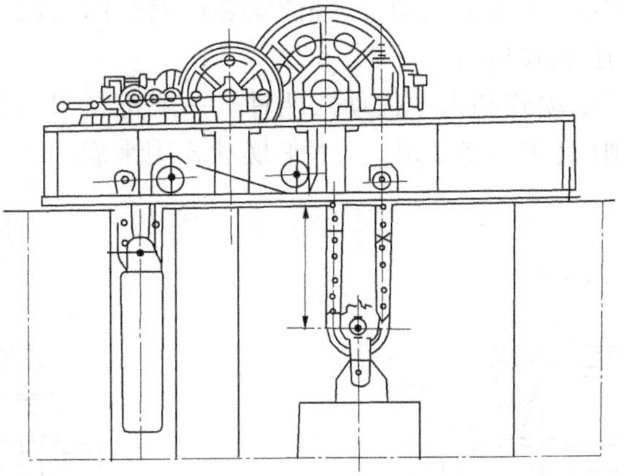

图 5-2-58　链条式启闭机

这种启闭机与固定卷扬式启闭机结构性能基本相同,然而其缺点较多,所以应用很少。

任务六　液压启闭机

液压启闭机是较晚发展起来的一种比较先进的液压传动机械。它是根据液体静压原理,利用液压,传递动力,启闭闸门(见图 5-2-59)。它具有很多优点,是一种比较理想的闸门启闭设备。

一、分类和特点

(一)分类

液压启闭机的种类很多。按照液压启闭机油缸的作用方式可分为单向作用和双向作用。单向作用油压启闭机只提供单向开启闸门的启门力。关闭闸门要依靠闸门的自重。这类启闭机多用于快速闸门。双向作用油压启闭机的油缸既提供启门力又提供闭门力。因此,它最适用于那些靠闸门自重不足以关闭的工作闸门或事故检修闸门。

按照启闭一扇闸门的油缸数量可分为单吊点液压启闭机和双吊点液压启闭机。

按照油缸的固定形式可分浮动式、摆动式和固定式三种。浮动式液压启闭机油缸的上部凸缘具有球形底面,当油缸垂直放置于球面或锥面底座上时,油缸可在底座上任意方向自由摆动(见图 5-2-60)。它的作用是在启闭深孔

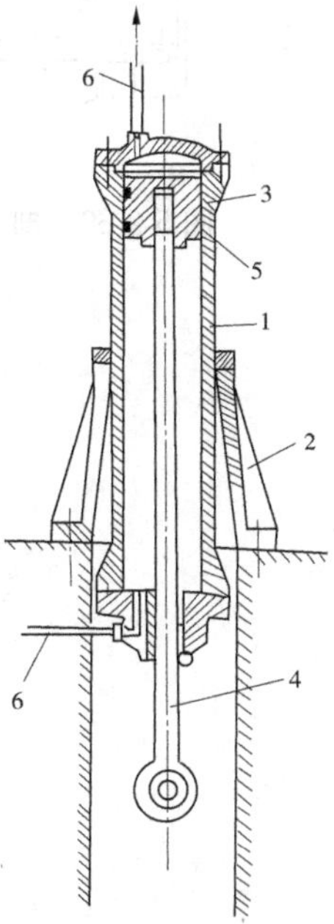

1—活塞筒;2—支座;3—活塞;
4—连杆;5—油封环;6—油管。

图 5-2-59　液压式启闭机示意图

平面闸门时，油缸的轴线可做微小摆动，以补偿安装误差和门槽偏差。这种形式一般为单作用式，多用于启闭快速事故闸门。

摆动式又分为垂直摆动式和水平摆动式两种。一般都是双向作用液压启闭机。垂直摆动式用于启闭弧形闸门（见图 5-2-61）。水平摆动式用来启闭人字闸门（见图 5-2-62）。

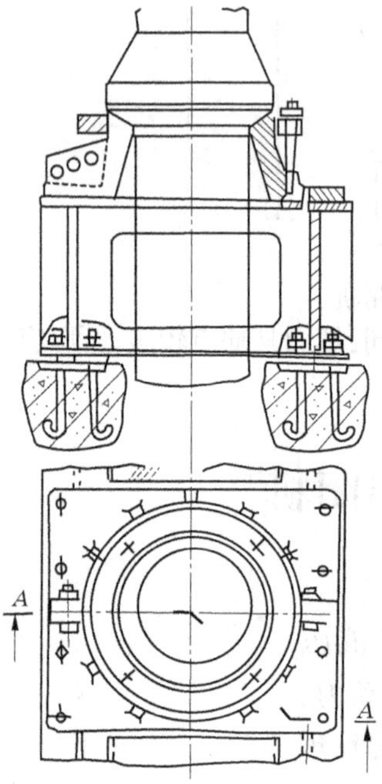

图 5-2-60　剖分式球形支座

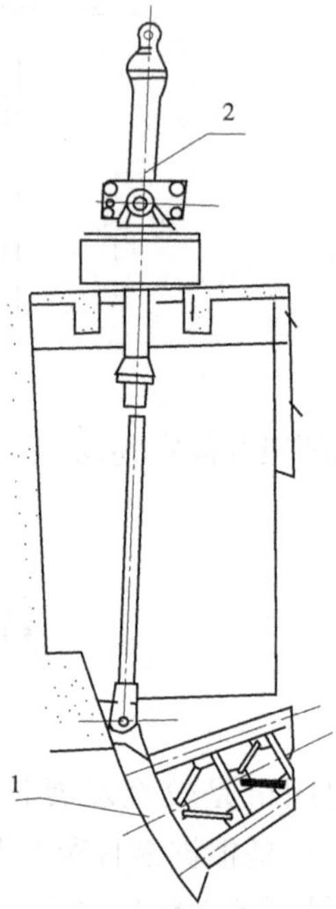

1—弧形闸门；2—液压启闭机。

图 5-2-61　垂直摆动式液压启闭机

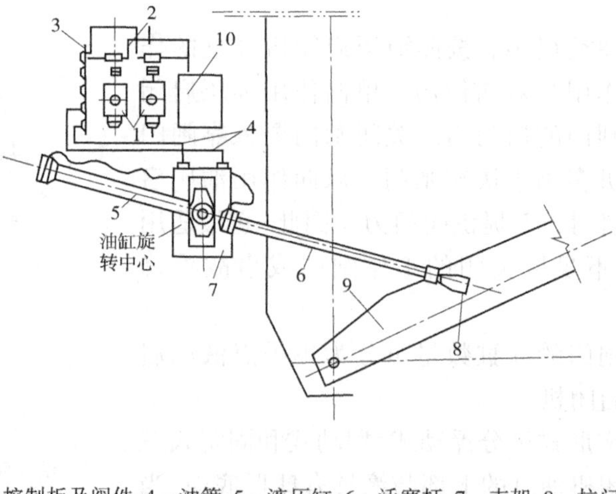

1—电动机；2—油泵；3—控制板及阀件；4—油管；5—液压缸；6—活塞杆；7—支架；8—拉门点；9—闸门；10—油箱。

图 5-2-62　液压活塞杆式人字闸门启闭机

固定式是在油缸的中部设有法兰,固定安装在基础机架上,它只适合起吊平面闸门。

液压启闭机的工作位置以往都是固定的,近些年来出现移动式油压启闭机,但应用尚少。

(二)特点

液压启闭机由于采用了液压传动启闭闸门,所以与其他机械传动启闭机相比有以下特点:

(1)液压启闭机机械部件少,构造简单、紧凑,重量轻,所占空间小,易于布置。

(2)由于采用静压原理,利用较小的动力可得到很大作用力,所以它的启闭容量大。

(3)由于传动介质是液体,所以液压启闭机工作平稳,缓冲性能好。

(4)油液充满油路系统,元件润滑良好,磨损、腐蚀都极小,寿命长。

(5)液压启闭机维护保养简单,主要是保持油液的清洁,所以运行安全可靠。

(6)由于采用标准液压元件,所以易于实现标准化、系列化,而且与电器配合,易于实现自动化。

(7)油缸需要专用机床锻造加工,机加工精度高,相应造价也较高;启闭速度小,油液容易泄漏,工作效率低,矿物油液,易于着火,对防火要求高等。

(8)多机共用1~2套供油系统,单机动作时,将影响其他机组的动作。

二、基本组成和主要部件

(一)基本组成

液压启闭机具有液压传动的基本构成:动力元件、执行元件、控制元件和辅助元件(见图5-2-63)。图中4是一个(或几个)安装在支承结构6上的油缸,它是用来启闭闸门的起升机构,在液压系统中它是执行元件。图中1是油泵装置,由电动机和油泵组成动力元件。图中3是液压阀组,是控制元件。油泵装置、液压阀组和油缸之间有液压管路5相连通,它们与油箱一起构成一个封闭的液压循环回路。油管、接头、油箱等都是辅助元件。

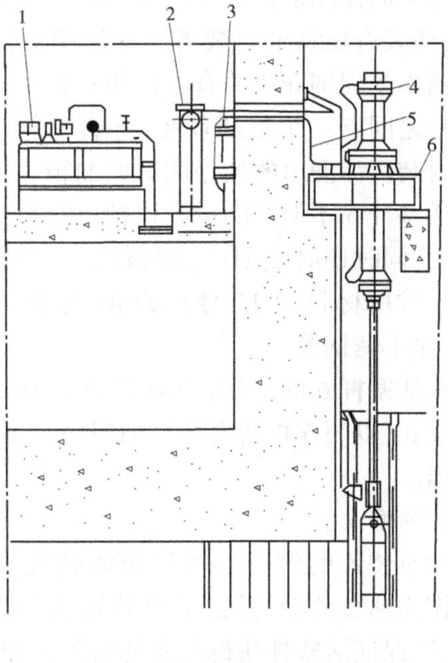

1—油泵装置;2—螺母;3—液压阀组;4—油缸;
5—液压管路;6—支承结构。

图5-2-63　液压启闭总图

(二)主要部件

1. 油缸

油缸的功能是将工作油液的压能转变为活塞杆往复直线运动的机械能,以实现启闭闸门。液压启闭机的油缸一般为单活塞杆式(见图5-2-64)。与其他液压系统的油缸相比,其最大特点是行程长、缸径大。

图5-2-64中缸体8与机座相连,活塞3与缸体配合处装有密封装置4,活塞与活塞杆

6 套装后用螺母 2 锁紧,在活塞与杆之间的接合处也有密封装置。活塞把油缸分成上下两腔,上腔叫缸腔,下腔叫杆腔,两腔内部都充满液压油。油压作用在活塞端面上产生启闭力。由于杆腔的活塞杆占去了一定的面积,所以上下腔的受压面积明显不等。用于快速闸门时,在活塞下面装有缓冲器 5,它的作用是当活塞运动接近下行程终点时与下端盖 9 的环形槽配合,使回油腔的回油阻力加大。活塞在回油腔受到较大的反压力,从而减慢下行速度,起缓冲作用。这样既避免闸门撞击门槽底坎,也防止活塞冲击油缸端盖。密封装置 4 是由安装在活塞上的青铜座环、压环和两环之间的 V 形橡胶密封圈组成。压环和座环既是为了安装压紧密封圈,同时也是活塞的导向套,这样活塞与缸套不直接接触。V 形和 Y 形密封圈都只在一个方向起密封作用,所以在单向作用油缸的活塞上装一组密封圈。在双向作用油缸的活塞上需要装两组唇边方向相反的密封圈。上端盖 1 和下端盖 9 一般通过螺栓与缸体密闭连接。端盖上设有进、出油孔以便安装进、出油管。在上端盖上设有排气阀用以排放空气。在下端盖内,装有活塞杆的密封装置,其构造与单向作用油缸活塞的密封装置类似。在密封装置的下面,还装有填料油封装置。其作用是保护活塞杆的 V 形密封圈不受周围介质的有害作用。在活塞杆密封装置与填料油封之间有一个集油环腔,并有油管与油箱接通。活塞杆密封装置渗漏出的油经此返回油箱。

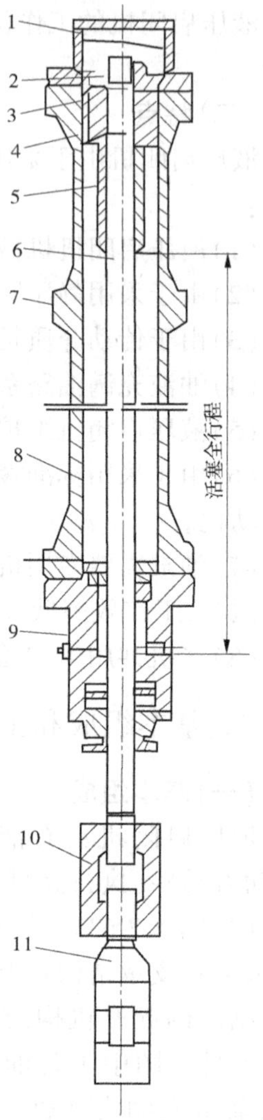

1—上端盖;2—锁紧螺母;3—活塞;4—密封装置;5—缓冲器;6—活塞杆;7、9—端盖;8—缸体;10—接合器;11—闸门吊耳。

图 5-2-64 油缸

活塞杆 6 不但要能承受拉伸、压缩、弯曲和振动等荷载的作用,同时还必须耐磨、耐腐蚀。因此,活塞杆一般是实心的。常用材料为 35 号钢或 45 号钢。表面处理有镀硬铬、喷涂不锈钢等。

在活塞杆 6 的下端,装有接合器 10。接合器上下螺纹为正反扣,以便连接活塞杆和闸门吊耳 11,并调节它们之间的距离。

2. 油泵装置

油泵装置的作用是将机械能转变成液体压能供给油缸。作为油缸的动力源,油泵装置必须提供所需的油压和油量,以保证活塞杆获得所需的启闭力和启闭速度。

油泵装置由电动机和油泵组成。两者之间通过联轴器连接。电动机一般为鼠笼式三相交流异步电动机,联轴器多为弹性柱销联轴器,油泵多采用叶片泵和柱塞泵。

3. 液压阀组

液压阀组是液压系统的控制元件。它的作用是控制油液的压力、流向和流量,以满足启闭机启闭闸门的需要。

4. 辅助装置

液压启闭机的辅助装置主要有油箱、油管、接头、油液过滤器和密封圈等。油箱的作用是容纳工作油液，使油液在油箱内沉淀澄清冷却，并将空气排出。油箱的最低油位应比油泵吸入管口高出 50 mm 以上。

5. 液压油

液压油是油压启闭机的工作介质，正是通过它实现了能量的传递，因此它也是油压启闭机的重要组成部分。

三、基本回路

液压启闭机的基本回路按其作用的不同，有压力控制回路、速度控制回路和方向控制回路。

（一）压力控制回路

压力控制回路又分为空载启动回路、调压回路、减压回路和背压回路。

（1）空载启动回路。这种回路的作用是电动机不停止转动或启动状态下，使油泵以最低压力或以最小流量输出压力油。如图 5-2-65 所示，溢流阀的遥控口与电磁二位二通阀连接。在油泵启动时，电磁铁不通电，溢流阀的控制油路经二位二通阀接通油箱。溢流阀内畅通，油泵出油全部经溢流阀返回油箱，因无油压，所以油泵空载。当启动完毕，接通电磁铁，二位二通阀关闭。溢流阀恢复溢流功能，限制系统最高油压，起安全保护作用，此时它又叫安全阀。

（2）调压回路。它的作用是限定液压系统的最高压力，使其不超过压力控制阀的整定值。如图 5-2-66 所示，在连接换向阀与油缸上腔的油路上，专设一个溢流阀，其整定压力较主回路的安全阀低，用来控制闸门的下压力，保证活塞杆的稳定。这也是因为油缸杆腔与缸腔的活塞受压面积不同所致。

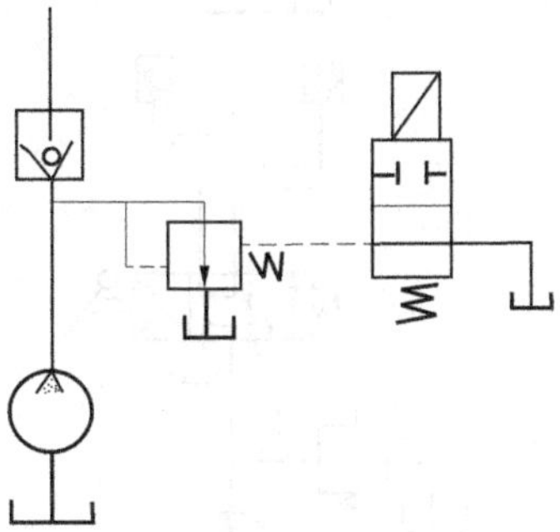

图 5-2-65　空载启动回路

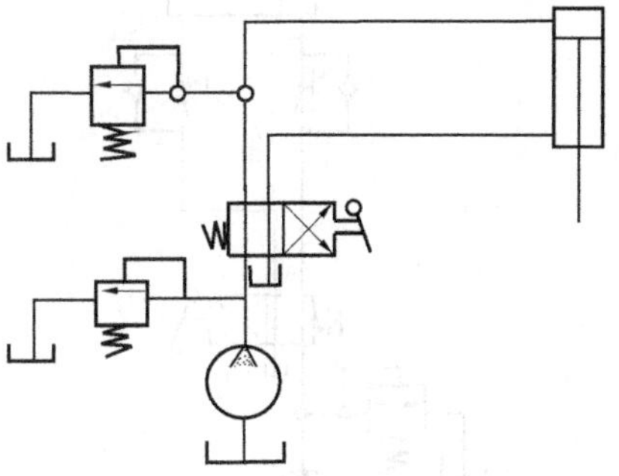

图 5-2-66　调压回路

（3）减压回路。如图 5-2-67 所示，在换向阀与油缸上腔接通的油路上装有减压阀与单向阀并联的组合阀件。当闭门时，油液经减压阀以低于系统整定压力进入油缸上腔，启门时，油液经单向阀流回。本油路油泵启动时，经三位四通阀卸荷。

（4）背压回路。其作用是防止闸门因自重而下降得过快。如图 5-2-68 所示，在换向阀与油缸下腔连接的油路上,装有单向阀和溢流阀组成的单向顺序阀。启门时油液经单向阀进入油缸下腔,闭门时只有下腔油压达到整定数值时溢流阀才接通回油。即油缸下腔的油压始终保持定值,油缸活塞下降受到限制。防止闸门因自重、重荷下降速度过快。

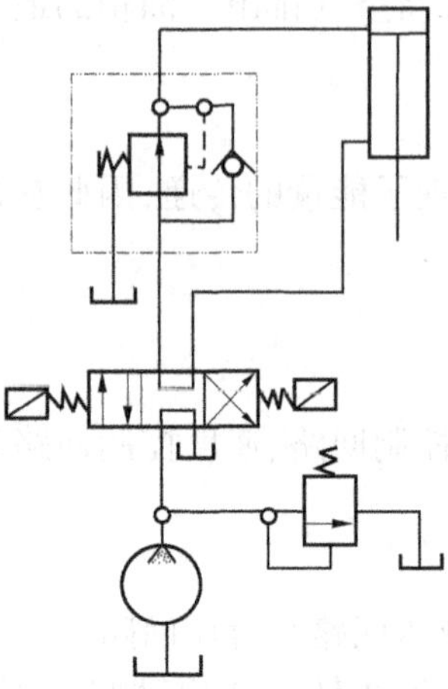

图 5-2-67 减压回路

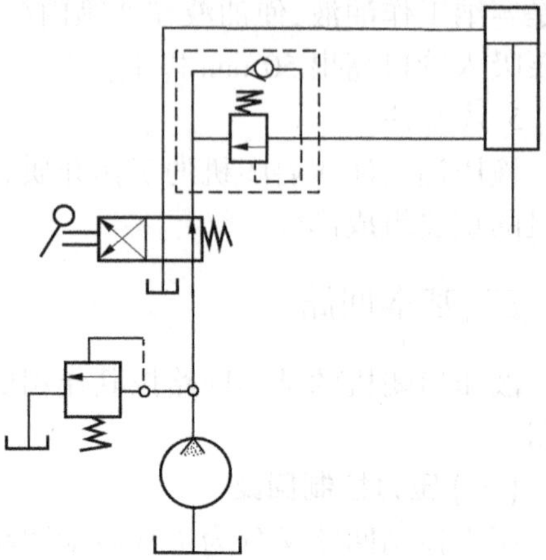

图 5-2-68 背压回路

(二)速度控制回路

速度控制回路有回油节流回路和旁路节流回路等。

(1)回油节流回路。如图 5-2-69 所示,在油缸两腔的油路都装有并联的单向阀与节流阀。进油时油液走单向阀,而回油时经节流阀节流,以控制启闭闸门的速度。

(2)旁路节流回路。如图 5-2-70 所示,在油泵的出口接一个节流阀通油箱。在油泵排量一定的情况下,油压越高,经节流阀回油箱的油量越多,进入油缸的油量就越少,而油压又决定于油缸的荷载。这样启闭闸门的速度与启闭荷载成反比。

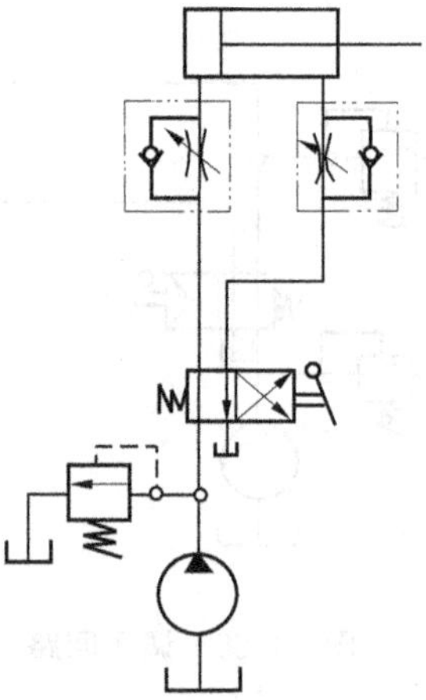

图 5-2-69 回油节流回路

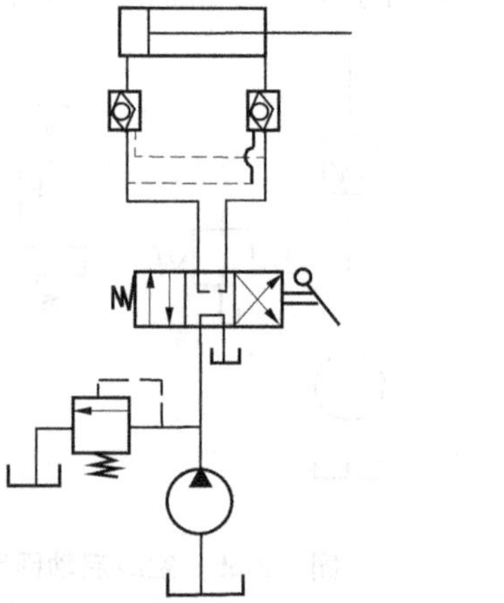

图 5-2-70 旁路节流回路

(三)方向控制回路

方向控制最基本的元件是单向阀和换向阀。前文介绍的基本回路中,凡有单向阀和换向阀的回路,都可视为方向控制回路。此外,还有一种方向控制叫锁紧回路(见

图 5-2-71)，它在油缸两腔的油路上都装了可控单向阀，合起来也叫液压锁，从而形成了闸门在任何行程位置上的闭锁。只有当任何一个油路与油泵接通时，另一个油路的单向阀才打开接通油箱，从而改变闸门位置。这种油路可保证闸门停留在任何开度位置而不变。它的锁紧程度只受油缸泄漏影响。

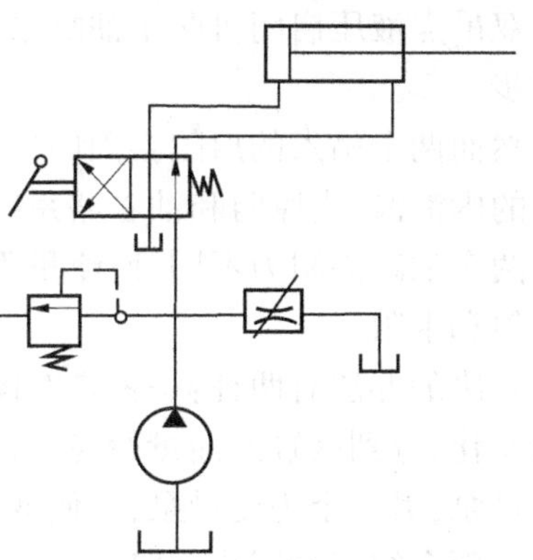

图 5-2-71 锁紧回路

四、典型回路及工作过程

(一)单吊点、双作用液压启闭机液压系统

它是由空载启动回路、电液三位四通换向阀、回油节流回路、上腔调压回路和半锁紧回路组成(见图 5-2-72)。图 5-2-72 中是单缸启闭一扇闸门，如果是多门多缸，可由主油路箭头 A 处分出，并增加相应的控制元件。

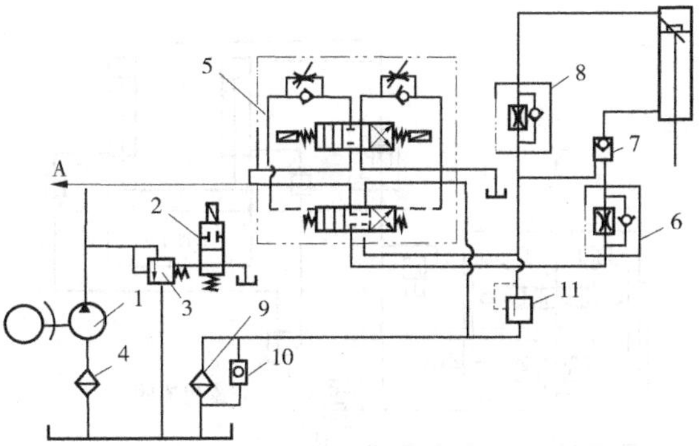

图 5-2-72 双作用液压启闭机油路系统

它的工作过程如下：

(1)油泵启动。油泵 1 启动时，电磁二位二通阀 2 处于图 5-2-72 所示位置，溢流阀 3 旁通。油液经滤油器 4 无压进入主油路，并经溢流阀 3 返回油箱。油泵启动后，阀 2 换向，阀 3 恢复正常溢流。

(2)启门。启门时电液三位四通阀 5 动作，主油路与下腔接通，上腔接通回油路。油液经阀 5、阀 6 的单向阀和液控单向阀 7 进入油缸下腔。推动活塞上行。上腔的油液受活塞挤压经节流阀 8 节流，经阀 5 和回油滤油器 9 返回油箱。如果回油滤油器堵塞，回油压力升高，则顶开单向阀 10 进入油箱。启门完毕，阀 5 断电回中。液压单向阀 7 锁死，以防闸门下落。

(3)闭门。闭门时，阀 5 动作，压力油经阀 11 溢流减压后，再经阀 8 的单向阀进入上腔。此时，下腔油路上的液压单向阀 7 在上腔油路油压的作用下打开，下腔油液经单向阀、节流阀、换向阀和回油过滤器返回油箱。闭门结束，操作换向阀 5 回中。

(二)双吊点液压启闭机同步回路

双吊点液压启闭机两个油缸吊点的运动速度和位移必须保持相同,即速度同步和位移同步。

然而两个吊点的启闭会因门槽的制造安装误差和门槽内有无污垢异物而不同。两个油缸的内泄漏、内摩阻和油管路系统的水力阻力、渗漏也会因制造安装的不同而有差异。这样两个油缸因阻力不同,而流量不等,它们的运动速度和位移也就不相同,以致造成闸门歪斜和卡阻。

解决的办法有两种:一种是对同一台油泵供油的两个油缸,不管其中任一油缸的负载如何变化,分到两缸的油量始终一样;第二种是两个油缸分别用两个油泵供油,其中一个为定量泵,另一个为变量泵,并使变量泵供油的油缸自动追踪另一个油缸的运动。

下面介绍三种同步回路:

(1)分流集流阀的速度同步回路。如图 5-2-73 所示为分流集流阀控制的双吊点液压启闭机速度同步油路。两油缸的上腔并联于主油路上,杆腔经分流集流阀后并联,起同步控制作用。其他与单吊点双作用油缸液压系统基本相同。

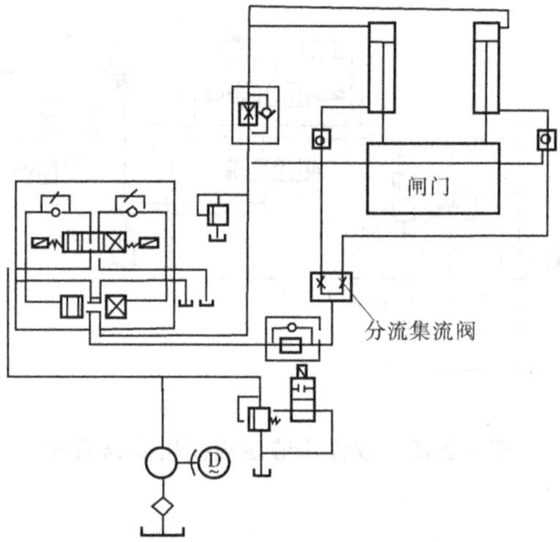

图 5-2-73　双吊点液压启闭机速度同步回路的油路

分流集流阀分别起作用。启门时分流起作用,闭门时集流起作用。分流时,不管两个油缸的启门荷载如何变化,即两杆腔的油压如何不同,始终等量分配油量,以确保同步;而在集流时,也不管两缸腔压力如何不同,始终等量集流。

此种回路只能基本保持两油缸的速度同步,同步误差约为 20%。当两缸有了位移误差之后,便没有自动补偿能力。

(2)伺服变量泵的位置同步回路。如图 5-2-74(a)所示为伺服变量泵的位置同步回路,两个油缸由各自油泵供油。其中,一台是定量泵,另一台是伺服变量泵。变量泵的额定流量 Q_1 比定量泵的额定流量 Q_2 大,以便留有调整余地。在启闭机开始工作时,变量泵的流量应调到等于 Q_2。变量泵的调节机构用带电动执行器的伺服电动机带动。伺服电动机的控制是通过电气跟踪系统来实现的。一般电气跟踪系统主要由自整角发送机和接收机组成,这样在闸门启闭过程中,由自整角机监测两油缸的同步状况,并发出相应的电信号。由伺服电动机操作三位三通阀控制变量泵的调节机构,使变量泵的排油量相应变化。这样经过反复调整,可满足同步要求。目前,这种同步回路的精度一般在 0.5%左右。

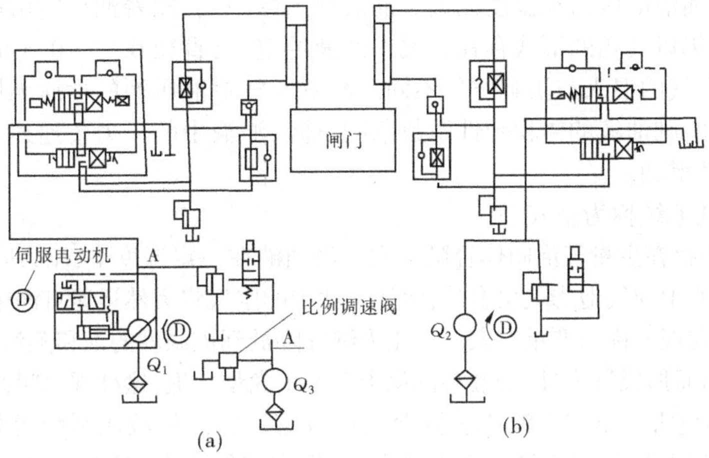

图 5-2-74　双吊点液压启闭机位置同步回路的油路

(3)用电磁比例调速阀的位置同步回路。如图 5-2-74(b)所示为电磁比例调速阀控制的同步回路。为了能够调节,图 5-2-74(b)中定量泵的流量 Q_3 仍要求大于 Q_2。在压力油路上加装了一条由电磁式比例调速阀控制的回路。比例阀是近年来发展的新品种,可用电气信号连续地、有比例地控制液压回路的压力和流量。此阀由直流比例电磁铁、压力补偿阀和节流阀三个部分组成。它所控制的回油量的大小,随着自整角机的电信号的强弱而变化。从而能基本保证它所供油的油缸与另一个油缸实现同步。

五、液压系统中的空穴、气蚀、振动与噪声

(一)空穴与气蚀

1. 空穴的产生与危害

液压油空穴产生的原因有三种:空气的溶解与分离、油液的汽化和空气的混入。

(1)空气的溶解与分离。液压油具有溶解空气的性质。一般矿物油在常温和压力 0.098 MPa(大气压)时约溶解 6%~12%的空气。液体溶解空气量的多少与它所受的压力成正比,与它的温度成反比。一般说来,油液中溶解一定量的空气,只要它不分离出来,对液压系统并不造成危害。然而,油液在系统中运动,有高压区,也有低压区。当压力降低到空气分离压力以下时,溶解于油中的空气就大量从油液中分离出来产生气泡。

空气的分离压力随油液的种类、温度、空气溶解量的不同而异。当油液的温度高,空气的溶解量大,则空气的分离压力高。对于一般矿物油,溶解的空气量为 10%,油温为 50 ℃时,空气分离压力约为 0.04 MPa。

(2)油液的汽化。液压油和其他液体一样,也具有汽化性质。汽化同样与温度和压力有关。在一定的温度下,当液体的压力低于某一数值时,液体将迅速汽化,甚至沸腾。

此压力称这种液体在该温度下的饱和蒸汽压力。饱和蒸汽压力与温度成正比。矿物油的饱和和蒸汽压力在 20 ℃时为 6~1 934 Pa(0.045~15 mmHg)。液压油在出现汽化现象时会产生大量气泡。

(3)空气混入。液压油的空气混入量,取决于油的性质、油与空气的接触面积以及搅动情况,一般与油液的压力和温度无关。油液混入的空气,随着油压的增高,一部分会溶解于油中,其余仍以气相的形式存在。混入油液的空气,直径 0.25~0.5 mm 的气泡状态悬浮于油中。空气的混入与溶解空气不同。溶解空气对液压油的性质无影响,而混入的空气量如果增加,则油液的体积弹性系数急剧下降,油液中的压力传递速度减慢,油液的动力黏度呈线性增加。

以上三种现象统称为空穴。

一般油液中存在少量气泡叫作轻微空穴。当油液在一定温度下,压力降低到分离压力以下时,除混入油中的气泡膨大聚合外,溶解于油中的空气将突然迅速自油中分离而产生大量气泡,这种空穴现象称为严重空穴。如压力继续降低到该温度的饱和蒸汽压力下,除油中所含的空气分离而形成气泡外,油液将汽化沸腾产生大量气泡,这种现象叫作强烈空穴。

(4)空穴的危害。空穴对液压装置会造成危害。它能使液压系统容积效率降低;顺序动作机构步调混乱,伺服系统动作不稳定;如果空穴停留在流道的狭窄处会形成滞塞,使油液流通不畅,甚至堵塞;空穴现象还会引起机械各部分的压力不平衡,使转矩发生变动,造成回转体的运转性不稳定;特别是由空穴引起的气蚀危害更大。

2. 气蚀的成因与危害

气蚀由油液中的空穴被油液带到高压区时,空穴的体积急剧缩小,气泡或汽泡又重新溶解或凝结为油液,形成局部真空。周围液体质点高速填补这一空间。质点相互碰撞,形成液体冲击,产生局部高压,此压力可高达数十甚至上百兆帕。如果液体冲击发生在液体内部,则会产生振动和噪声,并使油液氧化变质;如果液体冲击发生在金属等固体壁面上,其结果除上述危害外还能造成固体壁面上的剥蚀。这种现象就叫气蚀。气蚀使材料破坏,元件损伤,缩短机械寿命。

3. 空穴与气蚀的防止

由前述可知,要防止空穴与气蚀的产生,关键在于防止油液内混入空气和生成气泡。防止空气混入,主要在于减少油液与空气的接触,减小油液的搅动,防止系统内出现负压。防止油液生成气泡,主要在于保证系统内的最低油压不能低于油液的分离压力,而且其油温不能高于相应的温度值。

要达到以上要求,除设计、制造、安装需要采取相应的技术措施外,在运行管理中要保持液压系统的密封效果,防止内外泄漏,保证系统的油压和油温符合规定值,杜绝系统内出现真空。液压启闭机可能出现真空的部位在油缸的上腔,原因是闭门时闸门下落太快,上腔补油不足。解决的办法是限制闸门下落速度,增大上腔的供油量。

(二)振动与噪声

液压系统的振动,可分为流体振动和机械振动两大类,而且互相关联。

1. 产生振动和噪声的原因

(1)机械系统如旋转体不平衡,轴承润滑不良,基础和管路支承不牢固等均可使液压系统产生振动和噪声。

(2)液压泵使液体体积和压力急剧变化而产生振动和噪声,并引起管路一起振动,这是液压系统产生振动和噪声的主要原因。

(3)在管路和元件内,由于油液振荡及液压冲击产生振动和噪声。如执行元件在启动、停止时的冲击等。

(4)液压系统中发生空穴和气蚀现象时也会引起振动和噪声。特别是油中混入的空气量较多时噪声更大。

(5)流动油液中产生涡流而引起振动和噪声。

2. 防止振动和噪声的措施

液压系统的振动和噪声危害很大。如影响系统的正常工作和性能,缩短元件使用寿命;振动会使管接头松动,引起漏油和破损;还会影响运行人员的情绪、损害健康,降低工作效率。故需要采取措施,尽量减轻其不良影响。

(1)防止空穴和气蚀的发生。

(2)使用金属叶片风扇和薄板金属罩的电动机,特别易于发生噪声。如果风扇叶片靠电机后罩太近,有时会发出笛声。最有效的方法是更换为塑料风扇,也可把风扇和电机后罩的间隔加大。

(3)油泵和电动机轴不同心将产生很大噪声和振动。在安装时要注意校正并使用弹性联轴节。

(4)对管路要尽量避免急剧弯曲,以减少压力波动和振动。不论是软管和硬管都要用弹性托架或是带弹性衬套的管夹夹紧,以减少振动和噪声。

(5)油泵和电动机安装在油箱上面,将引起振动和噪声。在结构上不能避开时,必须在油泵的安装板和油箱之间,装上一层厚橡胶或弹性衬垫,以降低噪声。

六、液压启闭机的机型

水利工程中,启闭容量在 1 000 kN 以下的液压启闭机,机型已系列化,适用于平面闸门、弧形闸门的机型介绍如下。

(一)QPPY 系列平面闸门液压启闭机

启闭机型号表示方法如下:

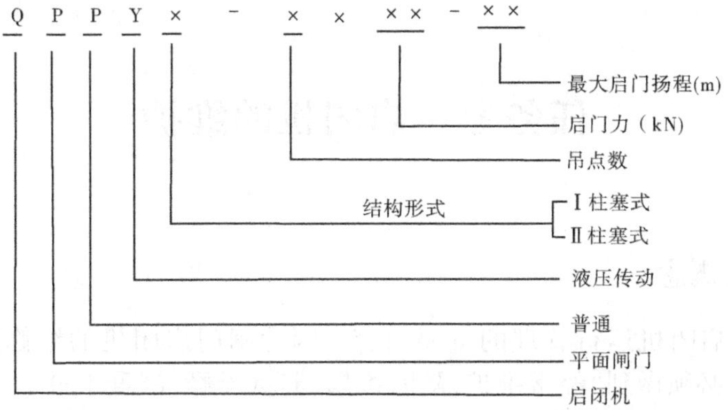

标记示例:QPPY Ⅰ-2×200-8 表示双吊点柱塞式,启门力为 2×200 kN,最大启闭扬程 8 m。QPPY Ⅱ-$\frac{16}{2\times16}$-8 表示单吊点活塞式,启门力为 160 kN,分母表示双吊点活塞式启门力为 2×160 kN,最大启门扬程 8 m。

(二)QHLY 系列露顶式弧形闸门液压启闭机

对双吊点摆动式其型号表示方法如下:

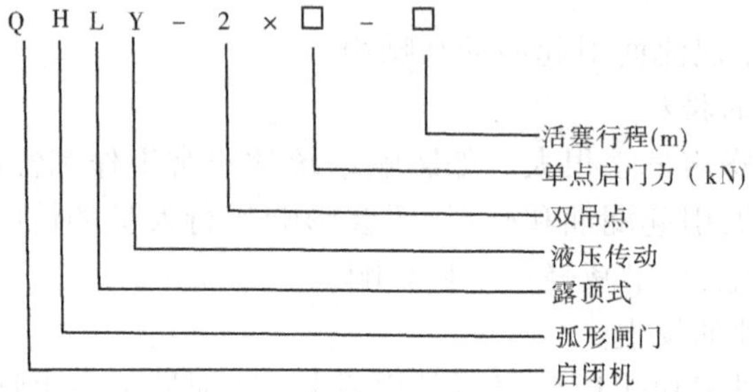

标记示例:启门力为 2×1 000 kN,活塞行程为 8 m 的露顶式弧形闸门液压启闭机标记为 QHLY-2×1 000-8。

(三)QPKY 系列快速闸门启闭机

标记示例:QPKY-400-8 表示持住力为 400 kN,启门力为 400 kN,最大启门扬程 8 m 的平面快速闸门液压启闭机。

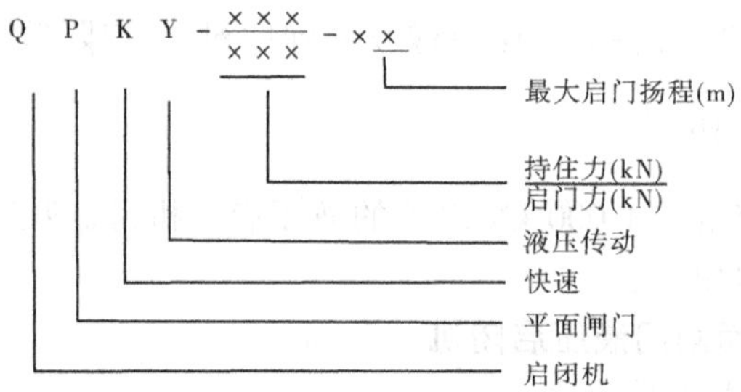

任务七　启闭机的维护

一、维护的概念

维护是闸门启闭机运行管理的重要内容。因为闸门启闭机的维修原则是"安全第一,预防为主"。必须做到"经常维护,随时维修,养重于修,修重于抢"。因此,认真做好闸门启闭机的维护工作是贯彻这一原则的具体表现。

(一)何谓维护

维护就是对经常检查发现的缺陷和问题,随时进行保养与局部修补,以保持工程及设备完好。启闭机械在使用过程中由于磨损、受力、振动和时效等原因,会引起设备的动力性、经济性和安全可靠等性能降低,产生隐患和故障。因此,必须根据设备技术状况、变化规律,经常进行必要的维护作业,减少磨损,消除隐患和故障,保持设备始终处于良好的技术状况,以延长使用寿命,减少运行费用,确保安全可靠地运行。

(二)维护与修理的区别

(1)性质不同。维护保养是在设备完好状态下进行的,预防性的保障作业,是为了保持设备始终处于完好状态;而修理是在设备不能保证正常工作的技术状况下进行的恢复性作业,是为了恢复设备原来的技术指标,达到正常工作状态。

(2)内容不同。维护是以不改变零件几何尺寸和理化性能的清洁、紧固、调整、润滑等八字作业为内容;而修理则需要修复零件的几何尺寸、理化性能才能完成。

(3)工艺不同。维护是外部操作或局部解体,不进行零部件的鉴定和修复;而修理是总成或全部解体,对所有零部件进行鉴定,并按照图纸技术要求修复或更换。

(4)实施原则不同。维护是定期地、强制地进行(到期必须进行);而修理则是按计划、按需要进行。

二、维护的内容

维护的内容可概括为清洁、紧固、调整、润滑八字作业。

(一)清洁

启闭机械在运行过程中,由于油料、灰尘等影响,必然会引起设备表面的脏污。有些关键部位,如制动轮圆周面、电器接点、电磁铁吸合接触面、蓄电池、整流子碳刷滑环接触面等会因脏污而使设备不能正常运转,甚至会引起事故。因此,必须定期进行清洁工作。清洁包括整齐美观。必须定期对机器周围的环境,如移动式启闭机的轨道沟、场地上的油污等应及时清扫;场地上的工器具应及时整理,摆放整齐。

综上所述,清洁是针对启闭机的外表、内部和周围环境的脏、乱、差所采取的最简单、最基本却很重要的保养措施。

(二)紧固

启闭机的紧固联接,虽然在设计、安装时已采取了相应的防松措施,但在工作过程中由于受力振动等原因,可能还会松动。紧固件松动的影响,与其自身的作用相关联。如压力油系统中的螺纹管接头、密封用压盖螺栓等松动,会造成漏油;基础、法兰等各种定位螺栓、门式启闭机的高强螺栓、钢丝绳压紧螺栓和吊具联接螺栓等松动,会改变被联接零部件的受力和运动情况,并构成事故隐患。

(三)调整

启闭设备在运行过程中由于松动、磨损等原因,引起零部件相互关系和工作参数的改变,若不及时调整,轻则会引起振动和噪声,导致零件磨损加快,机器性能降低,甚至会导致事故。因此,需要及时调整,以保证设备经常处于正常状态,确保灵活、安全可靠地运行。通常调整的内容有以下几方面:

(1)各种间隙调整。如轴瓦与轴颈、滚动轴承的配合间隙;齿轮啮合的顶、侧间隙;制动器闸瓦与制动轮之间的松闸间隙等。

(2)行程调整。如制动器的松闸行程,离合器的离合行程,安全限位开关的限位行程和闸门启闭位置指示行程等。

(3)松紧调整。如转动皮带、链条等松紧的调整,弹簧弹力大小的调整等。

(4)工作参数调整。如电流、电压、制动力矩、油压启闭机的流量、压力、速度等调整。

(四)润滑

在启闭设备中,凡是有相对运动的零部件,均需要保持良好的润滑,以减少磨损,延长设备寿命,降低事故率,节约维修费用,并降低能源消耗等。

设备的润滑工作很重要。国外因润滑不良和润滑方法不当引起的故障占总故障次数的 1/3 以上;而国内由于润滑问题引起的停机时间,占总停机时间的 1/2 以上。经验证明,设备的寿命在很大程度上取决于润滑。因此,对润滑工作必须引起足够的重视。

任务八　启闭机的检修

一、概述

检修是检测和修理的简称。通过检测发现设备的故障、隐患和存在的问题,为修理提供依据。通过修理,解决存在的问题,使其恢复原有的性能。

(一)检测

检测包括检查、测量和故障分析。所谓检查,一般是通过看、摸、听、闻等直观的方法,对设备的状况进行查验,以便确定设备工作是否正常;而测量是指借助各种量具、仪器、仪表等对设备及零部件进行测试,以便确定它们是否符合要求,满足工作需要;故障分析是针对检查发现的声响、温度、气味等异常现象,结合以往的运行和检修记录作出科学的分析判断,作为制定修理计划和修理方案的依据。

1. 检查

(1)检查的方法与内容如下:

①眼看。主要是查看整机和环境是否整洁、有无锈蚀;润滑是否正常;油料有无渗漏、缺少、变质;零件有无磨损、剥蚀、裂缝、折断等;结构有无变形开焊,连接是否牢固;零部件是否齐全,有无缺少和损坏等。

②耳听。耳听是在设备运转过程中注意监听它发出的各种声音是否正常,有无敲击、尖叫、共振等异常声响。所谓异常声响是相对正常声响而言,即指原有的某一声音发生了变化,或指新出现的不应有的声响。此外,还可借助小锤敲击零件和组合件,听声音来判断内部有无缺陷、裂纹,螺纹是否松动等。

③手摸。手摸主要是针对设备表面的温度。设备中有相对运动的零部件之间存在摩擦,这种摩擦消耗的机械能转变成热能,从而使其表面的温度升高,如轴承、齿轮箱、油泵等。还有电器设备和元件,由于它们的内阻等消耗电能转变成热能也使表面温度升高,如电机、制动器、线圈等。如果它们的温升超过允许值,说明机器负荷过重,或者出现故障。

用手触摸,感觉温度的高低,从而判断是否正常。

④鼻闻。鼻闻当然是指气味,主要针对电器元件。电器元件由于温度升高,往往散发出气味,根据异常的气味,可及早发现故障,消除隐患。

(2)检查的分类。检查分为经常检查、定期检查和特殊检查三类。

经常检查包括运行检查和定期巡视。运行检查又可分为运行前、运行中和运行后的检查。定期巡视的周期,由具体情况而定,一般为旬或月。

经常检查内容比较少,范围比较小。主要着重与安全运行有关的方面,如制动器、行程限位开关、维护保养项目,以及各种异常现象。

定期检查包括汛前检查、汛后检查和冰冻前检查。

汛前检查的目的是确保安全度汛。其内容主要是与启闭机准确、灵活、安全、可靠及运行有关的项目。

汛后检查是比较全面的检查。根据检查的结果,制订下一年的检修计划。因此,汛后检查也是最重要的常规检查。

此外,寒冷地区冰冻前要进行检查。其内容主要是与防寒防冻有关的项目和设备,确保冬季安全运用。

以上检查是属于常规检查。除此之外,还有特殊检查。它包含两方面内容:一是当发生特大洪水、暴风雨、强烈地震等灾害时,要对启闭机进行检查;二是当知道外单位管理的同型号启闭机发生意外故障和事故时,对本单位管理的启闭机相同部位要进行检查,因为同型号的启闭机很可能发生相同问题,这是一种借鉴检查。

2. 测量

测量分为零部件测量和整机性能测试。零部件的测量包括零部件自身的测量和零部件之间相互位置的测量,具体包括外形尺寸、形位公差、位置公差、间隙的测量和内部缺陷的探测。

常用量具有直尺、卡钳、游标卡尺、千分尺、千分表、角尺、水平尺、塞尺等。

对于零部件内部缺陷的检测,除敲击探伤法外,常用的有磁性整机性能测量项目,包括启闭力、速度、电压、电流、绝缘等。启闭力可用电子秤或拉力计测量。机械式启闭机的速度可通过测量电动机转速换算,液压启闭机可通过测量启闭时间换算。电压、电流、绝缘可用相应仪表测量。

3. 故障分析

故障分析主要是针对检查的结果进行分析判断,找出故障,加以排除。

故障分析的基本依据,是设备的工作原理、零部件的运动状况、受力状况以及它们的配合关系。结合运行检修记录,对检查发现的异常现象,由浅入深,由表及里,进行综合分析判断。

如异常声响,检查时可大概确定发出的部位、声音的频率和特点,然后分析该部位哪个零件具有这种运动频率,声音源就确定了。如果该部位有几个零件都具有这一运动频率,则可根据声音的特点,如清脆、沉闷、敲打、摩擦、啃咬等判断。

有时一种异常现象会有多种可能原因,这时可采用简易排除法,即把所有能导致这一异常现象的原因都排列出来,然后根据检查(包括拆检)的难易程度排列,由容易检查的原因开始,依次检查排除,逐步接近故障点。

(二)修理

机器设备在基本确定故障内容以后,首先对零部件进行拆卸清洗,然后对零件进行检测,从而确定哪些零件可以修复,哪些零件必须更换。等所有的零件准备齐全后,则按照技术要求,重新组装、调试,从而恢复设备性能。修理的主要内容是拆卸、修复、更换和安装调试。所谓修复,是对损坏零件通过各种工艺进行再加工,使其恢复原有的几何尺寸、形状和理化性能。至于更换,则是对已损坏而又无法修复的零件重新加工制作或购置。因此,对检修来说,主要的内容是拆卸和装配。

1. 拆卸

拆卸是修理工作的第一步。正确地拆卸至关重要。如果方法不当,很可能会造成零部件损伤,甚至报废。

(1)拆卸前的准备:

①技术准备。拆卸前要根据技术文件、图纸资料,尽量熟悉设备各部结构。避免盲目乱拆,损坏零件。

②选择场地。要选择一个没有风沙和尘土的场地,确保拆装环境清洁。

③正式拆卸前还要预先拆下电器、仪表等外部设备,以免损坏。

(2)拆卸的一般原则和注意事项:

①拆卸步骤和顺序。根据设备的结构和特点,确定拆卸步骤和顺序。

②合理拆卸。能不拆的就不拆,该拆的必须拆。凡是不拆卸就能通过检查断定零部件的技术状况是符合要求的,就不必拆。这样既可减少工作量,又可延长设备的使用寿命。特别是对过盈配合件,反复拆卸会丧失配合效果。然而不拆就不能检查的,则必须拆卸。

③合理使用工器具。拆卸时应尽量采用合适的或专用的工器具,避免乱敲乱打,以免零件损伤或变形。如拆卸螺栓、螺母应尽量采用尺寸相同的固定扳手,拆卸轴套、轴承、齿轮等应使用拔轮器或压力机等。

④拆卸时必须同时考虑装配。为此,拆卸时需要核对或做好记号。设备内有很多零件的配合要求它们的位置和方向不可改变。有些同类零件间不能互换。有些零件由于加工误差,在某一位置合适,而换一位置就不行,如多孔压盖等。所以拆卸前应做好记号,以防止装错。

⑤拆卸时对零件存放的要求:同一总成或同一部件的零件尽量放在一起;根据零件的大小和精密度分别存放;不能互换的零件要成组存放;易丢失的零件如螺丝、螺母、垫圈等要放在专门的容器里;各种螺栓要戴上螺母存放。

(3)断头螺栓的拆卸。在螺栓上钻孔,孔内打入多角淬火钢杆,然后再把螺栓拧出;当螺栓断在机件表面以下时,可在断头中心钻孔,在孔内攻反向螺纹,用相应的反向螺栓拧出;若螺栓断在机件表面以上,也可在断头上加焊螺母拧出,或在突出的断头上用钢锯锯出沟槽,然后用螺丝刀拧出;用钻头把整个螺栓钻掉,重新攻出比原直径大一点的螺纹,并配用相应的螺栓。

(4)锈死螺栓或螺母的拆卸。用手锤敲打螺栓或螺母四周,以振碎锈层,然后拧出;可先向拧紧方向稍拧动一些,再反方向拧,如此反复逐步拧出;在螺母螺栓四周浇些煤油,或放上蘸有煤油的棉纱,浸渗 20 min,利用煤油的强力渗透,使锈层变松,然后拧出;当上述方法都不奏效,若零件许可,则用喷灯快速加热,使零件或螺母膨胀,然后快速拧出。

(5)成组螺纹连接件的拆卸。按规定顺序,先四周后中间;对角线拆卸,先将各螺栓都拧松1~2周,然后逐一卸下;悬臂部件的环形螺栓组拆卸时,应特别注意安全,除仔细检查是否垫稳、捆牢外,拆卸时应先从下面开始按对称位置拧松螺栓,最上部的一个或两个螺栓,应在最后分解吊离时取下,以免造成事故或损坏零件。对于外部不易观察到的螺栓,往往容易疏忽,应仔细检查。只有确信所有螺栓都拆完后,方可用螺丝刀、撬棍等工具将连接件分离,否则容易造成零件的损伤。

(6)联接螺栓的拆卸。拆卸螺栓要选用合适的固定扳手或螺丝,避免盲目乱拧或用过长的加力杆。

(7)过盈配合件的拆卸。应使用专门的拆卸工具,如拔轮器、压力机等。禁止使用铁锤直接敲击机件。在无专用工具的情况下,可用木锤、铜锤、紫铜棒或垫以木块,以免打坏。并注意检查有无销钉、螺钉等附加固定或定位装置,若有应先拆下。加力部位要正确,零件受力要均匀。对轴类零件,力应作用在受力面的中心。拆卸的方向要正确,特别是带台阶或有锥度的静配合件。

2. 装配

装配是把许多零件按一定的技术要求连接组合起来,保持其正确的相对位置和相互关系,从而成为具有一定性能指标的设备。设备修理质量的好坏,与装配质量高低有密切关系。装配工艺是一个很细致、很复杂的工作。即使有高质量的零件,若装配工艺不当,轻则机器的性能达不到要求、造成返工,重则会发生机器和人身事故。因此,应严格按照装配的技术要求进行。

(1)装配前的准备:

①在认真熟悉有关说明书和图纸资料的基础上,制定出具体详细的装配工艺、技术要求和质量标准。

②对需要装配的零件,特别是新加工或购置的零件必须满足技术要求。否则不能装配。

③零件装配前必须进行清扫。对于经过钻孔、铰削等机加工件,一定要把金属屑末、棱角毛刺清除干净。油道管路要用高压空气或油冲洗干净。相对运动的配合表面更要注意洁净,不得有任何脏物或尘粒。

(2)装配的一般工艺:

①装配时要严格按事先制定好的装配工艺顺序进行,避免漏装。

②要选择合适的工具和设备,若装配有困难,应分析原因加以排除,禁止乱敲猛打。

③装配时应核对零件的各种装配记号,防止错装。

④过盈配合件装配时,应先涂润滑油脂以利装配和减少配合表面的初磨损。

⑤高速旋转的零件如皮带轮、飞轮、风扇叶轮等,修理后由于金属组织密度不均,加工误差、形状不对称等原因,可能使零件的重心与旋转中心发生偏离。在装配前应按技术要求进行静平衡试验,合格后方能装配。

⑥每一部件装完后,必须仔细检查和清理,以防止遗漏。特别要防止将工具、多余零件遗留在箱壳内。

(3)螺纹连接件的装配。螺纹连接件的装配和拆卸一样,不仅要使用合适的工具、设备,还要按规定施加适当的拧紧力矩。拧紧碳素钢螺纹件的标准力矩见表 5-2-2。

表 5-2-2　拧紧碳素钢螺纹件标准力矩(钢 40)

螺纹的规格	M8	M10	M12	M14	M16	M18	M20	M24
标准拧紧力矩/(N·m)	10	30	35	53	85	120	190	270

螺栓直径与扳手长度的关系见表 5-2-3。该表是按 200~300 kN 的施加力考虑的。由于人力大小相差较大,因此使用扳手时针对螺栓的直径(尤其是直径小于 20 mm 时),必须注意用力的大小。不应随意用套管加长扳手,以免损坏螺栓。使用活扳手时,因扳手长度是按最大开口宽度设计的,所以在拧紧较小螺栓时用力要特别小心,以免拧断螺栓。

表 5-2-3　螺栓直径与扳手长度的关系

单位:mm

螺栓直径	6	8	10	12	14	16	18	20	22	24	27	30	36	42
扳手长度	100	125	140	170	210	240	270	270	270	270	300	330	400	450

螺栓、螺母安装不正会损坏螺纹,因此要特别注意第一牙螺纹的安装。另外,要检查螺母、垫片的厚度是否均匀,接触面是否清洁。若不均或有脏物,拧紧后将使螺杆产生比原设计大好多倍的弯曲应力。

重要的螺纹连接件都有特定的拧紧力矩,安装时必须用扭矩扳手按规定拧紧。

对成组螺纹连接的装配,施力要均匀,按一定次序轮流拧紧。当有定位销时,应先从定位销附近开始(见图 5-2-75)。拧紧后一定要全部再检查一次,以免漏紧或紧度差别过大。

(4)过盈配合件的装配。过盈配合的特点在于装配后具有保险(最小)过盈,以防松动。过盈配合的安装要点如下:

①装配前要检查零件的过盈量是否符合要求。

②零件表面要清洁无毛刺,并且有一定的粗糙度。

③零件配合表面可涂上一层机油,防止擦伤。

④应注意压入零件的方向是否正确。配合件的一端应有倒角以利压合。有油水通道的组件,注意不要把通道堵塞。

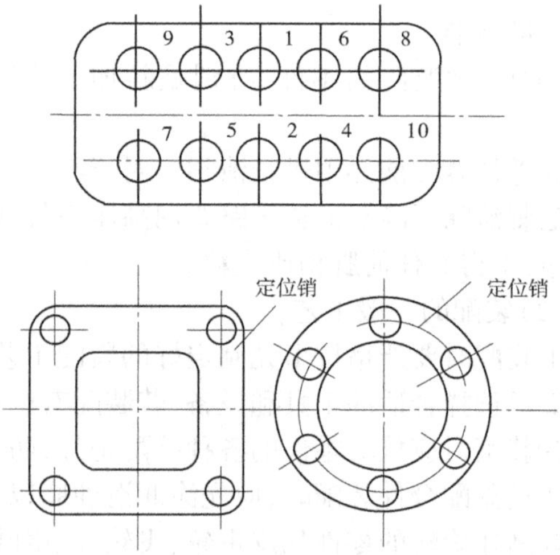

图 5-2-75　螺纹组拧紧顺序

⑤压入速度不宜太快。

⑥压合时注意对中,不要歪斜。

过盈配合件的装配方法有手锤和垫板敲击压入(见图 5-2-76),使用螺旋工具压入

(见图 5-2-77),使用压力机压入(见图 5-2-78 和图 5-2-79)。热胀装配法,其加热可用热油槽或电阻炉等,加热温度为 80~120 ℃,当零件允许时,温度可适当提高。

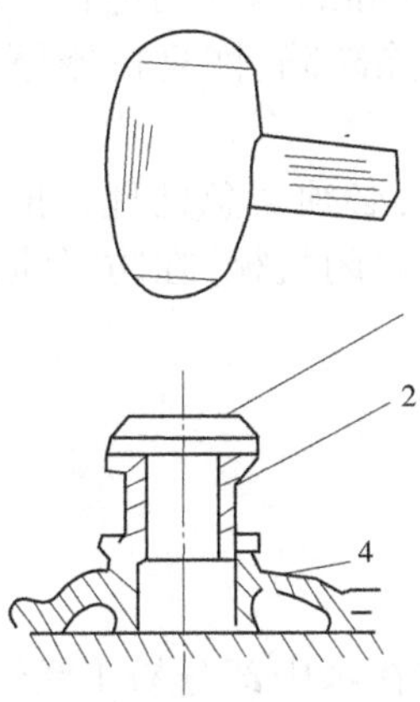

图 5-2-76 敲击压入

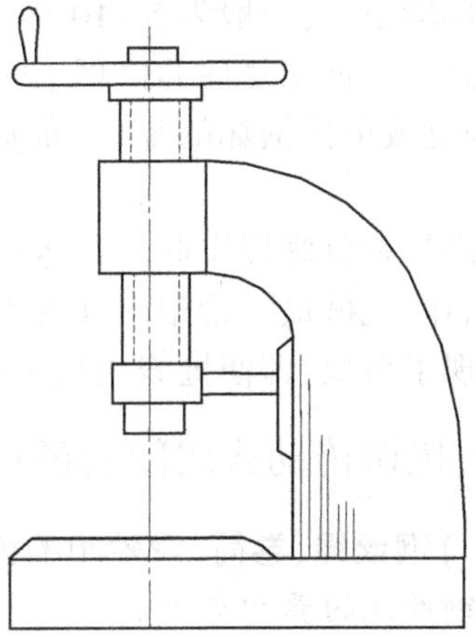

图 5-2-77 螺旋工具压入

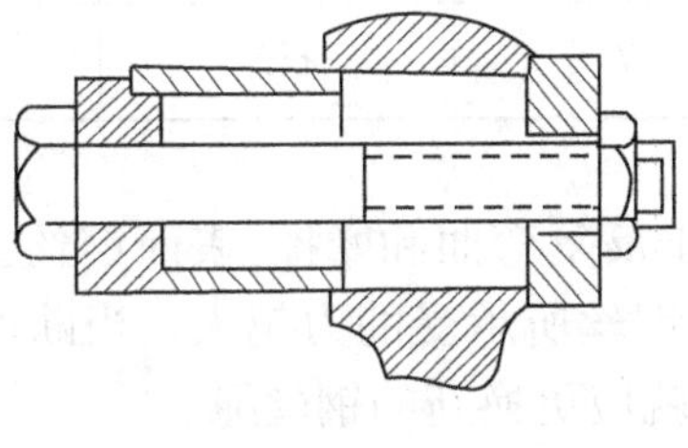

图 5-2-78 螺旋压力机

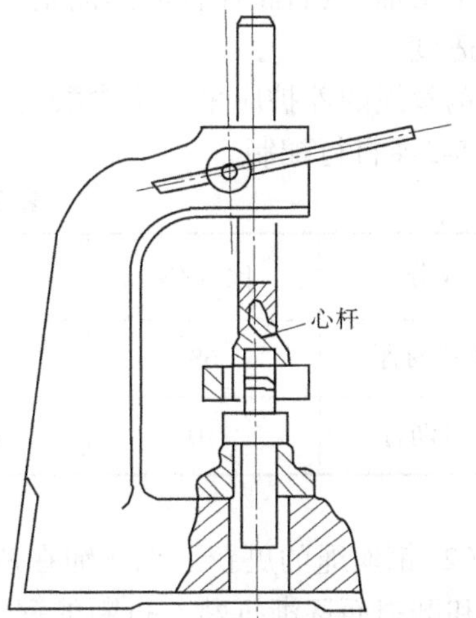

图 5-2-79 齿条压力机压装轴承

3. 修理的分类

闸门启闭机的修理一般分为养护维修、定期修理和抢修。

养护维修是针对经常检查发现的故障隐患进行局部修理,以保持设备完好,通常结合维护保养进行。

定期修理又分为小修和大修两种。

小修又叫岁修,一般以年为周期。它是年末根据全年运行检查,特别是汛后大检查所发现的问题,制订检修计划,安排下年修理。小修的主要内容是部件的局部解体检修,如电动机、联轴器、制动器等。

大修根据设备大小和复杂程度,又分为整机大修和部件大修。大修的周期根据运行状况和环境条件,一般为5~10年,有的甚至更长些。

大修是一种恢复性的修理。它是把整机或部分完全解体,对拆卸的零件均进行检测鉴定,修复或更换损坏的零件,最后按技术要求安装调试,全面消除缺陷,恢复机器原有性能。

抢修是紧急修理作业。在运行过程中若突然发生事故和故障,必须紧急处理。抢修是闸门启闭机械最不希望出现的事后修理作业。特别是泄洪闸门启闭机械,在防汛泄洪期间出现了事故,即使抢修也很可能造成不可挽回的巨大损失。

二、机械传动式启闭机的检修

(一)钢丝绳、卷筒、滑轮组的检修

1.钢丝绳的养护与更新

(1)钢丝绳的养护。钢丝绳在工作过程中存在摩擦和磨损,常在水中部分易于锈蚀。因此,需要定期进行养护,其周期一般为一年。

养护方法一般是先刮除清洗绳上的污物。刮时不得用硬金属,以免损伤钢丝绳。清洗可用柴油,然后涂抹合适的油脂。涂抹时最好将油脂加热至80 ℃左右,涂抹要均匀,厚薄要适度。

钢丝绳的养护应采用不含酸、碱及其他有害杂质的专用润滑脂。若一时买不到,可参照表5-2-4自行配制。

表5-2-4　钢丝绳油脂配方

成分	比例/%	成分	比例/%	成分	比例/%
油基沥青	68	精制松香	10	石墨	3
3号沥青	10	工业凡士林	7	石蜡	2

(2)钢丝绳的更新。钢丝绳在使用过程中,由于反复弯曲和摩擦,表面钢丝会因弯曲疲劳和磨损而逐渐折断。折断的钢丝越多,余下的钢丝所承受的力越大。当断丝达到一定程度时,就不能保证钢丝绳必要的安全性。这时就应更换新的钢丝绳。

D型钢丝绳的更新报废标准为钢丝绳在任何部位的一个节距内的断丝数:交绕绳占总丝数的10%,顺绕绳占总丝数的5%。对于外层钢丝直径不同的钢丝绳,其断丝根数,粗钢丝按1.7根计算。所谓节距,就是在钢丝绳上任取一点a,然后沿钢丝轴线数过钢丝绳的股数,并找到与a相对应的点b,则a与b之间的距离就称为节距,也是a点所在的股绕钢丝绳一周之间的直线距离(见图5-2-80)。

钢丝绳的外层钢丝如果有严重的磨损和锈蚀,则要根据其程度适当降低报废标准的断丝根数(见表5-2-5)。

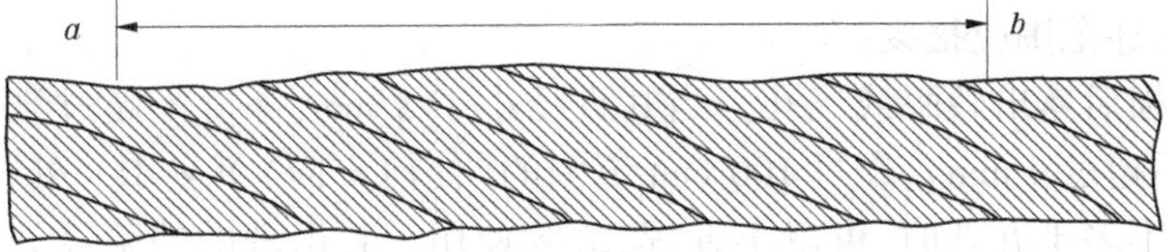

图 5-2-80 6 股钢丝绳的节距

表 5-2-5 钢丝绳报废断丝数标准的折减

钢丝直径磨损率/%	报废断丝数标准折减比例/%	钢丝直径磨损率/%	报废断丝数标准折减比例/%
10	85	25	60
15	75	30	50
20	70	40	100(报废)

钢丝直径磨损率 α 可采用下式计算：

$$\alpha = \frac{D - D_1}{2d} \times 100\% \quad (5\text{-}2\text{-}5)$$

式中 D——钢丝绳未受磨损处实测平均直径,mm;

D_1——钢丝绳磨损处实测平均直径,mm;

d——钢丝的公称直径,外层为粗细丝时,按细丝计算,mm。

钢丝的磨损量是通过测量钢丝绳的直径变化而得出的。在测量时应注意要将卡尺卡在钢丝绳的最大直径处,其方法如图 5-2-81 所示。

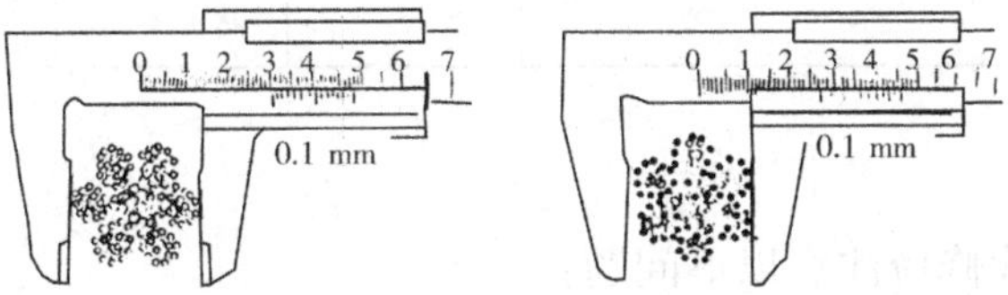

(a)正确 (b)不正确

图 5-2-81 钢丝绳直径的测量

2. 卷筒的检修

卷筒在工作时受到钢丝绳的挤压,同时受到钢丝绳的拉力引起的弯曲和扭转的作用,容易产生磨损和裂纹。

卷筒绳槽磨损深度不应超过 2 mm,当超过 2 mm 时,卷筒应重新车槽,所余壁厚不应小于原壁厚的 85%。

卷筒发现有裂纹,横向一处长度不大于 10 mm,纵向两处总长度不大于 10 mm,并且两处的距离必须在五个绳槽以上。在上述范围内的裂纹,可在裂纹两端钻小孔,用电焊修补,如果超过上述范围应报废。

卷筒经磨损后露出砂眼或气孔。当其直径小于 8 mm,深度不超过该处名义壁厚的 20%(绝对值不超过 4 mm),在每 100 mm 范围的(任何方向)不多于一处,在卷筒全部加工面上的总数不多于五处时,可以不补焊,继续使用。若出现的缺陷经处理后其大小在表 5-2-6 所列范围内,应予补焊。

表 5-2-6　卷筒允许补焊条件

材料	卷筒直径/mm	单个缺陷面积/cm^2	缺陷深度	总数量
铸铁或球墨铸铁	≤700	≤2	≤25%壁厚	≤5
	>700	≤2.5		
铸钢	≤700	≤2.5	≤30%壁厚	≤8
	>700	≤3		

若发现卷筒轴裂纹应及时报废。卷筒轴磨损超过极限值(见表 5-2-7)时,应更新。卷筒轴润滑油槽和油孔装配时要清洗干净,并且畅通,油孔与轴承间隔环上油槽应对准。

表 5-2-7　轴和主轴的极限磨损　　单位:mm

用途	不同公称直径的极限磨损				
	20~50	50~80	80~120	120~180	180~200
齿轮和钢丝绳卷筒的轴和主轴	0.3	0.4	0.6	0.8	1.0
旋转机构与运行机构的滚轮和支承滚筒的轴,钢丝绳滑轮和起重臂的铰轴	0.5	0.7	1.0	1.2	1.4

3. 滑轮组的检修

滑轮、滑轮组的检修应注意以下问题:

(1)正常工作的滑轮应转动灵活,轴上润滑油孔和油槽应畅通,无污垢堵塞。安装时要注意清洗干净,油孔与轴承油槽要对准。

(2)若发现滑轮裂纹,要及时报废。

(3)滑轮槽径向磨损不应超过钢丝绳直径的 25%,对轮槽壁的磨损不应超过原厚度的 10%,否则应更换。对于铸钢滑轮,磨损后可以焊修,车削加工。

(4)滑轮轴不得有裂纹。轴径磨损量达原公称直径的 5%;滑动轴承的磨损量达原厚度的 20%,滚动轴承间隙过大或有损坏,必须更换。

(二)传动齿轮的检修

传动齿轮包括开式传动齿轮和减速器传动齿轮。它们的作用都是传递旋转运动和力矩。

1. 齿轮的失效形式

传动齿轮的失效形式有轮齿折断、齿面疲劳点蚀、齿面磨损、齿面胶合和齿轮的塑性变形等。进一步分析可知，对于软齿面（HB≤350）的减速器齿轮，它的失效形式主要是齿面接触疲劳点蚀；对于硬齿面（HB>350）以及由脆性材料制成的齿轮，其失效形式主要是折断；对于高低速重载传动齿轮由于不能保证润滑，除上述失效形式外还可能发生胶合；对于开式齿轮来说，主要的失效形式是磨损。磨损到一定程度则会折断。

2. 齿轮的检测

检查齿轮啮合是否良好，转动是否灵活，运行是否平稳，有无冲击和噪声，检查齿面有无磨损、剥蚀、胶合等损伤。如有必要，可用放大镜或探伤仪检测轮齿，特别是齿根部有无裂纹。此外，齿轮啮合还有两个重要参数：齿侧间隙和啮合接触斑点。齿侧间隙的测量可用塞尺，也可用压铅法测量（测量时铅丝长度不得小于 5 个齿距，用一条铅丝时应放在齿宽的中间，若用两条铅丝，则应放在齿宽的两边。待啮合压扁后取出，分别用千分尺测量扁铅丝的厚度），其最小值不得小于表 5-2-8 中所列数值。

表 5-2-8 齿轮侧向保证间隙

结合形式	齿轮中心距/mm							
	> 50~ 80	>80 ~120	>120 ~200	>200 ~320	>320 ~500	>500 ~800	>800 ~1 250	>1 250 ~2 000
	齿轮侧向保证间隙							
D_b	0.052	0.065	0.085	0.105	0.130	0.170	0.210	0.260
D_c	0.105	0.130	0.170	0.210	0.260	0.340	0.420	0.530
D_e	0.210	0.260	0.340	0.420	0.530	0.670	0.850	1.060

注：表中 D_b、D_c、D_e 分别表示较小、标准、较大保证侧向间隙。

齿轮啮合接触斑点的测量一般用红丹着色法。红丹着色剂应薄而均匀地涂于小齿轮的两侧齿面，用力转动高速轴，使大齿轮正反向各转动 2~3 圈，然后按图 5-2-82 所示量出痕迹。按下式算出接触斑点的百分比，其值应符合表 5-2-9 的要求。

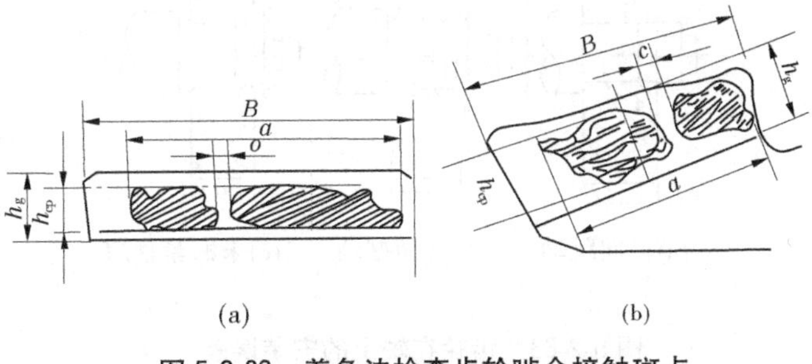

图 5-2-82 着色法检查齿轮啮合接触斑点

$$F_b = \frac{a - c}{B} \times 100\% \tag{5-2-6}$$

$$F_h = \frac{h_{cp}}{h} \times 100\% \tag{5-2-7}$$

式中 F_b——齿宽方向的百分比(%);

F_h——齿高方向的百分比(%);

a——接触痕迹的极点间距离,mm;

c——超过模数值的断开距离;

B——齿宽;

h_g——齿全高(圆锥齿轮取相应于 h_{cp} 处的齿高)。

表 5-2-9 齿轮啮合接触点最低百分比

齿轮类别	测量部位	精度等级								
		3	4	5	6	7	8	9	10	11
		接触百分比(不应小于)								
圆柱齿轮(渐开线齿形)	齿高	65	60	55	50	45	40	30	25	20
	齿长	95	90	80	70	60	50	40	30	25
圆柱齿轮(圆弧齿形)	齿高			70	65	60	50			
	齿长			90	85	80	75			
圆锥齿轮	齿高		75	70	60	50	40	30	30	
	齿长		75	70	60	50	40	30	30	

3. 齿轮的安装调试

(1)检查齿轮孔与轴的配合,齿轮在轴上的安装误差常见的有:齿轮与轴的同轴度误差,齿轴端面与轴中心线的垂直度误差以及端面未贴紧轴肩等(见图 5-2-83)。

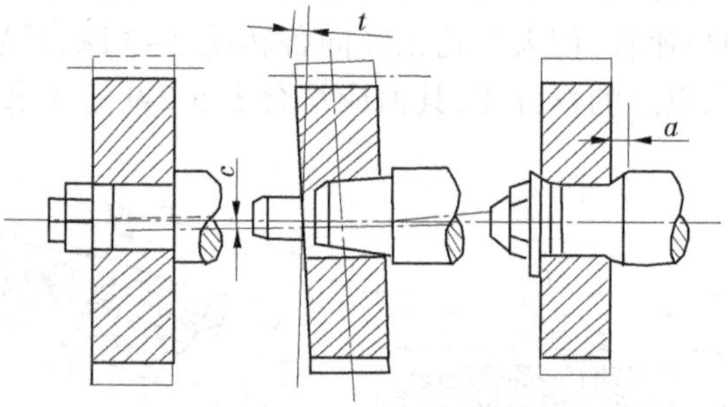

(a)径向跳动 (b)端面摆动 (c)未贴紧轴肩

图 5-2-83 齿轮在轴上的安装误差

(2)保证两啮合齿轮正确的中心距和轴线平行度。它们应符合装配图纸技术要求。

(3)保证齿侧间隙、接触面积和正确的接触部位。圆柱齿轮啮合情况如图 5-2-84 所示,直齿圆锥齿轮啮合情况见图 5-2-85,螺旋圆锥齿轮啮合情况见图 5-2-86。

(a)正确

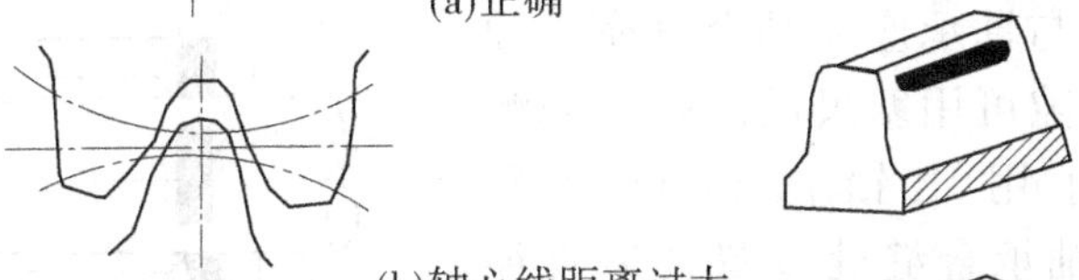

(b)轴心线距离过大

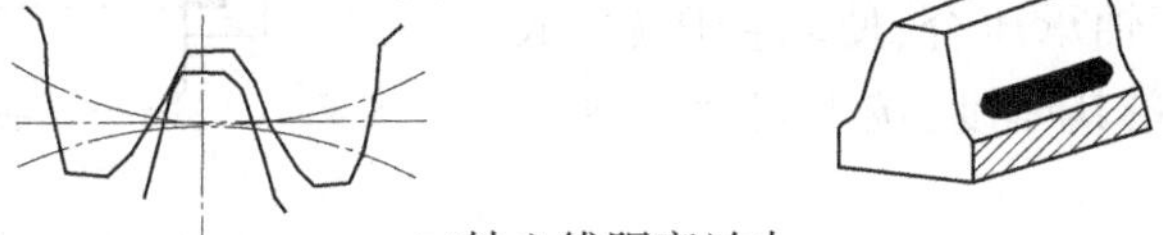

(c)轴心线距离过小

(d)偏斜

图 5-2-84 圆柱齿轮啮合情况

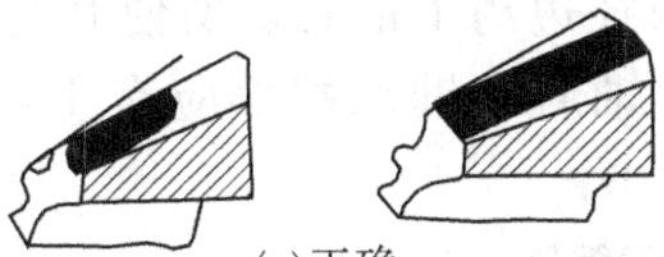

(a)正确

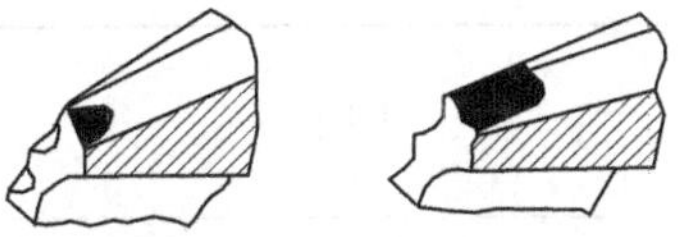

(b)轴歪斜

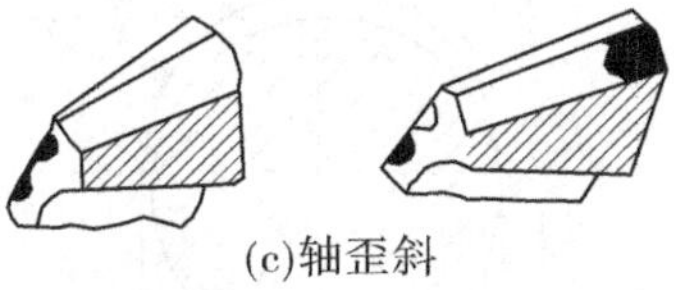

(c)轴歪斜

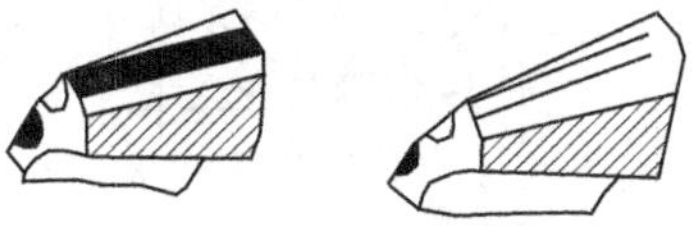

(d)中心距过大

图 5-2-85 直齿圆锥齿轮啮合情况

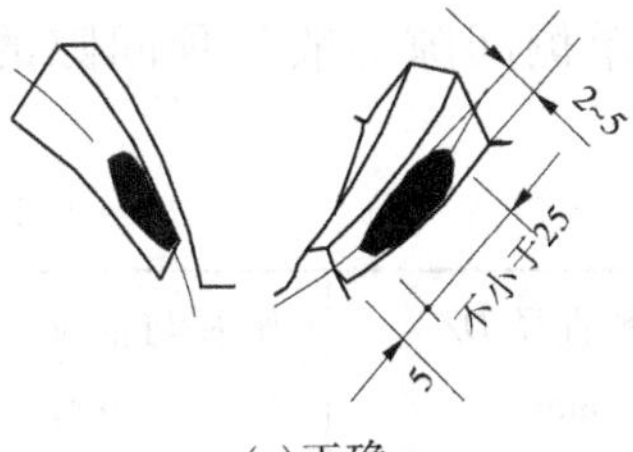

(a)正确

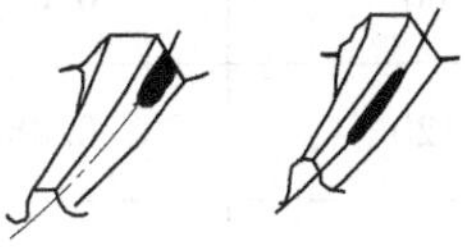

(b)不正确

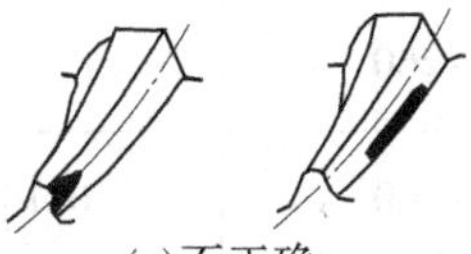

(c)不正确

图 5-2-86 螺旋圆锥齿轮啮合情况

(三)轴承的检修

轴承是支承部件。它对轴及其他转动零部件起支承定位作用,并把它们的受力传递给机座。轴承失效的形式,滑动轴承主要是磨损,滚动轴承主要是磨损、剥蚀和破碎。

1. 滑动轴承

滑动轴承分为整体式和剖分式。启闭机滑动轴承多为剖分式。滑动轴承由轴瓦和轴承座等组成。轴瓦与轴承座应结合紧密。轴瓦与轴颈的侧面间隙可用塞尺沿圆弧方向测量。顶间隙最好用压铅法检查测量(见图5-2-87)。在轴承合缝处放置合适直径的软铅,然后把上下轴承压合,使软铅压扁,取出扁铅用千分尺测量其厚度,按下式算出轴瓦顶部间隙:

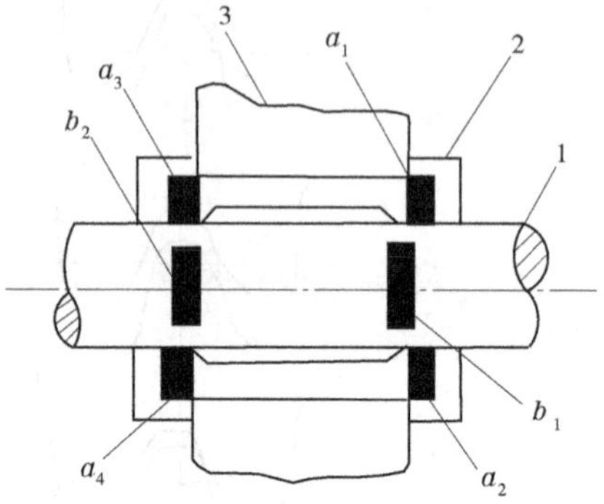

1—轴;2—轴瓦;3—轴承座。

图 5-2-87 压铅位置

$$\delta = \frac{b_1 + b_2}{2} - \frac{a_1 + a_2 + a_3 + a_4}{4} \qquad (5\text{-}2\text{-}8)$$

式中 δ——轴瓦顶部平均间隙,mm;

b_1, b_2——轴颈上各段软铅丝压扁厚度,mm;

a_1, a_2, a_3, a_4——轴瓦合缝处各段软铅丝压扁厚度,mm。

轴瓦顶部间隙应符合表5-2-10的要求。如果轴瓦顶部间隙过小,可在合缝处加垫片进行调节。但两侧垫片厚度应相等,垫片应离瓦内径边约1 mm,切勿使其与轴颈接触。轴瓦的单侧间隙一般为顶间隙的50%~75.8%。轴肩与轴承端部应有1~2 mm轴向间隙。

表 5-2-10 轴瓦应有间隙值

轴颈直径 D/mm	轴瓦与轴颈间隙 δ/mm	图示
50~80	0.07~0.14	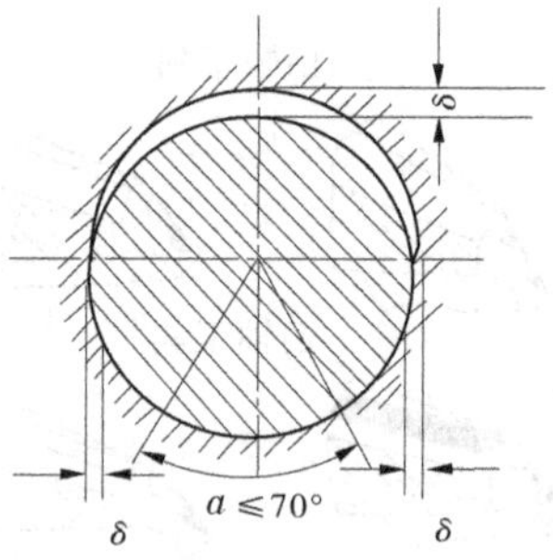
80~120	0.08~0.16	
120~180	0.10~0.20	
180~260	0.12~0.23	
260~360	0.14~0.25	

启闭机中使用的滑动轴承、大部分装在低速承压转轴上,因此径向作用力大,旋转速度低。可将轴承接触角放大,通常为$\alpha = 90° \sim 120°$。在接触角范围内,接触面积每1 cm^2范围内应有2~3点。

当轴瓦间隙、接触承压角及接触斑点不合要求时，应进行轴瓦研刮。轴瓦刮研后，应修边缘倒角，用煤油清洗擦净后安装就位。此外，滑动轴承在装配时要注意以下几点：

(1)在压入轴承套前要注意检查：轴承端面上必须有倒角；配合面要清洁，并涂上润滑油。

(2)带有油孔的轴承，压入时要注意对准油道。轴承压入后，要用紧固螺钉、定位销或骑缝螺钉等固定，以防轴承移位。轴承的固定方法如图 5-2-88 所示。

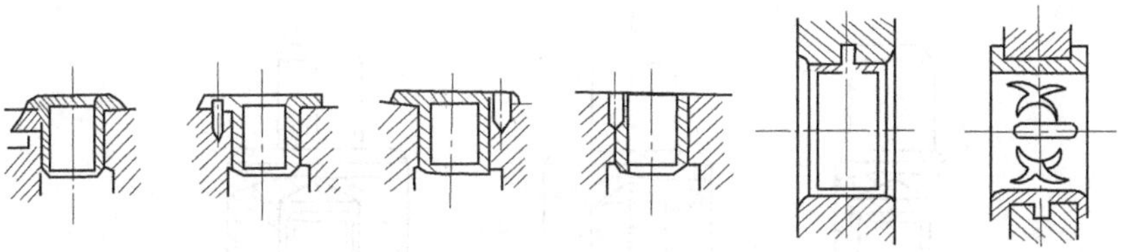

(a)定位螺钉　(b)定位销　(c)定位螺钉　(d)骑缝螺钉　(e)定位销　(f)定位台肩

图 5-2-88　轴承的固定

(3)轴承(尤其是整体的薄壁轴承)压入后，易发生变形(内径缩小、圆度误差、中心位置度误差等)，或工作表面损坏，应进行检查和修整。

(4)剖分式轴承装配时，注意瓦片应有一定的高度，压入轴承座中应有过盈，以保证轴瓦外表面与轴承座和盖紧密贴合。如果过盈量不够，轴瓦受轴颈的摩擦力后，将产生蠕动，甚至转动，使轴瓦磨损或烧坏。瓦片的定位方法常用定位销或定位台肩等形式。

(5)对于塑料轴承，因大多数有吸水性(尼龙的吸水性较大)，在潮湿空气中工作时，内径会严重收缩。因此，在水中工作的尼龙轴承，装配时应用水泡煮 0.5~1 h(薄壁)或 2 h 以上(厚壁)，使其充分吸水膨胀。装配时，在保证轴承与座孔的同轴度后，缓缓地将其压入轴承座内，不得用手锤直接敲打。

此外，滑动轴承是易磨损件，轴衬与轴颈之间的最大允许间隙见表 5-2-11。

表 5-2-11　滑动轴承的极限间隙　　单位：mm

用途	不同公称直径的极限间隙				
	30~50	20~80	80~120	120~180	180~200
运行中的起重机减速器	0.3	0.5	0.6	0.8	1.0
荷载变向的传动装置、齿轮、卷筒、圆锥摩擦离合器	0.6	1.0	1.2	1.4	1.6
荷载方向不变的传动装置、钢丝绳卷筒	0.9	1.3	1.6	1.8	2.5
滚轮和支承滚柱、转动和移动机构	1.2	1.5	2.0	2.4	3.0
钢丝绳滑轮和起重臂的铰	1.8	2.5	3.2	3.6	4.0

2. 滚动轴承

滚动轴承装配应尽可能利用液压、气压等各种设备或其他专用工具。若无条件,可采用适当的套管,用手锤打入,但不能直接敲打轴承。图 5-2-89 为各种心轴安装滚动轴承的情况。安装轴承时若过盈量大,可利用热胀法装配,必要时可用套管将内圈轻轻打靠轴肩。装配时应注意以下几点:

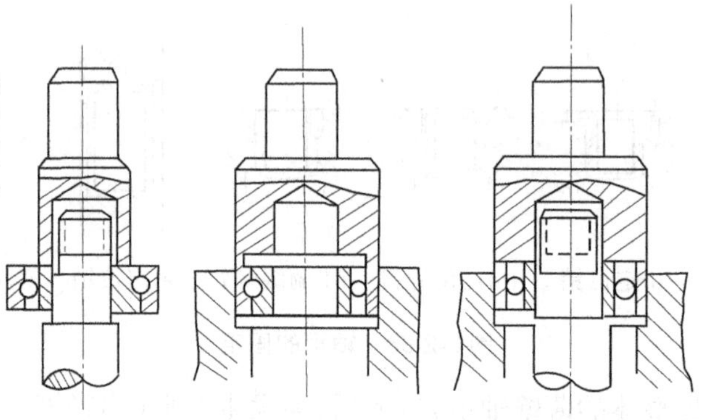

(a)内圈受力　(b)外圈受力　(c)内外圈都受力

图 5-2-89　滚动轴承安装情况

(1)滚动轴承上标有代号的端面应装在可见部位,以便将来检查更换。

(2)装配前要检查轴承规格尺寸与配合部件的表面粗糙度;检查轴肩和座孔台肩有无高低不平、毛刺等。轴肩的圆弧半径应小于轴承内圈的圆弧半径,否则装配后轴承不能紧靠在轴肩上,致使运转后轴肩着力不均造成轴承早期损坏。图 5-2-90 所示为轴承在台肩处的各种情况。

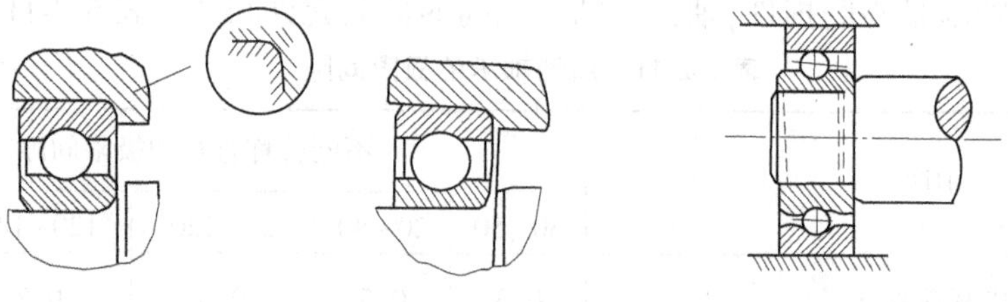

(a)正确　(b)不正确(未靠紧台肩)　(c)因杂物或毛刺等造成歪斜

图 5-2-90　轴承在台肩处的安装位置

(3)装配过程中要注意清洁,防止杂物进入轴承和座孔内部。

(4)装配后轴承运转要灵活,无噪声。

(5)装配滚动轴承的各种防尘、防漏的密封装置时,对毛毡圈应力求与配合表面平整贴紧;对各种油封,应注意橡胶圈伸长的方向。油封碗口指向轴承,具有防止漏油的作用,碗口向外,主要起防尘作用。

（四）联轴器的检修

对联轴器的检查主要是两个方面：一是联接的牢固性。如联接螺栓、柱销等有无松动，齿型联轴器的内外齿及齿套有无磨损、裂纹等损坏。二是同心度的检查。同心度误差主要指两根轴的偏心和倾斜。

联轴器安装时，必须测量并调整被联接两轴的偏心和倾斜。粗调整方法见图 5-2-91。先用塞尺测量联轴节两端径向及轴向间隙，调整使之平齐。而后将联轴器暂时穿上组合螺栓（不拧紧）精调（见图 5-2-92）。装调千分表架，使联轴器顺次转至 0°、90°、180°和 270°四个位置，在每个位置上测量联轴节的径向读数 a 和轴向读数 b，并按图 5-2-92（b）所示的格式记录。上述所测数值应符合下列等式：

$$\begin{aligned} a_1 + a_3 = a_2 + a_4 \\ b_1 + b_3 = b_2 + b_4 \end{aligned} \tag{5-2-9}$$

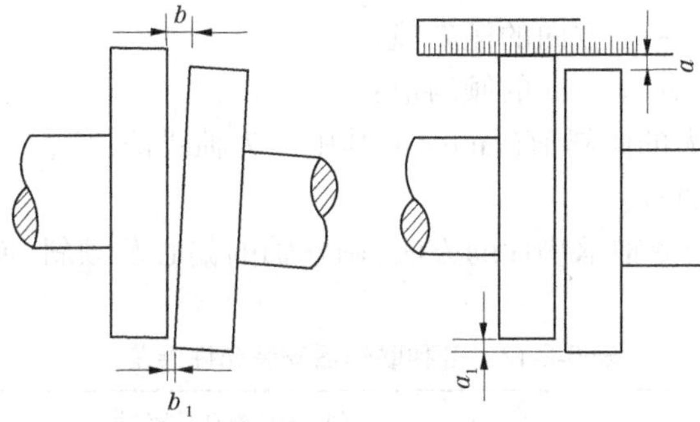

图 5-2-91　联轴器的粗调

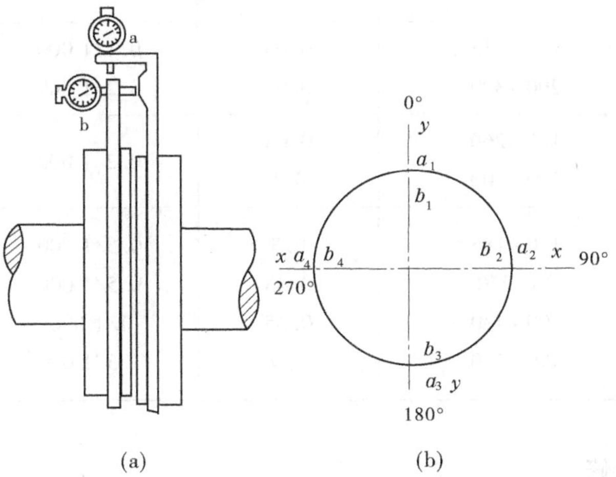

图 5-2-92　用千分表测量两轴的偏心及倾斜

这是判断测量误差的方法,数值差大于 0.02 mm 时,应重新测量。两根轴的径向偏心按下式计算:

$$a_y = \frac{a_1 - a_3}{2};a_x = \frac{a_2 - a_4}{2} \tag{5-2-10}$$

$$a = \sqrt{a_y^2 + a_x^2}$$

式中 a_y—— 两轴端在 y—y 方向的径向偏心值;

a_x——两轴端在 x—x 方向的径向偏心值;

a—— 两轴端的最大径向偏心值。

两根轴的轴线倾斜按下式计算:

$$b_y = \frac{b_1 - b_3}{d};b_x = \frac{b_2 - b_4}{d}$$

$$b = \sqrt{b_y^2 + b_x^2} \tag{5-2-11}$$

式中 b_y—— 两轴线在 y—y 方向的倾斜值;

b_x—— 两轴线在 x—x 方向的倾斜值;

b—— 两轴线最大的倾斜值($\tan a = b$,其中 a 为轴线偏角);

d—— 测点处的直径。

用移动轴承位置,增减轴承垫片的方法,调整轴的偏心及倾斜,使其符合表 5-2-12 的规定。

表 5-2-12 各种联轴器安装允许误差

联轴器名称	联轴器盘直径/mm	轴线误差(不超过)		端面间隙/mm,不小于
		偏心/mm	倾斜	
刚性联轴器	100~235 290~390	0.03 0.05	0.1/1 000 0.2/1 000	0
弹性联轴器	105~260 290~500	0.05 0.1	0.2/1 000	1
齿轮联轴器	170~185 20~250 290~430 490~590	0.3 0.45 0.65 0.9	0.5/1 000 0.5/1 000 1/1 000 1.5/1 000	2.5 2.5 5 5

(五)制动器检修

1. 制动器的检查及质量要求

(1)制动带。检查制动带与制动轮的接触,其面积不应少于制动带总面积的 80%。制动带的磨损不许超过原厚度的 1/2,否则予以更换。新换制动带应与闸瓦牢固铆合,铆钉头埋入制动带的深度为带厚的 1/2~3/5。

(2)制动轮。检查制动轮表面应光洁,无凹陷、裂纹、擦伤及不均匀磨损等缺陷。当制动轮在直径方向磨损超过 3 mm 时,应重新车削加工并热处理,以恢复其原来的粗糙度和硬度。制动轮壁厚磨损减小到厚度的 2/3 时,必须更换。

制动轮与轴联接必须牢固,不得有松动现象;与制动架中心的偏差应小于 3 mm;制动轮的摆动误差见表 5-2-13。

表 5-2-13 制动轮允许的摆动值 单位:mm

摆动方向	轮径<200	轮径 200~300	轮径 300~500
径向摆动	0.08	0.10	0.15
轴向摆动	0.15	0.25	0.35

(3)制动弹簧。检查弹簧是否完好。如因变形、断裂等失去弹性,必须更换。

(4)制动架杠杆系统。检查制动架、杠杆不得有裂纹和弯曲变形;销、轴联接必须牢固可靠,转动灵活;不得有过量磨损和卡阻。特别要注意长行程交流电磁铁制动器的动铁芯拉杆与杠杆连接的销轴。它在制动过程中既有转动也有微量移动,极易卡阻、烧坏线圈。

(5)油液制动器的油液应定期检查有无变质和机械杂质,必要时应拆洗换油。

(6)电磁铁不应有噪声,温升不得超过 105 ℃。衔铁和铁芯的接触面必须清洁,不得锈蚀和脏污,其接触面积不小于 75%,线圈绝缘必须良好。

2. 制动器的调整

制动器的调整,主要是指制动轮与闸瓦的间隙或叫闸瓦退距调整,电磁铁行程调整,主弹簧工作长度(制动力矩)调整。闸瓦退距和电磁铁行程,在制动器技术数据中都有规定,可按此调整。主弹簧工作长度虽然在制动器技术数据中也有规定,但它是指制动器的额定工作参数,一般都大于制动器所在机构的需要值,有的甚至大很多。按此调整,虽然能满足制动力矩要求,但制动力矩过大,会因惯性造成冲击,容易引起机架变形和部件损坏。因此,主弹簧工作长度调整应符合启闭机说明书的要求。此外应保持适宜的制动距离(加闸后,所吊物体移动的距离)。一般制动距离应符合下列数值:行走机构约为运行速度的 1/15,起升机构约为起升速度的 1/100。

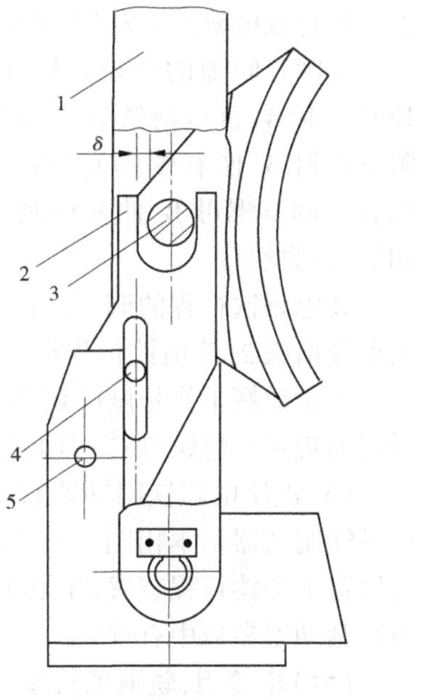

1—制动臂;2—锁片;3—制动瓦块销轴;4—滚子;5—铰点。

图 5-2-93 松闸间隙自动补偿装置

(1)长行程电磁铁制动器(JCZ 型)的调整。JCZ 型长行程电磁铁制动器见图 5-2-19,松闸间隙自动补偿装置见图 5-2-93。

①闸瓦间隙的调整。如图 5-2-19 所示,松开螺母 C 及 E,转动螺杆 4,使瓦块抱住制

动轮,然后锁住螺母 C 及 E。再取出滚子 1,松开螺母 F,调整叉板 2 与瓦块轴销 6 的间隙 δ 与制动闸瓦退程一致,然后拧紧螺母 F,放回滚子 1。在吸合状态下闸瓦间隙与电磁铁行程的调整同时进行。

②电磁铁行程的调整。先松开螺母 G 和 H,转动顶杆 5,调整衔铁行程使之符合规定值。再用撬棍抬起电磁铁,在其吸合的状态下测量闸瓦间隙 δ,转动顶杆 5,使它符合规定值,两侧相等后,锁紧螺母 G 和 H。

③工作弹簧长度的调整。先松开螺母 A,夹住丝杠尾部方头 3,转动螺母 B,调整工作弹簧的安装长度 H_p,其值应符合启闭机 H_p 说明书规定,然后将螺母 A 锁住。

④长行程电磁铁的拉杆装有缓冲活塞(见图 5-2-94)。安装时要注意调整,使其结合时间在 0.1~0.5 s。

(2)短行程电磁铁制动器(JWZ 型)的调整。短行程电磁铁制动器如图 5-2-18 所示。

①闸瓦间隙的调整。松开螺母 C,用其顶开 3 和 4,直至衔铁处于吸合状态。调整限位螺钉 5,使右侧闸瓦间隙符合规定值。然后再调整螺母 B,使左侧闸瓦间隙与右侧相等,锁紧螺母 A。

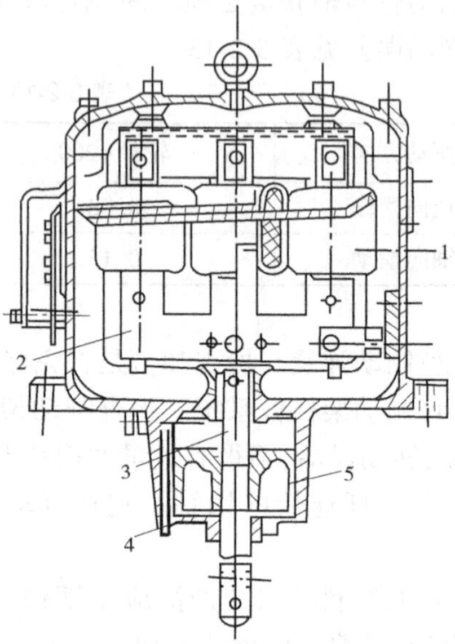

1—电磁铁线圈;2—衔铁;3—拉杆;
4—调整螺钉;5—活塞。

图 5-2-94　长行程电磁铁

②电磁铁行程的调整。松开螺母 A 夹住丝杠尾部的方头 1,转动螺母 B。使丝杠端头顶开衔铁 2,使衔铁行程符合规定值,锁紧螺母 A。

③主弹簧工作长度的调整。松开螺母 C,调整螺母 D,使主弹簧工作长度符合启闭机说明书规定。将螺母 C 拧回锁紧。

(3)液压电磁铁制动器的调整。液压电磁铁制动器见图 5-2-20。它的调整与长行程电磁铁制动器基本相同。只是该制动器为了保证随着闸瓦磨损,闸瓦间隙始终基本一致,而设置了补偿行程装置,用双头螺杆 2 调整推杆接头端面与盖的距离 h_1(补偿行程)。该值在制动器参数中有规定。

(六)车轮组、轨道的检修

1. 车轮的检查

(1)车轮踏面。车轮踏面的磨损不能超过轮圈厚度的 25%。车轮踏面不应有凹陷、气孔、砂眼等缺陷。当车轮直径小于或等于 500 mm 时,缺陷直径应小于 1.0 mm;当车轮直径大于 500 mm 时,缺陷直径应小于 1.5 mm,且深度均应小于 3 mm,数目不应多于 5 处。车轮踏面的缺陷不准焊补,只能更换。

(2)轮缘。车轮轮缘的磨损不得超过原厚度的 50%,否则应予更换。

(3)车轮整体的任何部位都不允许有裂纹,否则应予更换。车轮在极限范围内的正常磨损可不必修理。

(4)轴承内外环及珠架均不得有裂纹,液珠表面不应有脱皮,否则应更换。

2. 轨道的检修

(1)轨道应作定期检查,一般每年检查一次。

(2)检查时,可用小锤敲击轨道紧固螺栓,看是否有松动现象;检查永久性固定焊缝是否有裂纹。

(3)当轨道侧面磨损超过原厚度的15%时,应考虑更换。

(4)轨道踏面不许焊接电弧触碰,更不许在上接弧(俗称打火)。

(5)轨道头部碰撞疤痕应及时修补,以免烧毁夹轨器的电动机或发生夹不紧现象。

3. 车轮啃轨的处理

移动式启闭机的大、小车在行走过程中,车轮缘与轨道侧面应有一定间隙。如果间隙消失,轮缘与轨道侧面就要发生摩擦。这种现象叫作车轮啃轨。

车轮啃轨,会使车轮和轨道磨损,降低使用寿命,增大运行阻力,严重时会烧坏电动机,扭断传动轴,甚至造成脱轨。

车轮啃轨可分为轻微和严重两种。如果在停车时惯性距离缩短,则为轻微啃轨,可根据情况留待大修时处理。如果把控制器手柄放在一、二挡上还开不动车就是严重啃轨,必须及时处理。

造成车轮啃轨的原因很多,一般应着重从以下几方面进行检查:

(1)电器装置。单独驱动的电动机、制动器不同步,在启动和停止时造成车架扭摆,发生啃轨。通过调整使其同步。

(2)轨道。检查轨道的磨损痕迹。如果轨道单侧被啃,且只发生在某一固定区段,则是该段轨道自身的直线性不好,或两轨间的相互标高偏差过大以及轨道跨度误差过大所致。可根据测量结果调整或更换轨道。

(3)车轮组。

①车轮的垂直误差。这种误差造成啃轨的特点是:车轮轮缘与轨道同侧磨损,踏面磨损不均且有坡度,严重时会出现环形沟。垂直误差的检查如图5-2-95所示。误差值 $S=a-b\leqslant\frac{1}{400}L$,式中 L 为测量点间距。

②车轮水平误差。这种误差造成啃轨的特点是:轮缘与轨道两侧或车轮单侧被啃;踏面磨损比较均匀。其测量方法如图5-2-96所示。误差值 $H=a-b\leqslant\frac{1}{1\ 000}L$。

车轮自身的倾斜,多由车架梁系变形引起,矫正困难。可采取在车轮角型轴承箱上加垫片的方法矫正。

③车轮直径。各车轮外径尺寸相对误差过大所造成的啃轨特点是:车轮在运行一段距离之后,车体一端超前,一端滞后,造成车架扭摆而啃轨。

各车轮直径的相对误差若超过车轮公称直径的1/1 000时,应予更换。

④轴承间隙。轴承间隙过大所造成的啃轨特点是:车轮在运行时,发生扭摆,造成车轮啃轨。滑动轴承的间隙可用塞尺检查;滚动轴承的间隙可用敲击声响判断。

⑤车轮跨度和对角线的误差。这种误差造成啃轨的特点是:在轨道全长和任何运行状态都发生啃轨现象。

检测车轮跨度和对角线跨度,应先确定测量基准:选择车架两最外边四个车轮的踏面宽度中心,且四个车轮的倾斜值应在允许范围内;将启闭机开到较好的轨道区段上,把四个车轮的中心点用线锤或直尺投影到轨道上(从车轮水平中心截面内的两个踏面宽度中心引垂线至轨顶,并作出相应点的记号;再从车轮轴两个端面的中心引垂线至轨道侧面,并作出相应的记号。每个车轮踏面宽度中心投影的两个点连线与车轮轴中心投影的两个点连线的交点,即为车轮中心)。量取对角的两个中心点的距离即对角线的实测值。两对角线之差,对于箱形梁应不大于 5 mm,桁架梁应不大于 10 mm。量取跨度方向两对应中心点的距离即跨度的实测值 L_{k1} 与 L_{k2},二者之差应小于 5 mm(见图 5-2-96)。

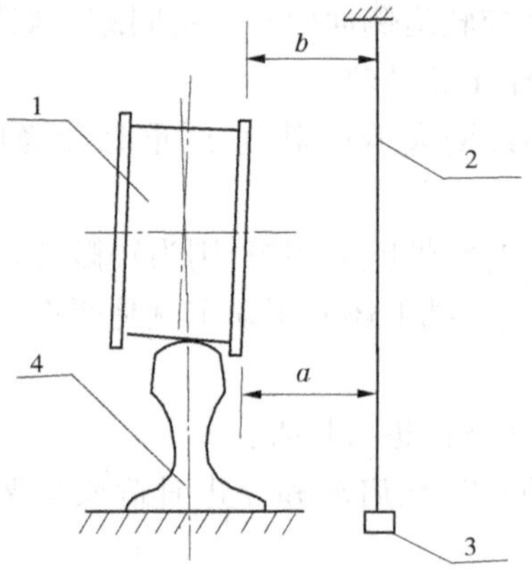

1—车轮;2—钢丝;3—重锤;4—轨道。

图 5-2-95　车轮垂直方向的倾斜示意图

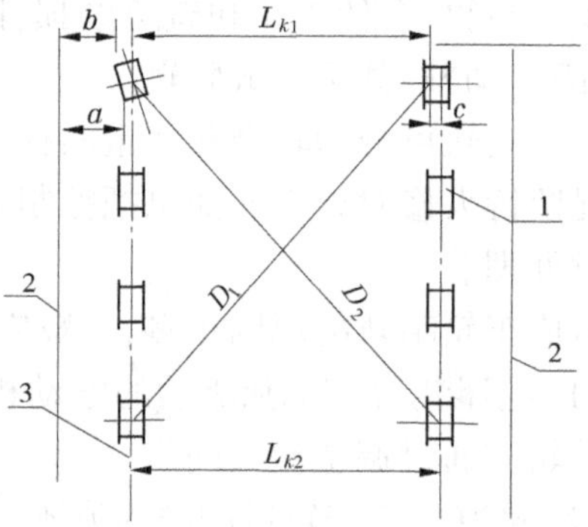

1—车轮;2—钢丝; 3—轨道中心线。

图 5-2-96　车轮水平方向的倾斜测量示意图

⑥运行机构传动装置误差。这种误差造成的啃轨特点是:主动车轮在启动、制动时动作不一样(一端超前,一端滞后)。传动装置零件磨损较严重的车轮,使车架发生扭摆,造成轮缘与轨道侧面接触而发生啃轨。

通过检查、分析,找出啃轨的原因,再拟定合理的处理方案,以解决问题。

三、液压启闭机的检修

(一)液压油的污染与控制

液压油是液压启闭机的工作介质,液压系统的故障 75%以上是由于液压油的污染造成的。液压油清洁与否直接影响液压系统工作的好坏和元件的寿命。因此,对液压启闭机的维护检修来说,保持油液的清洁是第一重要的工作。

1. 造成油液污染的原因

(1)液压元件在装配、加工、存放和搬运过程中,砂粒、切屑、焊渣、锈片和灰尘等在液压系统尚未工作前已被带入。

(2)液压系统工作时,通过往复运动的活塞杆、油箱流通的空气,溅落或凝固的水滴,流回油箱中的泄漏油等使尘埃侵入系统。

(3)工作过程中不断发生的金属和密封材料磨损颗粒,过滤材料脱落的颗粒和纤维、剥落的油漆碎渣等。

(4)检修过程中带入的灰尘和棉绒等。

(5)油液变质后产生化学反应,使金属腐蚀,出现锈片,使油液污染。

2. 油液污染后的危害

在污染的油液中,金属颗粒约占杂质的75%,尘埃约占15%,其他杂质如氯化物、纤维、树脂等约占10%。可见固体颗粒危害最大,它们使油泵、油缸及阀的金属元件磨损加剧,寿命缩短;使密封元件磨损漏油;使各种阀芯移动困难或卡阻,造成系统不能正常工作。同时元件的磨损和泄漏又进一步污染油液,造成恶性循环。

3. 液压油的检测方法

油液污染的检测方法有目测、比色检测、阻塞指数检查、称重法检测、电子计数器颗粒及光学颗粒计数等方法。目前现场维护多采用目测法,看油液颜色是否混浊及气味是否难闻。通常的判断方法有以下几种:

(1)与新油对比看颜色有无差异,有无水分及沉淀等。

(2)摇动后,比较泡沫的消失程度。

(3)是否有刺鼻恶臭。

(4)滴一滴于炽热的铁板上,若有"哧哧"声则表示油中含有一定的水分。

表5-2-14给出了油液颜色的变化、状态及处理方法。

表5-2-14 油液污染程度的判断与处理措施

外观颜色	气味	状态	处理措施
颜色透明无变化	正常	良	照常使用
透明,但色变淡	正常	混入别种油液	检查黏度,若符合要求,可继续使用
变成乳白色	正常	混入空气和水	分离除掉水分,或半或全换油
变成黑褐色	有臭味	氧化变质	全部换油
透明而有小黑点	正常	混入杂质	过滤后使用或换油
透明而闪光	正常	混入金属粉末	过滤或换油

4. 油液污染的控制

油液污染的控制主要是针对污染的途径,采取相应的措施,详细内容见表5-2-15。

表5-2-15 污物侵入系统的途径及防止措施

污物侵入途径	防止措施
1. 固体颗粒的污染 (1)装配前零部件混入切屑、焊渣、尘土、锈片、纤维、塑料、涂料等物; (2)来自密封装置的破损碎片; (3)来自油箱盖上的杂物; (4)来自注油口处的污物; (5)泵、缸、阀等元件的磨损粉末; (6)油箱内表面涂料脱落的油漆; (7)由于密封不好而侵入的外界杂质	(1)装配前,零部件应彻底进行酸洗或清洗; (2)安装密封时,要认真清查,不得有残次品; (3)在油箱上,除通气装置外,要严加密封; (4)注油时,必须过滤,工作时,必须将注油口盖严; (5)定期抽查油样、换油,把杂质限制在规定范围内; (6)选择优质油漆,注意工艺,尽可能不使之脱落; (7)检查密封部位,并注意环境条件

续表 5-2-15

污物侵入途径	防止措施
2. 胶质黏物的污染 (1)溶解于油中的密封物; (2)溶解于油中的油漆; (3)油液本身变质,如节流口高温、高压而形成的不溶解性氧化物、沥青沉积物等	(1)选择不易被油溶解的优质密封材料; (2)涂上耐油的油漆; (3)选用氧化稳定性较好的油液,更换超过酸值的油;及时清除粘胶物
3. 空气的污染 (1)吸、回油管路接头处密封不严,出现异常声音; (2)油泵的传动轴密封不严,有空气进入(如齿轮泵和叶片泵); (3)油缸、活塞杆处密封不良; (4)有关液压元件密封不良; (5)油箱中有气泡; (6)选油不当	(1)严加密封; (2)减低吸油压力,严加密封; (3)提高密封性或更换密封圈; (4)更换密封件,改善条件; (5)回油管必须深入液面以下; (6)使用消泡性较好的油液
4. 水的污染 (1)由油箱的通气孔进入; (2)由水管式冷却器的损坏部位进入; (3)由于维护不当,由油箱盖上进入	(1)在湿度较高季节,每月将油箱底部放油塞打开排水,当排出的油呈乳白状时,即应换油; (2)修理冷却管; (3)在油箱上除通气孔外,都应密封,且注意检查保养

(二)液压系统的故障

液压系统故障主要有空穴和气蚀、振动与噪声、污染、系统温升和系统泄漏等。其中,空穴和气蚀、振动与噪声在油压启闭机一节中已作了介绍,下面介绍系统温升和泄漏。

1. 系统温升

液压传动是以油液作为介质来实现能量转换的。系统总的能量损失,包括压力损失、容积损失和机械损失,都转化为热能。一部分散到空气中去,另一部分使系统温升。

(1)液压系统油温过高的危害。一般液压系统工作温度为40~60 ℃。超过这个温度,就会给液压系统带来不利影响。如油液黏度下降,泄漏增加,油泵容积效率和整个系统效率降低,滑阀移动部位油膜易被破坏,摩擦阻力增加,磨损加大等;同时又进一步引起系统发热,温升增加。由于温度升高,引起膨胀系数不同的运动副之间间隙变化。间隙变小,会使动作不灵或卡死;间隙变大,会造成泄漏增加。由于温度升高,油液氧化加剧,油的使用寿命降低。石油基油液形成胶状物质,并在元件局部过热的表面上形成沉淀物。它可能堵塞节流小孔,使之不能正常工作。水油乳化液过热时会分解而失去工作能力。油温升高还会使橡胶密封件软管等早期老化失效。温升过高,还可能导致气蚀。

(2)造成油温过高的原因。油温过高主要有设计、使用和周围环境等三个方面的原因。

①泄漏比较严重。油泵压力调得过高,运动件之间磨损较大,密封间隙过大,密封装置损坏,所用油液黏度过低等都会使泄漏增加、油温升高。

②系统缺少卸荷回路或卸荷回路动作不良,当系统不需要油压时,油液仍在溢流阀调定压力下或卸荷压力较高的情况下流回油箱,引起油温升高。

③环境温度较高,散热不良以及误用黏度过高的油液,都会引起油温升高。

(3)温升的控制。液压系统温升不能太高,也不能太低。为此,必须根据不同的设备,不同季节和环境温度,选用合适的液压油,把温度控制在适当范围以内。在运行过程中发现温升过高,可根据具体情况,采取相应措施。如更换不同黏度的油或更换油种;检查污染程度,检查泵、阀等元件磨损情况,进行必要的修理或更换;检查管道、滤油器及节流口的堵塞情况,并加以疏通。

2. 液压系统泄漏

漏油是普遍存在的问题。漏油使液压系统效率降低,能耗增加,污染环境。由于密封不良,外界污物容易侵入,造成恶性循环,使主机或元件造成早期磨损。漏油还会使系统工作的可靠性降低。

造成泄漏的原因很多,下面就装配维修等提出以下几点建议:

(1)管接头的紧固螺母和接头上的螺纹要配合适当,过松或过紧都会漏油。装配前要去掉毛刺,然后再用扳手适当拧紧(不要过紧)。

(2)安装接头要注意对中。管子较硬时不易对中,有别劲现象。此时可用另一只手晃动管子,同时拧紧螺母。平面加O形密封圈时,因O形圈无自位能力,若稍不对中,平面接触不严,就会产生泄漏。

(3)用密封带作为螺纹密封时,带的缠向必须顺着螺纹旋向,一般1~2圈。缠的次数多,工作过程中接头容易松动,反而会泄漏。若用尼龙密封剂作为螺纹机间的填料,温度不得超过60 ℃,否则会熔化。

(4)油泵的轴颈和滑阀阀杆外端的油封是专用于高速旋转和低速往复运动的低压油封。装配时唇边易被键划破或把弹簧推掉。因此,装油封时要特别小心,并仔细检查油封的质量,千万不能有缺陷(如飞边、宽边及划破等)。

(5)密封圈进入安装位置,往往需要通过螺纹、带尖角孔口、轴端头等。如果入口处不加修整,又没有专用工具,稍不注意就会划伤密封圈,造成工作时泄漏。为此,在安装密封圈前,必须将有害部位做成光滑的倒角、圆角及设置专用工具。安装前密封圈要涂以润滑油,以防干涩拉坏。

(6)密封圈材质较软,当密封间隙较大,又在高压往复运动下工作,很容易被挤入间隙咬伤,导致泄漏和其他事故。因此,密封圈在高压往复运动情况下工作时,应尽量减少间隙,选用较硬的密封圈。

(三)油缸的故障与检修

油缸常见的故障是:启闭力不足或动作不稳定而爬行;油液泄漏,密封损坏;液压冲击产生异常音响与振动等。

油缸常见的故障及排除方法见表5-2-16。

表 5-2-16 油缸常见故障原因分析与排除措施

故障	原因分析	排除措施
爬行	1. 外界空气进入缸内; 2. 密封压得太紧; 3. 活塞与活塞杆不同心; 4. 活塞杆不直(有弯曲); 5. 油缸内壁拉毛,局部磨损严重或腐蚀等; 6. 油缸的安装位置偏差(移动); 7. 双活塞杆两端螺母拼得太紧	1. 设置排气装置。若无排气装置,可开动液压系统以最大行程往复数次,强迫排除空气。 2. 调整密封圈,使其不松不紧,保证活塞杆能来回用手拉动,但不得有泄漏。 3. 两者装在一起,放在 V 形铁上校正,使不同心度在 0.04 mm 以内,否则换新活塞。 4. 单个或连同活塞放在 V 形铁上,用千分表校正调直。 5. 适当修理,严重者,可重新磨缸内孔,按要求重配活塞。 6. 检查缸与导轨的平行度,并修刮接触面加以校正。 7. 不宜太紧,保持活塞杆处于自然状态
冲击	1. 用间隙密封的活塞与缸间隙过大,节流阀失去作用; 2. 端头缓冲的单向阀失灵,缓冲不起作用	1. 更换活塞,使间隙达到规定要求。检查节流阀。 2. 修正、研配单向阀与阀座或更换
推力不足,速度不够或逐渐下降	1. 由于缸与活塞配合间隙过大或 O 形密封圈损坏,使高低压腔互通。 2. 工作段不均匀,造成局部几何形状误差,失去高低压腔密封性。 3. 缸端活塞杆油封压得太紧或活塞杆弯曲,使摩擦力或阻力增加。 4. 油温太高,黏度降低,泄漏增加。致使油缸速度减慢。例如,当高低压腔相通,速度就会减慢,甚至不动。 5. 油泵流量不足	1. 更换活塞或密封圈(调整为合适的间隙)。 2. 镗磨修复缸孔径,新配活塞。 3. 放松油封(以不漏油为准),校直活塞杆。 4. 检查温升原因,采取散热、降温措施。若密封间隙过大,可单配活塞,或增装密封环。 5. 检查油泵或流量调节阀的毛病,并加以排除

续表 5-2-16

故障	原因分析	排除措施
外泄漏	1. 活塞杆处油封不严,可能是活塞杆表面损伤或密封圈有毛病; 2. 管接头密封不严; 3. 缸盖处密封不良	1. 检查活塞杆有无拉伤,并加以修复。密封圈磨损应更换。 2. 检查密封圈及接触面有无伤痕,并加以更换或修复。 3. 检查接触面加工精度及密封圈老化情况,加以更换或修整

(四)油泵的故障和排除

油泵的常见故障有:油泵噪声,油压不足或无油压,油液排量不足或无排量以及油温升高等。造成油泵故障的原因也是多方面的,既有加工制造的原因,也有安装调试和运行维护的原因。

由于各种油泵的具体结构不同,所以它们的具体故障原因和排除方法也不同,外啮合齿轮泵的故障原因分析和排除措施见表 5-2-17。

表 5-2-17　外啮合齿轮泵的故障原因分析与排除措施

故障	原因分析	排除措施
泵不排油或排量与压力不足	1. 电动机转向接反; 2. 滤油器或吸油管道堵塞; 3. 连接部位有泄漏,空气侵入泵内; 4. 油液黏度过大,温升太高; 5. 零件磨损,间隙增大,泄漏较大; 6. 泵的转速太低; 7. 油箱中油面太低; 8. 溢流阀有故障	1. 更换接头(线),改变电机转向; 2. 拆洗滤油器及管道或更换油液; 3. 检查并紧固有关的螺纹连接件或更换密封件,严防空气侵入; 4. 根据温升实际情况,选择适当黏度的油液; 5. 检查有关磨损零件,进行修磨达到规定间隙; 6. 检查电机功率及有无打滑现象; 7. 检查油面高度,并使吸油管插入液面以下; 8. 检查溢流阀的阀芯、弹簧及阻尼孔等

续表 5-2-17

故障	原因分析	排除措施
噪声及压力脉动较大	1. 空气由吸油管或密封处进入泵内; 2. 吸油管阻力过大,甚至堵塞; 3. 齿形精度不高,节距有误差或轴线不平行; 4. 泵与电动机轴不同心	1. 加黄油于连接处,若噪声减小,说明有泄漏,拧紧接头或更换密封。 2. 检查滤油器的容量及堵塞情况。 3. 更换齿轮或配研与调整。 4. 按技术要求调整,检查直线性,注意工作状态与静止状态的不同,有时偏差可能由温升引起
温升过高	1. 装配不当,轴向间隙太小,油膜破坏,形成干摩擦,机械效率降低; 2. 油泵磨损严重,间隙过大,泄漏增加; 3. 油液黏度不当(过高或过低); 4. 油液污染变质	1. 检查装配质量,调整间隙; 2. 修磨磨损件,使其达到合适的间隙; 3. 改用黏度合适的油; 4. 更换新油

叶片泵故障原因分析和排除措施见表 5-2-18。

表 5-2-18　叶片泵的故障原因分析与排除措施

故障	原因分析	排除措施
噪声较大	1. 压力冲击过大,配油盘上三角槽有堵塞; 2. 定子曲面有伤痕; 3. 空气进入泵内; 4. 叶片倒角太小,运动时,其作用力有突然变化的现象; 5. 叶片高度尺寸误差较大; 6. 叶片侧面与顶面不垂直度及配油盘端面跳动过大; 7. 油泵的主轴密封过紧,温升较大; 8. 电动机转速过高; 9. 联轴节的同心度较差或安装不牢靠	1. 检查三角槽有无堵塞情况; 2. 修整抛光定子曲面; 3. 检查有关密封部位是否有泄漏,并加以严封,保证有足够油液和吸油通畅; 4. 将叶片一侧的倒角适当加大,一般为 1×45°; 5. 重新检查组选,保证同一组叶片高度不超过 0.01 mm; 6. 检查并修整叶片的侧面及配油盘端面; 7. 调整密封装置,使轴的温升不致过高,不得有烫手感觉; 8. 更换电机,降低转速; 9. 检查、调整同心度,并加以紧固

续表 5-2-18

故障	原因分析	排除措施
泵不吸油或无压力(执行机构不动)	1. 电机转向有错; 2. 油箱中液面较低,吸油有困难; 3. 油液黏度过大,叶片滑动阻力较大; 4. 叶片与槽的配合过紧 5. 配油盘刚度不够或盘与泵体接触不良	1. 重新接线头,改变旋转方向; 2. 检查油箱中油面的高度(观察油标指示); 3. 更换黏度较低的油液; 4. 修磨叶片或槽,保证每片移动灵活; 5. 更换或修整其接触面
排油量及压力不足,表现为油缸动作迟缓	1. 叶片及转子装反; 2. 有关连接部位密封不严,空气进入泵内; 3. 配合零件的径向或轴向间隙过大; 4. 定子曲面与叶片接触不良; 5. 配油盘磨损较大; 6. 叶片与槽配合间隙过大; 7. 吸油有阻力; 8. 叶片移动不灵活	1. 纠正叶片和转子的方向; 2. 检查各连接处及吸油口是否有泄漏,紧固或更换密封; 3. 检查并修整,使其达到设计要求,情况严重的可返修; 4. 进行修磨; 5. 修复或更换; 6. 单片进行选配,保证达到配合要求; 7. 拆洗滤油器,清除杂物,使吸油通畅; 8. 不灵活的叶片,应单槽配研

轴向柱塞泵的故障原因分析和排除措施见表 5-2-19。

表 5-2-19 轴向柱塞泵的故障原因分析与排除措施

故障	原因分析	排除措施
排油量不足,执行机构动作迟缓	1. 吸油管及滤油器堵塞或阻力太大; 2. 油箱油面过低; 3. 泵体内没有充满油,有残存空气; 4. 柱塞与缸体或配油盘与缸体间磨损; 5. 柱塞回程不够或不能回程,引起缸体与配油盘间失去密封; 6. 变量机构失灵,达不到工作要求; 7. 油温不当或有漏气	1. 排除油管堵塞,清洗滤油器; 2. 检查油量,适当加油; 3. 排除泵内空气; 4. 更换柱塞,修磨配油盘与缸体的接触面,保证接触良好; 5. 检查中心弹簧加以更换; 6. 检查变量机构,如变量活塞及变量头是否灵活,并纠正其调整误差; 7. 根据温升情况,选择合适的油液,紧固可能漏气的连接处

续表 5-2-19

故障	原因分析	排除措施
压力不足或压力脉动较大	1. 吸油口堵塞或通道较小; 2. 油温较高,油液黏度下降,泄漏增加; 3. 缸体与配油盘之间磨损,失去密封,泄漏增加,柱塞与缸体磨损; 4. 变量机构偏角太小,流量过小,内漏相对增加; 5. 变量机构不协调(如伺服活塞与变量活塞失调,使脉动增大)	1. 清除堵塞现象,加大通油截面; 2. 控制油温,更换黏度较大的油液; 3. 修磨缸体与配油盘接触面,更换柱塞,严重者应送厂返修; 4. 加大变量机构的偏角; 5. 若偶尔脉动,可更换新油;经常脉动,可能是配合件研伤或别劲,应拆下研修
噪声较大	1. 泵内有空气; 2. 滤油器被堵塞; 3. 油液不干净; 4. 油液黏度过大; 5. 油液的油面过低或有漏气; 6. 泵与电机安装不同心,使泵增加了径向载荷; 7. 管路振动	1. 排除空气,检查可能进入空气的部位; 2. 清洗滤油器; 3. 抽样检查,更换干净的油液; 4. 更换黏度较小的油液; 5. 按油标高度注油,并检查密封; 6. 重新调整,使在允差范围内; 7. 采取隔离消振措施
内部泄漏	1. 缸体与配油盘间磨损; 2. 中心弹簧损坏,使缸体与配油盘间失去密封性; 3. 轴向间隙过大; 4. 柱塞与缸体间磨损	1. 修整接触面; 2. 更换弹簧; 3. 重新调整轴向间隙,使符合规定; 4. 更换柱塞或重新配研
外部泄漏	1. 传动轴上的密封损坏; 2. 各接合面及管接头的螺栓及螺母未拧紧,密封损坏	1. 更换密封圈; 2. 紧固并检查密封性,以便更换密封
油泵发热	1. 内部漏损较大; 2. 有关相对运动的配合接触面有磨损,例如缸体与配油盘、滑靴与斜盘	1. 检查和研修有关密封配合面; 2. 修整或更换磨损件,如配油盘、滑靴等
变量机构失灵	1. 在控制油路上,可能出现堵塞情况; 2. 变量头与变量体磨损; 3. 伺服活塞、变量活塞以及弹簧芯轴卡死	1. 净化油,必要时冲洗; 2. 刮修,使圆弧面配合良好,必要时送厂返修; 3. 若为机械卡死,可用研磨方法修复,如果油液污染,则应更换
油泵不转	1. 柱塞与缸体卡死(可能油污染或油温变化); 2. 柱塞球头折断(可能因柱塞卡死或有负载起动); 3. 滑靴脱落(柱塞卡死或有负荷起动所引起)	1. 更换新油或更换黏度较小的机械油; 2. 更换; 3. 更换或送制造厂维修

(五)阀件故障及排除

液压系统除油泵和油缸外,各种控制阀都可能出现故障。减压阀常见故障及排除措施见表5-2-20。

表5-2-20　减压阀常见故障原因分析与排除措施

故障	原因分析	排除措施
不起减压作用	1. 顶盖方向装错,使输出油孔与回油孔已沟通; 2. 阻尼孔被堵塞; 3. 回油孔的螺塞未拧出,油液不通; 4. 滑阀移动不灵或被卡住	1. 检查顶盖上孔的位置,并加以纠正; 2. 用直径微小的钢丝或针(直径约1 mm)疏通小孔; 3. 拧出螺塞,接通回油管; 4. 清理污垢,研配滑阀,保证滑动自如
压力波动	1. 油液中侵入空气; 2. 滑阀移动不灵或卡住; 3. 阻尼孔堵塞; 4. 弹簧刚度不够,有弯曲、卡住或太软; 5. 锥阀安装不正确,钢球与阀座配合不良	1. 设法排气; 2. 检查滑阀与孔几何形状误差是否超出规定或有拉伤情况,并加以修复; 3. 清洗阻尼孔,换油; 4. 检查并更换弹簧; 5. 更换调整锥阀或钢球
输出压力较低	1. 锥阀与阀座配合不良; 2. 阀顶盖密封不良,有泄漏	1. 拆检锥阀,研配或更换; 2. 拧紧螺栓或拆检后更换纸垫

流量阀常见故障及排除措施见表5-2-21。

表5-2-21　流量阀常见故障原因分析与排除措施

故障	原因分析	排除措施
无流量通过或流量极少	1. 节流口堵塞,阀芯卡住; 2. 阀芯与阀孔配合间隙过大,泄漏较大	1. 拆检清洗,修复、更换油液,提高过滤精度; 2. 检查磨损、密封情况,并进行修复或更换

续表 5-2-21

故障	原因分析	排除措施
流量不稳定	1. 油中杂质黏附在节流口边缘上，通流截面减小，速度减慢；当杂质被冲洗后，通流截面增大，速度又上升； 2. 系统升温，油液黏度下降，流量增加，速度上升； 3. 节流阀内、外漏较大，流量损失大，不能保证运动速度所需要的流量； 4. 阻尼结构堵塞，系统中进入了空气，出现压力波动及跳动现象，使速度不稳定； 5. 节流阀负载刚度差，负载变化时，速度也突变，负载增大，速度下降	1. 拆洗节流器，清除污物，更换滤油器(如纸芯滤油器)。若油液污染严重，应更换油液。 2. 采取散热、降温措施，若温度变化范围大、稳定性要求高时，可换成带温度补偿的调速阀。 3. 检查阀芯与阀体间的配合间隙及加工精度，对于超差零件进行修复或更换。检查有关连接部位的密封情况或更换密封圈。 4. 对有阻尼装置的零件，进行清洗，检查排气装置是否工作正常，同时，检查油液的污染程度或换油。 5. 检查系统压力和减压阀工作是否正常。同时，也要注意溢流阀的控制作用是否正常

单向阀常见故障原因分析及排除措施见表 5-2-22。

表 5-2-22　单向阀常见故障原因分析与排除措施

故障	原因分析	排除措施
发出尖叫声	1. 单向阀通过的最大流量有一定限度，当超过额定流量时，会发出尖叫声； 2. 单向阀与其他元件产生共振时，也会产生尖叫声； 3. 在高压立式油缸中，缺乏卸装置(卸荷阀)的液控单向阀也易产生噪声	1. 根据实际需要，更换流量较大的单向阀或减少实际流量，使其最大值不超过标牌上的规定值； 2. 适当改变阀的额定压力或调节弹簧，必要时，改变弹簧刚度； 3. 更换带有卸荷装置的单向阀或补充卸压装置的回路
泄漏	1. 阀座锥面密封不严； 2. 钢球(或锥面)不圆或磨损； 3. 油中有杂质，将锥面或钢球损坏； 4. 阀芯或阀座拉毛； 5. 配合的阀座损坏； 6. 螺纹连接的结合部分没有拧紧或密封不严	1. 拆下，重新配研，保证接触线密封严密； 2. 拆下检查，更换钢球或锥阀； 3. 检查油液，加以更换； 4. 检查，并重新配研； 5. 更换或配研修复； 6. 检查有关螺纹连接处，并加以拧紧，必要时，更换螺栓

续表 5-2-22

故障	原因分析	排除措施
单向阀失灵	1. 单向阀阀芯卡死： (1)阀体变形； (2)阀芯有毛刺； (3)阀芯变形； (4)油液污染。 2. 弹簧折断或漏装。 3. 锥阀(或钢球)与阀座完全失去密封作用。如锥阀与阀座不同心度超差，密封表面锈成麻点，形成接触不良及严重磨损等。 4. 把背压阀当作单向阀使用，因背压阀弹簧刚度大，而单向阀较软(最大压力不超过 300 kPa)	1. 检修阀芯： (1)研修阀体内孔，清除误差； (2)去掉阀芯毛刺，并磨光； (3)研修阀芯外径； (4)更换油液。 2. 拆检、更换或补装弹簧。 3. 检测密封性，配研锥阀与阀座，保证密封可靠。当锥阀与阀座同心度超差或严重磨损时，应更换。 4. 把背压阀的弹簧换成单向阀的软弹簧或换成单向阀

换向阀常见故障原因分析及排除措施见表 5-2-23。

表 5-2-23　换向阀常见故障原因分析与排除措施

故障	原因分析	排除措施
阀芯不动或不到位	1. 滑阀卡住： (1)滑阀(阀芯)与阀体配合间隙过小，阀芯在孔中容易卡住，不能动作或动作不灵； (2)阀芯(或阀体)碰伤，油液被污染； (3)阀芯几何形状偏差。阀芯与阀孔装配不同心，产生轴向液压卡紧现象。 2. 液动换向阀控制油路有故障： (1)油液控制压力不够，滑阀不动，不能换向或换向不到位； (2)节流阀关闭或堵塞； (3)滑阀两端泄油口没有接回油箱或泄油管堵塞； 3. 电磁铁故障： (1)交流电磁铁，因滑阀卡住，铁芯吸不到底座烧毁； (2)漏磁、吸力不足； (3)电磁铁接线焊接不良，接触不好。 4. 弹簧折断、漏装、太软都不能使滑阀恢复中位，因而不能换向。 5. 电磁换向阀的推杆磨损后长度不够或行程不对，使阀芯移动过小或过大，都会引起换向不灵或不到位	1. 检修滑阀： (1)检查间隙情况，研修或更换阀芯； (2)检查、修磨或重配阀芯，必要时，更换新油； (3)检查、修正几何偏差及同心度，对液压卡紧。 2. 检查控制油路： (1)提高控制油压，检查弹簧是否过硬，以便更换； (2)检查、清洗节流口； (3)检查并按通回油箱，清洗回油管，使之畅通。 3. 检查并修复： (1)清除滑阀卡住故障，并更换电磁铁； (2)检查漏磁原因，更换电磁铁； (3)检查并重新焊接。 4. 检查、更换或补装。 5. 检查并修复，必要时，可换推杆

任务九　启闭机的试运行

启闭机经过大修后必须进行试运转，以验证其实际工作能力，鉴定检修质量，合格后方可投入运行。

一、卷扬式启闭机的试运转

(一)试运转应具备的条件

当固定卷扬式启闭机和移动式启闭机的机械、电气设备全部检修完毕，符合检修规程等技术文件的要求，并经有关部门检查验证后，方可进入试运转准备。

试运转准备包括下列检查项目：

(1)检查在检修中拆换过的有关动力回路和操作系统的接线，并对拆换的电路测定绝缘电阻和进行耐压试验。

(2)测定各电机的绝缘，绝缘应可靠。

(3)引入工作电源，进行各电器的模拟操作试验，其动作应正确无误。

(4)对所有电动机分别单独通电，其转动方向应正确。

(5)检查各制动器工作的可靠性。

(6)分别打开各传动系统的制动器，用手转动电动机输出轴，使传动系统终端至少旋转一圈，不应有卡阻现象。

(7)钢丝绳绳端的固定应牢固，在卷筒和滑轮组上的缠绕应正确。

(8)检查各润滑点的润滑可靠性。

(9)双吊点启闭机的两侧钢丝绳应尽量调至等长，以免起吊时闸门或拦污栅发生倾斜。

(10)清除一切有碍安全运转的障碍物，并在裸露带电的滑线处悬挂警告牌，必要时设遮拦或监护人。

(二)空载试验

空载试验是当启闭机在无负荷状态下，分别操作起升机构和运行机构，检验启闭机电气、机械装置动作的准确性和可靠性。

起升机构和行走机构应分别在各自的全工作范围内上、下、往、返三次，并检查下列各项：

(1)电动机运行应平稳，三相电流不平衡度不超过±10%。

(2)电气设备应无异常发热现象，控制器触头应无烧灼现象，导电装置应平稳，无卡阻、跳动和严重冒火花现象。

(3)限位开关、保护装置及联锁开关等动作应准确可靠。

(4)所有机械部件运转时，均不应有冲击及嘈杂声。

(5)运行时，制动闸瓦应全部离开制动轮，间隙应符合要求，不应有任何摩擦，制动轮工作面径向跳动不大于 0.15 mm。

(6)钢丝绳在任何情况下均不得与其他部件摩擦。

(7)各部轴承温度应不大于 65 ℃。

(8)行走轮与轨道应全线接触,轮缘无啃轨现象。

(9)在司机座位处测量的噪声应符合规定。

(三)静载试验

静载试验是当启闭机在荷载不动的状态下,检验启闭机的强度、刚度和起重性能。

启闭机主、副起升机构的静载试验,应按其额定负荷的75%、100%、125%分别进行。

静载试验可用试块或液压测力计进行。固定卷扬式启闭机无条件做满足上述负载要求的静载试验时,则应连接闸门做无水压或有水压的全行程启闭试验。并测量电动机的启动和工作电流,其值不应超过额定容量的允许值。

移动式启闭机大车主梁的强度和刚度的静载试验应按下述方法进行:

(1)在两根主梁中部悬挂下挠线锤,并在线锤临近设置测量标尺。

(2)在空载时,把小车开到主梁的端头,读出线锤与标尺的指示值。

(3)将小车开到大车主梁中间,顺序起吊 75%、100%、125%额定起重量的荷载,离地 100~200 mm,静止 10 min 以上,测量两根主梁下挠度,其值不得超过下式计算值。

$$f_{\max}=f_b-f_a\leqslant\frac{L}{700}$$

式中　$f_{\max}$——主梁最大荷载时的挠度,mm;

f_b——小车位于主梁中间的荷载下挠指示值,mm;

f_a——小车位于主梁端头的空载下挠指示值,mm;

L——主梁跨度,mm。

当卸去荷载后,主梁挠度应复原,不得有永久变形。所有部件不得有破裂、连接松动或损坏等影响性能和安全的质量问题出现。

如果试验中挠度超过允许值,应降低试验荷载,使挠度符合要求,并将该挠度下的荷载定为启闭机的最大限制荷载。

副起升机构的静载试验与主起升机构相同,但不需测量主梁的挠度。

(四)动载试验

移动式启闭机,当其带负荷运行(升降、行走)时,会引起附加冲击和动力荷载,因此还必须进行动载试验,以检验在动载情况下启闭机构及其制动器的工作性能。

升起 1.1 倍额定荷载做动荷载试验。试验时按设计要求的机构组合方式应同时开动两个机构,作重复的起动、运转、停车、正转、反转等动作,延续至少应达 1 h。各机构应动作灵敏,工作平稳可靠,各限位开关、安全保护联锁装置、防爬装置应动作正确可靠,各零部件应无裂纹等损坏现象,各连接处不得松动。

二、液压启闭机的试运行

(一)试运行应具备的条件

(1)机械、电气设备均检修安装完毕。

(2)电气绝缘全部合格,并经耐压试验;拆换过的管路经油压试验合格。

(3)各仪表、继电器已经校验。

(4)液压油经化验合格,并输入油箱。

(二)试运行

(1)将溢流阀全部打开,使油泵在空载状态连续运行 30 min,油泵应无异常。

(2)开动油泵,向系统内供油。调节溢流阀开度,使油泵在额定压力的 25%、50%、75%、100%的情况下分别连续运行 15 min,应无振动、杂声及温升过高等现象。其间要多次全行程往复运动活塞,充分排除空气。之后,将压力调到 1.1 倍工作压力,动作排油无异常现象。在运行中应作下列检查:

①安全连锁装置和调压、调速、换向等各种操纵装置,应灵活可靠。

②起动、换向、停止时,运动应平稳,不得有爬行、跳动和冲击现象。

③接通自动循环时,动作应协调,顺序应正确。

④管路系统不得有剧烈振动和刺耳噪声。

⑤在工作部件的全部行程内,压力表读数应稳定。

⑥电磁阀的磁铁应接触良好,不得发出剧烈响声,换向应迅速可靠,温升不得超过允许范围。

⑦油泵、阀件、管路油缸的所有连接处,不得有泄漏;部件移动时,软管不得卡住或松脱。

⑧运转一段时间后,应检查油液的温升,不得超过相应各负荷阶段的规定,最高油温一般不得超过 60 ℃。

⑨油位应保持在规定的范围内,油面上不得聚有过多的泡沫。

⑩滤油器应保持畅通,必要时应进行清洗。

(3)上述试验完成后,进行活塞杆与闸门的连接。连接应注意:闸门在全关位置时,活塞应有不少于 50 mm 的预留行程。

(4)闸门连接后,在无水压情况下对系统各压力按设计要求重新整定,对上下限位、自动控制、启闭速度、行程指示以及各种控制信号等进行调试。最后全行程联动操作 1~2 次,校对整定调试是否正确可靠;闸门提起 48 h,因油系统渗漏闸门的沉降量不得大于 200 mm。

(5)在有水情况下,开全行程启闭闸门 1~2 次,检查鉴定其工作的可靠性和正确性。

模块三　闸（阀）门与启闭机的运行

任务一　启闭前的准备工作

一、启闭依据

对于工程管理单位而言，闸（阀）门启闭，必须按照批准的控制运用计划以及负责指挥运用的上级主管部门的指令执行，不得接受其他任何单位或个人的指令；而对于闸（阀）门运行工而言，只能依据本单位技术负责人的指令进行。

二、闸（阀）门与启闭机的检查内容

为了使闸（阀）门能安全及时启闭，启闭前应对闸（阀）门、启闭设备和其他有关方面进行检查。这里所说的检查仅仅是对开机有关的项目进行必要的检查，凡属于日常维护的内容不包括在内。如润滑油的油量是否充足，油质是否合格，电动机的相序是否正确，钢丝绳是否有锈、断丝，连杆、螺杆有无弯曲变形，吊点结合是否牢固等。因为在接到开机指令后检查这些内容是来不及的。要求所有闸（阀）门启闭机在启闭前均应处于正常使用状态。为此，所有不同功用的闸门启闭机都应根据维护运行规程进行维护，并根据不同运行条件安排修理工作，确保闸（阀）门启闭机能安全可靠。如泄洪、进洪闸门在汛前，供水闸（阀）门在供水期前，均应完成检查及修理工作。

（一）闸（阀）门的检查

（1）闸（阀）门开度是否在原来位置。

（2）闸（阀）门周围有无漂浮物卡阻，门体有无歪斜，门槽是否堵塞。

（3）有旁通阀的建筑物，要检查其是否正常。

（4）冰冻地区，在冬季要检查闸（阀）门活动部位有无冻结现象。

（二）启闭机的检查

（1）启闭闸门的电源（包括备用电源）或动力有无故障，用人力启闭的要备妥足够数量的工人。

（2）机电安全保护设施、仪表是否完好。

（3）液压启闭机的油泵、阀、滤油器是否正常，管道油缸是否漏油。

（三）其他方面的检查

（1）上下游有无船只、漂浮物或其他障碍影响行水等情况。

（2）观测上下游水位、流量、流态。

(3)有通气孔的建筑物,要检查通气孔是否堵塞。

任务二 闸(阀)门的操作运用

一、闸(阀)门操作运用的原则

闸门的运用原则应按照设计规定执行,一般为:

(1)工作闸门和阀门能在动水情况下启闭。为了保证船只进出闸室的安全,使船只在闸室中随水位的变化只做上升与下降运动,因此船闸廊道闸门是动水开启、静水关闭。作为工作闸门的人字闸门、横拉闸门、三角闸门等都是静水启闭。

(2)事故闸门能在动水情况下关闭,一般在静水情况下开启。平压阀门应在动水下开启,静水下关闭。

(3)检修闸门在静水中启闭。

二、闸门的操作

闸门操作应当由经过本工种专业培训、考试合格并持有操作证的工人进行。对闸门的操作要求如下。

(一)工作闸门的操作

(1)允许局部开启的工作闸(阀)门在不同开度泄水时,应注意对下游的冲刷和闸门本身的振动。

(2)闸(阀)门开启泄流时,必须与下游水位相适应,使水跃发生在消力池内。

(3)不允许局部开启的工作闸门,不得中途停留使用,否则会改变水流的流态,使形成共振的可能性加大,危及水工建筑物和闸门的安全运行。

(4)操作压力输水洞或是压力钢管的闸门,在充放水时不应使洞或管内的流量增减过快,通气孔应畅通无阻,以免洞内或钢管内产生超压或是负压、气蚀、水锤等现象,造成隧洞或钢管的破坏。

(二)事故闸门、检修闸门的操作

(1)事故闸门、检修闸门和充水平压阀门不得用以控制流量。

(2)当压力输水洞的检修闸门关闭以后,洞内积水宜缓慢放空,尤其当洞身较长、检修闸门距工作闸门较远时更应注意。

(3)泄洪期间,事故闸门应停留在孔口以上0.3~0.5 m处,一旦闸门下游发生事故,可争取最短时间内闭门保护。

(三)船闸闸门的操作

(1)上下闸首的闸门应在静水情况下启闭(双扉竖轴弧形闸门或三角闸门可以允许在一定水头差情况下启闭),以免损坏闸门及影响闸室内船舶受冲击破坏。双向受压闸门应在上、下游基本平压情况下启闭。

(2)上下游输水阀门应待上、下闸首的工作闸门关闭后方可开启。

(3)上下游输水阀门不得同时开启。

(4)有特殊任务(冲淤、排水、灌溉等)的船闸及输水闸(阀)门应按设计规定启闭。

(5)对受双向水位差的船闸(如受潮水影响地区的船闸),当采用人字闸门时,对不使用的一组闸门,应全部开启,并应根据水位变化情况及时更换另一组闸门进行运用。

(四)多孔闸门的运用

依据设计要求或管理经验确定运用要求,一般为:

(1)当需要多孔闸门全部开启时,可由中间孔依次向两边对称开启,关闭时由两边向中间对称依次关闭。

(2)当只需部分开启时,只开中间闸门。如果开两边闸门高速水流冲击坡岸,并产生回流而冲刷水工建筑物,可能造成大的塌方、滑坡,并把其山石带入河道,影响行水的排放。还可能使山石随水流回旋冲刷水工建筑物或是厂房,使其遭到破坏。

(3)对于立体布置的双层孔口的闸门或上下双扉布置的闸门,先开底层或下扉的闸门,再开上层或上扉的闸门。关闭时顺序相反。双层布置的闸门多为高水头的深孔,水压高,泄洪时水的流速很大,若先开上层易使下层泄水孔洞产生负压,扰乱下层的流态,使下层闸门产生振动。

(4)允许局部开启的多孔闸门,应根据本单位技术人员给定的闸门分次启闭的开度与间隔时间,进行操作。

任务三　启闭机的操作程序

启闭机必须严格按照各工程管理单位制定的操作规程操作。下面介绍一般操作程序。

一、机械传动式启闭机

(1)凡有锁定装置的,应先将其打开。

(2)合上电器开关,向启闭机供电。

(3)启动驱动电动机。

①对固定式启闭机,启动驱动电动机,闸门即行启闭。

②对移动式启闭机,先启动行走机构电动机,大车行走,完成启闭机整体定位或是闸门在孔口间的运移。再启动小车行走机构或回转吊的电动机,使其吊具对正闸门吊点,并连接牢靠。再启动起升机构的驱动电动机,闸门即行启闭。

(4)闸门运行至预定开度。

①由手动操作或由控制器停机,驱动电动机停止转动。

②由移动式启闭机开启的闸门加置锁定装置。

③对固定式启闭机启闭的闸门,开门时间较长,也加置锁定装置。

(5)拉开电器开关,切断电源。

此外,对于用人工操作手、电两用启闭机时,应先切断电源,合上离合器,才能进行操作。当使用电动操作时,应先取下摇柄,拉开离合器,才能按电动操作程序操作。

二、液压启闭机的操作程序

(1)打开各有关阀门,将换向阀手柄扳至所需位置,并打开锁定装置。

(2)合上电器开关,向油泵机组供电、启动油泵。

(3)自动溢流阀关闭,油系统压力升高至额定压力,开始启闭闸门。

(4)在运行中若需改变闸门运动方向,应先使闸门停止运行,然后扳动换向阀的手柄换向,改变供油方向,使闸门反向运动。

(5)闸门运行至预定位置,油泵机组停机。

(6)停机后,将换向阀手柄扳至停止位置,关闭所有的阀门,锁好锁定。

(7)拉开电器开关,切断电源。

任务四　闸门启闭机操作注意事项

一、操作时的注意事项

启闭机、闸门的正确运行是关系到整个水利工程及人民生命财产安全的大事,运行人员必须具有高度的责任感,在工作中必须严肃认真,一丝不苟,注意设备的运行状况。一般要求运行操作人员注意以下几个方面:

(1)操作人员必须熟悉业务,思想集中,坚守工作岗位。

(2)操作过程中,不论是遥控还是现场操作,均应设专人在机旁和控制室进行监护。

(3)监视闸(阀)门的运行情况应注意:

①注意闸(阀)门是否按要求的方向进行运动,开度指示及各仪表指示的数值是否正确,指针动作是否正常,电器、油压和机械的运行是否良好。

②启闭双吊点单独驱动的启闭机,应观察卷筒转速是否一致,闸门歪斜是否超过允许值。当发现启闭机超载或是载荷为零时,不得强拉硬拖或松放太多,应停机检查,以防闸门卡在门槽,使启闭机或是闸门变形损坏。

③闸门运行时,应避免停留在容易发生振动的开度上。

④人字闸门注意两个门扇的同步运动,起动和停止应平稳,门扇的接合速度不得超过规定值。

⑤在操作深孔闸门时,特别注意闸门在水中的下降情况,观察荷载指示器是否正确,闸门歪斜指示器指示是否水平,以免闸门卡住悬空而后又突然跌落。

⑥要注意闸门在运动中是否有外力撞击,如船只、漂浮物、冰块以及特大风力,超标准的反向水头等。

⑦在解冻流冰时期,泄水时应将闸门全部提出水面,或控制小开度放水,以避免流冰撞击闸门。

⑧闸门启闭完毕后,应校核闸门开度。

(4)监视启闭机运行情况时应注意:

①不论是卷扬式还是液压式启闭机,运行中必须注意是否超载。

②卷扬式启闭机关闭闸门时,不得在不给电源的情况下,单独打开制动器降落闸门。

③高扬程卷扬式启闭机在运行中,特别是启升时,要注意钢丝绳排列是否整齐,排绳机构运转是否正常。如有问题应立即停机处理。

④移动式启闭机应注意:

a. 使用抓梁启闭闸门时,要注意各信号是否正确。以防穿销不到位或是抓钩空抓造成闸门歪斜卡阻,使启闭机超载。

b. 多台移动式启闭机在同一条轨道上运行时,要注意保持距离,设专人观察防止启闭机碰撞。

c. 移动式启闭机在吊运重物时,行走范围内不得有障碍物,以防相撞。

⑤液压启闭机应注意:

a. 液压启闭机关闭闸门时,应注意活塞上腔的油压不得造成负值。接近闸门底坎时,闸门速度不得过快以免产生撞击。

b. 闸门长时间开启时,为了保证闸门的开度不变,设有防止油缸渗漏、闸门下滑的控制开关,在操作运行时注意此开关是否动作准确、灵活、可靠。

⑥启闭机操作时,换速不能过快,否则造成过电流跳闸。运行中一般情况不得突然操作相反动作,以免造成紧急制动,惯性力骤增,使整机超载振动。

⑦当闸门在运行中操作机构失灵、无法控制时,应迅速关闭启闭机的安全开关,使启闭机停止运转。

⑧当闸门开度接近最大或为零时,应注意开度指示器或标志,掌握及时停机。

二、操作完毕后的注意事项

闸(阀)门、启闭机操作完成以后,为了使闸(阀)门、启闭机在良好的状态下工作或停置,操作人员应注意以下几点:

(1)移动式启闭机。

①应将启闭机的吊具起升到一定高度,以便启闭机移动时不会碰到轨道之间的堆放物品或固定设施。若有车辆通过,其应超过车辆超高装载极限尺寸的 2.5 m 以上。

②使启闭机夹轨器或是其他锁定装置处于工作状态并确认夹紧锁牢,以防出现大的事故。

③将抓梁存放在库里,并支承牢固。若无仓库应将其放置在启闭机的一侧,以免车辆通过时挂碰而损坏机件。

(2)注意切断启闭机的总电源,认真填写运行记录,其内容应有:操作人员、启闭运行依据、运行时间、闸门开度、运行次序、水流情况、设备运转情况等。

(3)做好现场清理工作,保持环境整洁。

三、泄水期间值班人员应注意事项

泄水期间,为防止发生意外情况和及时采取措施,值班人员应注意以下事项:

(1)通气孔的工作情况是否正常。

(2)闸门的振动情况和闸门是否自动下降。

(3)上、下游水位变化及水流形态。

(4)有无船只或其他漂浮物临近闸前。

四、安全保护

为保护工程、设备和人身的安全,必须采取可靠的安全技术措施,操作人员必须了解有关安全方面的要求。

(一)防火

(1)不得采用明火烘烤机组,若用炭火、电炉保温,必须要有专人看管。

(2)汽油、煤油、柴油、废旧棉纱及其他易燃易爆炸物品,平时不得堆放在启闭机附近。

(3)会使用启闭机房和控制室内安设的消防器具和设备,并严加保管。

(4)若发生火灾,应立即切断电源并报警抢救。

(二)防止人身伤亡事故

(1)启闭机运转部位,必须有防护设施。

(2)没有保护盖的电闸,不准在带负荷情况下直接投合或拉开。

(3)电器设备外壳必须设有接地装置。

(4)进人孔和通气孔等,应根据情况设置井盖或保护罩。

任务五　操作运行中的常见故障及处理

闸门启闭机设备在进入防洪泄水期或供水期之前,一方面要求完成定期维护保养和计划内的修理工作,以使设备处于良好使用状态,确保安全、灵活、可靠地运行。另一方面,要求运行操作人员严格遵守行业规程、规定和各管理单位制定的安全操作规程或制度,制约操作人员的生产行为,使设备在运行中发生故障的概率大大减小。

但是,目前在工程管理工作中,由于长期以来对设备的维修资金投入不足,设备老化失修现象比较普遍,加之水利工程一般地处偏僻,技术人员匮乏,管理水平较低,运行中难免会出现这样或那样的问题。

现介绍几种在运行中常见的故障及处理措施。

一、启闭机在运行中突然停车的原因与处理

(1)停电。由电气专业人员按规程进行检查处理。若是大面积停电,应启动备用

电源。

(2)保险丝烧断。更换保险丝,但在更换之前应先检查是否有短路或接地现象,处理之后再行更换。

(3)限位开关误动作。应重新调整好。

(4)过流保护器动作。说明电动机电流过大,应检查闸门是否发生倾斜,制动器是否有过紧现象。

二、制动器失灵,闸门下滑的原因与处理

(1)制动器闸瓦间隙过大。调整间隙使之符合规定。

(2)闸瓦的夹紧力过小。调整工作弹簧的长度,增加夹紧力。

(3)闸瓦磨损且铆钉已经凸出,并摩擦制动轮。应更换制动闸瓦并使之符合技术规定要求。

三、液压自动抓梁操作时销轴无动作信号的原因与处理

(1)抓梁电缆无电。检查电信号,电动机的电缆是否送电,检查电缆有否断线等。

(2)钟罩式防水插接装置进水。打开装置,检查插座是否脱开或进水,进行排水、烘干等处理。

(3)信号传感器损坏。若是线圈烧损应更换线圈。若是接头脱落,应接好并包扎防水胶布。

(4)信号灯泡损坏不亮。予以更换新灯泡。

(5)液压系统漏油或管路破裂。观察作业水面是否有油珠上浮,以判断渗油或管路破裂。在这种情况下,如果已判断销轴穿入一半时不得提升闸门,否则偏斜卡阻,应请潜水员探查后进行处理。

参考文献

[1] 徐泽林. 机械基础知识[M]. 郑州:黄河水利出版社, 1996.
[2] 王韵京. 闸门运行工[M]. 郑州:黄河水利出版社, 1996.
[3] 国家经贸委安全生产局. 起重机司机[M]. 北京:气象出版社, 2006.
[4] 陈永忠. 水工建筑物基础知识[M]. 郑州:黄河水利出版社, 1996.
[5] 雍家树. 电工基础知识[M]. 郑州:黄河水利出版社, 1996.
[6] 潘文霞. 电工学与电气设备[M]. 北京:中国水利水电出版社, 2008.
[7] 国家机械工业委员会. 电工常识[M]. 北京:机械工业出版社, 1988.
[8] 张利平. 现代液压设备与系统故障诊断排除及典型案例[M]. 北京:化学工业出版社, 2014.
[9] 王玫. 闸门运行工[M]. 郑州:黄河水利出版社, 2013.
[10] 佟欣. 水工建筑物[M]. 北京:中国水利水电出版社, 2021.
[11] 蒋梦嫣. 浮式闸门在极寒地区防冰害的安全运行设计[J]. 水运工程,2023(6):125-130.
[12] 吴洪飞,唐启尧. 向家坝水电站高效安全运行不利因素分析及对策[J]. 人民长江,2022,53(S2):148-151.
[13] 张钰奇,赵华东,付春健,等. 泄流激励下水工闸门运行模态参数自动识别[J]. 农业工程学报,2022,38(20):59-66.
[14] 涂承义,黄维,马旭东,等. 沙坪二级水电站泄洪消能及闸门运行调度方式研究[J]. 水电能源科学,2022,40(1):82-85,93.
[15] 陈林. 高水头平面闸门闭门失效与结构破坏机理研究[D]. 天津:天津大学,2020.
[16] 张志学. 水利枢纽闸门综合集成自动化研究与实践[D]. 武汉:华中科技大学,2004.
[17] 李德锋. 闸门启闭机的运行与管理[J]. 设备管理与维修,2021(2):81-83.
[18] 王靖,鄢尚,陈仕军,等. 考虑闸门实际运行的雅砻江下游梯级水库联合防洪优化调度[J]. 四川大学学报(工程科学版),2014,46(4):20-25.
[19] 中华人民共和国水利部. 水工钢闸门和启闭机安全运行规程:SL/T 722—2020[S]. 北京:中国水利水电出版社,2020.
[20] 中华人民共和国水利部. 水利水电工程钢闸门设计规范:SL 74—2019[S]. 北京:中国水利水电出版社,2019.
[21] 中华人民共和国国家质量监督检验检疫总局,中国国家标准化管理委员会. 水利水电工程钢闸门制造、安装及验收规范:GB/T 14173—2008[S]. 北京:中国标准出版社,2009.
[22] 中华人民共和国国家质量监督检验检疫总局,中国国家标准化管理委员会. 起重机械安全规程 第1部分:总则:GB/T 6067. 1—2010[S]. 北京:中国标准出版社,2011.
[23] 国家能源局. 水电工程启闭机制造安装及验收规范:NB/T 35051—2015[S]. 北京:中国水利水电出版社,2015.
[24] 国家市场监督管理总局,国家标准化管理委员会. 重型机械通用技术条件 第16部分:液压系统:GB/T 37400. 16—2019[S]. 北京:中国标准出版社,2019.
[25] 国家市场监督管理总局,国家标准化管理委员会. 电站流程图 第1部分:制图规范:GB/T 36290. 1—2020[S]. 北京:中国标准出版社,2020.

[26] 国家能源局.电力工程制图标准　第1部分:一般规则部分:DL/T 5028.1—2015[S].北京:中国电力出版社,2015.

[27] 国家能源局.水电站大坝运行安全评价导则:DL/T 5313—2014[S].北京:中国电力出版社,2014.

[28] 中华人民共和国国家质量监督检验检疫总局,中国国家标准化管理委员会.技术制图　图纸幅面和格式:GB/T 14689—2008[S].北京:中国标准出版社,2009.